21世纪统计学系列教材

应用时间序列分析

（第6版）

王　燕　编著

Applied Time Series Analysis

中国人民大学出版社
·北京·

总 序

教育是国之大计、党之大计。习近平总书记指出："'两个一百年'奋斗目标的实现、中华民族伟大复兴中国梦的实现，归根到底靠人才、靠教育。"

改革开放以来，高等统计教育有了很大的发展。作为培养我国统计专门人才的摇篮，中国人民大学统计学院自1952年创建以来，始终坚持理论与应用相结合的办学方向，着力培养能够理论联系实际、解决实际问题的高层次人才。为了更好地服务教学，中国人民大学统计学院组织并与统计学界同仁共同编写，于2000年首次出版了国内较早、成体系的一套丛书——21世纪统计学系列教材。本系列教材，历经20余年的建设，适应统计教育的发展变化，不断修订完善，得到了社会的广泛认可，已成为全国统计学高等教育最有影响力的系列教材之一。系列教材中，既有"十一五"或"十二五"普通高等教育本科国家级规划教材，又有教育部高等学校统计学类专业教学指导委员会推荐用书。在2021年首届全国教材建设奖评选中，《统计学（第7版）》获评全国优秀教材（高等教育类）。

随着时代的发展和高等教育的变化，系列教材也要与时俱进，及时反映新时代的要求，为此，我们对系列教材不断改版更新。一方面，深入学习贯彻习近平新时代中国特色社会主义思想，紧扣立德树人的根本任务，密切结合中国实际，大量融入中国案例和数据，使学生进一步坚定中国特色社会主义道路自信、理论自信、制度自信、文化自信。另一方面，深刻把握统计学科的专业特点，面对大数据时代的新形势，突出统计理论方法与计算机实现技术的结合，强调方法与技术在实际领域中的应用，同时，精心打造配套的新形态和立体化教学资源，助力现代化教学实践。

感谢所有关注我们的同仁，他们本着对统计学科的热情和提高统计教育水平的愿望，帮助我们不断改进这套教材。感谢参与教材编写的同行专家、统计学院的教师。愿大家的辛勤劳动能够结出丰硕的果实。我们期待着与统计学界的同仁共同创造统计学科辉煌的明天。

王晓军
中国人民大学统计学院

前 言

所谓时间序列，就是按照时间顺序记录的一列有序数据。对时间序列进行观察、研究，寻找它变化发展的规律，预测它将来的走势，就是时间序列分析。在日常生产生活中，时间序列比比皆是，时间序列分析有非常广泛的应用领域。

作为数理统计学的一个专业分支，时间序列分析遵循数理统计学的基本原理，即利用观察信息估计总体的性质。但是由于时间的不可重复性，我们在任意一个时刻只能获得唯一的序列观察值，这种特殊的数据结构导致时间序列分析有非常特殊、自成体系的一套分析方法。

目前，国内有关时间序列分析的著作和教材很多，每本书都有特定的读者群体。本书的定位是大学本科生的时间序列分析入门教材。基于这个定位，本书语言通俗，案例丰富，理论紧密联系实际，习题难易程度适当，便于学生理解和练习。

随着计算机科学的高速发展，现在有许多软件可以帮助我们进行时间序列分析。其中最权威的软件是SAS。在SAS系统中，有一个专门进行计量经济与时间序列分析的模块：SAS/ETS

(Econometric & Time Series)。同时，SAS系统具有全球一流的数据仓库功能，在进行海量数据的时间序列分析时具有其他统计软件无可比拟的优势。

为了帮助学生在学习理论知识的同时熟练地掌握SAS/ETS软件的操作和分析技巧，本书在每一章后面都会有一小节的内容详细介绍本章的分析方法在SAS软件上的实现。为使学生更好地学习和操作，本书所有例题的数据、习题数据、例题的操作程序及上机指导程序都放在中国人民大学出版社网站（www.crup.com.cn）上，读者可免费下载。为便于教师授课，作者制作了课件，并提供了简要的习题参考答案，教师可下载使用。

这是本书的第五次修订。本次修订主要调整了部分内容讲解顺序，更新了部分案例。

最后，感谢多年来使用本书的各位师生，感谢所有来函讨论问题或提供勘误信息的读者。尽管本着认真的态度做了本次修订，但因作者水平有限，书中谬误之处在所难免，欢迎大家继续批评指正。

王　燕

目　录

第1章 时间序列分析简介

1.1 引言

最早的时间序列分析可以追溯到 7 000 年前的古埃及。当时，为了发展农业生产，古埃及人一直在密切关注尼罗河泛滥的规律。把尼罗河涨落的情况逐天记录下来，就构成了所谓的时间序列。通过对这个时间序列长期的观察，他们发现尼罗河的涨落非常有规律。天狼星和太阳同时升起的那一天之后，再过 200 天左右，尼罗河就开始泛滥，泛滥期将持续七八十天，洪水过后，土地肥沃，随意播种就会有丰硕的收成。由于掌握了尼罗河泛滥的规律，古埃及的农业迅速发展，解放出大批的劳动力去从事非农业生产，从而创建了古埃及灿烂的文明。

像古埃及人一样，按照时间的顺序把随机事件变化发展的过程记录下来就构成了一个时间序列。对时间序列进行观察、研究，寻找它变化发展的规律，预测它将来的走势，就是时间序列分析。

1.2 时间序列的定义

在统计研究中，常用按时间顺序排列的一组随机变量

$$X_1, X_2, \cdots, X_t, \cdots \tag{1.1}$$

来表示一个随机事件的时间序列，简记为 $\{X_t, t \in T\}$ 或 $\{X_t\}$。

用

$$x_1, x_2, \cdots, x_n \tag{1.2}$$

或 $\{x_t, t=1, 2, \cdots, n\}$ 表示该随机序列的 n 个有序观察值，称为序列长度为 n 的观察值序列，有时也称式（1.2）为式（1.1）的一个实现。

在日常生产生活中，观察值序列比比皆是。比如把 2005—2014 年全国普通高等学校

每年的招生人数按照时间顺序记录下来，就构成了一个序列长度为 10 的全国普通高等学校招生人数时间序列（单位：万人）：

504.5，546.1，565.9，607.7，639.5，661.8，681.5，688.8，699.8，721.4

我们进行时序研究的目的是揭示随机时序 $\{X_t\}$ 的性质，而要实现这个目标就要分析它的观察值序列 $\{x_t\}$ 的性质，由观察值序列的性质来推断随机时序 $\{X_t\}$ 的性质。

1.3 时间序列分析方法

1.3.1 描述性时序分析

早期的时序分析通常都是通过直观的数据比较或绘图观测，寻找序列中蕴涵的发展规律，这种分析方法称为描述性时序分析。古埃及人就是依靠这种分析方法发现了尼罗河泛滥的规律。在天文、物理、海洋学等自然科学领域，这种简单的描述性时序分析方法常常能使人们发现意想不到的规律。

比如根据《史记·货殖列传》记载，早在春秋战国时期，范蠡和计然就提出我国农业生产具有“六岁穰，六岁旱，十二岁一大饥”的自然规律。《越绝书·计倪内经》描述得更加详细：“太阴三岁处金则穰，三岁处水则毁，三岁处木则康，三岁处火则旱……天下六岁一穰，六岁一康，凡十二岁一饥。”

用现代汉语来表述就是：木星绕天空运行，运行三年，如果处于金位，则该年为大丰收年；如果处于水位，则该年为大灾年；再运行三年，如果处于木位，则该年为小丰收年；如果处于火位，则该年为小灾年，所以天下平均六年一大丰收，六年一小丰收，十二年一大饥荒。这是 2 500 多年前我国对农业生产三年一小波动、十二年左右一个大周期的记录，是一个典型的描述性时序分析。

描述性时序分析方法是人们在认识自然、改造自然的过程中发现的实用方法。对于很多自然现象，只要观察时间足够长，就能运用描述性时序分析发现自然规律。根据自然规律做出恰当的政策安排，有利于社会的发展和进步。

比如范蠡根据“六岁穰，六岁旱，十二岁一大饥”的自然规律提出：“夫粜，二十病农，九十病末。末病则财不出，农病则草不辟矣。上不过八十，下不减三十，则农末俱利，平粜齐物，关市不乏，治国之道也。”这段话的意思是：如果丰收年粮食贱卖，会挫伤农民种粮的积极性；如果大灾年粮价高涨，会危及老百姓的生存。所以要实行“平粜”法。政府应该在粮食丰收时以高于最低价的价格购买粮食进行储备，以保护农民的利益；在粮食短缺时，将储备的粮食投放市场，以稳定粮价，确保百姓的生存。这是对农民和百姓都有利的政策，是一个国家的治国之道。

在范蠡故去 2 000 多年之后，欧洲经济学家在研究欧洲各地粮食产量时发现了类似规律。比如 19 世纪末 20 世纪初英格兰和威尔士的小麦平均亩产序列就具有这种规律（数据见本书附录 1 中的表 A1－1），如图 1－1 所示。

小麦的产量直接影响到小麦的价格，丰收时价格便宜，价格指数偏低；歉收时价格上涨，价格指数偏高。在时间序列领域，有一个非常著名的序列叫贝弗里奇（Beveridge）小麦价格指数序列，它由 1500—1869 年的小麦价格构成（数据见表 A1 - 2）。1971 年 Granger 和 Hughes 分析该序列，发现该序列有一个 13 年左右的周期。部分贝弗里奇小麦价格指数序列的走势如图 1 - 2 所示。

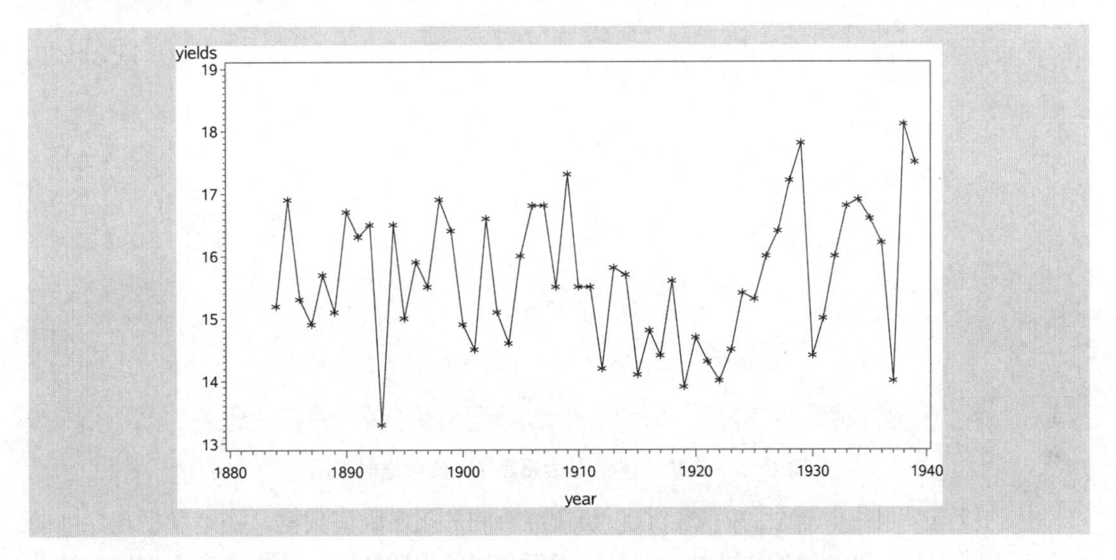

图 1 - 1　1884—1939 年英格兰与威尔士每亩小麦产量时序图

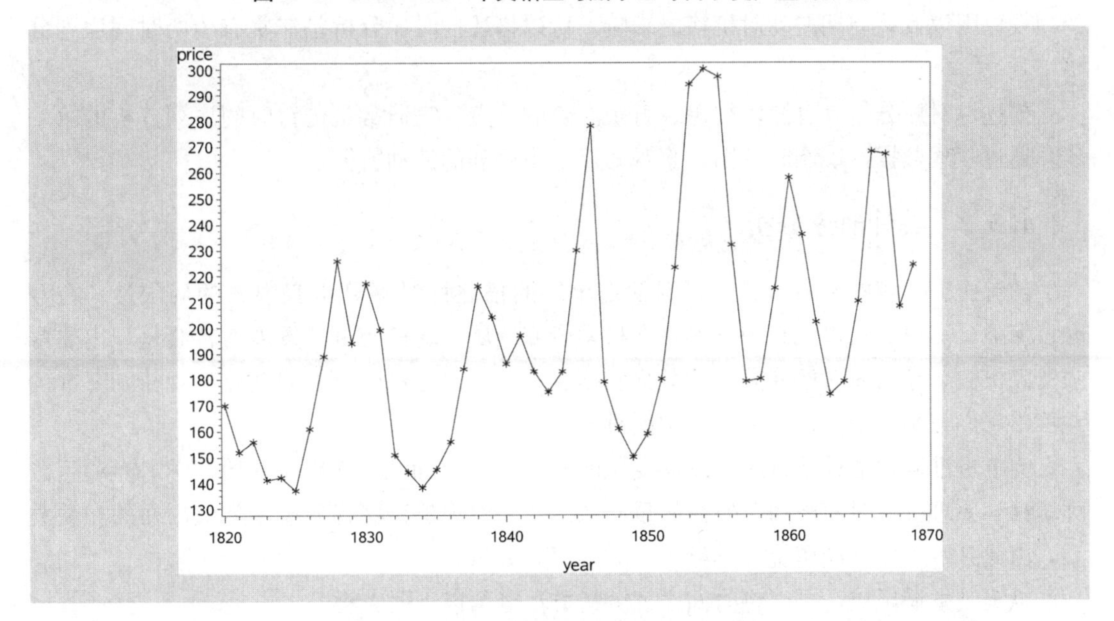

图 1 - 2　部分贝弗里奇小麦价格指数时序图

西方学者致力于研究为什么粮食产量会有这样的周期波动。19 世纪中后期，德国药剂师、业余天文学家 S. H. Schwabe 经过几十年不间断的观察、记录，发现太阳黑子的活动具有 11～12 年的周期（数据见表 A1 - 3），如图 1 - 3 所示。太阳黑子的运动周期和农业生产的周期长度非常接近，这引起了英国天文学家、天王星的发现者 F. W. Herschel 的关注。最后他发现，当太阳黑子变少时，地球上的降雨量也会减少。所以在没有良好人工灌溉技术的时代，农业生产会有和太阳黑子近似的变化周期。

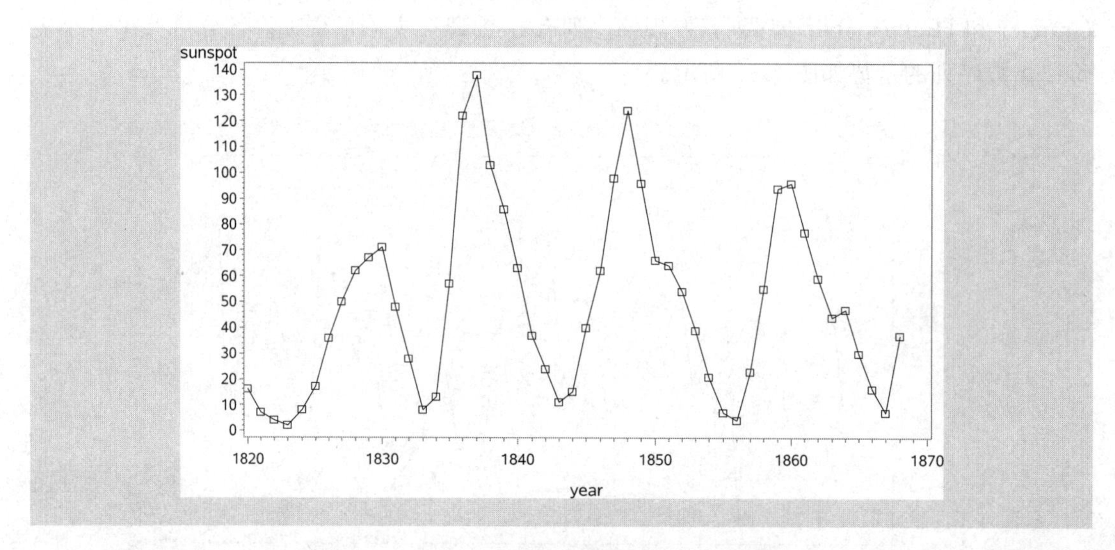

图 1-3　1820—1869 年太阳黑子年度数据时序图

人们没有采用任何复杂的模型，仅仅是按照时间的顺序收集数据，描述和呈现序列的波动，就了解到小麦产量的周期波动特征，根据相同的周期特征，分析出产生该周期波动的气候原因以及该周期波动对价格的影响。所以描述性时序分析是非常有用的时间序列分析工具。

描述性时序分析具有操作简单、直观有效的特点。它通常是进行时间序列分析的第一步，通过收集数据，绘制时序图，直观地反映出序列的波动特征。

1.3.2　统计时序分析

随着研究领域的不断拓展，人们发现单纯的描述性时序分析有很大的局限性。在金融、保险、法律、人口、心理学等社会科学研究领域，随机变量的发展通常会呈现出非常强的随机性，想通过对序列简单的观察和描述，总结出随机变量发展变化的规律，并准确预测出它们将来的走势，通常是非常困难的。

为了更准确地估计随机序列发展变化的规律，从 20 世纪 20 年代开始，学术界利用数理统计学原理分析时间序列。研究的重心从总结表面现象转移到分析序列值内在的相关关系，由此开辟了一门应用统计学科——时间序列分析。

纵观其发展历史，可以将时间序列分析方法分为以下两大类。

一、频域分析方法

频域（frequency domain）分析方法也称为频谱分析或谱分析（spectral analysis）方法。

早期的频域分析方法假设任何一种无趋势的时间序列都可以分解成若干不同频率的周期波动，它是从频率的角度揭示时间序列的规律，借助了傅立叶变换（Fourier transform），用正弦、余弦项之和来逼近某个函数。20世纪60年代，Burg在分析地震信号时提出最大熵谱估计理论，该理论克服了传统谱分析所固有的分辨率不高和频谱泄漏等缺点，使谱分析进入一个新阶段，称为现代谱分析阶段。

目前谱分析方法主要用于电力工程、信息工程、物理学、天文学、海洋学和气象科学等领域，它是一种非常有用的纵向数据分析方法。但是由于谱分析过程一般都比较复杂，研究人员通常要有很强的数学基础才能熟练使用它，同时它的分析结果也比较抽象，不易于进行直观解释，所以谱分析方法的使用具有很大的局限性。

二、时域分析方法

时域（time domain）分析方法主要是从序列自相关的角度揭示时间序列的发展规律。相对于谱分析方法，它具有理论基础扎实、操作步骤规范、分析结果易于解释等优点。它广泛用于自然科学和社会科学的各个领域，是时间序列分析的主流方法。本书主要介绍时域分析方法。

时域分析方法的基本思想是事件的发展通常具有一定的惯性，这种惯性用统计的语言来描述就是序列值之间存在一定的相关关系，而且这种相关关系具有某种统计规律。我们分析的重点就是寻找这种规律，并拟合出适当的数学模型来描述这种规律，进而利用这个拟合模型来预测序列未来的走势。

时域分析方法具有相对固定的分析套路，通常遵循如下分析步骤：

第一步：考察观察值序列的特征。

第二步：根据序列的特征选择适当的拟合模型。

第三步：根据序列的观察数据确定模型的口径。

第四步：检验模型，优化模型。

第五步：利用拟合好的模型来推断序列其他的统计性质或预测序列将来的发展。

时域分析方法最早可以追溯到1927年，英国统计学家G. U. Yule（1871—1951）提出自回归（autoregressive，AR）模型。1931年，英国数学家、天文学家G. T. Walker爵士在分析印度大气规律时使用了移动平均（moving average，MA）模型。1938年，Herman Wold在进行平稳序列分解时首次使用了自回归移动平均（autoregressive moving average，ARMA）模型。这些模型奠定了时间序列时域分析方法的基础。

1970年，美国统计学家G. E. P. Box和英国统计学家G. M. Jenkins联合出版了《时间序列分析：预测与控制》（*Time Series Analysis：Forecasting and Control*）一书。在书中，Box和Jenkins在总结前人研究的基础上，系统地阐述了对求和自回归移动平均（autoregressive integrated moving average，ARIMA）模型的识别、估计、检验及预测的原理和方法。这些知识现在称为经典时间序列分析方法，是时域分析方法的核心内容。为了纪念Box和Jenkins对时间序列发展的特殊贡献，现在人们常把ARIMA模型称为Box-Jenkins模型。

Box-Jenkins 模型实际上是主要用于单变量、同方差场合的线性模型。随着对各领域时间序列研究的深入，人们发现该经典模型在理论和应用上还存在许多局限性，所以统计学家纷纷转向多变量场合、异方差场合和非线性场合的时间序列分析方法的研究，并取得了突破性的进展。

在异方差场合，美国统计学家、计量经济学家 Robert F. Engle 在 1982 年提出了自回归条件异方差（ARCH）模型，用以研究英国通货膨胀率的建模问题。为了进一步放宽 ARCH 模型的约束条件，Bollerslov 在 1985 年提出了广义自回归条件异方差（GARCH）模型。随后 Nelson 等人又提出了指数广义自回归条件异方差（EGARCH）模型、方差无穷广义自回归条件异方差（IGARCH）模型和依均值广义自回归条件异方差（GARCH-M）模型等限制条件更为宽松的异方差模型。这些异方差模型是对经典的 ARIMA 模型的很好补充。它们比传统的方差齐性模型更准确地刻画了金融市场风险的变化过程，因此 ARCH 模型及其衍生出的一系列拓展模型在计量经济学领域有广泛的应用。Engle 也因此获得 2003 年诺贝尔经济学奖。

在多变量场合，Box 和 Jenkins 在《时间序列分析：预测与控制》一书中研究过平稳多变量序列的建模，Box 和 Tiao 在 1970 年前后讨论过带干预变量的时间序列分析。这些研究实际上是把对随机事件的横向研究和纵向研究有机地融合在一起，提高了对随机事件分析和预测的精度。1987 年，英国统计学家、计量经济学家 C. Granger 提出了协整（cointegration）理论，进一步为多变量时间序列建模松绑。有了协整的概念之后，在多变量时间序列建模过程中“变量是平稳的”不再是必需条件，而只要求它们的某种线性组合平稳。协整概念的提出极大地促进了多变量时间序列分析方法的发展，Granger 因此与 Engle 一起获得了 2003 年诺贝尔经济学奖。在多变量时间序列分析领域还有一种方法也获得了诺贝尔经济学奖。1980 年 Sims 提出向量自回归（VAR）模型。这种模型采用多方程联立的形式，不以经济学理论为基础，而是使用相关关系估计内生变量的动态变动关系。2011 年，Sims 因向量自回归模型获诺贝尔经济学奖。

在非线性场合，新的模型层出不穷。Granger 和 Andersen 在 1978 年提出了双线性模型，Howell Tong 于 1978 年提出了门限自回归模型，Priestley 于 1980 年提出了状态相依模型，Hamilton 于 1989 年提出了马尔可夫转移模型，Lewis 和 Stevens 于 1991 年提出了多元适应回归样条方法，Carlin 等人于 1992 年提出了非线性状态空间建模的方法，Chen 和 Tsay 于 1993 年提出了非线性可加自回归模型。现在基于机器学习，有更多的非线性方法被创造出来。非线性是一个异常广阔的研究空间，在非线性的模型构造、参数估计、模型检验等各方面都有大量的研究工作需要完成。

1.4 时间序列分析软件

随着计算机科学的高速发展，现在有许多软件可以帮助我们进行时间序列分析。常用的软件有：S-plus，Matlab，Gauss，TSP，EViews，R 和 SAS。

我们在本书中介绍和使用的软件是 SAS。SAS 的全称是 Statistical Analysis System，直译就是统计分析系统。它最早是由北卡罗来纳州立大学（North Carolina State University）的两位教授 A. J. Barr 和 J. H. Goodnight 联合开发的专门进行数学建模和统计分析的软件。发展到今天，它不仅成为统计分析领域的国际标准软件，而且成为具有完备的数据访问、数据管理、数据分析和数据呈现功能的大型集成化软件系统。由于领先的技术和全面的功能，它已经成为全球数据分析方面的首选软件。

在 SAS 系统中有一个专门的模块：SAS/ETS，这是一个专门进行计量经济与时间序列分析的软件。SAS/ETS 编程语言简洁，输出功能强大，分析结果精确，是进行时间序列分析与预测的理想软件。SAS 系统具有全球一流的数据仓库功能，在进行海量数据的时间序列分析时，具有其他统计软件无可比拟的优势。

为了让读者在了解时间序列分析基本原理的同时也能掌握一定的实际操作技巧，本书在每一章后面都会有一小节的内容介绍本章的分析方法在 SAS/ETS 软件上的实现。本书所有的例题也都以 SAS/ETS 作为操作软件。

1.5 习　题

1. 什么是时间序列？请收集几个生活中的观察值序列。
2. 时域分析方法的特点是什么？
3. 时域分析方法的发展轨迹是怎样的？
4. 在附录 1 中选择几个感兴趣的序列，创建数据集，并绘制时序图。

1.6 上机指导

1.6.1 SAS 操作界面

在 Windows 操作系统下双击“The SAS System”的图标启动 SAS 系统，进入 SAS 操作界面。

SAS 的操作界面主要由三个部分组成：菜单栏、工具栏和窗口，如图 1－4 所示。

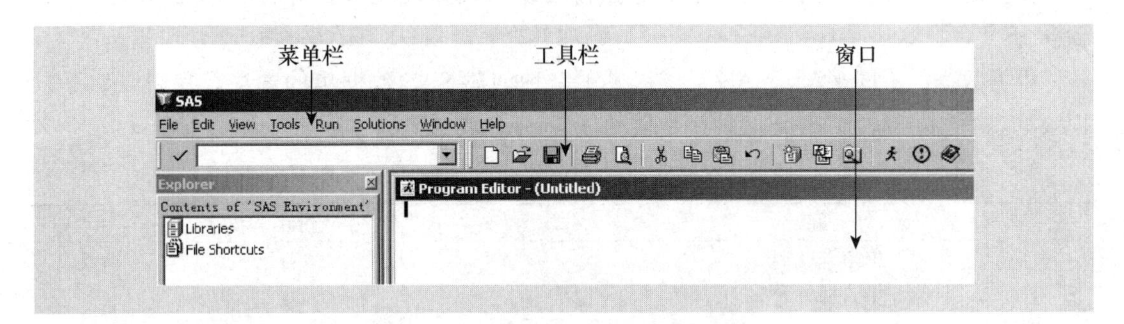

图 1－4　SAS 8.0 版本操作界面

一、菜单栏

菜单栏包括八个选项，分别是：

【File】——文件选项。它主要用于处理文件的打开、关闭、保存、输入、输出、打印及发送等任务。

【Edit】——编辑选项。它主要负责文件的复原、剪切、复制、粘贴、清除、选择、查找、替代等编辑工作。

【View】——视图选项。它主要用于切换不同的视窗。

【Tools】——工具选项。它主要提供各种编辑工具，并可以进行系统信息的更改与管理。

【Run】——程序运行选项。它负责提交程序给 SAS 运行。该选项只在当前主窗口为编辑窗口时出现。

【Solutions】——分析方案选项。它提供各种分析方法。

【Window】——窗口选项。它主要控制视窗的大小、排列方式及视窗间的切换。

【Help】——帮助选项。它负责提供各种帮助。

二、工具栏

菜单栏下是一列图形化的工具栏，提供了一些最为常用的功能。图 1-4 的工具栏从左到右依次是：输入命令、创建新文件、打开旧文件、保存、打印、预览、剪切、复制、粘贴、撤销、新建逻辑库、编辑窗口、SAS 资源管理器、提交程序给 SAS 运行、中断运行、帮助等工具选项。

三、窗口

SAS 有三个基本窗口：程序编辑窗口（Program Editor）、运行记录窗口（Log）和结果输出窗口（Output）。我们在程序编辑窗口编辑、修改程序；在运行记录窗口观察程序运行状况，获得错误提示；在结果输出窗口观看程序运行结果。

1.6.2 创建时间序列 SAS 数据集

要使用 SAS 分析数据，首先要将数据转换成 SAS 系统能够分析的 SAS 数据集（SAS datasets）。

根据数据的不同来源，SAS 系统提供了多种创建 SAS 数据集的方法，我们以如下数据（见表 1-1）为例，介绍两种最常用的创建 SAS 数据集的方法。

表 1-1

时间	价格
2005 年 1 月	101
2005 年 2 月	82
2005 年 3 月	66

续表

时间	价格
2005年4月	35
2005年5月	31
2005年6月	7

一、使用 data 步创建 SAS 数据集

SAS规定每个数据集使用二级命名制——数据库名.数据集名。数据库类似于文件夹的概念，是一个专门存储数据集的仓库。SAS系统本身提供了两个通用数据库。

一个是存放临时数据集的数据库——WORK数据库。该库中的数据集在本次SAS系统运行中始终存在，一旦退出本次操作，该库中的数据集将被全部删除。SAS会自动把所有缺省数据库名的数据集存于WORK数据库中。

另一个是永久数据库——SASUSER数据库。所谓永久数据库，是指在该库建立的数据集不会因为退出SAS系统而丢失，它会永久地保存在该数据库中，以后进入SAS系统还可以从该库中调用该数据集。

1. 创建临时数据集

在程序编辑窗口（Program Editor）输入如下命令，即可产生一个名字为 example1 _ 1 的临时数据集存储上述数据。

```
data example1_1;
input time monyy7. price;
format time monyy5. ;
cards;
Jan2005    101
Feb2005    82
Mar2005    66
Apr2005    35
May2005    31
Jun2005    7
;
run;
```

语句说明：

(1) SAS系统的命令语句不区分字母的大小写，单词之间至少空一格，每条命令都用分号“;”作为结束提示。

(2)“data example1 _ 1;”命令SAS系统建立一个名为 example1 _ 1 的临时数据集。该数据集在本次SAS系统运行过程中会始终保存在一个名为WORK的临时数据库中，一

旦退出本次 SAS 系统运行，该数据集将不存盘退出。

（3）“input time monyy7. price;”告诉 SAS 系统，我们要输入两个变量的数据。

第一个变量取名为“time”，“monyy7.”说明该变量是时间变量，且指定了数据的输入格式为字符长度为 7 的月份-年度数据，输入格式为月份的 3 位缩写字母加 4 位年份数据，形如“Jan2005”。

第二个变量取名为“price”。对它我们没有指定变量类型和数据输入格式，系统自动将它视为数值型变量，自动读取任意长度的变量值。

对不同类型的数据，SAS 支持多种类型的输入、输出格式，时间序列分析中常用的输入、输出格式见附录 2。

（4）“format time monyy5.;”告诉 SAS 系统，“time”这个变量的输出格式是字符长度为 5 的月份-年度数据，月份的 3 位缩写字母加 2 位年份数据，形如“Jan05”；否则 SAS 会按照它的系统时间格式输出“time”的值。

（5）“cards;”告诉 SAS 系统，下面开始输入数据行了。接着就是数据录入。既可以通过光标引导键入数据，也可以通过复制、粘贴等功能从其他文件中将数据复制过来。

在此数据以列的方式被读取，第一列数据会自动赋值给变量“time”，第二列数据会自动赋值给变量“price”，其余的数据将被忽略。

如果将第二句命令修改为“input time monyy7. price@@;”，则数据将会以行的方式被读取：第一个数据赋值给变量“time”，第二个数据赋值给变量“price”，第三个数据赋值给变量“time”，第四个数据赋值给变量“price”……

数据输入完毕后，另起一行输入命令结束符号“;”。

（6）“run;”告诉系统程序写好了，可以运行了。点击工具栏上的 SUBMIT 图标（ ），提交这个程序运行，运行结束后一个名为 example1_1 的临时数据集就建立了，在本次 SAS 运行中，我们可以随时调用这个数据集。

2. 创建永久数据集

使用如下命令就可以得到一个名为 sasuser. example1_1 的永久数据集。

```
data sasuser. example1_1;
```

除“sasuser”这个永久数据库之外，还可以使用 libname 命令建立自己的永久数据库。

假定 SAS 软件安装在 D 盘，并且已经在 SAS 目录下建立一个名为 myfile 的子目录（文件夹），就可以通过如下命令在该目录下建立一个名为 datafile 的永久数据库，并将数据集 example1_1 存入这个永久数据库中。

```
libname datafile 'd: \ sas \ myfile';
data datafile. example1_1;
```

以后这个数据集将一直以 datafile. example1_1 这种二级名称的形式被引用。

3. 查看数据集

（1）使用 print 程序查看数据集。建好一个数据集之后，我们可以使用 print 程序查看这个数据集的结果。命令格式为：

proc print data=数据库名.数据集名；

在原程序中添加如下命令可以查看临时数据集 example1 _ 1 的内容：

```
proc print data=example1 _ 1;
run;
```

运行该程序，在结果输出窗口（Output）得到如下输出结果：

Obs	time	price
1	JAN05	101
2	FEB05	82
3	MAR05	66
4	APR05	35
5	MAY05	31
6	JUN05	7

假如从结果输出窗口发现数据集的数据输入有误，可以返回程序编辑窗口修改程序及数据。

(2) 使用资源管理器查看数据集。在默认的 SAS 界面的左侧是 SAS 资源管理器和结果目录栏的开关窗口。没有运行程序之前，该窗口呈现 SAS 资源管理器的内容，里面有四个快捷键：逻辑库、文件快捷方式、收藏夹和计算机（见图 1－5)。一旦运行了程序，该窗口呈现运行结果的目录内容（见图 1－6)。可以点击左下角的结果栏或 SAS 资源管理器的开关，让这个窗口呈现资源管理器界面。

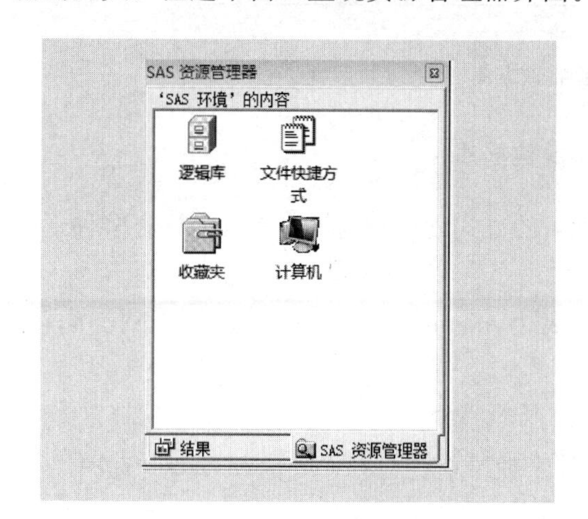

图 1－5　SAS 资源管理器

图 1－6　SAS 运行结果目录

无论通过什么方式建立数据集，SAS 的数据集都存在逻辑库里。点击资源管理器中的逻辑库按钮，进入存储数据集的逻辑库（见图 1－7)，点击数据集（见图 1－8）就可以看到数据表了（见图 1－9)。

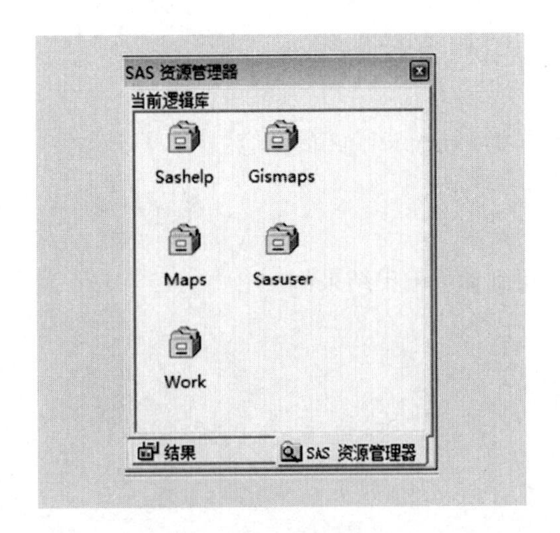

图 1-7　SAS 逻辑库

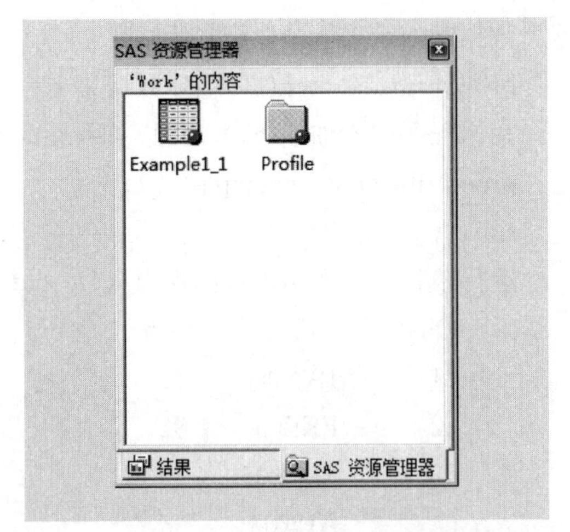

图 1-8　临时库里的数据集

	time	price
1	JAN05	101
2	JAN05	82
3	JAN05	66
4	APR05	35
5	MAY05	31
6	JUN05	7

图 1-9　查看数据集

二、将直接导入的外部数据文件转换成 SAS 数据集

SAS 系统不仅允许在系统内部通过程序编辑的方式创建数据集，而且允许将多种形式的外部数据文件直接导入，转换成 SAS 数据集。

假定先将上述数据存为 Excel 文件，文件名为 example1 _ 1. xls。通过如下操作，这个 Excel 文件可以直接转换成 SAS 数据集。

第一步：选择导入外部数据文件选项。

在菜单栏中，点击“File”选项，下拉文件管理菜单，点击“Import Data”选项。

第二步：选择要输入数据的类型。

进入输入数据界面之后，首先要选择输入数据的类型，SAS 的默认设置是 Microsoft Excel 97 or 2000 (* . xls)，选择正确的数据格式，然后选择“Next”选项，进行下一步。

第三步：指明该输入文件的路径。

点击“Browse”选项，指明输入文件 example1 _ 1. xls 的路径，选择“Next”选项，进行下一步。

第四步：指定该文件转换成SAS数据集后存放的数据库及数据集名。

假定我们指定的是sasuser库，文件名取为example1 _ 1，点击“Finish”选项，数据格式转换完成之后，一个名为sasuser. example1 _ 1的永久SAS数据集就建好了，可以直接调用该数据集进行分析。

1.6.3　时间序列数据集的处理

一、间隔函数的使用

如果没有现成的电子版数据导入，而需要通过键盘录入数据，那么时间数据的录入将是一件非常麻烦的事情。对于等时间间隔数据，SAS提供了一种间隔函数intnx，它可以根据需要自动产生等时间间隔的时间数据。

例如，运行如下程序：

```
data example1 _ 2;
input price;
time=intnx('month','01jan2005'd, _ n _ -1);
format time monyy. ;
cards;
  3.41
  3.45
  3.42
  3.53
  3.45
;
proc print data=example1 _ 2;
run;
```

得到输出结果如下：

Obs	price	time
1	3.41	JAN05
2	3.45	FEB05
3	3.42	MAR05
4	3.53	APR05
5	3.45	MAY05

尽管我们没有输入时间变量的取值，但是intnx函数会自动给每条输入数据进行时间变量赋值。

语句说明：

“time=intnx('month','01jan2005'd, _ n _ -1);”指定用intnx函数给时间变量time

赋值。具体操作是以 2005 年 1 月 1 日为起始时间，以月为时间间隔，从起始时间 2005 年 1 月 1 日开始每读入一个 price 的数据，就自动产生一个 time 的数据。

intnx 函数包括三个参数：

第一个参数是指定等时间间隔，本例中指定等时间间隔为'month'(月)，该参数还可以取为 day（天）、week（星期）、quarter（季度）、year（年）等。

第二个参数是指定参照时间，本例的参照时间是'01jan2005'd。

第三个参数是 _ n _ k，这个参数主要是调整开始观测指针。k 为整数，k 取正值，指针由参照时间向未来（不包含参照时间）拨 k 期；k 取负值，指针由参照时间向过去（包括参照时间）拨 k 期。

二、序列变换

在时间序列分析中，我们得到的是观察值序列 $\{x_t\}$，但需要分析的可能是这个观察值序列的某个函数变换，例如对数序列 $\{\ln x_t\}$。在建立数据集时，我们可以通过简单的赋值命令实现这个变换。

例如，运行如下程序：

```
data example1 _ 3;
input price;
logprice=log(price);
time=intnx('month','01jan2005'd, _ n _ -1);
format time monyy. ;
cards;
  3.41
  3.45
  3.42
  3.53
  3.45
;
proc print data=example1 _ 3;
run;
```

该程序的输出结果如下：

Obs	price	logprice	time
1	3.41	1.22671	JAN05
2	3.45	1.23837	FEB05
3	3.42	1.22964	MAR05
4	3.53	1.26130	APR05
5	3.45	1.23837	MAY05

语句说明：

“logprice=log(price);”是一个简单的赋值语句，将 price 的对数函数值赋值给一个新的变量 logprice，即建立一个新的对数序列。

三、子集

有时我们只需要分析一个时间序列中的部分序列值，这时可以在 data 步中建立一个子集。

例如，我们只需要分析数据集 example1_3 中 2005 年 3—5 月的对数价格序列，建立相应的子集 example1_4。

```
data example1_4;
set example1_3;
keep time logprice;
where time>='01mar2005'd;
proc print data=example1_4;
run;
```

数据集 example1_4 的输出结果如下：

Obs	logprice	time
1	1.22964	MAR05
2	1.26130	APR05
3	1.23837	MAY05

语句说明：

(1)“data example1_4;”告诉系统要建立一个名为 example1_4 的临时数据集。

(2)“set example1_3;”是说数据集 example1_4 是数据集 example1_3 的子集。注意 example1_3 数据集在本次 SAS 运行中必须已经存在。

(3)“keep time logprice;”告诉系统数据集 example1_4 中只需要保留两个变量：一个是 time；一个是 logprice。

(4)“where time>='01mar2005'd;”指令系统只将数据集 example1_3 中时间大于等于 2005 年 3 月 1 日的那些数据输入数据集 example1_4。

四、缺失值插值

有时观察值序列会有缺失值，这会影响我们的分析。这时可以使用 expand 过程，使用插值方法补全缺失值。

假设上例中 2005 年 3 月 1 日 price 的观察值缺失，使用如下程序对缺失值进行补插。

```
data example1_5;
input price;
time=intnx('month','01jan2005'd,_n_-1);
format time date.;
cards;
```

```
3.41
3.45
.
3.53
3.45
;
proc expand data=example1_5 out=example1_5_new;
id time;
proc print data=example1_5;
proc print data=example1_5_new;
run;
```

该程序输出两个数据集的结果如下：

数据集 example1_5

Obs	price	time
1	3.41	01JAN05
2	3.45	01FEB05
3	.	01MAR05
4	3.53	01APR05
5	3.45	01MAY05

数据集 example1_5_new

Obs	time	price
1	01JAN05	3.41000
2	01FEB05	3.45000
3	01MAR05	3.50693
4	01APR05	3.53000
5	01MAY05	3.45000

语句说明：

“proc expand data=example1_5 out=example1_5_new;”指令系统将数据集 example1_5 中的所有缺失值用插值的方法补齐，并将补齐后的数据集另存为数据集 example1_5_new。

1.6.4 绘制时序图

在 SAS 系统中，使用 gplot 程序可以绘制多种精美的时序图，下面以表 1-2 中的数据为例，介绍 gplot 程序的基本命令。

表 1-2

time	price1	price2
2004 年 7 月	12.85	15.21
2004 年 8 月	13.29	14.23
2004 年 9 月	12.41	14.69
2004 年 10 月	15.21	13.27
2004 年 11 月	14.23	16.75
2004 年 12 月	13.56	15.33

```
data example1_6;
input price1 price2;
time=intnx('month','01jul2004'd,_n_-1);
format time date.;
cards;
12.85   15.21
13.29   14.23
12.41   14.69
15.21   13.27
14.23   16.75
13.56   15.33
;
proc gplot data=example1_6;
plot price1*time=1 price2*time=2/overlay;
symbol1 c=black v=star i=join;
symbol2 c=red v=circle i=spline;
run;
```

语句说明：

(1)“proc gplot data=example1_6;”告诉系统，下面将准备对临时数据集 example1_6 中的数据绘图。

(2)“plot price1 * time=1 price2 * time=2/overlay;”要求系统绘制两条时序曲线，第一条以 price1 为纵坐标，time 为横坐标，以 symbol1 语句所规定的格式绘制。第二条以 price2 为纵坐标，time 为横坐标，以 symbol2 语句所规定的格式绘制。overlay 选项指令系统将这两条时序线绘制在同一张图中，同时显示。如果没有 overlay 选项，系统会将这两条时序线分页输出。

(3)“symbol1 c=black v=star i=join;”。symbol 语句是专门指令绘制的格式，一个 gplot 程序中允许使用多个 symbol 语句，所以就有了 symbol1，symbol2，…。

symbol 语句中有许多选项，最常用的三大选项是：

c——图线颜色，可自由选择 red（红色）、black（黑色）、green（绿色）、blue（蓝色）、pink（粉红色）等各种颜色。

v——表示观察值的图形，可自由选择 star（星号）、dot（点）、circle（圆圈）、diamond（菱形）等各种形状，也可选择 none（不使用特别图形标注观察值）。

i——观察值之间的连线方式，可自由选择 join（线性连接）、spline（光滑连接）、needle（做观察值到横轴的悬垂线）等各种连线方式，也可选择 none（不做任何连接）。

本例输出的时序图如图 1-10 所示。

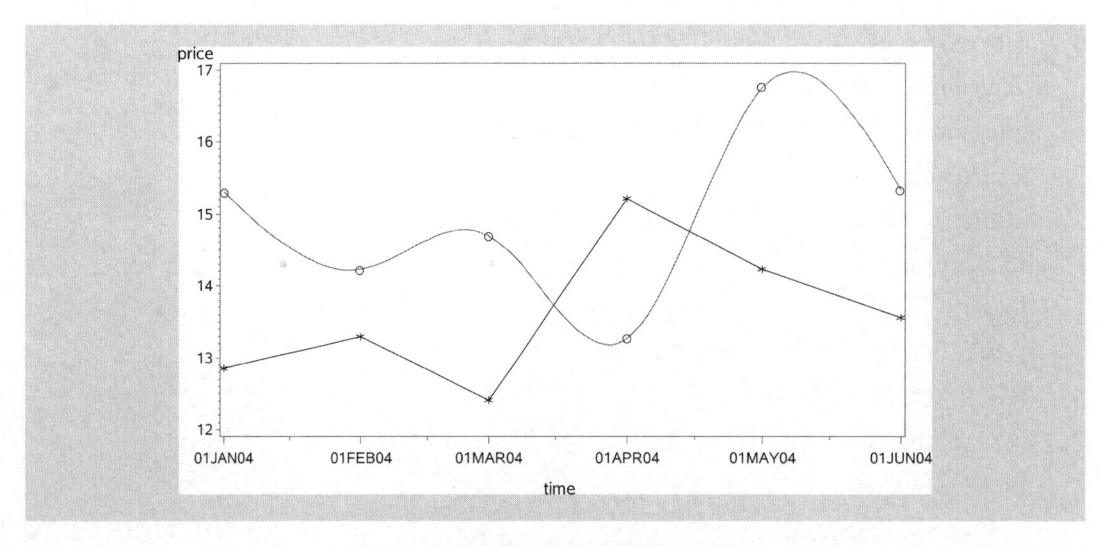

图 1-10　两条时序线重叠显示时序图

时间序列的预处理

拿到一个观察值序列之后，首先要对序列的平稳性和纯随机性进行检验。这两个检验称为序列的预处理。根据检验的结果可以将序列分为不同的类型，对不同类型的序列，应采用不同的分析方法。

2.1 平稳序列的定义

2.1.1 特征统计量

平稳性是某些时间序列具有的一种统计特征。要描述清楚这个特征，必须借助以下统计工具。

一、概率分布

数理统计的基础知识告诉我们分布函数或密度函数能够完整地描述一个随机变量的统计特征。同样，一个随机变量族 $\{X_t\}$ 的统计特性完全由它们的联合分布函数或联合密度函数决定。

对于时间序列 $\{X_t, t\in T\}$，这样来定义它的概率分布：

任取正整数 m，任取 $t_1, t_2, \cdots, t_m\in T$，则 m 维随机向量 $(X_{t_1}, X_{t_2}, \cdots, X_{t_m})'$的联合概率分布记为 $F_{t_1,t_2,\cdots,t_m}(x_1, x_2, \cdots, x_m)$，由这些有限维分布函数构成的全体

$$\{F_{t_1,t_2,\cdots,t_m}(x_1,x_2,\cdots,x_m), \forall m\in \text{正整数}, \forall t_1,t_2,\cdots,t_m\in T\}$$

就称为序列 $\{X_t\}$ 的概率分布族。

概率分布族是极其重要的统计特征描述工具，因为序列的所有统计性质理论上都可以通过概率分布推导出来，但是概率分布族的重要性仅仅停留在这样的理论意义上。在实际应用中，要得到序列的联合概率分布几乎是不可能的，而且联合概率分布通常涉及非常复杂的数学运算，这些原因导致我们很少直接使用联合概率分布进行时间序列分析。

二、特征统计量

一种更简单、更实用的描述时间序列统计特征的方法是研究该序列的低阶矩，特别是均值、方差、自协方差和自相关系数，它们也称为特征统计量。

尽管这些特征统计量并不能描述出随机序列的所有统计性质，但由于它们概率意义明显，易于计算，而且往往能代表随机序列的主要概率特征，所以我们对时间序列进行分析，主要就是通过分析这些特征量的统计特性，推断出随机序列的性质。

1. 均值

对时间序列 $\{X_t, t\in T\}$ 而言，任意时刻的序列值 X_t 都是一个随机变量，都有它自己的概率分布，不妨记 X_t 的分布函数为 $F_t(x)$。只要满足条件：

$$\int_{-\infty}^{\infty} x\mathrm{d}F_t(x) < \infty$$

就一定存在某个常数 μ_t，使得随机变量 X_t 总是围绕在常数值 μ_t 附近做随机波动。我们称 μ_t 为序列 $\{X_t\}$ 在 t 时刻的均值函数。

$$\mu_t = E(X_t) = \int_{-\infty}^{\infty} x\mathrm{d}F_t(x)$$

当 t 取遍所有的观察时刻时，就得到一个均值函数序列 $\{\mu_t, t\in T\}$。它反映的是时间序列 $\{X_t, t\in T\}$ 每时每刻的平均水平。

2. 方差

当 $\int_{-\infty}^{\infty} x^2\mathrm{d}F_t(x) < \infty$ 时，可以定义时间序列的方差函数以描述序列值围绕其均值做随机波动时的平均波动程度。

$$\sigma_t^2 = DX_t = E(X_t-\mu_t)^2 = \int_{-\infty}^{\infty}(x-\mu_t)^2\mathrm{d}F_t(x)$$

同样，当 t 取遍所有的观察时刻时，得到一个方差函数序列 $\{\sigma_t^2, t\in T\}$。

3. 自协方差函数和自相关系数

类似于协方差函数和相关系数的定义，在时间序列分析中我们定义自协方差函数（autocovariance function）和自相关系数（autocorrelation coefficient）的概念。

对于时间序列 $\{X_t, t\in T\}$，任取 $t, s\in T$，定义 $\gamma(t,s)$ 为序列 $\{X_t\}$ 的自协方差函数：

$$\gamma(t,s)=E(X_t-\mu_t)(X_s-\mu_s)$$

定义 $\rho(t,s)$ 为时间序列 $\{X_t\}$ 的自相关系数，简记为 ACF：

$$\rho(t,s)=\frac{\gamma(t,s)}{\sqrt{DX_t \cdot DX_s}}$$

之所以称它们为自协方差函数和自相关系数，是因为通常的协方差函数和相关系数度量的是两个不同的随机事件的相互影响程度，而自协方差函数和自相关系数度量的是同一事件在两个不同时期的相关程度，形象地讲，就是度量自己过去的行为对自己现在的影响。

2.1.2　平稳时间序列的定义

平稳时间序列有两种定义，根据限制条件的严格程度，分为严平稳时间序列和宽平稳时间序列。

一、严平稳

严平稳（strictly stationary）是一种条件比较苛刻的平稳性定义，它认为只有当序列所有的统计性质都不会随着时间的推移而发生变化时，该序列才能被认为平稳。而我们知道，随机变量族的统计性质完全由它们的联合概率分布族决定，所以严平稳时间序列的定义如下。

定义 2.1　设 $\{X_t\}$ 为一时间序列，对任意正整数 m，任取 t_1，t_2，…，$t_m \in T$，对任意整数 τ，有

$$F_{t_1,t_2,\cdots,t_m}(x_1,x_2,\cdots,x_m)=F_{t_{1+\tau},t_{2+\tau},\cdots,t_{m+\tau}}(x_1,x_2,\cdots,x_m)$$

则称时间序列 $\{X_t\}$ 为严平稳时间序列。

前面说过，在实践中要获得随机序列的联合分布是一件非常困难的事，即使知道随机序列的联合分布，计算和应用也非常不便。所以严平稳时间序列通常只具有理论意义，在实践中用得更多的是条件比较宽松的宽平稳时间序列。

二、宽平稳

宽平稳（weak stationary）是使用序列的特征统计量来定义的一种平稳性。它认为序列的统计性质主要由它的低阶矩决定，所以只要保证序列低阶（二阶）矩平稳，就能保证序列的主要性质近似稳定。

定义 2.2　如果 $\{X_t\}$ 满足如下三个条件：

（1）任取 $t \in T$，有 $E(X_t^2)<\infty$；

（2）任取 $t \in T$，有 $E(X_t)=\mu$，μ 为常数；

（3）任取 t，s，$k \in T$，且 $k+s-t \in T$，有 $\gamma(t,s)=\gamma(k,k+s-t)$，

则称 $\{X_t\}$ 为宽平稳时间序列。宽平稳也称弱平稳或二阶平稳（second-order stationary）。

显然，严平稳比宽平稳的条件严格。严平稳是对序列联合分布的要求，以保证序列所有的统计特征都相同；而宽平稳只要求序列二阶平稳，对高于二阶的矩没有任何要求。所

以通常情况下，严平稳序列也满足宽平稳条件，而宽平稳序列不能反推严平稳成立。但这不是绝对的，两种情况都有特例。

比如，服从柯西分布的严平稳序列就不是宽平稳序列，因为它不存在一、二阶矩，所以无法验证它二阶平稳。严格地讲，只有存在二阶矩的严平稳序列才一定是宽平稳序列。

宽平稳一般推不出严平稳，但当序列服从多元正态分布时，二阶平稳可以推出严平稳。

定义 2.3 时间序列 $\{X_t\}$ 称为正态时间序列，如果任取正整数 n，任取 t_1，t_2，…，$t_n \in T$，相对应的有限维随机变量 X_1，X_2，…，X_n 服从 n 维正态分布，则密度函数为：

$$f_{t_1,t_2,\cdots,t_n}(\widetilde{X}_n)=(2\pi)^{-\frac{n}{2}}\mid \Gamma_n \mid^{-\frac{1}{2}}\exp\left[-\frac{1}{2}(\widetilde{X}_n-\widetilde{\mu}_n)'\Gamma_n^{-1}(\widetilde{X}_n-\widetilde{\mu}_n)\right]$$

式中，$\widetilde{X}_n=(X_1, X_2, \cdots, X_n)'$；$\widetilde{\mu}_n=(EX_1, EX_2, \cdots, EX_n)'$；$\Gamma_n$ 为协方差阵。

$$\Gamma_n=\begin{pmatrix} \gamma(t_1,t_1) & \gamma(t_1,t_2) & \cdots & \gamma(t_1,t_n) \\ \gamma(t_2,t_1) & \gamma(t_2,t_2) & \cdots & \gamma(t_2,t_n) \\ \vdots & \vdots & & \vdots \\ \gamma(t_n,t_1) & \gamma(t_n,t_2) & \cdots & \gamma(t_n,t_n) \end{pmatrix}$$

由正态随机序列的密度函数可以看出，它的 n 维分布仅由均值向量和协方差阵决定。换言之，对正态随机序列而言，只要二阶矩平稳，就等于分布平稳。所以宽平稳正态时间序列一定是严平稳时间序列。对于非正态过程，就没有这个性质。

在实际应用中，研究最多的是宽平稳随机序列，以后见到平稳随机序列，如果不特别注明，指的都是宽平稳随机序列。如果序列不满足平稳条件，就称为非平稳序列。

2.1.3 平稳时间序列的统计性质

根据平稳时间序列的定义，可以推断出它一定具有如下两个重要的统计性质：

（1）常数均值。

$$E(X_t)=\mu, \ \forall t\in T$$

（2）自协方差函数和自相关系数只依赖于时间的平移长度而与时间的起止点无关。

$$\gamma(t,s)=\gamma(k,k+s-t), \ \forall t,s,k\in T$$

根据这个性质，可以将自协方差函数由二维函数 $\gamma(t,s)$ 简化为一维函数 $\gamma(s-t)$：

$$\gamma(s-t)\hat{=}\gamma(t,s), \ \forall t,s\in T$$

由此引出延迟 k 自协方差函数的概念。

定义 2.4 对于平稳时间序列 $\{X_t, t\in T\}$，任取 $t(t+k\in T)$，定义 $\gamma(k)$ 为时间序列 $\{X_t\}$ 的延迟 k 自协方差函数：

$$\gamma(k)=\gamma(t,t+k)$$

根据平稳序列的这个性质，容易推断出平稳随机序列一定具有常数方差：

$$DX_t = \gamma(t,t) = \gamma(0), \ \forall t \in T$$

由延迟 k 自协方差函数的概念可以等价得到延迟 k 自相关系数的概念：

$$\rho_k = \frac{\gamma(t,t+k)}{\sqrt{DX_t \cdot DX_{t+k}}} = \frac{\gamma(k)}{\gamma(0)}$$

容易验证和相关系数一样，自相关系数具有如下三个性质：

（1）规范性。

$$\rho_0 = 1 \text{ 且 } |\rho_k| \leqslant 1, \ \forall k \in T$$

（2）对称性。

$$\rho_k = \rho_{-k}$$

（3）非负定性。

对任意正整数 m，相关阵 Γ_m 为对称非负定阵。

$$\Gamma_m = \begin{pmatrix} \rho_0 & \rho_1 & \cdots & \rho_{m-1} \\ \rho_1 & \rho_0 & \cdots & \rho_{m-2} \\ \vdots & \vdots & & \vdots \\ \rho_{m-1} & \rho_{m-2} & \cdots & \rho_0 \end{pmatrix}$$

值得注意的是，ρ_k 除了具有上述三个性质，还具有一个特别的性质：对应模型的非唯一性。

一个平稳时间序列一定唯一决定了它的自相关系数序列 $\{\rho_k, k=0, 1, 2, \cdots\}$，但一个自相关系数序列未必唯一对应一个平稳时间序列。我们在后面的章节中将证明这一点。这个性质给我们根据样本的自相关系数的特点来确定模型增加了一定的难度。

2.1.4　平稳时间序列的意义

时间序列分析方法作为数理统计学的一个分支，遵循数理统计学的基本原理，也是利用样本信息来推测总体信息。

传统的统计分析通常具有如表 2-1 所示的数据结构。

表 2-1

样本	随机变量		
	X_1	$\cdots$	X_m
1	x_{11}	$\cdots$	x_{m1}
2	x_{12}	$\cdots$	x_{m2}
$\vdots$	$\vdots$		$\vdots$
n	x_{1n}	$\cdots$	x_{mn}

根据数理统计学常识，显然要分析的随机变量越少越好（m 越小越好），而每个变量获得的样本信息越多越好（n 越大越好）。因为随机变量越少，分析的过程就会越简单，而样本容量越大，分析的结果就会越可靠。

但是时间序列分析的数据结构有它的特殊性。对随机序列 $\{\cdots, X_1, X_2, \cdots, X_t, \cdots\}$ 而言，它在任意时刻 t 的序列值 X_t 都是一个随机变量，而且由于时间的不可重复性，该变量在任意一个时刻只能获得唯一的样本观察值，因而时间序列分析的数据结构如表 2－2 所示。

表 2－2

样本	随机变量				
	…	X_1	…	X_t	…
1	…	x_1	…	x_t	…

由于样本信息太少，如果没有其他的辅助信息，通常这种数据结构是没有办法进行分析的，而序列平稳性概念的提出可以有效地解决这个问题。

在平稳序列场合，序列的均值等于常数意味着原本含有可列多个随机变量的均值序列

$$\{\mu_t, t \in T\}$$

变成了一个常数序列

$$\{\mu, t \in T\}$$

原本每个随机变量的均值 $\mu_t(t \in T)$ 只能依靠唯一的样本观察值 x_t 去估计

$$\hat{\mu}_t = x_t$$

现在由于 $\mu_t = \mu(\forall t \in T)$，于是每一个样本观察值 $x_t(\forall t \in T)$ 都变成了常数均值 μ 的样本观察值

$$\hat{\mu} = \bar{x} = \frac{\sum_{i=1}^{n} x_i}{n}$$

这极大地减少了随机变量的个数，并增加了待估参数的样本容量。换句话说，这大大降低了时序分析的难度，同时提高了对均值函数的估计精度。

同理，根据平稳序列二阶矩平稳的性质，可以得到基于全体观察样本计算出来的延迟 k 自协方差函数的估计值：

$$\hat{\gamma}(k) = \frac{\sum_{t=1}^{n-k} (x_t - \bar{x})(x_{t+k} - \bar{x})}{n-k}, \quad \forall 0 < k < n$$

进一步推导出总体方差的估计值：

$$\hat{\gamma}(0)=\frac{\sum_{t=1}^{n}(x_t-\bar{x})^2}{n-1}$$

和延迟 k 自相关系数的估计值：

$$\hat{\rho}_k=\frac{\hat{\gamma}(k)}{\hat{\gamma}(0)},\ \forall 0<k<n$$

当延迟阶数 k 远远小于样本容量 n 时，有

$$\hat{\rho}_k\approx\frac{\sum_{t=1}^{n-k}(x_t-\bar{x})(x_{t+k}-\bar{x})}{\sum_{t=1}^{n}(x_t-\bar{x})^2},\ \forall 0<k<n$$

2.2 平稳性检验

对序列的平稳性有两种检验方法：一种是根据时序图和自相关图的特征做出判断的图检验方法；另一种是构造检验统计量进行假设检验的方法。

图检验方法是一种操作简便、运用广泛的平稳性判别方法，它的缺点是判别结论带有一定的主观色彩，所以最好能用统计检测方法加以辅助判断。目前最常用的平稳性统计检验方法是单位根检验（unit root test）。由于目前知识的局限性，本章将主要介绍平稳性的图检验方法，单位根检验将在第 4 章详细介绍。

2.2.1 时序图检验

平稳性的时序图检验依靠的原理是平稳时间序列具有常数均值和方差。这意味着平稳序列的时序图应该显示出该序列始终在一个常数值附近波动，而且波动的范围呈现有界的特点。

拿到一个观察值序列之后，我们首先绘制该序列的时序图，根据时序图呈现的不同特征，可以把序列分为三大类。

一、序列具有明显的趋势特征

如果序列具有明显的趋势特征，那么该序列显然不具有常数均值，所以趋势序列可以判断为非平稳序列。根据这个特征，很多趋势非平稳序列通过查看它的时序图就可以直接识别出来。

例 2-1

利用图检验方法判断 1978—2012 年我国第三产业占国内生产总值的比例序列的平稳

性（数据见表 A1-4）。

绘制该序列时序图，如图 2-1 所示。

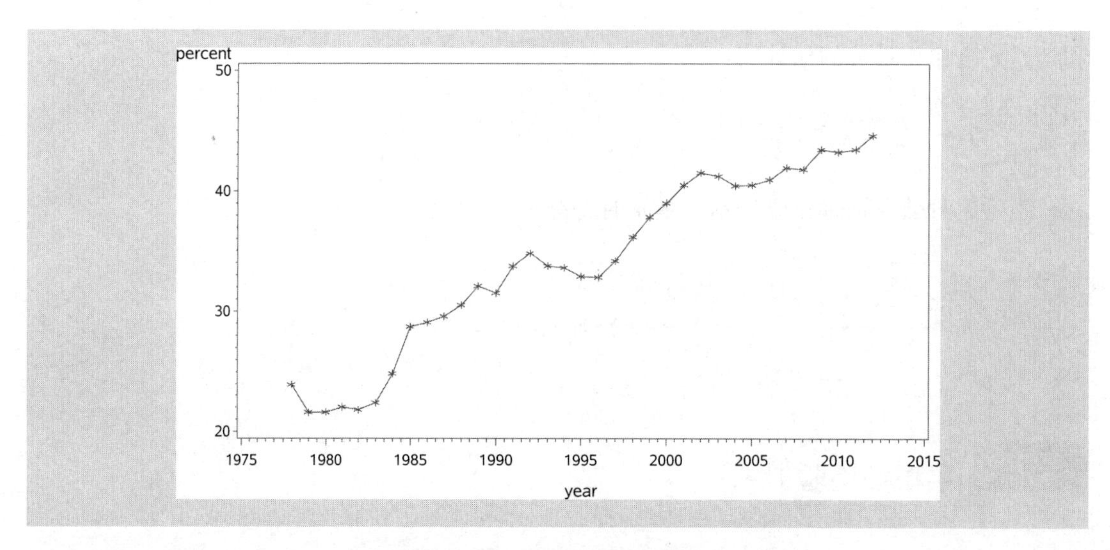

图 2-1　中国第三产业占国内生产总值的比例（%）

图 2-1 显示，从 1978 年开始中国第三产业占国内生产总值的比例有明显的线性递增趋势，所以该序列一定不是平稳序列。对于这种非平稳序列，我们通常需要借助差分运算或趋势回归的方法，先提取序列中蕴含的非平稳信息，使残差序列平稳之后，再基于平稳序列的统计性质进行序列分析。

二、序列具有明显的周期特征

具有周期特征的序列平稳性识别是困难的。理论上，如果周期波动的振幅和频率不随时间的变化而变化，通常序列是稳定的。比如通信领域常用的随机相位信号函数

$$x_t = A\cos(\omega_0 t + \phi)$$

式中，振幅 A 和频率ω_0为任意常数；相位 ϕ 是在（$-\pi$，π）区间服从均匀分布的随机变量。

容易验证随机相位信号序列 $\{x_t\}$ 是均值为 0，协方差函数为 $\gamma(k) = \frac{1}{2}A^2\cos(\omega_0 k)$ 的宽平稳序列。但如果 $x_t = A_t\cos(\omega_t t + \phi)$，振幅和频率会随着时间变化而变化，那么 $\{x_t\}$ 就是非平稳序列。

对于一个波动公式已知的周期序列，根据宽平稳的定义，判断它的平稳性是可行的。但是实务中，我们拿到一个具有周期特征的观察值序列，要判断它的平稳性是很困难的。比如图 1-3 显示的太阳黑子年度数据时序图，我们可以看到太阳黑子有非常显著的周期性，但是周期长度略有变化，短的周期 10 年，长的周期 13 年，振幅有时高有时低，很难判断这是平稳周期序列的随机波动，还是具有周期特征的非平稳序列。

实务中，只要序列具有周期特征，无论它是否平稳，我们对它的处理方法和趋势非平稳序列类似：先从序列中提取周期信息，再对残差序列建立平稳模型。

所以在平稳性图检验时，如果时序图呈现出显著的周期特征，操作上，可以直接按非平稳序列处理。

例 2-2

利用图检验方法判断 1970—1976 年加拿大 Coppermine 地区月度降雨量序列的平稳性（数据见表 A1-5）。

绘制该序列时序图，如图 2-2 所示。

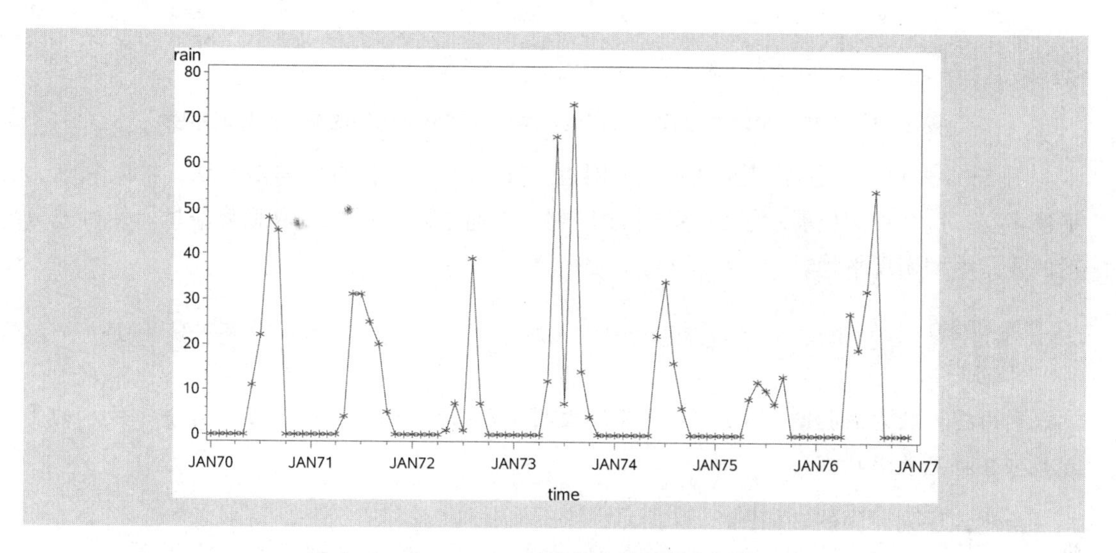

图 2-2　Coppermine 地区月度降雨量序列时序图

图 2-2 显示，该序列以年为周期呈现出明显的周期性，该序列可以判断为非平稳序列。

三、序列既没有趋势特征，也没有周期特征

如果一个序列既没有明显的趋势特征，也没有明显的周期特征，几乎是围绕在一个常数附近做有界波动，这通常是平稳序列。

例 2-1 续（1）

对 1978—2012 年我国第三产业占国内生产总值的比例序列进行一阶差分，基于图检验方法考察差分后序列的平稳性（数据见表 A1-4）。

首先对原序列进行一阶差分运算，得到我国第三产业占国内生产总值的比例变化序列 $\{\nabla x_t\}$

$$\nabla x_t = x_t - x_{t-1}$$

绘制差分序列时序图，如图 2-3 所示。

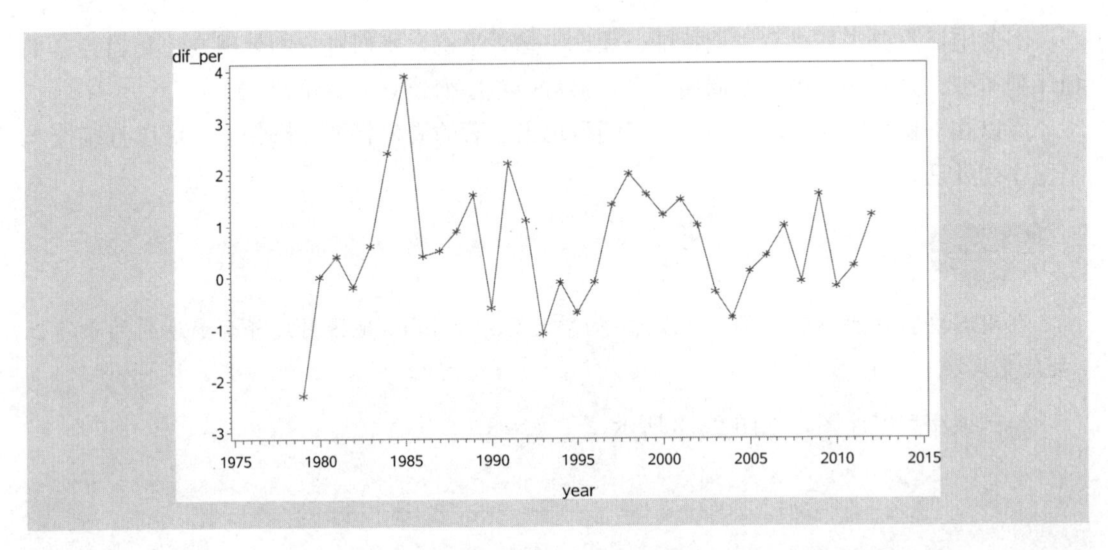

图 2-3　1978—2012年我国第三产业占国内生产总值比例的差分序列时序图

图2-3显示，差分序列围绕在0值附近，在［-3，4］的范围内波动，可以判断为平稳序列。这个案例也展示了趋势非平稳序列可以通过差分运算提取趋势信息，使得差分后的残差序列实现平稳。

例 2-3

利用图检验方法判断1915—2004年澳大利亚自杀率序列（每10万人自杀人数）的平稳性（数据见表A1-6）。

绘制该序列时序图，如图2-4所示。

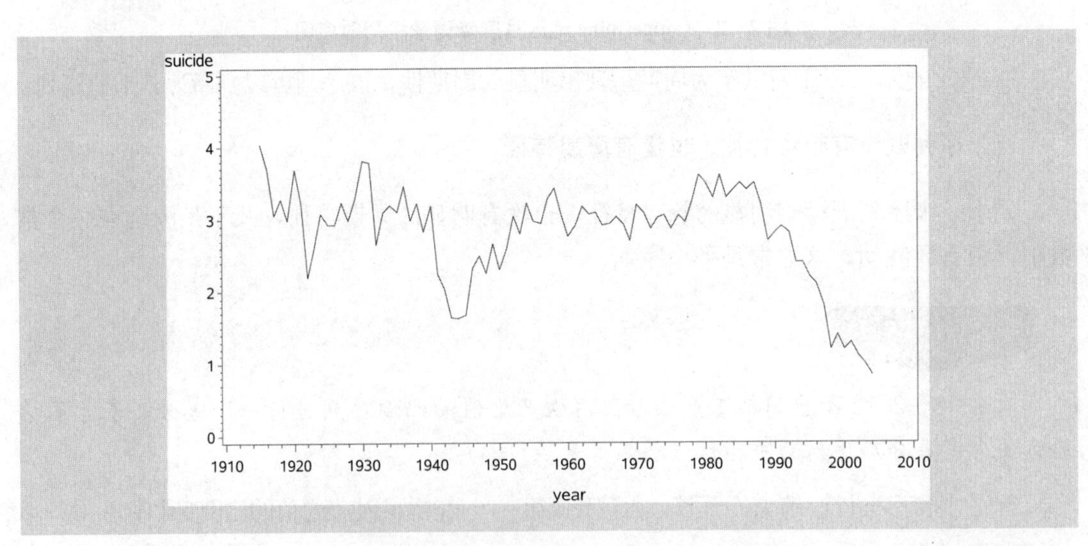

图 2-4　澳大利亚每10万人自杀率序列时序图

图2-4显示，从1915年开始澳大利亚每年的自杀率长期在10万分之3附近波动，而

且波动范围长期在 10 万分之 2 至 10 万分之 4 之间，这呈现出平稳序列的特征。但是看序列最后 20 年的波动，自杀率一路递减，这是有趋势吗？如果有趋势，这就是非平稳特征。

这时，通过时序图检验来判断该序列的平稳性就具有很强的主观性。无论是判断该序列平稳还是判断该序列非平稳，都不太有把握。这时，可以借助自相关图的性质，进一步辅助判别。

2.2.2　自相关图检验

自相关图是一个平面二维坐标悬垂线图，横坐标表示延迟时期数，纵坐标表示自相关系数，悬垂线的长度表示自相关系数的大小。

在第 3 章，我们会证明平稳序列通常具有短期相关性。该性质用自相关系数来描述就是随着延迟阶数 k 的增加，平稳序列的自相关系数 ρ_k 会很快地衰减向零；反之，非平稳序列的自相关系数 ρ_k 衰减向零的速度通常比较慢。这就是我们利用自相关图进行平稳性判别的标准。

例 2-1 续（2）

绘制 1978—2012 年我国第三产业占国内生产总值的比例序列的自相关图（数据见表 A1-4）。

绘制该序列的时序图与自相关图，如图 2-5 所示。

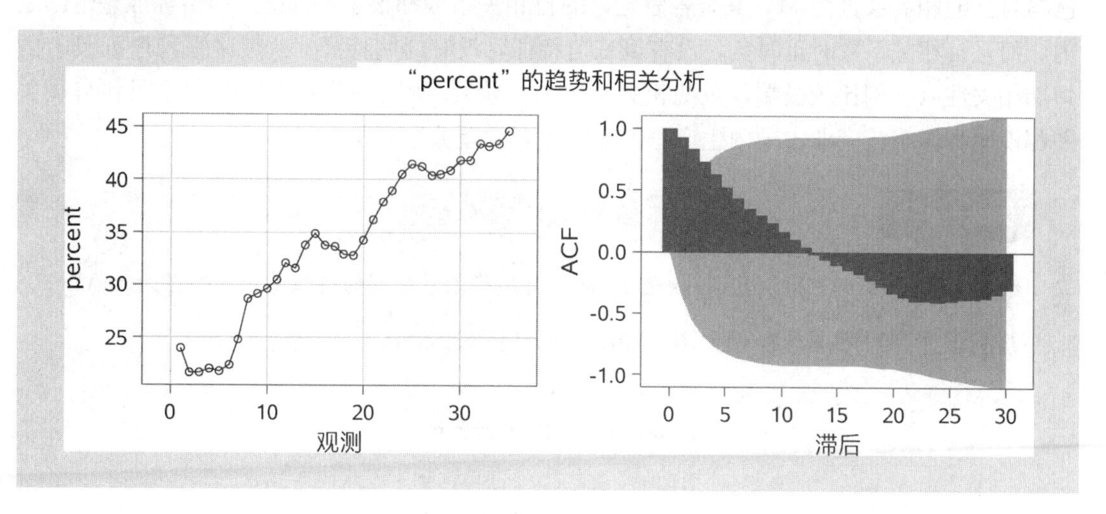

图 2-5　我国第三产业占国内生产总值比例序列的时序图和自相关图

图 2-5 左侧为该序列的时序图，右侧为该序列的自相关图。自相关图的横轴为延迟阶数 k，纵轴为自相关系数 ρ_k，阴影部分为 ρ_k 的 2 倍标准差范围。图 2-5 显示该序列的自相关图前 12 阶持续为正，12 阶之后持续为负，呈现明显的倒三角特征。倒三角是趋势非平稳序列典型的自相关图特征。所以该序列时序图和自相关图都显示该序列具有趋势特征，是非平稳序列。

例 2-1 续（3）

绘制 1978—2012 年我国第三产业占国内生产总值的比例差分序列的自相关图（数据

见表 A1-4）。

绘制差分后序列的时序图与自相关图，如图 2-6 所示。

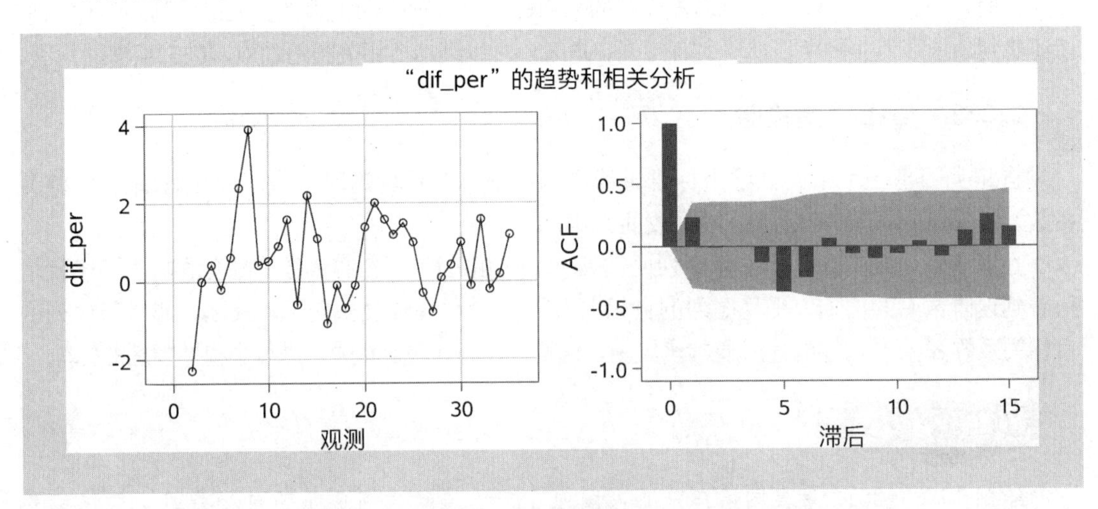

图 2-6　我国第三产业占国内生产总值比例差分序列的时序图和自相关图

图 2-6 右侧是差分后序列的自相关图，自相关图显示除了 0 阶延迟为 1（当期序列自己与自己的相关系数为 1），其余各阶延迟的自相关系数都很小，都落入两倍标准差范围之内，而且自相关系数时正时负，没有倒三角特征，没有周期特征。这就是平稳序列具有的短期相关性（本例比较极端，短期相关阶数为 0 阶）。所以差分后序列的时序图和自相关图都说明我国第三产业占国内生产总值比例序列的差分序列是平稳的。

例 2-2 续

绘制 1970—1976 年加拿大 Coppermine 地区月度降雨量序列的自相关图（数据见表 A1-5）。

绘制该序列时序图与自相关图，如图 2-7 所示。

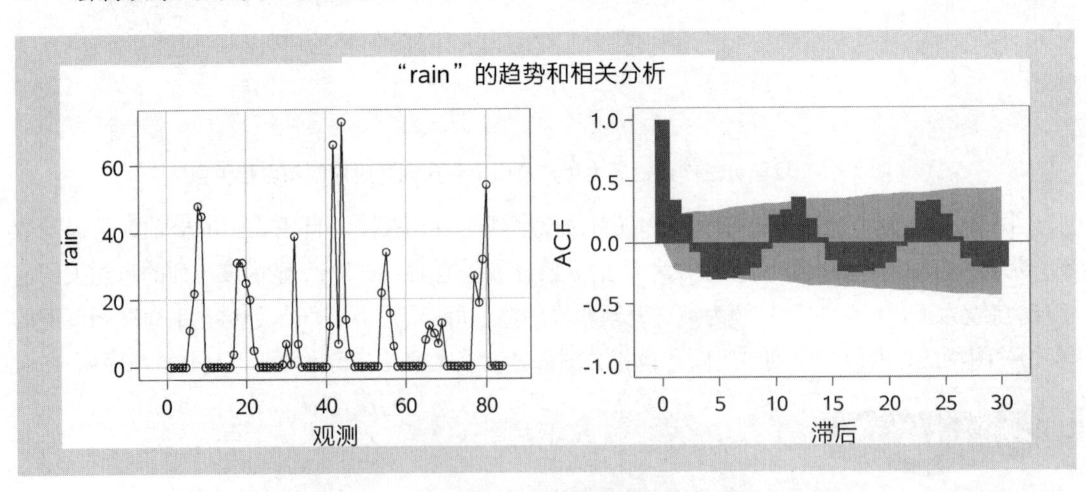

图 2-7　Coppermine 地区月度降雨量序列时序图和自相关图

图 2 - 7 显示，该序列自相关图呈现明显的三角函数（正弦或余弦）波动特征。这是具有周期特征的序列的自相关图常见的属性，而且这种周期性几乎不衰减。所以该序列时序图和自相关图都说明该序列具有明显的周期特征，实务中按具有周期特征的非平稳序列建模。

例 2 - 3 续 (1)

绘制 1915—2004 年澳大利亚自杀率序列（每 10 万人自杀人数）的自相关图（数据见表 A1 - 6）。

绘制该序列时序图和自相关图，如图 2 - 8 所示。

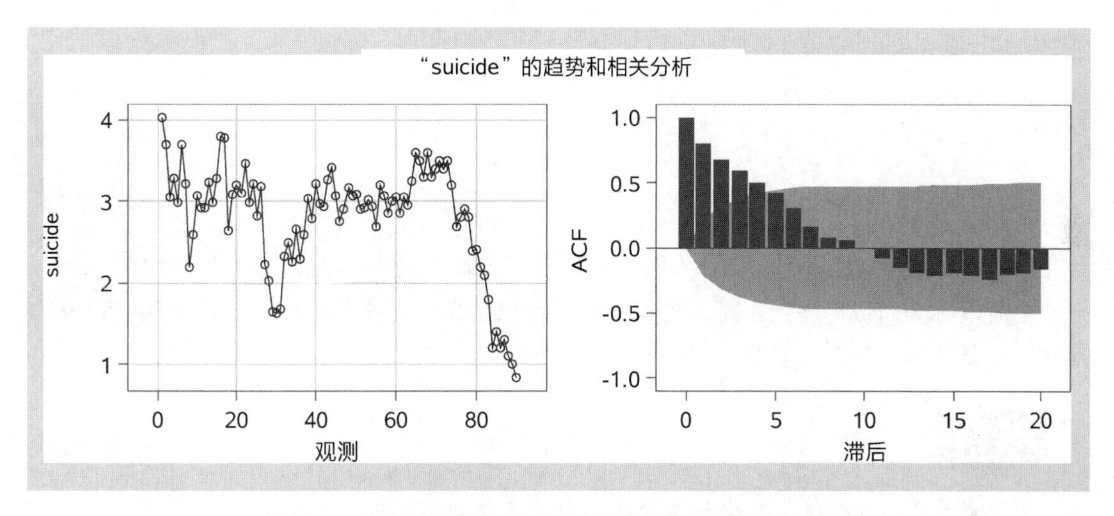

图 2 - 8　澳大利亚每 10 万人自杀率序列时序图和自相关图

图 2 - 8 左边的时序图显示，从 1915 年开始澳大利亚每年的自杀率长期在 10 万分之 3 附近波动，而且波动范围长期在 10 万分之 2 至 10 万分之 4 之间，这呈现出平稳序列的特征。但是看序列最后 20 年的波动，自杀率又是一路递减，呈现出递减的趋势，趋势特征是非平稳特征。时序图显示的特征不足以让我们做出明确的平稳性判别。这时，可以借助自相关图的性质，进一步辅助判别。图 2 - 8 右边的自相关图呈现出典型的趋势序列所拥有的倒三角特征，因此我们可以判断该序列非平稳，且具有长期趋势。

2.3 纯随机性检验

拿到一个观察值序列之后，首先是判断它的平稳性。通过平稳性检验，序列可以分为平稳序列和非平稳序列两大类。

对于非平稳序列，由于它不具有二阶矩平稳的性质，所以对它的统计分析要周折一些，通常要进行进一步的检验、变换或处理，才能确定适当的拟合模型。

如果序列平稳，情况就简单多了，我们有一套非常成熟的平稳序列建模方法。但是，并不是所有的平稳序列都值得建模。只有那些序列值之间具有密切的相关关系、历史数据对未来的发展有一定影响的序列，才值得花时间去挖掘历史数据中的有效信息，用来预测序列未来的发展。

如果序列值彼此之间没有任何相关性，那就意味着该序列是一个没有记忆的序列，过去的行为对将来的发展没有丝毫影响，这种序列称为纯随机序列。从统计分析的角度来说，纯随机序列是没有任何分析价值的序列。

为了确定平稳序列是否值得继续分析下去，我们需要对平稳序列进行纯随机性检验。

2.3.1 纯随机序列的定义

定义 2.5 如果时间序列 $\{X_t\}$ 满足如下性质：

(1) 任取 $t\in T$，有 $E(X_t)=\mu$；

(2) 任取 t，$s\in T$，有

$$\gamma(t,s)=\begin{cases}\sigma^2, & t=s\\ 0, & t\neq s\end{cases}$$

称序列 $\{X_t\}$ 为纯随机序列，也称为白噪声（white noise）序列，简记为 $X_t\sim \mathrm{WN}(\mu,\sigma^2)$。

之所以称为白噪声序列，是因为人们最初发现白光具有这种特性。容易证明，白噪声序列一定是平稳序列，而且是最简单的平稳序列。

例 2-4

随机产生 1 000 个服从标准正态分布的白噪声序列观察值，并绘制时序图。

时序图如图 2-9 所示。

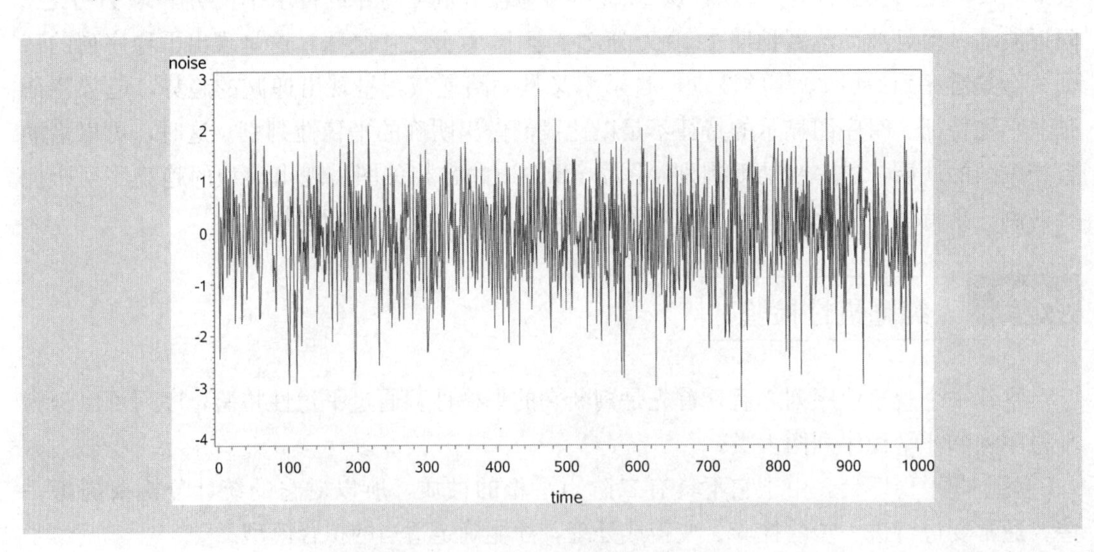

图 2-9 标准正态白噪声序列时序图

2.3.2　纯随机序列的性质

白噪声序列虽然很简单，但它在我们进行时间序列分析时所起的作用却非常大。它的两个重要性质在后面的分析过程中要经常用到。

一、纯随机性

白噪声序列具有如下性质：

$$\gamma(k)=0,\ \forall k\neq 0$$

这说明白噪声序列的各项序列值之间没有任何相关关系，这种“没有记忆”的序列就是纯随机序列。

纯随机序列各项之间没有任何关联，序列在进行完全无序的随机波动。一旦某个随机事件呈现出纯随机波动的特征，就认为该随机事件不包含任何值得提取的有用信息，我们就应该终止分析了。

如果序列值之间呈现出某种显著的相关关系：

$$\gamma(k)\neq 0,\ \exists k\neq 0$$

就说明该序列不是纯随机序列，该序列间隔 k 期的序列值之间存在一定程度的相互影响关系，这种相互影响关系在统计上称为相关信息。我们分析的目的就是要想方设法把这种相关信息从观察值序列中提取出来。一旦观察值序列中蕴涵的相关信息被充分提取出来，那么剩下的残差序列就应该呈现出纯随机的性质。所以纯随机性还是相关信息提取是否充分的一个判别标准。

二、方差齐性

所谓方差齐性，是指序列中每个变量的方差都相等，即

$$DX_t=\gamma(0)=\sigma^2$$

如果序列不满足方差齐性，就称该序列具有异方差性质。

在时间序列分析中，方差齐性是一个非常重要的限制条件。因为根据马尔可夫定理，只有方差齐性假定成立时，用最小二乘法得到的未知参数估计值才是准确的、有效的。如果假定不成立，最小二乘估计值就不是方差最小线性无偏估计，拟合模型的精度就会受到很大影响。

所以我们在进行模型拟合时，检验内容之一就是要检验拟合模型的残差是否满足方差齐性假定。如果不满足，那就说明残差序列还不是白噪声序列，即拟合模型没有充分提取随机序列中的相关信息，这时拟合模型的精度是值得怀疑的。在这种情形下，通常需要使用适当的条件异方差模型来处理异方差信息。

2.3.3 纯随机性检验

纯随机性检验也称为白噪声检验，是专门用来检验序列是否为纯随机序列的一种方法。我们知道如果一个序列是纯随机序列，那么它的序列值之间应该没有任何相关关系，即满足

$$\gamma(k)=0, \ \forall k \neq 0$$

这是一种理论上才会出现的理想状况。实际上，由于观察值序列的有限性，纯随机序列的样本自相关系数不会绝对为零。

例 2-4 续 (1)

绘制例 2-4 标准正态白噪声序列的样本自相关图。

自相关图如图 2-10 所示。

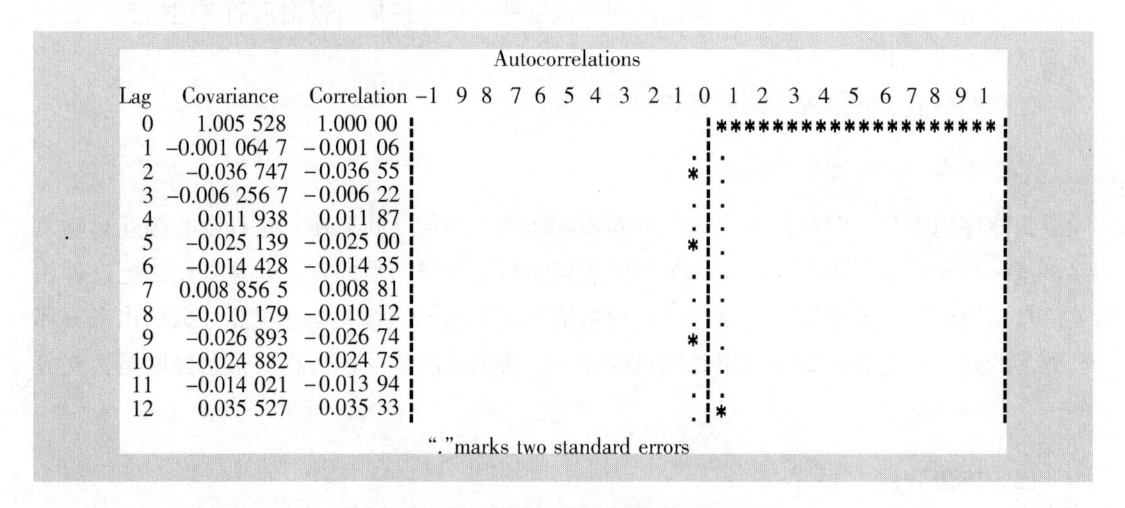

Autocorrelations

Lag	Covariance	Correlation	-1 9 8 7 6 5 4 3 2 1 0 1 2 3 4 5 6 7 8 9 1
0	1.005 528	1.000 00	|******************** |
1	-0.001 064 7	-0.001 06	. | .
2	-0.036 747	-0.036 55	*| .
3	-0.006 256 7	-0.006 22	. | .
4	0.011 938	0.011 87	. | .
5	-0.025 139	-0.025 00	*| .
6	-0.014 428	-0.014 35	. | .
7	0.008 856 5	0.008 81	. | .
8	-0.010 179	-0.010 12	. | .
9	-0.026 893	-0.026 74	*| .
10	-0.024 882	-0.024 75	. | .
11	-0.014 021	-0.013 94	. | .
12	0.035 527	0.035 33	. |*

"."marks two standard errors

图 2-10 白噪声序列样本自相关图

样本自相关图显示这个纯随机序列没有一个样本自相关系数严格等于零。但这些自相关系数确实都非常小，都在零值附近以一个很小的幅度随机波动。这就提醒我们应该考虑样本自相关系数的分布性质，从统计意义上判断序列的纯随机性质。

Bartlett 证明，如果一个时间序列是纯随机的，得到一个观察期数为 n 的观察序列 $\{x_t, t=1, 2, \cdots, n\}$，那么该序列的延迟非零期的样本自相关系数将近似服从均值为零、方差为序列观察期数倒数的正态分布，即

$$\hat{\rho}_k \dot{\sim} N(0, \frac{1}{n}), \ \forall k \neq 0$$

式中，n 为序列观察期数。

根据 Bartlett 定理，我们可以构造检验统计量来检验序列的纯随机性。

一、假设条件

由于序列值之间的变异性是绝对的，而相关性是偶然的，所以假设条件确定如下：

原假设：延迟期数小于或等于 m 期的序列值之间相互独立。

备择假设：延迟期数小于或等于 m 期的序列值之间有相关性。

该假设条件用数学语言描述为：

H_0：$\rho_1=\rho_2=\cdots=\rho_m=0$，$\forall\, m\geqslant 1$

H_1：至少存在某个 $\rho_k\neq 0$，$\forall\, m\geqslant 1$，$k\leqslant m$

二、检验统计量

1. Q 统计量

为了检验这个联合假设，Box 和 Pierce 推导出了 Q 统计量：

$$Q=n\sum_{k=1}^{m}\hat{\rho}_k^2$$

式中，n 为序列观测期数；m 为指定延迟期数。

下面推导 Q 统计量服从的抽样分布。

因为 $\hat{\rho}_k$ 独立同分布，且近似服从正态分布 $N\left(0,\dfrac{1}{n}\right)$，对 $\hat{\rho}_k$ 进行标准正态变换，得

$$\sqrt{n}\hat{\rho}_k\overset{i.i.d}{\sim}N(0,1)$$

因为标准正态分布变量的平方服从 $\chi^2(1)$ 分布，所以有

$$n\hat{\rho}_k^2\overset{i.i.d}{\sim}\chi^2(1),\quad \forall\, k\neq 0$$

又因为 m 个相互独立的 $\chi^2(1)$ 变量之和服从 $\chi^2(m)$ 分布，所以根据正态分布和卡方分布之间的关系，我们推导出 Q 统计量近似服从自由度为 m 的卡方分布：

$$Q=n\sum_{k=1}^{m}\hat{\rho}_k^2\overset{\cdot}{\sim}\chi^2(m)$$

当 Q 统计量大于自由度为 m 的卡方分布的 $1-\alpha$ 分位点或该统计量的 P 值小于 α 时，则可以以 $1-\alpha$ 的置信水平拒绝原假设，认为该序列为非白噪声序列；否则，不能拒绝原假设，认为该序列为纯随机序列。

2. LB 统计量

在实际应用中人们发现 Q 统计量在大样本场合（n 很大的场合）检验效果很好，但在小样本场合不太精确。为了弥补这一缺陷，Ljung 和 Box 又推导出 LB（Ljung-Box）统

计量：

$$LB = n(n+2)\sum_{k=1}^{m}\left(\frac{\hat{\rho}_k^2}{n-k}\right)$$

式中，n 为序列观察期数；m 为指定延迟期数。

Ljung 和 Box 证明 LB 统计量同样近似服从自由度为 m 的卡方分布。

实际上 LB 统计量就是对 Box 和 Pierce 的 Q 统计量的修正，所以人们习惯把它们统称为 Q 统计量，分别记作 Q_{BP} 统计量（Box 和 Pierce 的 Q 统计量）和 Q_{LB} 统计量（Ljung 和 Box 的 Q 统计量），在各种检验场合普遍采用的 Q 统计量通常指 LB 统计量。

例 2-4 续（2）

计算例 2-4 中白噪声序列延迟 6 期、延迟 12 期的 Q_{LB} 统计量的值，并判断该序列的随机性（$\alpha=0.05$）。

由图 2-10 可以得到该序列延迟 12 期的样本自相关系数，数据如表 2-3 所示。

表 2-3

延迟期数 k	1	2	3	4	5	6
$\hat{\rho}_k$	−0.001	−0.037	−0.006	0.012	−0.025	−0.014
延迟期数 k	7	8	9	10	11	12
$\hat{\rho}_k$	0.009	−0.010	−0.027	−0.025	−0.014	0.035

根据上述数据，很容易计算出表 2-4 的结果。

表 2-4

延迟	Q_{LB}统计量检验	
	Q_{LB}统计量值	P 值
延迟 6 期	2.36	0.883 8
延迟 12 期	5.35	0.945 4

由于 P 值大于显著性水平 α，所以该序列不能拒绝纯随机的原假设。换言之，我们可以认为该序列的波动没有任何统计规律可循，因而可以停止对该序列的统计分析。

还需要解释的一点是，为什么在本例中只检验了前 6 期和前 12 期延迟的 Q 统计量就直接判断该序列是白噪声序列？为什么不进行全部 999 期延迟检验？

这是因为，一方面，平稳序列通常具有短期相关性，如果序列值之间存在显著的相关关系，那么通常只存在于延迟时期比较短的序列值之间。所以，如果一个平稳序列短期延迟的序列值之间都不存在显著的相关关系，通常长期延迟之间就更不会存在显著的相关关系了。

另一方面，假如一个平稳序列显示出显著的短期相关性，那么该序列就一定不是白噪声序列，我们就可以对序列值之间存在的相关性进行分析。假如此时考虑的延迟期数太长，反而可能淹没了该序列的短期相关性。因为平稳序列只要延迟时期足够长，自相关系数都会收敛于零。

例 2-5

对 1900—1998 年全球 7 级以上地震发生次数序列进行平稳性和纯随机性检验（显著性水平 $\alpha=0.05$，数据见表 A1-7）。

绘制该序列时序图，如图 2-11 所示。

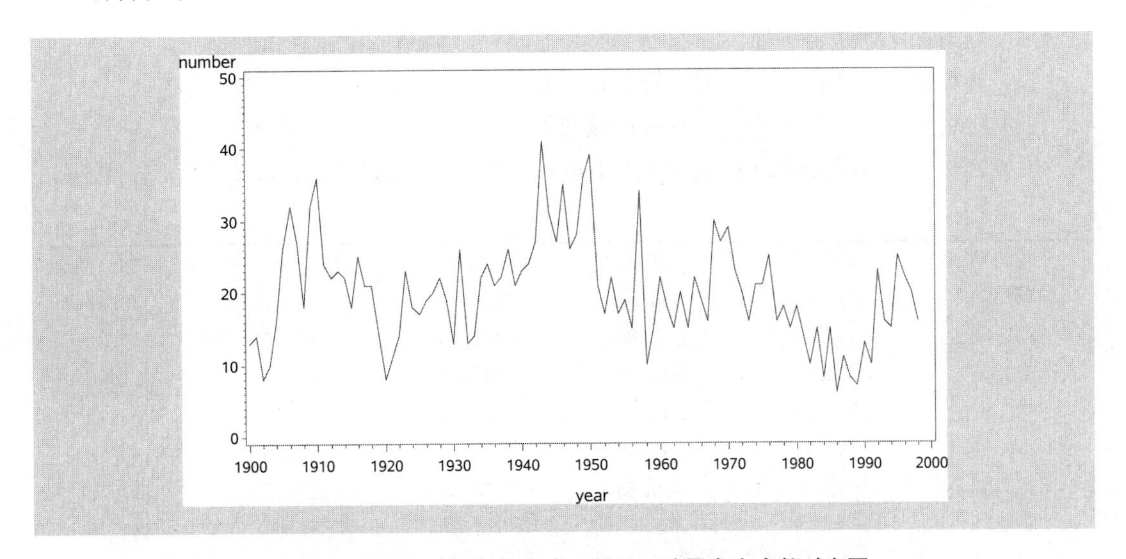

图 2-11　1900—1998 年全球 7 级以上地震发生次数时序图

时序图显示该序列没有明显的趋势和周期，每年地震发生次数围绕在 20 附近波动，波动范围在［0，40］之间，根据时序图显示的特征，可以初步判断该序列为平稳序列。

在平稳性识别之后，再进一步判断该序列是不是纯随机序列。纯随机性检验结果如表 2-5 所示。

表 2-5

延迟阶数	纯随机性检验	
	LB 检验统计量的值	*P* 值
6	84.73	<0.000 1
12	91.43	<0.000 1
18	103.73	<0.000 1
24	105.47	<0.000 1

检验结果显示，各阶延迟下 LB 统计量的 P 值都小于显著性水平（$\alpha=0.05$），所以拒

绝序列为纯随机序列的原假设，认为该序列为非白噪声序列。

结合前面的平稳性检验的结果，我们可以认为全球每年发生 7 级以上地震次数序列是平稳非白噪声序列。在统计时序分析领域，平稳非白噪声序列被认为是值得分析且最容易分析的一种序列。下面两章我们将详细介绍对平稳非白噪声序列的建模及预测方法。

2.4 习 题

1. 考虑序列 {1，2，3，4，5，…，20}：

(1) 判断该序列是否平稳。

(2) 计算该序列的样本自相关系数 $\hat{\rho}_k(k=1, 2, \cdots, 6)$。

(3) 绘制该样本的自相关图，并解释该图形。

2. 1975—1980 年夏威夷岛莫纳罗亚火山每月释放的 CO_2 数据如表 2-6 所示（行数据）。

表 2-6

单位：ppm

330.45	330.97	331.64	332.87	333.61	333.55
331.90	330.05	328.58	328.31	329.41	330.63
331.63	332.46	333.36	334.45	334.82	334.32
333.05	330.87	329.24	328.87	330.18	331.50
332.81	333.23	334.55	335.82	336.44	335.99
334.65	332.41	331.32	330.73	332.05	333.53
334.66	335.07	336.33	337.39	337.65	337.57
336.25	334.39	332.44	332.25	333.59	334.76
335.89	336.44	337.63	338.54	339.06	338.95
337.41	335.71	333.68	333.69	335.05	336.53
337.81	338.16	339.88	340.57	341.19	340.87
339.25	337.19	335.49	336.63	337.74	338.36

(1) 绘制该序列时序图，并使用图检验方法判断该序列是否平稳。

(2) 计算该序列的样本自相关系数 $\hat{\rho}_k(k=1, 2, \cdots, 24)$。

(3) 绘制该样本的自相关图，并解释该图形。

3. 1945—1950 年费城月度降雨量数据如表 2-7 所示（行数据）。

表 2-7

单位：mm

69.3	80.0	40.9	74.9	84.6	101.1	225.0	95.3	100.6	48.3	144.5	128.3
38.4	52.3	68.6	37.1	148.6	218.7	131.6	112.8	81.8	31.0	47.5	70.1
96.8	61.5	55.6	171.7	220.5	119.4	63.2	181.6	73.9	64.8	166.9	48.0
137.7	80.5	105.2	89.9	174.8	124.0	86.4	136.9	31.5	35.3	112.3	143.0
160.8	97.0	80.5	62.5	158.2	7.6	165.9	106.7	92.2	63.2	26.2	77.0
52.3	105.4	144.3	49.5	116.1	54.1	148.6	159.3	85.3	67.3	112.8	59.4

（1）计算该序列的样本自相关系数 $\hat{\rho}_k(k=1, 2, \cdots, 24)$。

（2）使用图检验方法，判断该序列的平稳性。

（3）判断该序列的纯随机性。

4. 若序列长度为 100，前 12 个样本自相关系数如下：$\rho_1=0.02$，$\rho_2=0.05$，$\rho_3=0.10$，$\rho_4=-0.02$，$\rho_5=0.05$，$\rho_6=0.01$，$\rho_7=0.12$，$\rho_8=-0.06$，$\rho_9=0.08$，$\rho_{10}=-0.05$，$\rho_{11}=0.02$，$\rho_{12}=-0.05$。该序列能否视为纯随机序列（$\alpha=0.05$）?

5. 表 2 - 8 中的数据是某公司在 2000—2003 年间每月的销售量。

表 2 - 8

月份	2000 年	2001 年	2002 年	2003 年
1	153	134	145	117
2	187	175	203	178
3	234	243	189	149
4	212	227	214	178
5	300	298	295	248
6	221	256	220	202
7	201	237	231	162
8	175	165	174	135
9	123	124	119	120
10	104	106	85	96
11	85	87	67	90
12	78	74	75	63

（1）绘制该序列的时序图及样本自相关图。

（2）使用图检验方法，判断该序列的平稳性。

（3）判断该序列的纯随机性。

6. 自 1969 年 1 月日开始在芝加哥海德公园内每 28 天发生的抢包案件数如表 2 - 9 所示（行数据）。

表 2 - 9

10	15	10	10	12	10	7	7	10	14	8	17
14	18	3	9	11	10	6	12	14	10	25	29
33	33	12	19	16	19	19	12	34	15	36	29
26	21	17	19	13	20	24	12	6	14	6	12
9	11	17	12	8	14	14	12	5	8	10	3
16	8	8	7	12	6	10	8	10	5		

（1）判断该序列 $\{x_t\}$ 的平稳性及纯随机性。

（2）对该序列进行函数运算：

$$y_t=x_t-x_{t-1}$$

并判断序列 $\{y_t\}$ 的平稳性及纯随机性。

7. 1915—2004 年澳大利亚每年与枪支有关的凶杀案死亡率（每 10 万人）如表 2 - 10 所示。

（1）绘制该序列的时序图，直观考察该序列的平稳特征。

（2）如果是平稳序列，则分析该序列的纯随机性；如果是非平稳序列，则分析该序列一阶差分后序列的平稳性。

表 2 - 10

年份	死亡率	年份	死亡率	年份	死亡率
1915	0.521 505 2	1945	0.365 275	1975	0.633 412 7
1916	0.424 828 4	1946	0.375 075 8	1976	0.605 711 5
1917	0.425 031 1	1947	0.409 005 6	1977	0.704 610 7
1918	0.477 193 8	1948	0.389 167 6	1978	0.480 526 3
1919	0.828 021 2	1949	0.240 261	1979	0.702 686
1920	0.615 618 6	1950	0.158 949 6	1980	0.700 901 7
1921	0.366 627	1951	0.439 337 3	1981	0.603 085 4
1922	0.430 888 3	1952	0.509 468 1	1982	0.698 091 9
1923	0.281 028 7	1953	0.374 346 5	1983	0.597 656
1924	0.464 624 5	1954	0.433 982 8	1984	0.802 342 1
1925	0.269 395 1	1955	0.413 055 7	1985	0.601 710 9
1926	0.577 904 9	1956	0.328 892 8	1986	0.599 312 7
1927	0.566 115 1	1957	0.518 664 8	1987	0.602 562 5
1928	0.507 758 4	1958	0.548 650 4	1988	0.701 662 5
1929	0.750 717 5	1959	0.546 911 1	1989	0.499 571 4
1930	0.680 839 5	1960	0.496 349 4	1990	0.498 091 8
1931	0.766 109 1	1961	0.530 892 9	1991	0.497 569
1932	0.456 147 3	1962	0.595 776 1	1992	0.600 183
1933	0.497 749 6	1963	0.557 058 4	1993	0.333 954 2
1934	0.419 327 3	1964	0.573 132 5	1994	0.274 437
1935	0.609 551 4	1965	0.500 541 6	1995	0.320 942 8
1936	0.457 337	1966	0.543 126 9	1996	0.540 667 1
1937	0.570 547 8	1967	0.559 365 7	1997	0.405 020 9
1938	0.347 899 6	1968	0.691 169 3	1998	0.288 596 1
1939	0.387 499 3	1969	0.440 348 5	1999	0.327 594 2
1940	0.582 428 5	1970	0.567 666 2	2000	0.313 260 6
1941	0.239 103 3	1971	0.596 911 4	2001	0.257 556 2
1942	0.236 744 5	1972	0.473 553 7	2002	0.213 838 6
1943	0.262 615 8	1973	0.592 393 5	2003	0.186 185 6
1944	0.424 093 4	1974	0.597 555 6	2004	0.159 271 3

8. 1860—1955 年密歇根湖每月平均水位的最高值序列如表 2 - 11 所示。

(1) 绘制该序列的时序图，直观考察该序列的平稳特征。

(2) 如果是平稳序列，分析该序列的纯随机性；如果是非平稳序列，则分析该序列一阶差分后序列的平稳性。

表 2 - 11

年份	水位	年份	水位	年份	水位	年份	水位
1860	83.3	1884	83.1	1908	81.8	1932	78.6
1861	83.5	1885	83.3	1909	81.1	1933	78.7
1862	83.2	1886	83.7	1910	80.5	1934	78
1863	82.6	1887	82.9	1911	80	1935	78.6
1864	82.2	1888	82.3	1912	80.7	1936	78.7
1865	82.1	1889	81.8	1913	81.3	1937	78.6
1866	81.7	1890	81.6	1914	80.7	1938	79.7
1867	82.2	1891	80.9	1915	80	1939	80
1868	81.6	1892	81	1916	81.1	1940	79.3
1869	82.1	1893	81.3	1917	81.87	1941	79
1870	82.7	1894	81.4	1918	81.91	1942	80.2
1871	82.8	1895	80.2	1919	81.3	1943	81.5
1872	81.5	1896	80	1920	81	1944	80.8
1873	82.2	1897	80.85	1921	80.5	1945	81
1874	82.3	1898	80.83	1922	80.6	1946	80.96
1875	82.1	1899	81.1	1923	79.8	1947	81.1
1876	83.6	1900	80.7	1924	79.6	1948	80.8
1877	82.7	1901	81.1	1925	78.49	1949	79.7
1878	82.5	1902	80.83	1926	78.49	1950	80
1879	81.5	1903	80.82	1927	79.6	1951	81.6
1880	82.1	1904	81.5	1928	80.6	1952	82.7
1881	82.2	1905	81.6	1929	82.3	1953	82.1
1882	82.6	1906	81.5	1930	81.2	1954	81.7
1883	83.3	1907	81.6	1931	79.1	1955	81.5

2.5 上机指导

在 SAS 系统的 arima 过程中，有 identify(识别) 语句，可以帮助我们识别序列的平稳性和白噪声属性。

下面以临时数据集 example2 _ 1 中的数据为例，介绍 identify 语句的使用。

```
data example2 _ 1;
```

```
input freq@@;
year=intnx ('year','1jan1970'd, _ n _ -1);
format year year4. ;
cards;
  97   154  137.7  149  164  157  188  204  179  210  202  218  209
 204   211  206    214  217  210  217  219  211  233  316  221  239
 215   228  219    239  224  234  227  298  332  245  357  301  389
;
proc arima data=example2 _ 1;
identify var=freq;
run;
```

语句说明：

（1）“proc arima data=example2 _ 1;”告诉系统，下面要对临时数据集 example2 _ 1 中的数据进行 ARIMA 程序分析。

（2）“identify var=freq;”指令系统对变量 freq 的某些重要性质进行识别。

每一条 identify 命令都会默认输出如下三方面的信息：

- 序列描述性统计量；
- 序列的白噪声检验结果；
- 序列的各种相关信息。

下面具体介绍本例的输出结果。

2.5.1 描述性统计量

该部分输出变量名、工作序列的均值、标准差和观测数等描述性统计量的信息（见图2-12）。

变量名=freq	
工作序列的均值	222.941
标准差	56.82834
观测数	39

图2-12 描述性统计量信息

2.5.2 白噪声检验结果

白噪声检验结果输出的第一列表示延迟阶数。SAS系统会根据观察值数量的多少，自动调整输出的延迟阶数。本例观察值比较少，系统只输出延迟 6 阶的 LB 统计量检验结果。如果观察值多，系统会自动输出延迟 12 阶、18 阶甚至更高阶的 LB 统计量检验结果。

第二列是 LB 统计量的值。

第三列是该检验统计量的自由度。

第四列是 LB 检验统计量的 P 值。

第五列是延迟各阶自相关系数（ρ_1，ρ_2，…，ρ_6）。

本例白噪声检验结果显示 P 值小于 0.000 1，当显著性水平取 0.05 时，可以显著认为序列 freq 为非白噪声序列（见图 2-13）。

白噪声的自相关检查									
至滞后	卡方	自由度	Pr > 卡方	自相关					
6	47.81	6	<.0001	0.578	0.599	0.402	0.384	0.272	0.136

图 2-13　白噪声检验结果

2.5.3　序列的各种相关图

在这个部分会输出四个图（见图 2-14）：（1）序列的时序图；（2）序列的自相关图（ACF）；（3）序列的偏自相关图（PACF）；（4）序列的逆自相关图（IACF）。这些相关图对拟合模型时判断模型的阶数非常有用。这部分图形的识别，我们将在后面章节做详细介绍。

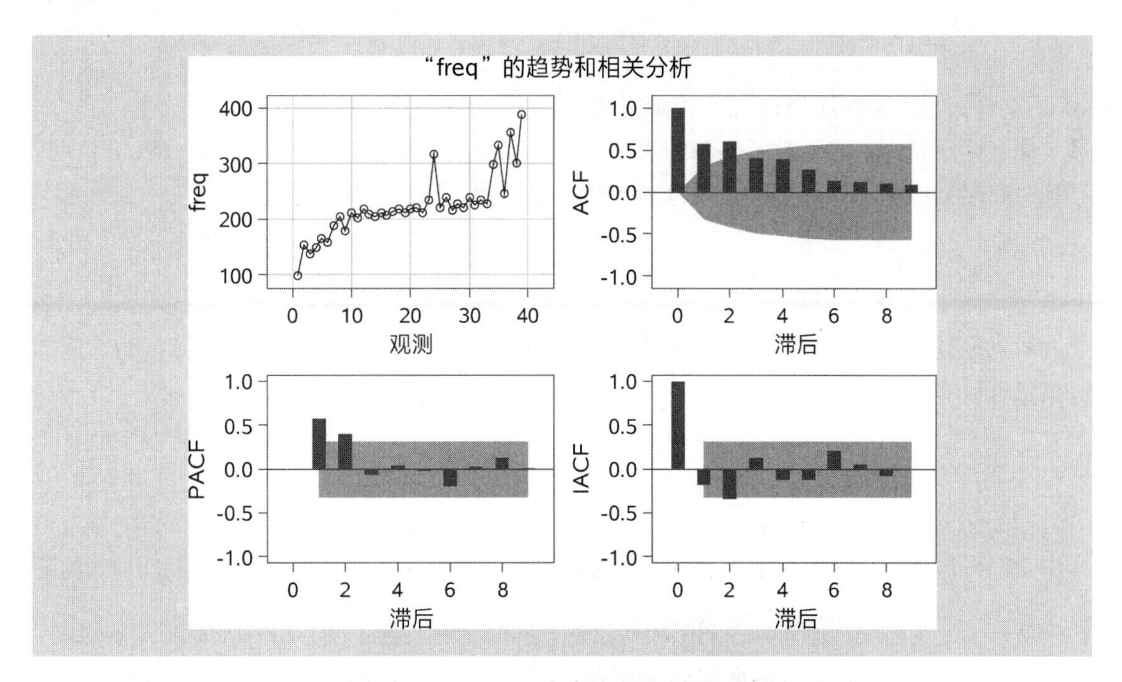

图 2-14　identify 命令输出的序列相关图

第 3 章 ARMA模型的性质

3.1 Wold 分解定理

1938 年，H. Wold 在他的博士论文“A Study in the Analysis of Stationary Time Series”（平稳时间序列分析的研究）中，基于泛函分析中的 Hilbert 空间理论，提出了著名的平稳序列分解定理。这个定理是平稳序列分析的理论基础。

Wold 分解定理 任意一个离散平稳序列 $\{x_t\}$ 都可以分解为两个不相关的平稳序列之和，其中一个为确定性的（deterministic），另一个为随机性的（stochastic），不妨记作：

$$x_t = V_t + \xi_t$$

式中，$\{V_t\}$ 为确定性序列；$\{\xi_t\}$ 为随机序列。

确定性序列 $\{V_t\}$ 代表了序列的当期波动可以由其历史信息预测的部分。Wold 证明，平稳时间序列的确定性部分一定可以表达为历史序列值的线性组合：

$$V_t = \sum_{j=1}^{\infty} \phi_j x_{t-j} \tag{3.1}$$

随机序列 $\{\xi_t\}$ 代表了序列的当期波动不能由历史信息解读的部分。Wold 证明，这部分信息可以等价表达为：

$$\xi_t = \sum_{j=0}^{\infty} \theta_j \varepsilon_{t-j} \tag{3.2}$$

式中，$\theta_0 = 1, \sum_{j=0}^{\infty} \theta_j^2 < \infty$，$\{\varepsilon_t\}$ 称为新息过程（innovation process），是每个时期新加入的随机信息。$\{\varepsilon_t\}$ 为白噪声序列，序列值相互独立，不可预测，通常假定 $\varepsilon_t \overset{i.i.d}{\sim} N(0,\sigma_\varepsilon^2), \forall t \geqslant 0$。

具有式（3.1）结构的模型实际上就是 1927 年 Yule 提出的自回归（autoregressive）模型，简称为 AR 模型。式（3.2）则是 1931 年 Walker 提出的移动平均（moving average）模型，简称为 MA 模型。这意味着 Wold 分解定理保证了平稳序列一定可以用某个 ARMA 模型等价表达。因此，ARMA 模型是目前最常用的平稳序列拟合与预测模型。

ARMA 模型实际上是一个模型族，它可以细分为 AR 模型、MA 模型和 ARMA 模型。每个模型里面又包含了无穷多个阶数不同的子模型。当我们拿到一个平稳的观察值序列时，到底应该选择 ARMA 模型族中的哪个模型去拟合它呢？为了完成模型的选择工作，我们必须了解 ARMA 模型族中不同模型的特征。

3.2 AR 模型

3.2.1 AR 模型的定义

定义 3.1 具有如下结构的模型称为 p 阶自回归模型，简记为 AR(p)：

$$\begin{cases} x_t=\phi_0+\phi_1 x_{t-1}+\phi_2 x_{t-2}+\cdots+\phi_p x_{t-p}+\varepsilon_t \\ \phi_p\neq 0 \\ E(\varepsilon_t)=0,\ \mathrm{Var}(\varepsilon_t)=\sigma_\varepsilon^2,\ E(\varepsilon_t\varepsilon_s)=0,\ s\neq t \\ E(x_s\varepsilon_t)=0,\ \forall s<t \end{cases} \tag{3.3}$$

AR(p)模型有三个限制条件：

条件一：$\phi_p\neq 0$。这个限制条件保证了模型的最高阶数为 p。

条件二：$E(\varepsilon_t)=0$，$\mathrm{Var}(\varepsilon_t)=\sigma_\varepsilon^2$，$E(\varepsilon_t\varepsilon_s)=0$，$s\neq t$。这个限制条件实际上是要求随机干扰序列 $\{\varepsilon_t\}$ 为零均值白噪声序列。

条件三：$E(x_s\varepsilon_t)=0$，$\forall s<t$。这个限制条件说明当期的随机干扰与过去的序列值无关。

通常会缺省默认式（3.3）的限制条件，把 AR(p) 模型简记为：

$$x_t=\phi_0+\phi_1 x_{t-1}+\phi_2 x_{t-2}+\cdots+\phi_p x_{t-p}+\varepsilon_t \tag{3.4}$$

当 $\phi_0=0$ 时，自回归模型（3.3）又称中心化 AR(p) 模型。非中心化AR(p) 序列都可以通过下面的变换转化为中心化 AR(p) 序列。

令

$$\mu=\frac{\phi_0}{1-\phi_1-\cdots-\phi_p},\quad y_t=x_t-\mu$$

则 $\{y_t\}$ 为 $\{x_t\}$ 的中心化序列。中心化变换实际上就是非中心化的序列整个平移了一个常数，这种整体移动对序列值之间的相关关系没有任何影响，所以今后在分析 AR 模型的相关关系时，都简化为对它的中心化模型进行分析。

在研究和应用中，为了书写方便，我们常常引入延迟算子来表达时间序列的模型结构。

延迟算子类似于一个时间指针，当前序列值乘以一个延迟算子，就相当于把当前序列值的时间向过去拨了一个时刻。记 B 为延迟算子，有

$$x_{t-1}=Bx_t$$
$$x_{t-2}=B^2x_t$$
$$\vdots$$
$$x_{t-p}=B^px_t$$

引进延迟算子，中心化 AR(p) 模型又可以简记为：

$$\Phi(B)x_t=\varepsilon_t \tag{3.5}$$

式中，$\Phi(B)=1-\phi_1B-\phi_2B^2-\cdots-\phi_pB^p$，称为 p 阶自回归系数多项式。

延迟算子有如下性质：

（1）$B^0=1$；

（2）常数的任意阶数延迟仍然等于常数，即 $B^pc=c$，其中，c 为任意常数，p 为任意正整数；

（3）若 c 为任意常数，有 $B(cx_t)=cx_{t-1}$；

（4）对任意两个序列 $\{x_t\}$ 和 $\{y_t\}$，有 $B(x_t\pm y_t)=x_{t-1}+y_{t-1}$。

用延迟算子表示差分运算，则一阶差分可以表达为：

$$\nabla x_t=(1-B)x_t$$

p 阶差分可以表达为：

$$\nabla^px_t=(1-B)^px_t$$

k 步差分可以表达为：

$$\nabla_kx_t=(1-B^k)x_t$$

3.2.2 AR 模型的平稳性判别

要拟合一个平稳序列的发展，用来拟合的模型显然也应该是平稳的。AR 模型是常用的平稳序列的拟合模型之一，但并非所有的 AR 模型都是平稳的。

例 3-1

考察如下四个 AR 模型的平稳性：

（1）$x_t=0.8x_{t-1}+\varepsilon_t$　　（2）$x_t=-1.1x_{t-1}+\varepsilon_t$

（3）$x_t=x_{t-1}-0.5x_{t-2}+\varepsilon_t$　　（4）$x_t=x_{t-1}+0.5x_{t-2}+\varepsilon_t$

假定 $\{\varepsilon_t\}$ 为标准正态白噪声序列。拟合这四个序列的序列值并绘制时序图，结果如图 3-1 所示。

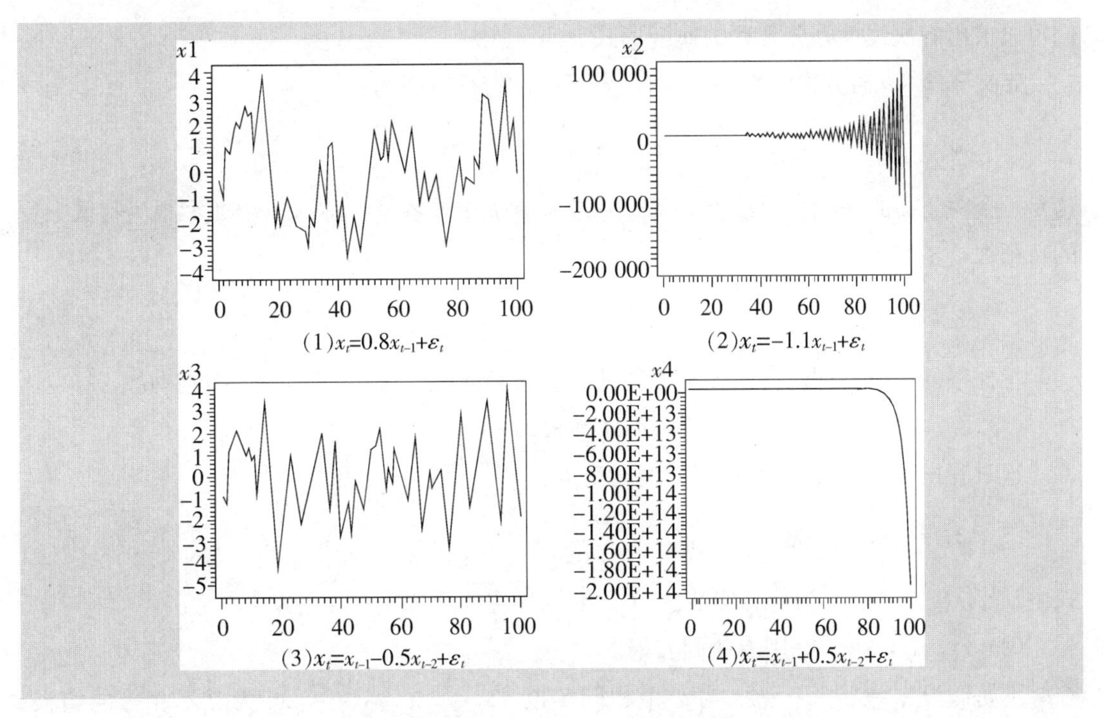

图 3－1　四个 AR 序列的时序图

根据图 3－1 可以直观判断出模型（1）、（3）平稳，模型（2）、（4）非平稳。图示法只是一种粗糙的直观判别方法，我们有两种准确的平稳性判别方法：特征根判别和平稳域判别。

一、特征根判别

1. 线性差分方程的定义

在微分方程数值求解领域，称具有如下形式的方程为 p 阶线性差分方程

$$x_t+a_1x_{t-1}+a_2x_{t-2}+\cdots+a_px_{t-p}=h(t) \tag{3.6}$$

式中，$p\geqslant1$；a_1，a_2，…，a_p 为实数；$h(t)$ 为 t 的某个已知函数。

特别地，当 $h(t)=0$ 时，差分方程

$$x_t+a_1x_{t-1}+a_2x_{t-2}+\cdots+a_px_{t-p}=0 \tag{3.7}$$

称为 p 阶齐次线性差分方程。

显然，任一 AR(p) 模型 $x_t-\phi_1x_{t-1}-\cdots-\phi_px_{t-p}=\phi_0+\varepsilon_t$ 都可以视为一个非齐次线性差分方程。

2. 齐次线性差分方程的解

在微分方差领域，线性差分方程求解已经有成熟的方法。借助特征方程和特征根，我

们可以求出齐次线性差分方程的通解形式。

定义 3.2 p 阶齐次线性差分方程（3.7）的特征方程为：

$$\lambda^p + a_1\lambda^{p-1} + a_2\lambda^{p-2} + \cdots + a_p = 0 \tag{3.8}$$

这是一个关于 λ 的一元 p 次线性方程，它应该有 p 个非零根，称这 p 个非零根为特征方程的特征根，不妨记作：

$$\lambda_1, \lambda_2, \cdots, \lambda_p$$

特征根的取值不同，齐次差分方程的解会有不同的表达式，下面分情况讨论。

（1）λ_1，λ_2，…，λ_p 为 p 个不同的实数根。

这时齐次线性差分方程（3.7）的通解为：

$$x_t = c_1\lambda_1^t + c_2\lambda_2^t + \cdots + c_p\lambda_p^t$$

式中，c_1，c_2，…，c_p 为任意实数。

（2）λ_1，λ_2，…，λ_p 中有相同实根。

不妨假设 $\lambda_1=\lambda_2=\cdots=\lambda_d$ 为 d 个相同实根，λ_{d+1}，λ_{d+2}，…，λ_p 为互不相等的实根。这时齐次线性差分方程（3.7）的通解为：

$$x_t = (c_1 + c_2 t + \cdots + c_d t^{d-1})\lambda_1^t + c_{d+1}\lambda_{d+1}^t + \cdots + c_p\lambda_p^t$$

式中，c_1，c_2，…，c_p 为任意实数。

（3）λ_1，λ_2，…，λ_p 中有复根。

由于差分方程的系数 a_1，a_2，…，a_p 为实数，所以其复根必呈共轭出现。不妨假定

$$\lambda_1 = a + ib = re^{i\omega}, \lambda_2 = a - ib = re^{-i\omega}$$

为一对共轭复根，其中 $r=\sqrt{a^2+b^2}$，$\omega=\arccos\left(\frac{a}{r}\right)$，而 λ_3，λ_4，…，λ_p 为互不相同的实根，这时齐次差分方程（3.7）的通解为：

$$x_t = r^t(c_1 e^{it\omega} + c_2 e^{-it\omega})\lambda_1^t + c_3\lambda_3^t + \cdots + c_p\lambda_p^t$$

式中，c_1，c_2，…，c_p 为任意实数。

3. 非齐次线性差分方程的解

求非齐次线性差分方程（3.6）的解通常需要进行两步运算。首先求出齐次线性差分方程（3.7）的通解 x'_t，然后求出非齐次差分方程（3.6）的一个特解 x''_t。所谓特解，就是任意一个使得非齐次线性差分方程（3.6）成立的解，即

$$x''_t + a_1 x''_{t-1} + a_2 x''_{t-2} + \cdots + a_p x''_{t-p} = h(t)$$

而非齐次线性差分方程（3.6）的通解即为齐次线性差分方程（3.7）的通解 x'_t 和非齐次线性差分方程（3.6）的特解 x''_t 之和，即

$$x_t = x'_t + x''_t$$

4. AR 模型平稳性判别原则

任一 AR(p) 模型 $\Phi(B)x_t = \varepsilon_t$ 都可以视为一个非齐次线性差分方程

$$x_t - \phi_1 x_{t-1} - \phi_2 x_{t-2} \cdots - \phi_p x_{t-p} = \varepsilon_t$$

这个 AR(p) 模型要平稳，就意味着它必须在某个均值附近波动，不能随着时间的推移而发散，即

$$\lim_{t\to\infty} x_t = \mu$$

这个 AR(p) 模型的通解可以表达为：

$$x_t = x'_t + x''_t$$

其中特解 x''_t 通常为某个白噪声序列，使得 $\phi(B)x''_t = \varepsilon_t$，它不影响序列 x_t 的收敛。对序列 x_t 是否收敛有影响的是齐次线性差分方程 $\Phi(B)x_t = 0$ 的通解 x'_t 是否收敛。

不妨假定齐次线性差分方程 $\Phi(B)x_t = 0$ 的 p 个特征根中有 d 个相等实根，m 对共轭复根，那么齐次线性差分方程 $\Phi(B)x_t = 0$ 的通解为：

$$x'_t = \sum_{j=1}^{d}(c_1 + c_2 t + \cdots + c_d t^{d-1})\lambda_1^t + \sum_{j=1}^{m} r_j^t (c_{1j} e^{it\omega_j} + c_{2j} e^{-it\omega_j}) + \sum_{j=d+1}^{j-2m} c_j \lambda_j^t$$

其中 c_1，c_2，…，c_{p-2m}，c_{1j}，c_{2j}（j=1，2，…，m）为任意实数。

对任意实数 c_1，c_2，…，c_{p-2m}，c_{1j}，c_{2j}（j=1，2，…，m），x'_t 都能收敛的充要条件是：

$$\begin{aligned} &|\lambda_i| < 1, \quad i = 1,2,\cdots,p-2m \\ &|r_i| < 1, \quad i = 1,2,\cdots,m \end{aligned} \tag{3.9}$$

这意味着任一 AR(p) 模型 $\Phi(B)x_t = \varepsilon_t$ 要平稳，实际上就是要求它的 p 个特征根都在单位圆内。

又因为

$$\begin{aligned} \Phi\left(\frac{1}{\lambda_i}\right) &= 1 - \phi_1\left(\frac{1}{\lambda_i}\right) - \phi_2\left(\frac{1}{\lambda_i}\right)^2 - \cdots - \phi_p\left(\frac{1}{\lambda_i}\right)^p \\ &= \frac{1}{\lambda_i^p}(\lambda_i^p - \phi_1\lambda_i^{p-1} - \cdots - \phi_p) \\ &= 0 \end{aligned}$$

这说明特征根的倒数是 AR(p) 模型系数多项式的根。所以判断一个 AR(p) 模型是否平稳，既可以考察它的 p 个特征根是否都在单位圆内，也可以等价考察它的系数多项式的 p 个根是否都在单位圆外。

二、平稳域判别

对于一个 AR(p)模型而言，如果没有平稳性的要求，实际上也就意味着对参数向量$(\phi_1,\phi_2,\cdots,\phi_p)'$没有任何限制，它们可以取遍 p 维欧氏空间的所有点，但是如果加上了平稳性限制，参数向量$(\phi_1,\phi_2,\cdots,\phi_p)'$就只能取 p 维欧氏空间的一个子集，使得特征根都在单位圆内的系数集合

$$\{\phi_1,\phi_2,\cdots,\phi_p \mid \text{特征根都在单位圆内}\}$$

称为 AR(p)模型的平稳域。

对于低阶 AR 模型，用平稳域的方法判别模型的平稳性通常更为简便。

(1) AR(1)模型的平稳域。

AR(1)模型为：$x_t=\phi_1 x_{t-1}+\varepsilon_t$，其特征方程为：$\lambda-\phi_1=0$，特征根为：$\lambda=\phi_1$。根据 AR 模型平稳的充要条件，容易推出 AR(1)模型平稳的充要条件是：

$$|\phi_1|<1$$

所以，AR(1)模型的平稳域就是$\{\phi_1 \mid -1<\phi_1<1\}$。

(2) AR(2)模型的平稳域。

AR(2)模型为：$x_t=\phi_1 x_{t-1}+\phi_2 x_{t-2}+\varepsilon_t$，其特征方程为：$\lambda^2-\phi_1\lambda-\phi_2=0$，特征根为：$\lambda_1=\dfrac{\phi_1+\sqrt{\phi_1^2+4\phi_2}}{2}$，$\lambda_2=\dfrac{\phi_1-\sqrt{\phi_1^2+4\phi_2}}{2}$。根据 AR 模型平稳的充要条件，AR(2)模型平稳的充要条件是$|\lambda_1|<1$ 且$|\lambda_2|<1$。

根据一元二次方程的性质和 AR(2)模型的平稳条件，有

$$\begin{cases}\lambda_1+\lambda_2=\phi_1\\ \lambda_1\lambda_2=-\phi_2\end{cases}，且|\lambda_1|<1，|\lambda_2|<1$$

可以推导出：

1) $|\phi_2|=|\lambda_1\lambda_2|<1$；

2) $\phi_2+\phi_1=-\lambda_1\lambda_2+\lambda_1+\lambda_2=1-(1-\lambda_1)(1-\lambda_2)<1$；

3) $\phi_2-\phi_1=-\lambda_1\lambda_2-\lambda_1-\lambda_2=1-(1+\lambda_1)(1+\lambda_2)<1$。

这三个限制条件意味着 AR(2)模型的平稳域是一个三角形区域，如图 3-2 所示。

$$\{\phi_1,\phi_2 \mid |\phi_2|<1，且\ \phi_2\pm\phi_1<1\}$$

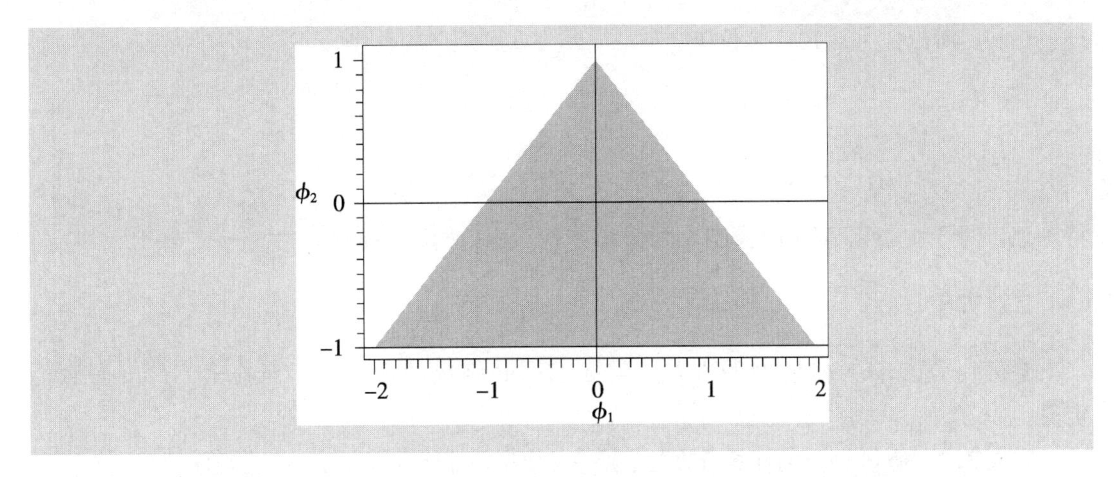

图 3－2　AR(2) 模型的平稳域

例 3－1 续

分别用特征根判别法和平稳域判别法检验例 3－1 中四个 AR 模型的平稳性：

(1) $x_t=0.8x_{t-1}+\varepsilon_t$　　(2) $x_t=-1.1x_{t-1}+\varepsilon_t$

(3) $x_t=x_{t-1}-0.5x_{t-2}+\varepsilon_t$　　(4) $x_t=x_{t-1}+0.5x_{t-2}+\varepsilon_t$

其中，$\{\varepsilon_t\}$ 均为服从标准正态分布的白噪声序列。

结论如表 3－1 所示。

表 3－1

模型	特征根判别	平稳域判别	结论
(1)	$\lambda_1=0.8$	$\phi_1=0.8$	平稳
(2)	$\lambda_2=-1.1$	$\phi_1=-1.1$	非平稳
(3)	$\lambda_1=\frac{1+i}{2}$，$\lambda_2=\frac{1-i}{2}$	$\lvert\phi_2\rvert=0.5$，$\phi_2+\phi_1=0.5$，$\phi_2-\phi_1=-1.5$	平稳
(4)	$\lambda_1=\frac{1+\sqrt{3}}{2}$，$\lambda_2=\frac{1-\sqrt{3}}{2}$	$\lvert\phi_2\rvert=0.5$，$\phi_2+\phi_1=1.5$，$\phi_2-\phi_1=-0.5$	非平稳

理论判别得到的结论支持例 3－1 根据时序图（见图 3－1）所得出的直观判断。

3.2.3　平稳 AR 模型的统计性质

一、均值

假如 AR(p)模型式 (3.4) 满足平稳性条件，在等式两边取期望，得

$$E(x_t)=E(\phi_0+\phi_1x_{t-1}+\phi_2x_{t-2}+\cdots+\phi_px_{t-p}+\varepsilon_t) \tag{3.10}$$

根据平稳序列均值为常数的性质，有 $E(x_t)=\mu(\forall t\in T)$，且因为$\{\varepsilon_t\}$为白噪声序列，有

$E(\varepsilon_t)=0$，所以式（3.10）等价于

$$(1-\phi_1-\cdots-\phi_p)\mu=\phi_0$$

$$\Rightarrow\mu=\frac{\phi_0}{1-\phi_1-\cdots-\phi_p}$$

特别地，对于中心化 AR(p)模型，因为 $\phi_0=0$，所以 $E(x_t)=0$。

二、方差

要得到平稳 AR(p)模型的方差，需要 Green 函数的帮助，下面给出 Green 函数的定义。

定义 3.3 假设$\{x_t\}$为任意阶数的平稳 AR 模型，那么一定存在一个常数序列$\{G_j\}$($j=0$，1，2，…)，使得$\{x_t\}$可以等价表示为纯随机序列$\{\varepsilon_t\}$的线性组合，即

$$x_t=G_0\varepsilon_t+G_1\varepsilon_{t-1}+G_2\varepsilon_{t-2}+\cdots$$

这个常数序列$\{G_j\}$就称为 Green 函数。

Green 函数的序列值可以通过递推公式得到。下面以 AR(1)模型为例，介绍如何获得 Green 函数的递推公式。

例 3-2

求平稳 AR(1)模型 $x_t=\phi_1x_{t-1}+\varepsilon_t$，$\varepsilon_t\sim N(0,\sigma_\varepsilon^2)$的 Green 函数的表达，并基于 Green 函数求解 AR(1)模型的方差。

假设 AR(1)模型的序列值记作：x_1，x_2，x_3，…，小于 1 时刻的序列值不存在，即 $x_0=0$。那么序列的第一期观察值为：

$$x_1=\phi_1x_0+\varepsilon_1=\varepsilon_1$$

用 Green 函数表达，它等价于

$$x_1=G_0\varepsilon_1\Rightarrow G_0=1$$

序列的第二期观察值为：

$$x_2=\phi_1x_1+\varepsilon_2=\varepsilon_2+\phi_1\varepsilon_1$$

用 Green 函数表达，它等价于

$$x_2=G_0\varepsilon_2+G_1\varepsilon_1\Rightarrow G_1=\phi_1$$

序列的第三期观察值为：

$$x_3=\phi_1x_2+\varepsilon_3=\varepsilon_3+\phi_1(\varepsilon_2+\phi_1\varepsilon_1)=\varepsilon_3+\phi_1\varepsilon_2+\phi_1^2\varepsilon_1$$

用 Green 函数表达，它等价于

$$x_3=G_0\varepsilon_3+G_1\varepsilon_2+G_2\varepsilon_1 \Rightarrow G_2=\phi_1^2$$

依此递推，可以推导出 AR(1)模型 Green 函数的递推公式为：

$$G_j=\begin{cases}1, & j=0\\ \phi_1^j, & j\geqslant 1\end{cases}$$

于是，借助 Green 函数，AR(1)模型可以等价表达为：

$$x_t=G_0\varepsilon_t+G_1\varepsilon_{t-1}+G_2\varepsilon_{t-2}+\cdots$$

由于$\{\varepsilon_t\}$是纯随机序列，且$\varepsilon_t \sim N(0,\sigma_\varepsilon^2)$，$\forall t\geqslant 1$，所以 AR(1)模型的方差等于：

$$\begin{aligned}\mathrm{Var}(x_t)&=\mathrm{Var}(G_0\varepsilon_t+G_1\varepsilon_{t-1}+G_2\varepsilon_{t-2}+\cdots)\\&=(G_0^2+G_1^2+G_2^2+\cdots)\sigma_\varepsilon^2\\&=(1+\phi_1^2+\phi_1^4+\cdots)\sigma_\varepsilon^2\\&=\frac{\sigma_\varepsilon^2}{1-\phi_1^2}\end{aligned}$$

任意阶数的平稳 AR 模型都可以通过这种递推方法得到 Green 函数的递推公式。

借助延迟算子和待定系数法，我们还可以获得任意阶数平稳 AR 模型 Green 函数的通用递推公式。

引入延迟算子，AR(p)模型可以记作：

$$\Phi(B)x_t=\varepsilon_t \tag{3.11}$$

式中，$\Phi(B)=1-\phi_1B-\phi_2B^2-\cdots-\phi_pB^p$；$\{\varepsilon_t\}$为白噪声序列，且$\varepsilon_t\sim N(0,\sigma_\varepsilon^2)$。

$\{x_t\}$也可以用 Green 函数等价表达为：

$$x_t=G(B)\varepsilon_t \tag{3.12}$$

式中，$G(B)=G_0+G_1B+G_2B^2+\cdots$。

把式（3.12）代入式（3.11），得到

$$\Phi(B)G(B)\varepsilon_t=\varepsilon_t \tag{3.13}$$

展开式（3.13），得

$$\left(1-\sum_{k=1}^{p}\phi_kB^k\right)\left(\sum_{j=0}^{\infty}G_jB^j\right)\varepsilon_t=\varepsilon_t$$

整理上式，合并 $B^j(j=0，1，2，\cdots)$ 的同类项，得

$$\left[G_0+\sum_{j=1}^{\infty}\left(G_j-\sum_{k=1}^{j}\phi_k'G_{j-k}\right)B^j\right]\varepsilon_t=\varepsilon_t \tag{3.14}$$

根据待定系数法，要使得式（3.14）的等号成立，必须满足如下两个条件：

(1) $G_0=1$。

（2）B^j 前的每个系数都为 0，即

$$G_j - \sum_{k=1}^{j} \phi'_k G_{j-k} = 0,\ \forall j \geqslant 1$$

由此可以得到任意平稳 AR(p)模型的 Green 函数递推公式：

$$G_j = \begin{cases} 1, & j = 0 \\ \sum_{k=1}^{j} \phi'_k G_{j-k}, & j \geqslant 1 \end{cases}$$

式中：

$$\phi'_k = \begin{cases} \phi_k, & k \leqslant p \\ 0, & k > p \end{cases}$$

基于 Green 函数，任意平稳 AR(p)模型的方差等于：

$$\mathrm{Var}(x_t) = \sum_{j=0}^{\infty} G_j^2 \sigma_\varepsilon^2$$

三、自协方差函数

在平稳模型 $x_t = \phi_1 x_{t-1} + \phi_2 x_{t-2} + \cdots + \phi_p x_{t-p} + \varepsilon_t$ 等号两边同乘 $x_{t-k}(\forall k \geqslant 1)$，再求期望，得

$$E(x_t x_{t-k}) = \phi_1 E(x_{t-1} x_{t-k}) + \phi_2 E(x_{t-2} x_{t-k}) + \cdots + \phi_p E(x_{t-p} x_{t-k}) + E(\varepsilon_t x_{t-k}),\ \forall k \geqslant 1$$

根据式（3.4）AR(p)模型的条件三，有

$$E(\varepsilon_t x_{t-k}) = 0,\ \forall k \geqslant 1$$

于是可以得到如下自协方差函数的递推公式：

$$\gamma_k = \phi_1 \gamma_{k-1} + \phi_2 \gamma_{k-2} + \cdots + \phi_p \gamma_{k-p} \tag{3.15}$$

例 3-3

求平稳 AR(1)模型的自协方差函数。

平稳 AR(1)模型的自协方差函数递推公式为：

$$\gamma_k = \phi_1 \gamma_{k-1} = \phi_1^k \gamma_0$$

根据例 3-2，已知：

$$\gamma_0 = \frac{\sigma_\varepsilon^2}{1 - \phi_1^2}$$

所以平稳 AR(1)模型自协方差函数的递推公式如下：

$$\gamma_k=\phi_1^k\frac{\sigma_\varepsilon^2}{1-\phi_1^2},\ \forall k\geqslant 1$$

例3-4

求平稳AR(2)模型的自协方差函数。

平稳AR(2)模型的递推公式为：

$$\gamma_k=\phi_1\gamma_{k-1}+\phi_2\gamma_{k-2},\ \forall k\geqslant 1$$

特别地，当$k=1$时，有

$$\gamma_1=\phi_1\gamma_0+\phi_2\gamma_1$$

即

$$\gamma_1=\frac{\phi_1\gamma_0}{1-\phi_2}$$

利用Green函数可以推导出AR(2)模型的方差为：

$$\gamma_0=\frac{1-\phi_2}{(1+\phi_2)(1-\phi_1-\phi_2)(1+\phi_1-\phi_2)}\sigma_\varepsilon^2$$

证明：AR(2)模型的Green函数为：

$$\begin{cases}G_k=0, & k<0\\ G_0=1 & \\ G_k=\phi_1G_{k-1}+\phi_2G_{k-2}, & k\geqslant 1\end{cases}$$

记$S=\sum_{k=0}^{\infty}G_k^2,M=\sum_{k=0}^{\infty}G_kG_{k+1}$

因为

$$M=\sum_{k=0}^{\infty}G_kG_{k+1}=\sum_{k=0}^{\infty}G_k(\phi_1G_k+\phi_2G_{k-1})=\phi_1\sum_{k=0}^{\infty}G_k^2+\phi_2\sum_{k=0}^{\infty}G_kG_{k-1}=\phi_1S+\phi_2M$$

所以

$$M=\frac{\phi_1}{1-\phi_2}S$$

又因为

$$\sum_{k=0}^{\infty}G_k^2=G_0^2+\sum_{k=1}^{\infty}(\phi_1G_{k-1}+\phi_2G_{k-2})^2=1+\phi_1^2\sum_{k=0}^{\infty}G_k^2+\phi_2^2\sum_{k=0}^{\infty}G_k^2+2\phi_1\phi_2\sum_{k=0}^{\infty}G_kG_{k+1}$$

即

$$S=1+(\phi_1^2+\phi_2^2)S+2\phi_1\phi_2M$$

把 $M=\dfrac{\phi_1}{1-\phi_2}S$ 代入上式，得

$$S=1+(\phi_1^2+\phi_2^2)S+\frac{2\phi_1^2\phi_2}{1-\phi_2}S$$

整理得

$$S=\frac{1-\phi_2}{(1+\phi_2)(1-\phi_1-\phi_2)(1+\phi_1-\phi_2)}$$

所以

$$\gamma_0=S\sigma_\varepsilon^2=\frac{1-\phi_2}{(1+\phi_2)(1-\phi_1-\phi_2)(1+\phi_1-\phi_2)}\sigma_\varepsilon^2$$

证毕。

所以平稳 AR(2)模型的自协方差函数的递推公式如下：

$$\begin{cases}\gamma_0=\dfrac{1-\phi_2}{(1+\phi_2)(1-\phi_1-\phi_2)(1+\phi_1-\phi_2)}\sigma_\varepsilon^2\\ \gamma_1=\dfrac{\phi_1\gamma_0}{1-\phi_2}\\ \gamma_k=\phi_1\gamma_{k-1}+\phi_2\gamma_{k-2}, \quad k\geqslant 2\end{cases}$$

四、自相关系数

1. 平稳 AR 模型自相关系数的递推公式

由于 $\rho_k=\dfrac{\gamma_k}{\gamma_0}$，在自协方差函数的递推公式（3.15）等号两边同除以方差函数 γ_0，就得到自相关系数的递推公式

$$\rho_k=\phi_1\rho_{k-1}+\phi_2\rho_{k-2}+\cdots+\phi_p\rho_{k-p} \tag{3.16}$$

容易验证平稳 AR(1)模型的自相关系数递推公式为：

$$\rho_k=\phi_1^k,\ k\geqslant 0$$

平稳 AR(2)模型的自相关系数递推公式为：

$$\rho_k=\begin{cases}1, & k=0\\ \dfrac{\phi_1}{1-\phi_2}, & k=1\\ \phi_1\rho_{k-1}+\phi_2\rho_{k-2}, & k\geqslant 2\end{cases}$$

2. 自相关系数的性质

平稳 AR(p)模型的自相关系数有两个显著的性质：一是拖尾性；二是呈指数衰减。这两个性质都可以由自相关系数的通解推出。

根据式（3.16），容易看出 AR(p)模型的自相关系数的表达式实际上是一个 p 阶齐次差分方程。那么滞后任意 k 阶的自相关系数的通解可以简写为：

$$\rho_k = \sum_{i=1}^{p} c_i \lambda_i^k$$

式中，$|\lambda_i| < 1$（$i=1, 2, \cdots, p$）为该差分方程的特征根；$c_1, c_2, \cdots, c_p$ 为任意常数。显然 $c_1, c_2, \cdots, c_p$ 不能全为零。通过这个通解形式，容易推出 ρ_k 始终有非零取值，不会在 k 大于某个常数之后就恒等于零，这个性质就是拖尾性。

可以直观地解释 AR(p)模型自相关系数拖尾的原因。对于一个平稳 AR(p)模型

$$x_t = \phi_1 x_{t-1} + \phi_2 x_{t-2} + \cdots + \phi_p x_{t-p} + \varepsilon_t$$

虽然它的表达式显示 x_t 只受当期随机误差 ε_t 和最近 p 期的序列值 $x_{t-1}, \cdots, x_{t-p}$ 的影响，但是由于 x_{t-1} 的值又依赖于 x_{t-1-p}，所以实际上 x_{t-1-p} 对 x_t 也有影响，依此类推，x_t 之前的每一个序列值 $x_{t-1}, \cdots, x_{t-k}, \cdots$ 都会对 x_t 构成影响。自回归模型的这种特性体现在自相关系数上就是自相关系数的拖尾性。

同时，随着时间的推移，ρ_k 会迅速衰减，因为 $|\lambda_i| < 1$（$i=1, 2, \cdots, p$），所以 $k \to \infty$ 时，$\lambda_i^k \to 0$（$i=1, 2, \cdots, p$），继而导致 $\rho_k = \sum_{i=1}^{p} c_i \lambda_i^k \to 0$，而且这种影响以指数的速度在衰减。

平稳序列自相关系数以指数衰减的性质，表现在自相关图上即自相关系数会很快由显著非零衰减到围绕零波动，我们称这种现象为平稳序列的短期相关性。

短期相关是平稳序列的一个重要特征。对这个特征的直观理解是，对平稳序列而言，通常只有近期的序列值对现时值的影响明显，间隔远的过去值对现时值的影响很小，随着时间的推移，这种影响几乎可以忽略不计。

例 3－5

考察如下四个平稳 AR 模型的自相关图。

（1）$x_t = 0.8 x_{t-1} + \varepsilon_t$　　（2）$x_t = -0.8 x_{t-1} + \varepsilon_t$

（3）$x_t = x_{t-1} - 0.5 x_{t-2} + \varepsilon_t$　　（4）$x_t = -x_{t-1} - 0.5 x_{t-2} + \varepsilon_t$

假定$\{\varepsilon_t\}$为标准正态白噪声序列，拟合这四个 AR 模型，得到样本自相关图，如图 3－3 所示（纵轴为自相关系数，横轴为延迟阶数）。

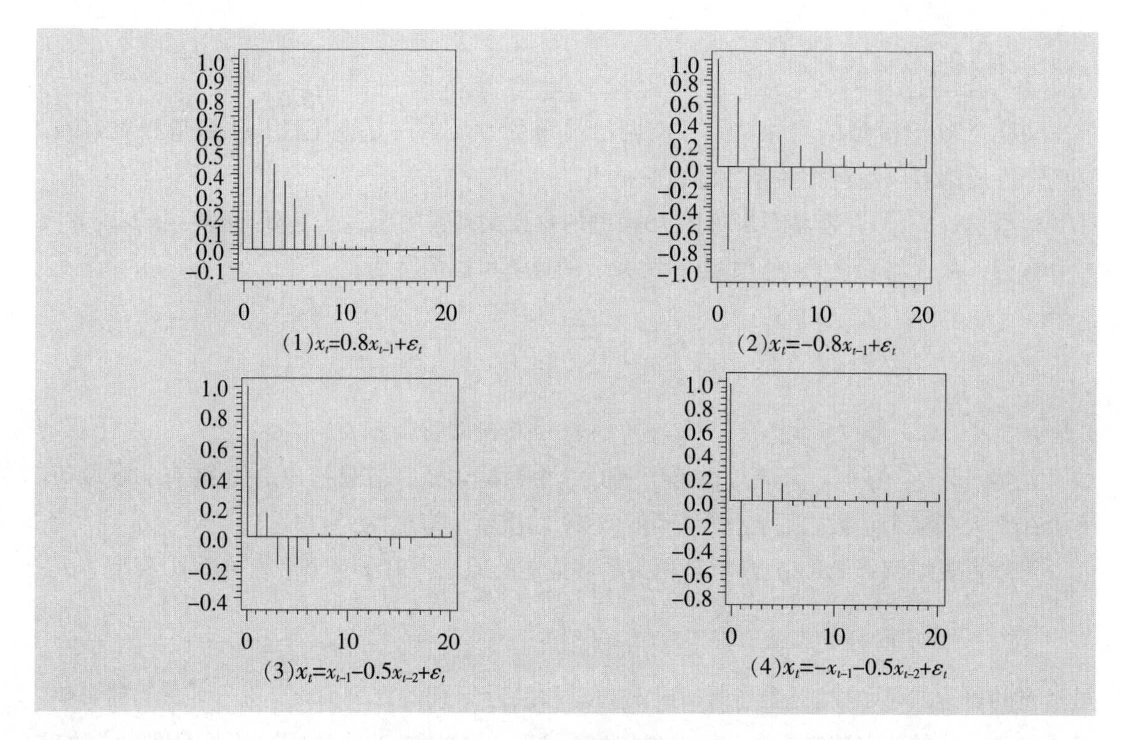

图 3-3　AR 模型的样本自相关图

从图 3-3 中可以看到，这四个平稳 AR 模型，不论它们是 AR(1)模型还是 AR(2)模型，不论它们的特征根是实根还是复根，是正根还是负根，它们的自相关系数都呈现出拖尾性和呈指数衰减到零值附近的性质。

但由于特征根不同，它们的自相关系数衰减的方式也不一样。有的自相关系数是按负指数单调收敛到零（如模型(1)）；有的是正负相间地衰减（如模型(2)）；还有自回归系数呈现出类似于周期性的余弦衰减，即具有"伪周期"特征（如模型(3)），这些都是平稳模型自相关系数常见的特征。

五、偏自相关系数

1. 偏自相关系数的定义

对于一个平稳 AR(p)模型，求出滞后 k 自相关系数 ρ_k 时，实际上得到的并不是 x_t 与 x_{t-k}之间单纯的相关关系。因为 x_t 同时还会受到中间 $k-1$ 个随机变量 $x_{t-1}, x_{t-2}, \cdots, x_{t-k+1}$的影响，而这 $k-1$ 个随机变量又都和 x_{t-k}具有相关关系，所以自相关系数 ρ_k 里实际上掺杂了其他变量对 x_t 与 x_{t-k}的相关影响。为了能单纯测度 x_{t-k}对 x_t 的影响，Box 和 Jenkins 引进偏自相关系数的概念。

定义 3.4　对于平稳序列$\{x_t\}$，所谓滞后 k 偏自相关系数，是指在给定中间 $k-1$ 个随机变量 x_{t-1}，x_{t-2}，…，x_{t-k+1}的条件下，或者说，在剔除了中间 $k-1$ 个随机变量的干扰之后，x_{t-k}对 x_t 相关影响的度量。用数学语言描述就是

$$\rho_{x_t,x_{t-k}|x_{t-1},x_{t-2},\cdots,x_{t-k+1}}=\frac{E\{[x_t-\hat{E}(x_t)][x_{t-k}-\hat{E}(x_{t-k})]\}}{E\{[x_{t-k}-\hat{E}(x_{t-k})]^2\}} \tag{3.17}$$

式中，$\hat{E}(x_t)=E(x_t|x_{t-1},x_{t-2},\cdots,x_{t-k+1})$，$\hat{E}(x_{t-k})=E(x_{t-k}|x_{t-1},x_{t-2},\cdots,x_{t-k+1})$。这就是滞后 k 偏自相关系数的定义。

2. 偏自相关系数的计算

偏自相关系数的定义和回归分析中偏相关系数的定义非常相似。这启发我们可以从线性回归的角度，得到偏自相关系数的另一层含义。

假定$\{x_t\}$为中心化平稳序列，用过去的 k 期序列值 x_{t-1}，x_{t-2}，…，x_{t-k}对 x_t 做 k 阶自回归拟合，即

$$x_t=\phi_{k1}x_{t-1}+\phi_{k2}x_{t-2}+\cdots+\phi_{kk}x_{t-k}+\varepsilon_t \tag{3.18}$$

式中，$E(\varepsilon_t)=0$，$E(\varepsilon_t x_s)=0$（$\forall s<t$）。

对 x_{t-1}，x_{t-2}，…，x_{t-k+1}取条件，记

$$\hat{E}(x_t)=E(x_t|x_{t-1},x_{t-2},\cdots,x_{t-k+1}),\ \hat{E}(x_{t-k})=E(x_{t-k}|x_{t-1},x_{t-2},\cdots,x_{t-k+1})$$

则

$$\begin{aligned}\hat{E}(x_t)=&\phi_{k1}x_{t-1}+\phi_{k2}x_{t-2}+\cdots+\phi_{k(k-1)}x_{t-k+1}+\phi_{kk}\hat{E}(x_{t-k})\\&+E(\varepsilon_t|x_{t-1},x_{t-2},\cdots,x_{t-k+1})\end{aligned} \tag{3.19}$$

已知 $E(\varepsilon_t)=0$，$E(\varepsilon_t x_s)=0$（$\forall s<t$），所以

$$E(\varepsilon_t|x_{t-1},x_{t-2},\cdots,x_{t-k+1})=E(\varepsilon_t)=0$$

式（3.19）等价于

$$\hat{E}(x_t)=\phi_{k1}x_{t-1}+\phi_{k2}x_{t-2}+\cdots+\phi_{k(k-1)}x_{t-k+1}+\phi_{kk}\hat{E}(x_{t-k})$$

则式（3.18）减式（3.19）等于：

$$x_t-\hat{E}(x_t)=\phi_{kk}[x_{t-k}-\hat{E}(x_{t-k})]+\varepsilon_t \tag{3.20}$$

在式（3.20）等号两边同时乘以 $x_{t-k}-\hat{E}(x_{t-k})$ 并求期望

$$\begin{aligned}E\{[x_t-\hat{E}(x_t)][x_{t-k}-\hat{E}(x_{t-k})]\}=&\phi_{kk}E\{[x_{t-k}-\hat{E}(x_{t-k})]^2\}\\&+E\{\varepsilon_t[x_{t-k}-\hat{E}(x_{t-k})]\}\end{aligned} \tag{3.21}$$

因为 $E(\varepsilon_t x_s)=0$（$\forall s<t$），所以

$$E\{\varepsilon_t[x_{t-k}-\hat{E}(x_{t-k})]\}=0$$

式（3.21）等价于

$$E\{[x_t-\hat{E}(x_t)][x_{t-k}-\hat{E}(x_{t-k})]\}=\phi_{kk}E\{[x_{t-k}-\hat{E}(x_{t-k})]^2\}$$

由此得出

$$\phi_{kk}=\frac{E\{[x_t-\hat{E}(x_t)][x_{t-k}-\hat{E}(x_{t-k})]\}}{E\{[x_{t-k}-\hat{E}(x_{t-k})]^2\}} \tag{3.22}$$

式（3.22）等号右边的结果正好等于式（3.17）所定义的滞后 k 偏自相关系数。

这说明滞后 k 偏自相关系数实际上就等于 k 阶自回归模型第 k 个回归系数 ϕ_{kk} 的值。根据这个性质容易计算偏自相关系数的值。

在式（3.18）等号两边同乘 x_{t-l} 并求期望，得

$$\rho_l=\phi_{k1}\rho_{l-1}+\phi_{k2}\rho_{l-2}+\cdots+\phi_{kk}\rho_{l-k},\quad \forall\, l\geqslant 1$$

取前 k 个方程构成的方程组

$$\begin{cases}\rho_1=\phi_{k1}\rho_0+\phi_{k2}\rho_1+\cdots+\phi_{kk}\rho_{k-1}\\ \rho_2=\phi_{k1}\rho_1+\phi_{k2}\rho_0+\cdots+\phi_{kk}\rho_{k-2}\\ \vdots\\ \rho_k=\phi_{k1}\rho_{k-1}+\phi_{k2}\rho_{k-2}+\cdots+\phi_{kk}\rho_0\end{cases}$$

该方程组称为 Yule-Walker 方程。通过解该方程组，可以得到参数 $(\phi_{k1},\phi_{k2},\cdots,\phi_{kk})'$ 的解，参数向量中最后一个参数的解即滞后 k 偏自相关系数 ϕ_{kk} 的值。

用矩阵形式表示为：

$$\begin{pmatrix}1 & \rho_1 & \cdots & \rho_{k-1}\\ \rho_1 & 1 & \cdots & \rho_{k-2}\\ \vdots & \vdots & & \vdots\\ \rho_{k-1} & \rho_{k-2} & \cdots & 1\end{pmatrix}\begin{pmatrix}\phi_{k1}\\ \phi_{k2}\\ \vdots\\ \phi_{kk}\end{pmatrix}=\begin{pmatrix}\rho_1\\ \rho_2\\ \vdots\\ \rho_k\end{pmatrix} \tag{3.23}$$

根据线性方程组求解的 Cramer 法则，有

$$\phi_{kk}=\frac{D_k}{D} \tag{3.24}$$

式中：

$$D=\begin{vmatrix}1 & \rho_1 & \cdots & \rho_{k-1}\\ \rho_1 & 1 & \cdots & \rho_{k-2}\\ \vdots & \vdots & & \vdots\\ \rho_{k-1} & \rho_{k-2} & \cdots & 1\end{vmatrix},\ D_k=\begin{vmatrix}1 & \rho_1 & \cdots & \rho_1\\ \rho_1 & 1 & \cdots & \rho_2\\ \vdots & \vdots & & \vdots\\ \rho_{k-1} & \rho_{k-2} & \cdots & \rho_k\end{vmatrix}$$

D 为式（3.23）中系数矩阵的行列式；D_k 是把 D 中的第 k 个列向量换成式（3.23）等号右边的自相关系数向量后构成的行列式。

3. 偏自相关系数的截尾性

可以证明：平稳 AR(p)模型的偏自相关系数具有 p 阶截尾性。所谓 p 阶截尾性，是指 $\phi_{kk}=0$ ($\forall k>p$)。要证明这一点，实际上只要能证明当$k>p$ 时，$D_k=0$ 即可。

证明：对任一 AR(p)模型

$$x_t=\phi_1 x_{t-1}+\phi_2 x_{t-2}+\cdots+\phi_p x_{t-p}+\varepsilon_t,\quad \forall k>p$$

有如下 Yule-Walker 方程成立：

$$\begin{pmatrix} 1 & \rho_1 & \cdots & \rho_{p-1} \\ \rho_1 & 1 & \cdots & \rho_{p-2} \\ \vdots & \vdots & & \vdots \\ \rho_{k-1} & \rho_{k-2} & \cdots & \rho_{k-p} \end{pmatrix} \begin{pmatrix} \phi_1 \\ \phi_2 \\ \vdots \\ \phi_p \end{pmatrix} = \begin{pmatrix} \rho_1 \\ \rho_2 \\ \vdots \\ \rho_k \end{pmatrix} \tag{3.25}$$

记 ξ_i ($i=1, 2, \cdots, p$) 为式 (3.25) 系数矩阵中 p 个列向量，η 为式 (3.25) 中等号右边的自相关系数向量，即

$$\xi_i=\begin{pmatrix} \rho_{i-1} \\ \rho_{i-2} \\ \vdots \\ \rho_{i-k} \end{pmatrix},\ i=1,2,\cdots,p;\quad \eta=\begin{pmatrix} \rho_1 \\ \rho_2 \\ \vdots \\ \rho_k \end{pmatrix}$$

则有

$$\eta=\phi_1\xi_1+\phi_2\xi_2+\cdots+\phi_p\xi_p \tag{3.26}$$

因为 AR(p)模型的限制条件之一是 $\phi_p\neq 0$，所以向量 η 一定可以表示成向量 ξ_i ($i=1, 2, \cdots, p$)的非零线性组合。

当 $k>p$ 时，有

$$D_k=\begin{vmatrix} 1 & \rho_1 & \cdots & \rho_{p-1} & \cdots & \rho_1 \\ \rho_1 & 1 & \cdots & \rho_{p-2} & \cdots & \rho_2 \\ \vdots & \vdots & & \vdots & & \vdots \\ \rho_{k-1} & \rho_{k-2} & \cdots & \rho_{k-p} & \cdots & \rho_k \end{vmatrix} \tag{3.27}$$

显然 D_k 的前 p 个列向量正好就是ξ_i($i=1, 2, \cdots, p$)，而最后一个列向量正好就是向量 η。根据式 (3.26)，说明在行列式 (3.27) 中最后一个列向量可以用另外 p 个列向量的线性组合表示。根据行列式的性质，具有这种线性相关关系的行列式的值一定为零，即 $D_k=0$。由 $D_k=0$ 等价推出 $\phi_{kk}=0$。

证毕。

由此证明了 AR(p)模型偏自相关系数的 p 阶截尾性。这个性质连同前面的自相关系数拖尾性是 AR(p)模型重要的识别依据。

例 3-5 续

考察例 3-5 中四个平稳 AR 模型的偏自相关系数截尾性。

(1) $x_t=0.8x_{t-1}+\varepsilon_t$　　(2) $x_t=-0.8x_{t-1}+\varepsilon_t$

(3) $x_t=x_{t-1}-0.5x_{t-2}+\varepsilon_t$　　(4) $x_t=-x_{t-1}-0.5x_{t-2}+\varepsilon_t$

根据 Yule-Walker 方程容易算出，AR(1)模型的偏自相关系数为：

$$\phi_{kk}=\begin{cases}\phi_1, & k=1\\ 0, & k\geqslant 2\end{cases}$$

AR(2)模型的偏自相关系数为：

$$\phi_{kk}=\begin{cases}\dfrac{\phi_1}{1-\phi_2}, & k=1\\ \phi_2, & k=2\\ 0, & k\geqslant 3\end{cases}$$

所以，这四个 AR 模型的理论偏自相关系数如表 3-2 所示。

表 3-2

模型	偏自相关系数
(1) $x_t=0.8x_{t-1}+\varepsilon_t$	$\phi_{kk}=\begin{cases}0.8, & k=1\\ 0, & k\geqslant 2\end{cases}$
(2) $x_t=-0.8x_{t-1}+\varepsilon_t$	$\phi_{kk}=\begin{cases}-0.8, & k=1\\ 0, & k\geqslant 2\end{cases}$
(3) $x_t=x_{t-1}-0.5x_{t-2}+\varepsilon_t$	$\phi_{kk}=\begin{cases}\frac{2}{3}, & k=1\\ -0.5, & k=2\\ 0, & k\geqslant 3\end{cases}$
(4) $x_t=-x_{t-1}-0.5x_{t-2}+\varepsilon_t$	$\phi_{kk}=\begin{cases}-\frac{2}{3}, & k=1\\ -0.5, & k=2\\ 0, & k\geqslant 3\end{cases}$

假定$\{\varepsilon_t\}$为标准正态白噪声序列，拟合这四个 AR 模型，得到样本偏自相关图，如图 3-4 所示（纵轴为偏自相关系数，横轴为延迟阶数）。

鉴于样本的随机性，样本偏自相关系数不会和理论偏自相关系数一样严格截尾，但可以看出两个 AR(1)模型的样本偏自相关系数 1 阶显著不为零，1 阶之后都近似为零；而两个 AR(2)模型的样本偏自相关系数 2 阶显著不为零，2 阶之后都近似为零。通过样本偏自相关图可以直观地验证 AR 模型偏自相关系数的截尾性。

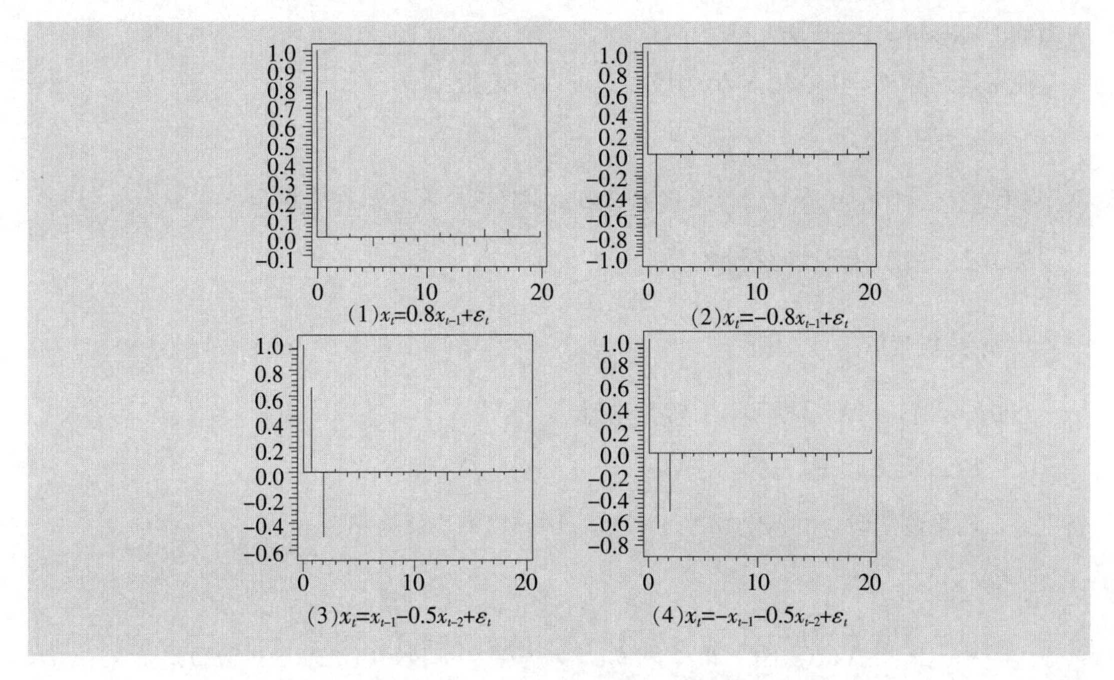

图 3-4　AR 模型的样本偏自相关图

3.3 MA 模型

3.3.1　MA 模型的定义

定义 3.5　具有如下结构的模型称为 q 阶移动平均（moving average）模型，简记为 MA(q)：

$$\begin{cases} x_t=\mu+\varepsilon_t-\theta_1\varepsilon_{t-1}-\theta_2\varepsilon_{t-2}-\cdots-\theta_q\varepsilon_{t-q} \\ \theta_q\neq 0 \\ E(\varepsilon_t)=0,\ \mathrm{Var}(\varepsilon_t)=\sigma_\varepsilon^2,\ E(\varepsilon_t\varepsilon_s)=0,\quad s\neq t \end{cases} \tag{3.28}$$

使用 MA(q) 模型需要满足两个限制条件：

条件一：$\theta_q\neq 0$，这个限制条件保证了模型的最高阶数为 q。

条件二：$E(\varepsilon_t)=0$，$\mathrm{Var}(\varepsilon_t)=\sigma_\varepsilon^2$，$E(\varepsilon_t\varepsilon_s)=0$（$s\neq t$）。这个条件保证了随机干扰序列 $\{\varepsilon_t\}$ 为零均值白噪声序列。

通常缺省默认式（3.28）的限制条件，把模型简记为：

$$x_t=\mu+\varepsilon_t-\theta_1\varepsilon_{t-1}-\theta_2\varepsilon_{t-2}-\cdots-\theta_q\varepsilon_{t-q} \tag{3.29}$$

当 $\mu=0$ 时，模型（3.28）称为中心化 MA(q) 模型。非中心化 MA(q) 模型只要做一个简单的位移 $y_t=x_t-\mu$，就可以转化为中心化 MA(q) 模型。这种中心化运算不会影响序列值之间的相关关系，所以今后在分析 MA 模型的相关关系时，常常简化为对它的中心化模型进行分析。

使用延迟算子，中心化MA(q)模型又可以简记为：

$$x_t=\Theta(B)\varepsilon_t$$

式中，$\Theta(B)=1-\theta_1B-\theta_2B^2-\cdots-\theta_qB^q$，为$q$阶移动平均系数多项式。

3.3.2 MA模型的统计性质

1. 常数均值

当$q<\infty$时，MA(q)模型具有常数均值

$$E(x_t)=E(\mu+\varepsilon_t-\theta_1\varepsilon_{t-1}-\theta_2\varepsilon_{t-2}-\cdots-\theta_q\varepsilon_{t-q})=\mu$$

特别地，如果该模型为中心化MA(q)模型，则该模型均值为零。

2. 常数方差

$$\mathrm{Var}(x_t)=\mathrm{Var}(\mu+\varepsilon_t-\theta_1\varepsilon_{t-1}-\theta_2\varepsilon_{t-2}-\cdots-\theta_q\varepsilon_{t-q})=(1+\theta_1^2+\cdots+\theta_q^2)\sigma_\varepsilon^2$$

3. 自协方差函数只与滞后阶数相关，且q阶截尾

$$\begin{aligned}\gamma_k&=E(x_tx_{t-k})\\&=E[(\varepsilon_t-\theta_1\varepsilon_{t-1}-\cdots-\theta_q\varepsilon_{t-q})(\varepsilon_{t-k}-\theta_1\varepsilon_{t-k-1}-\cdots-\theta_q\varepsilon_{t-k-q})]\\&=\begin{cases}(1+\theta_1^2+\cdots+\theta_q^2)\sigma_\varepsilon^2, & k=0\\(-\theta_k+\sum\limits_{i=1}^{q-k}\theta_i\theta_{k+i})\sigma_\varepsilon^2, & 1\leqslant k\leqslant q\\0, & k>q\end{cases}\end{aligned}$$

4. 自相关系数q阶截尾

$$\rho_k=\frac{\gamma_k}{\gamma_0}=\begin{cases}1, & k=0\\\dfrac{-\theta_k+\sum\limits_{i=1}^{q-k}\theta_i\theta_{k+i}}{1+\theta_1^2+\theta_2^2+\cdots+\theta_q^2}, & 1\leqslant k\leqslant q\\0, & k>q\end{cases}$$

容易验证，MA(1)模型的自相关系数为：

$$\rho_k=\begin{cases}1, & k=0\\\dfrac{-\theta_1}{1+\theta_1^2}, & k=1\\0, & k\geqslant 2\end{cases}$$

MA(2)模型的自相关系数为：

$$\rho_k=\begin{cases}1, & k=0\\ \dfrac{-\theta_1+\theta_1\theta_2}{1+\theta_1^2+\theta_2^2}, & k=1\\ \dfrac{-\theta_2}{1+\theta_1^2+\theta_2^2}, & k=2\\ 0, & k\geqslant 3\end{cases}$$

3.3.3　MA 模型的可逆性

例 3-6

绘制下列 MA 模型的样本自相关图，直观考察 MA 模型自相关系数截尾的特性。

(1) $x_t=\varepsilon_t-2\varepsilon_{t-1}$　　(2) $x_t=\varepsilon_t-0.5\varepsilon_{t-1}$

(3) $x_t=\varepsilon_t-\frac{4}{5}\varepsilon_{t-1}+\frac{16}{25}\varepsilon_{t-2}$　　(4) $x_t=\varepsilon_t-\frac{5}{4}\varepsilon_{t-1}+\frac{25}{16}\varepsilon_{t-2}$

假定$\{\varepsilon_t\}$为标准正态白噪声序列。

考察自相关系数的特征，如图 3-5 所示（纵轴为样本自相关系数，横轴为延迟阶数）。

排除样本随机性的影响，样本自相关图清晰显示出 MA(1)模型自相关系数一阶截尾，MA(2)模型自相关系数二阶截尾的特征。

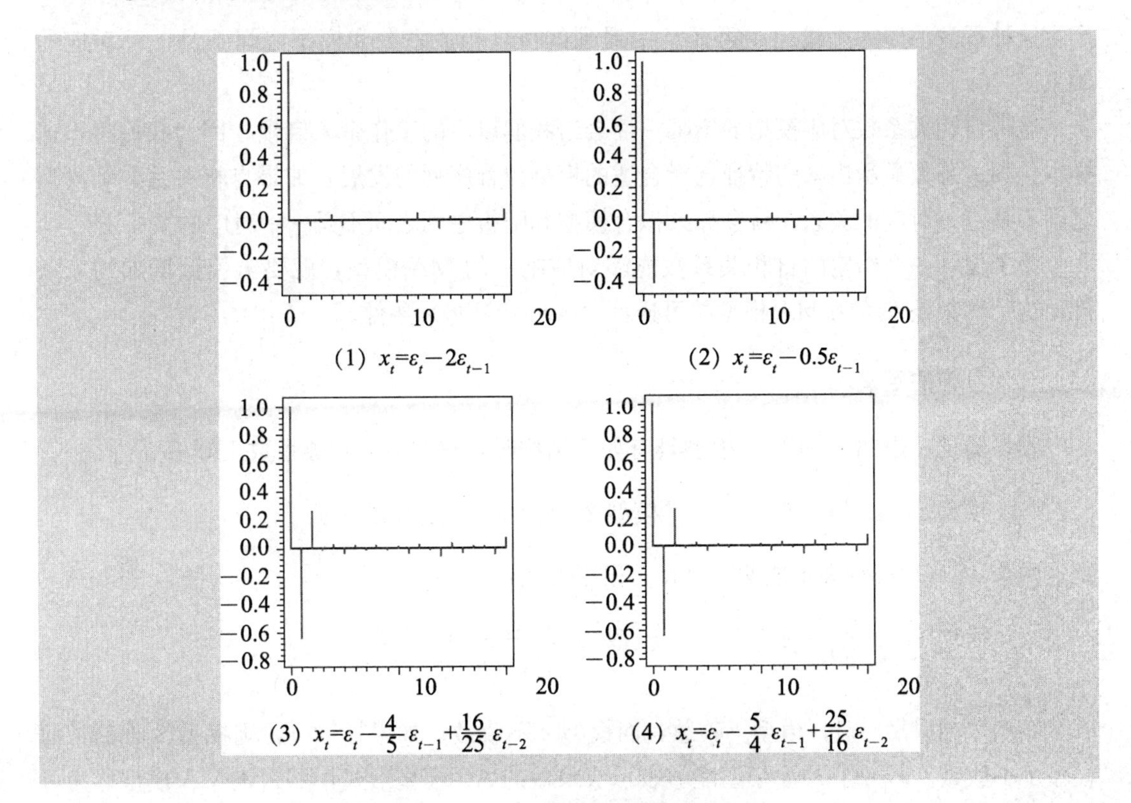

图 3-5　MA 模型的样本自相关图

再次观察例3-6中四个MA模型的自相关图（见图3-5），可以发现两个不同的MA(1)模型：

(1) $x_t=\varepsilon_t-2\varepsilon_{t-1}$

(2) $x_t=\varepsilon_t-0.5\varepsilon_{t-1}$

具有完全相同的样本自相关图。容易验证它们的理论自相关系数也相等。

$$\rho_k=\begin{cases}-0.4, & k=1\\ 0, & k\geqslant 2\end{cases}$$

而另外两个MA(2)模型：

(3) $x_t=\varepsilon_t-\frac{4}{5}\varepsilon_{t-1}+\frac{16}{25}\varepsilon_{t-2}$

(4) $x_t=\varepsilon_t-\frac{5}{4}\varepsilon_{t-1}+\frac{25}{16}\varepsilon_{t-2}$

也出现了同样的情况，不同的模型却拥有完全相同的自相关系数：

$$\rho_k=\begin{cases}-0.640\,12, & k=1\\ 0.312\,256, & k=2\\ 0, & k\geqslant 3\end{cases}$$

产生这种现象的原因是我们在第2章中提到的：自相关系数和模型之间不是一一对应的关系。

这种自相关系数对应模型的不唯一性会给我们以后的工作带来麻烦，因为我们将根据样本自相关系数显示出来的特征选择合适的模型拟合序列的发展，如果自相关系数和模型之间不是一一对应的关系，就会导致拟合模型和随机序列之间不是一一对应的关系。

为了保证一个给定的自相关系数能够对应唯一的MA模型，就要给模型增加约束条件，这个约束条件称为MA模型的可逆性（invertibility）条件。

一、可逆的定义

容易验证，当两个MA(1)模型具有如下结构时，它们的自相关系数正好相等：

模型1：$x_t=\varepsilon_t-\theta\varepsilon_{t-1}$　　　模型2：$x_t=\varepsilon_t-\frac{1}{\theta}\varepsilon_{t-1}$

把这两个MA(1)模型表示成两个自相关模型形式：

模型1：$\frac{x_t}{1-\theta B}=\varepsilon_t$　　　模型2：$\frac{x_t}{1-\frac{1}{\theta}B}=\varepsilon_t$

显然，如果$|\theta|<1$，模型1收敛，而模型2不收敛；如果$|\theta|>1$，则模型2收敛，而模型1不收敛。若一个MA模型能够表示成收敛的AR模型形式，那么该MA模型称为可逆模型。一个自相关系数唯一对应一个可逆MA模型。

二、MA(q)模型的可逆性条件

与分析 AR(p)模型的平稳性条件类似，MA(q)模型可以表示为：

$$\varepsilon_t=\frac{x_t}{\Theta(B)} \tag{3.30}$$

式中，$\Theta(B)=1-\theta_1 B-\theta_2 B^2-\cdots-\theta_q B^q$，为移动平均系数多项式。假定$\frac{1}{\lambda_1}$，$\frac{1}{\lambda_2}$，…，$\frac{1}{\lambda_q}$是该系数多项式的 q 个根，则 $\Theta(B)$可以分解成：

$$\Theta(B)=\prod_{k=1}^{q}(1-\lambda_k B) \tag{3.31}$$

把式（3.31）代入式（3.30），得

$$\varepsilon_t=\frac{x_t}{(1-\lambda_1 B)(1-\lambda_2 B)\cdots(1-\lambda_q B)} \tag{3.32}$$

式（3.32）收敛的充要条件是 $|\lambda_i|<1$，等价于 MA(q)模型的系数多项式的根都在单位圆外$\left(\left|\frac{1}{\lambda_i}\right|>1\right)$。这个条件也称为 MA($q$)模型的可逆性条件。

显然，MA(q)模型的可逆概念和 AR(p)模型的平稳概念是完全对偶的。容易验证，MA(1)模型可逆的条件是 $-1<\theta_1<1$，MA(2)模型可逆的条件是 $|\theta_2|<1$，且 $\theta_2\pm\theta_1<1$。

三、逆函数的递推公式

如果一个 MA(q)模型满足可逆性条件，它就可以写成如下两种等价形式：

$$\begin{cases}\Theta(B)\varepsilon_t=x_t & \text{(a)}\\ \varepsilon_t=I(B)x_t & \text{(b)}\end{cases}$$

把式(b)代入式(a)，得

$$\Theta(B)I(B)x_t=x_t$$

展开上式，得

$$\left(1-\sum_{k=1}^{q}\theta_k B^k\right)\left(1+\sum_{j=1}^{\infty}I_j B^j\right)x_t=x_t$$

和 Green 函数的递推公式完全类似，由待定系数法容易得到逆函数的递推公式为：

$$\begin{cases}I_0=1\\ I_j=\sum_{k=1}^{j}\theta'_k I_{j-k}, \quad j\geqslant 1\end{cases} \tag{3.33}$$

式中：

$$\theta'_k=\begin{cases}\theta_k, & k\leqslant q\\ 0, & k>q\end{cases}$$

例 3-6 续（1）

考察例 3-6 中四个 MA 模型的可逆性，并写出可逆 MA 模型的逆转形式。

（1）$x_t=\varepsilon_t-2\varepsilon_{t-1}$　　（2）$x_t=\varepsilon_t-0.5\varepsilon_{t-1}$

（3）$x_t=\varepsilon_t-\frac{4}{5}\varepsilon_{t-1}+\frac{16}{25}\varepsilon_{t-2}$　　（4）$x_t=\varepsilon_t-\frac{5}{4}\varepsilon_{t-1}+\frac{25}{16}\varepsilon_{t-2}$

MA 模型是否可逆如表 3-3 所示。

表 3-3

模型	条件	结论
（1）$x_t=\varepsilon_t-2\varepsilon_{t-1}$	$\vert\theta_1\vert=2>1$	不可逆
（2）$x_t=\varepsilon_t-0.5\varepsilon_{t-1}$	$\vert\theta_1\vert=0.5<1$ $\vert\theta_2\vert=\frac{16}{25}<1$	可逆
（3）$x_t=\varepsilon_t-\frac{4}{5}\varepsilon_{t-1}+\frac{16}{25}\varepsilon_{t-2}$	$\theta_2+\theta_1=-\frac{16}{25}+\frac{4}{5}=\frac{4}{25}<1$ $\theta_2-\theta_1=-\frac{16}{25}-\frac{4}{5}=-\frac{36}{25}<1$	可逆
（4）$x_t=\varepsilon_t-\frac{5}{4}\varepsilon_{t-1}+\frac{25}{16}\varepsilon_{t-2}$	$\vert\theta_2\vert=\frac{25}{16}>1$	不可逆

模型(2)的逆函数为：

$$\begin{cases}I_0=1\\ I_j=0.5^j, & j\geqslant 1\end{cases}$$

则该模型的逆转形式为：

$$\varepsilon_t=\sum_{j=0}^{\infty}0.5^j x_{t-j}$$

根据逆函数的递推公式，并根据模型（3）特有的 $\theta_2=-\theta_1^2$ 的性质，整理之后该模型的逆函数为：

$$I_k=\begin{cases}(-1)^n\theta_1^k, & k=3n\text{ 或 }3n+1\\ 0, & k=3n+2\end{cases}\quad(n=0,1,\cdots)$$

则该模型的逆转形式为：

$$\varepsilon_t=\sum_{n=0}^{\infty}(-1)^n 0.8^{3n}x_{t-3n}+\sum_{n=0}^{\infty}(-1)^n 0.8^{3n+1}x_{t-3n-1}$$

3.3.4　MA 模型偏自相关系数拖尾

一个可逆 MA(q)模型可以等价写成 AR(∞)模型形式：

$$I(B)x_t=\varepsilon_t$$

式中：

$$\begin{cases}I_0=1\\ I_j=\sum_{k=1}^{j}\theta'_k I_{j-k}, \quad j\geqslant 1\end{cases}$$

AR(p)模型偏自相关系数 p 阶截尾，所以可逆 MA(q)模型偏自相关系数 ∞ 阶截尾，即具有偏自相关系数拖尾性。

一个可逆 MA(q)模型一定对应一个与它具有相同自相关系数和偏自相关系数的不可逆 MA(q)模型，这个不可逆 MA(q)模型也同样具有偏自相关系数拖尾性。

例 3-7

求 MA(1)模型偏自相关系数的表达式。

假设 MA(1)模型的表达式为 $x_t=\varepsilon_t-\theta_1\varepsilon_{t-1}$。根据偏自相关系数的定义，我们知道延迟 k 阶偏自相关系数 ϕ_{kk} 是方程组

$$\rho_j=\phi_{k1}\rho_{j-1}+\phi_{k2}\rho_{j-2}+\cdots+\phi_{k(k-1)}\rho_{j-k+1}+\phi_{kk}\rho_{j-k}, \quad j=1,2,\cdots,k$$

的最后一个系数，则对 $j=1,2,\cdots,k$ 依次求解方程，得

$$\phi_{11}=\rho_1=\frac{-\theta_1}{1+\theta_1^2}$$

$$\phi_{22}=\frac{\rho_2-\rho_1^2}{1-\rho_1^2}=\frac{-\rho_1^2}{1-\rho_1^2}=\frac{-\theta_1^2}{1+\theta_1^2+\theta_1^4}$$

$$\phi_{33}=\frac{\begin{vmatrix}1&\rho_1&\rho_1\\ \rho_1&1&\rho_2\\ \rho_2&\rho_1&\rho_3\end{vmatrix}}{\begin{vmatrix}1&\rho_1&\rho_2\\ \rho_1&1&\rho_1\\ \rho_2&\rho_1&1\end{vmatrix}}=\frac{\begin{vmatrix}1&\rho_1&\rho_1\\ \rho_1&1&0\\ 0&\rho_1&0\end{vmatrix}}{\begin{vmatrix}1&\rho_1&0\\ \rho_1&1&\rho_1\\ 0&\rho_1&1\end{vmatrix}}$$

$$=\frac{\rho_1^3}{1-2\rho_1^2}=\frac{-\theta_1^3}{1+\theta_1^2+\theta_1^4+\theta_1^6}$$

依此类推，可以得到MA(1)模型任意 k 阶偏自相关系数 ϕ_{kk} 的通解：

$$\phi_{kk}=\frac{-\theta_1^k}{\sum_{j=0}^{k}\theta_1^{2j}},\quad k\geqslant 1$$

MA(1)模型任意 k 阶偏自相关系数 ϕ_{kk} 的通解形式也说明了MA(1)模型偏自相关系数的拖尾性。

例 3-6 续（2）

绘制下列MA模型的偏自相关系数图，直观考察MA模型偏自相关系数的拖尾性。

（1）$x_t=\varepsilon_t-2\varepsilon_{t-1}$　　（2）$x_t=\varepsilon_t-0.5\varepsilon_{t-1}$

（3）$x_t=\varepsilon_t-\frac{4}{5}\varepsilon_{t-1}+\frac{16}{25}\varepsilon_{t-2}$　　（4）$x_t=\varepsilon_t-\frac{5}{4}\varepsilon_{t-1}+\frac{25}{16}\varepsilon_{t-2}$

假定 $\{\varepsilon_t\}$ 为标准正态白噪声序列。考察偏自相关系数的拖尾性质，偏自相关图如图 3-6 所示（纵轴为样本偏自相关系数，横轴为延迟阶数）。

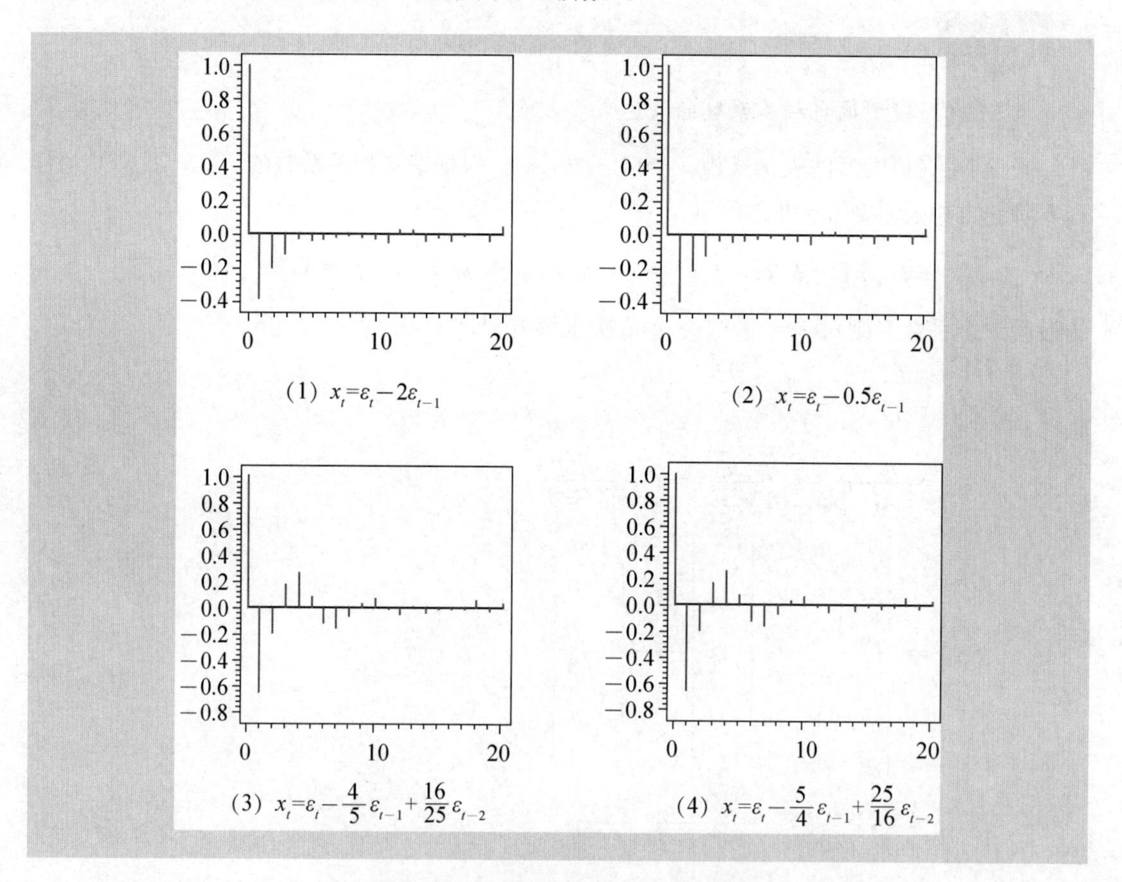

图 3-6　MA模型的样本偏自相关图

3.4 ARMA模型

3.4.1 ARMA模型的定义

定义3.6 把具有如下结构的模型称为自回归移动平均模型，简记为ARMA(p,q)模型：

$$\begin{cases} x_t=\phi_0+\phi_1 x_{t-1}+\cdots+\phi_p x_{t-p}+\varepsilon_t-\theta_1\varepsilon_{t-1}-\cdots-\theta_q\varepsilon_{t-q} \\ \phi_p\neq 0, \quad \theta_q\neq 0 \\ E(\varepsilon_t)=0, \mathrm{Var}(\varepsilon_t)=\sigma_\varepsilon^2, E(\varepsilon_t\varepsilon_s)=0, \quad s\neq t \\ E(x_s\varepsilon_t)=0, \quad \forall s<t \end{cases} \tag{3.34}$$

若 $\phi_0=0$，该模型称为中心化ARMA(p,q)模型。缺省默认条件，中心化ARMA(p,q)模型可以简写为：

$$x_t=\phi_1 x_{t-1}+\cdots+\phi_p x_{t-p}+\varepsilon_t-\theta_1\varepsilon_{t-1}-\cdots-\theta_q\varepsilon_{t-q} \tag{3.35}$$

默认条件与AR模型、MA模型相同。

引进延迟算子，ARMA(p,q)模型简记为：

$$\Phi(B)x_t=\Theta(B)\varepsilon_t$$

式中，$\Phi(B)=1-\phi_1 B-\cdots-\phi_p B^p$，为 p 阶自回归系数多项式；$\Theta(B)=1-\theta_1 B-\cdots-\theta_q B^q$，为 q 阶移动平均系数多项式。

显然，当 $q=0$ 时，ARMA(p,q)模型退化成AR(p)模型；当 $p=0$ 时，ARMA(p,q)模型退化成了MA(q)模型。

所以，AR(p)模型和MA(q)模型实际上是ARMA(p,q)模型的特例，它们统称为ARMA模型。而ARMA(p,q)模型的统计性质也正是AR(p)模型和MA(q)模型统计性质的有机组合。

3.4.2 ARMA模型的平稳性与可逆性

一、平稳条件与可逆条件

对于一个ARMA(p,q)模型，令 $z_t=\Theta(B)\varepsilon_t$，显然 $\{z_t\}$ 是一个均值为零、方差为 $(1+\theta_1^2+\cdots+\theta_q^2)\sigma_\varepsilon^2$ 的平稳序列。于是ARMA(p,q)模型可以改写为如下形式：

$$\Phi(B)x_t=z_t$$

类似于AR(p) 模型平稳性的分析，容易推导出ARMA(p,q)模型的平稳条件是：$\Phi(B)=0$ 的根都在单位圆外。也就是说，ARMA(p,q)模型的平稳性完全由其自回归部分的平稳性决定。

同理，可以推导出ARMA(p,q)模型的可逆条件和MA(q)模型的可逆条件完全相同：当$\Theta(B)=0$的根都在单位圆外时，ARMA(p,q)模型可逆。

当$\Phi(B)=0$，$\Theta(B)=0$的根都在单位圆外时，ARMA(p,q)模型称为平稳可逆模型，这是一个由它的自相关系数唯一识别的模型。

二、传递形式与逆转形式

对于一个平稳可逆ARMA(p,q)模型，它的传递形式为：

$$x_t=\Phi^{-1}(B)\Theta(B)\varepsilon_t=\sum_{j=0}^{\infty}G_j\varepsilon_{t-j}$$

式中，$\{G_0,G_1,G_2,\cdots\}$为Green函数。

通过待定系数法，容易得到ARMA(p,q)模型场合下Green函数的递推公式为：

$$\begin{cases}G_0=1\\ G_k=\sum_{j=1}^{k}\phi_j'G_{k-j}-\theta_k', \quad k\geqslant 1\end{cases} \tag{3.36}$$

式中：

$$\phi_j'=\begin{cases}\phi_j, & 1\leqslant j\leqslant p\\ 0, & j>p\end{cases}, \quad \theta_k'=\begin{cases}\theta_k, & 1\leqslant k\leqslant q\\ 0, & k>q\end{cases}$$

同理，可以得到ARMA(p,q)模型的逆转形式为：

$$\varepsilon_t=\Theta^{-1}(B)\Phi(B)x_t=\sum_{j=0}^{\infty}I_jx_{t-j}$$

式中，$\{I_1,I_2,\cdots\}$为逆函数。

通过待定系数法容易得到逆函数的递推公式为：

$$\begin{cases}I_0=1\\ I_k=\sum_{j=1}^{k}\theta_j'I_{k-j}-\phi_k', \quad k\geqslant 1\end{cases} \tag{3.37}$$

式中，θ_j'和ϕ_k'的定义同上。

3.4.3 ARMA(p,q)模型的统计性质

一、均值

对于一个非中心化平稳可逆的ARMA(p,q)模型

$$x_t=\phi_0+\phi_1x_{t-1}+\phi_2x_{t-2}+\cdots+\phi_px_{t-p}+\varepsilon_t-\theta_1\varepsilon_{t-1}-\theta_2\varepsilon_{t-2}-\cdots-\theta_q\varepsilon_{t-q}$$

两边同时求均值，有

$$E(x_t)=\frac{\phi_0}{1-\phi_1-\cdots-\phi_p}$$

二、自协方差函数

$$\begin{aligned}\gamma_k &= E(x_t x_{t+k}) \\ &= E\Big[\Big(\sum_{i=0}^{\infty}G_i\varepsilon_{t-i}\Big)\Big(\sum_{j=0}^{\infty}G_j\varepsilon_{t+k-j}\Big)\Big] \\ &= E\Big(\sum_{i=0}^{\infty}G_i\sum_{j=0}^{\infty}G_j\varepsilon_{t-i}\varepsilon_{t+k-j}\Big) \\ &= \sigma_\varepsilon^2\sum_{i=0}^{\infty}G_iG_{i+k}\end{aligned}$$

三、自相关系数

$$\rho_k=\frac{\gamma_k}{\gamma_0}=\frac{\sum_{j=0}^{\infty}G_jG_{j+k}}{\sum_{j=0}^{\infty}G_j^2}$$

根据自相关系数的表达式很容易判断 ARMA(p,q)模型的自相关系数不截尾。这和 ARMA(p,q)模型可以转化为无穷阶移动平均模型的性质一致。同理，根据 ARMA(p,q)模型可以转化为无穷阶自回归模型，可以判断它的偏自相关系数也不截尾。

例 3-8

拟合 ARMA(1,1)模型：$x_t-0.5x_{t-1}=\varepsilon_t-0.8\varepsilon_{t-1}$，并直观地考察该模型的自相关系数和偏自相关系数的拖尾性。

假定 $\{\varepsilon_t\}$ 为标准正态白噪声序列。

拟合这个 ARMA(1,1)模型，并得到样本自相关图和偏自相关图，如图 3-7 所示。

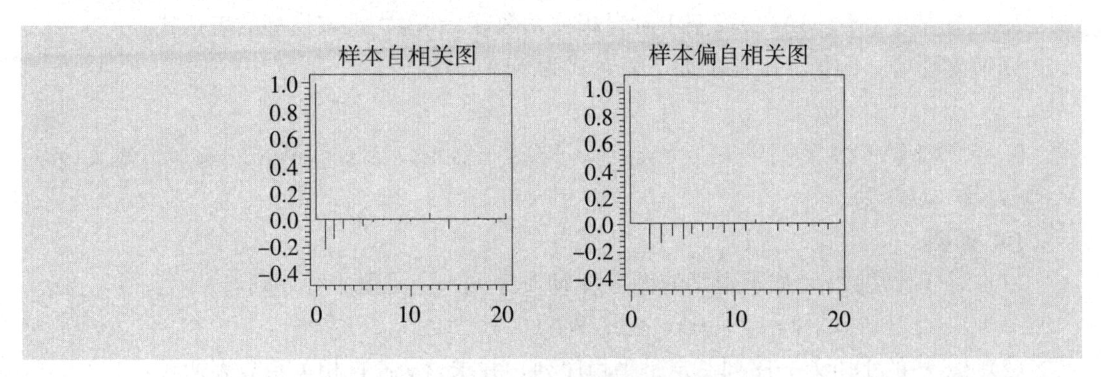

图 3-7　ARMA(1,1)模型的样本相关图

综合考察 AR(p)模型、MA(q)模型和 ARMA(p,q)模型的自相关系数和偏自相关系数的性质，我们可以总结出如表 3-4 所示的规律。

表 3-4

模型	自相关系数	偏自相关系数
AR(p)	拖尾	p 阶截尾
MA(q)	q 阶截尾	拖尾
ARMA(p,q)	拖尾	拖尾

3.5 习题

1. 已知 AR(1)模型为：$x_t=0.7x_{t-1}+\varepsilon_t$，$\varepsilon_t\sim WN(0,1)$。求 $E(x_t)$，$Var(x_t)$，ρ_2 和 ϕ_{22}。

2. 已知某 AR(2)模型为：$x_t=\phi_1 x_{t-1}+\phi_2 x_{t-2}+\varepsilon_t$，$\varepsilon_t\sim WN(0,\sigma_\varepsilon^2)$，且 $\rho_1=0.5$，$\rho_2=0.3$，求 ϕ_1，ϕ_2 的值。

3. 已知某 AR(2)模型为：$(1-0.5B)(1-0.3B)x_t=\varepsilon_t$，$\varepsilon_t\sim WN(0,1)$，求 $E(x_t)$，$Var(x_t)$，ρ_k，ϕ_{kk}，其中 $k=1$，2，3。

4. 已知 AR(2)序列为 $x_t=x_{t-1}+cx_{t-2}+\varepsilon_t$，其中，$\{\varepsilon_t\}$ 为白噪声序列。确定 c 的取值范围，以保证 $\{x_t\}$ 为平稳序列，并给出该序列 ρ_k 的表达式。

5. 证明对任意常数 c，如下定义的 AR(3)序列一定是非平稳序列：

$$x_t=x_{t-1}+cx_{t-2}-cx_{t-3}+\varepsilon_t,\quad \varepsilon_t\sim WN(0,\sigma_\varepsilon^2)$$

6. 对于 AR(1)模型：$x_t=\phi_1 x_{t-1}+\varepsilon_t$，$\varepsilon_t\sim WN(0,\sigma_\varepsilon^2)$，判断如下命题是否正确：

(1) $\gamma_0=(1+\phi_1^2)\sigma_\varepsilon^2$

(2) $E[(x_t-\mu)(x_{t-1}-\mu)]=-\phi_1$

(3) $p_k=\phi_1^k$

(4) $\phi_{kk}=\phi_1^k$

(5) $p_k=\phi_1 p_{k-1}$

7. 已知某中心化 MA(1)模型 1 阶自相关系数 $\rho_1=0.4$，求该模型的表达式。

8. 确定常数 c 的值，以保证如下表达式为 MA(2)模型：

$$x_t=10+0.5x_{t-1}+\varepsilon_t-0.8\varepsilon_{t-2}+c\varepsilon_{t-3}$$

9. 已知 MA(2)模型为：$x_t=\varepsilon_t-0.7\varepsilon_{t-1}+0.4\varepsilon_{t-2}$，$\varepsilon_t\sim WN(0,\sigma_\varepsilon^2)$。求 $E(x_t)$，$Var(x_t)$ 及 $\rho_k(k\geqslant 1)$。

10. 证明：

(1) 对任意常数 c，如下定义的无穷阶 MA 序列一定是非平稳序列：

$$x_t=\varepsilon_t+c(\varepsilon_{t-1}+\varepsilon_{t-2}+\cdots),\quad \varepsilon_t\sim WN(0,\sigma_\varepsilon^2)$$

(2) $\{x_t\}$ 的 1 阶差分序列一定是平稳序列，并求 $\{y_t\}$ 自相关系数表达式：

$$y_t=x_t-x_{t-1}$$

11. 检验下列模型的平稳性与可逆性，其中 $\{\varepsilon_t\}$ 为白噪声序列：

(1) $x_t=0.5x_{t-1}+1.2x_{t-2}+\varepsilon_t$　　(2) $x_t=1.1x_{t-1}-0.3x_{t-2}+\varepsilon_t$

(3) $x_t=\varepsilon_t-0.9\varepsilon_{t-1}+0.3\varepsilon_{t-2}$　　(4) $x_t=\varepsilon_t+1.3\varepsilon_{t-1}-0.4\varepsilon_{t-2}$

(5) $x_t=0.7x_{t-1}+\varepsilon_t-0.6\varepsilon_{t-1}$　　(6) $x_t=-0.8x_{t-1}+0.5x_{t-2}+\varepsilon_t-1.1\varepsilon_{t-1}$

12. 已知ARMA(1,1)模型为：$x_t=0.6x_{t-1}+\varepsilon_t-0.3\varepsilon_{t-1}$，确定该模型的Green函数，使该模型可以等价表示为无穷阶MA模型形式。

13. 某ARMA(2,2)模型为：$\Phi(B)x_t=3+\Phi(B)\varepsilon_t$，求 $E(x_t)$。其中：$\varepsilon_t\sim WN(0,\sigma_\varepsilon^2)$，$\Phi(B)=(1-0.5B)^2$。

14. 证明ARMA(1,1)序列 $x_t=0.5x_{t-1}+\varepsilon_t-0.25\varepsilon_{t-1}$，$\varepsilon_t\sim WN(0,\sigma_\varepsilon^2)$的自相关系数为：

$$\rho_k=\begin{cases}1, & k=0\\ 0.27, & k=1\\ 0.5\rho_{k-1}, & k\geqslant 2\end{cases}$$

15. 对于平稳时间序列，以下等式哪些一定成立？

(1) $\sigma_\varepsilon^2=E(\varepsilon_1^2)$

(2) $\mathrm{Cov}(y_t,y_{t+k})=\mathrm{Cov}(y_t,y_{t-k})$

(3) $\rho_k=\rho_{-k}$

(4) $E(y_1y_2)=E(y_2y_3)$

16. 1915—2004年澳大利亚每年与枪支有关的凶杀案死亡率（每10万人）如表3-5所示。

(1) 绘制该序列的时序图，直观考察该序列的平稳特征。

(2) 使用单位根检验方法，判断该序列的平稳性。

表3-5

年份	死亡率	年份	死亡率	年份	死亡率
1915	0.521 505 2	1931	0.766 109 1	1947	0.409 005 6
1916	0.424 828 4	1932	0.456 147 3	1948	0.389 167 6
1917	0.425 031 1	1933	0.497 749 6	1949	0.240 261
1918	0.477 193 8	1934	0.419 327 3	1950	0.158 949 6
1919	0.828 021 2	1935	0.609 551 4	1951	0.439 337 3
1920	0.615 618 6	1936	0.457 337	1952	0.509 468 1
1921	0.366 627	1937	0.570 547 8	1953	0.374 346 5
1922	0.430 888 3	1938	0.347 899 6	1954	0.433 982 8
1923	0.281 028 7	1939	0.387 499 3	1955	0.413 055 7
1924	0.464 624 5	1940	0.582 428 5	1956	0.328 892 8
1925	0.269 395 1	1941	0.239 103 3	1957	0.518 664 8
1926	0.577 904 9	1942	0.236 744 5	1958	0.548 650 4
1927	0.566 115 1	1943	0.262 615 8	1959	0.546 911 1
1928	0.507 758 4	1944	0.424 093 4	1960	0.496 349 4
1929	0.750 717 5	1945	0.365 275	1961	0.530 892 9
1930	0.680 839 5	1946	0.375 075 8	1962	0.595 776 1

续表

年份	死亡率	年份	死亡率	年份	死亡率
1963	0.557 058 4	1977	0.704 610 7	1991	0.497 569
1964	0.573 132 5	1978	0.480 526 3	1992	0.600 183
1965	0.500 541 6	1979	0.702 686	1993	0.333 954 2
1966	0.543 126 9	1980	0.700 901 7	1994	0.274 437
1967	0.559 365 7	1981	0.603 085 4	1995	0.320 942 8
1968	0.691 169 3	1982	0.698 091 9	1996	0.540 667 1
1969	0.440 348 5	1983	0.597 656	1997	0.405 020 9
1970	0.567 666 2	1984	0.802 342 1	1998	0.288 596 1
1971	0.596 911 4	1985	0.601 710 9	1999	0.327 594 2
1972	0.473 553 7	1986	0.599 312 7	2000	0.313 260 6
1973	0.592 393 5	1987	0.602 562 5	2001	0.257 556 2
1974	0.597 555 6	1988	0.701 662 5	2002	0.213 838 6
1975	0.633 412 7	1989	0.499 571 4	2003	0.186 185 6
1976	0.605 711 5	1990	0.498 091 8	2004	0.159 271 3

17. 1860—1955 年密歇根湖每月平均水位的最高值序列如表 3-6 所示。

(1) 绘制该序列的时序图，直观考察该序列的平稳特征。

(2) 使用单位根检验方法，判断该序列的平稳性。

表 3-6

年份	水位	年份	水位	年份	水位	年份	水位
1860	83.3	1884	83.1	1908	81.8	1932	78.6
1861	83.5	1885	83.3	1909	81.1	1933	78.7
1862	83.2	1886	83.7	1910	80.5	1934	78
1863	82.6	1887	82.9	1911	80	1935	78.6
1864	82.2	1888	82.3	1912	80.7	1936	78.7
1865	82.1	1889	81.8	1913	81.3	1937	78.6
1866	81.7	1890	81.6	1914	80.7	1938	79.7
1867	82.2	1891	80.9	1915	80	1939	80
1868	81.6	1892	81	1916	81.1	1940	79.3
1869	82.1	1893	81.3	1917	81.87	1941	79
1870	82.7	1894	81.4	1918	81.91	1942	80.2
1871	82.8	1895	80.2	1919	81.3	1943	81.5
1872	81.5	1896	80	1920	81	1944	80.8
1873	82.2	1897	80.85	1921	80.5	1945	81
1874	82.3	1898	80.83	1922	80.6	1946	80.96
1875	82.1	1899	81.1	1923	79.8	1947	81.1
1876	83.6	1900	80.7	1924	79.6	1948	80.8
1877	82.7	1901	81.1	1925	78.49	1949	79.7
1878	82.5	1902	80.83	1926	78.49	1950	80
1879	81.5	1903	80.82	1927	79.6	1951	81.6
1880	82.1	1904	81.5	1928	80.6	1952	82.7
1881	82.2	1905	81.6	1929	82.3	1953	82.1
1882	82.6	1906	81.5	1930	81.2	1954	81.7
1883	83.3	1907	81.6	1931	79.1	1955	81.5

3.6 上机指导

本章主要介绍 ARMA 模型的统计特征。本章上机的内容主要是通过随机模拟产生各种 ARMA 模型，让读者能形象地理解 ARMA 的统计特性。

3.6.1 随机模拟 ARMA 模型

下面用随机模拟的方法生成三个 ARMA 模型，它们分别是：

AR(1)：$x_t=0.8x_{t-1}+\varepsilon_{t-1}$

MA(1)：$y_t=\varepsilon_t+0.7\varepsilon_{t-1}$

ARMA(1,1)：$z_t=0.8z_{t-1}+\varepsilon_t+0.7\varepsilon_{t-1}$

相关命令如下：

```
data a;
x_1=0;
y_1=0;
z_1=0;
e_1=0;
do t=-100 to 1000;
e=rannor(12345);
x=0.8*x_1+e;
y=e+0.7*e_1;
z=0.8*z_1+e+0.7*e_1;
x_1=x;
y_1=y;
z_1=z;
e_1=e;
if t>0 then output;
end;
data a;
set a;
keep t x y z;
run;
```

语句说明：

(1) 第一句"data a;"告诉系统开启数据步，将后面产生的序列值存入数据集 a。

(2) 后面几句都是对初始序列赋值，随机模拟之前的序列值均赋值为 0。其中：x_1 代表 x_{t-1}，y_1 代表 y_{t-1}，z_1 代表 z_{t-1}，e_1 代表 e_{t-1}。

（3）do 语句是启动循环命令，循环体以 end 命令结束。

“do t=－100 to 1000;”产生循环指针 t 变量，它从－100 开始赋值，循环一次自动增加 1，直到 1 000 循环结束。

“e=rannor(12345);”每次循环产生一个服从标准正态分布的随机数，赋值给 e，e 在此代表 ε_t。其中，12345 是任意给的随机数迭代初始值。

产生 ε_t 后，给三个序列 t 时刻的序列值赋值：

```
x=0.8*x_1+e;
y=e+0.7*e_1;
z=0.8*z_1+e+0.7*e_1;
```

这次循环即将结束，在下一次循环的时候，这些序列值又会变成延迟一阶的历史信息，所以在本次循环结束之前，将本次产生的序列值赋给下一次要用到的延迟一阶序列值。

```
x_1=x;
y_1=y;
z_1=z;
e_1=e;
```

随机模拟中有时候会有伪随机的问题，而且伪随机数主要出现在开始阶段，所以我们多产生了 100 个随机数（t=－100），对于前 100 个随机模拟值（t<100）我们忽略不要，只输出最后 1 000 次随机模拟结果，相关命令如下：

```
if t>0 then output;
end（结束本次循环过程）
```

（4）再启动一个 data 步是简化数据集，只保留我们要的三个序列数据和时间标识。

3.6.2 绘制自相关图与偏自相关图

计算随机序列的自相关系数和偏自相关系数，并按照指定延迟阶数输出自相关图和偏自相关图。

```
proc arima data=a;
identify var=x nlag=20 outcov=out1;
identify var=y nlag=20 outcov=out2;
identify var=z nlag=20 outcov=out3;
run;
```

语句说明：

调用 ARIMA 程序中的 identify 语句，分别对这三个随机模拟序列进行统计性质的识别，并将每个序列的识别结果存入指定的数据集。

identify 命令输出的数据集包括如下 8 个信息，如表 3-7 所示。

表 3 - 7

输出信息	内容	变量名
1	延迟阶数	LAG
2	响应变量名	VAR
3	观察值个数	N
4	协方差函数	COV
5	自相关系数	CORR
6	标准差	STDERR
7	逆自相关系数	INVCORR
8	偏自相关系数	PARTCORR

identify 命令默认的输出内容中已经包括自相关图和偏自相关图，但是它的默认输出格式中包含 2 倍标准差的阴影部分。有时候输出信息太多，反而不太容易看出拖尾和截尾的细节。所以如果我们对细节精度要求更高的话，可以用下面的语句，按照自己指定的格式绘制自相关图和偏自相关图。

```
symbol c=red i=needle v=none; proc gplot data=out1;
plot corr * lag partcorr * lag;
proc gplot data=out2;
plot corr * lag partcorr * lag;
proc gplot data=out3;
plot corr * lag partcorr * lag;
run;
```

平稳序列的拟合与预测

4.1 建模步骤

假如某个观察值序列通过序列预处理可以判定为平稳非白噪声序列，就可以利用ARMA模型对该序列建模。建模的基本步骤如图4-1所示。

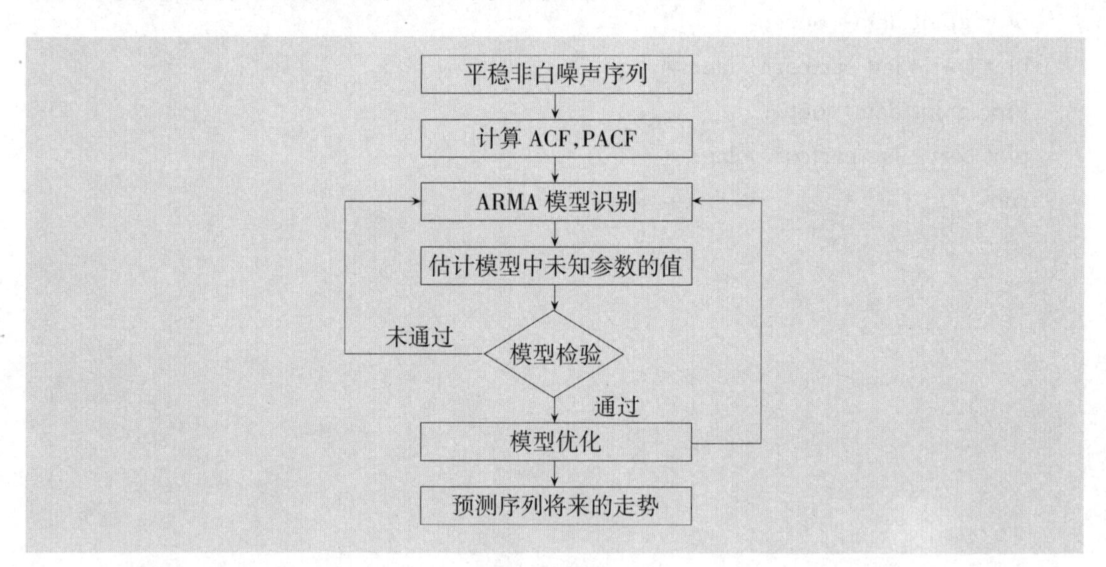

图4-1　建模步骤

(1) 求出该观察值序列的样本自相关系数(ACF)和样本偏自相关系数(PACF)的值。

(2) 根据样本自相关系数和偏自相关系数的性质，选择阶数适当的ARMA(p,q)模型进行拟合。

(3) 估计模型中未知参数的值。

(4) 检验模型的有效性。如果拟合模型通不过检验，转向步骤 (2)，重新选择模型再

拟合。

（5）模型优化。如果拟合模型通过检验，仍然转向步骤（2），充分考虑各种可能，建立多个拟合模型，从所有通过检验的拟合模型中选择最优模型。

（6）利用拟合模型，预测序列的将来走势。

4.2 单位根检验

对平稳序列建模首先需要确定序列是平稳的。在本书第 2 章，由于基础知识的缺乏，我们只介绍了平稳性的图检验。图检验方法主要适用于趋势或周期比较明显的序列。对于趋势或周期不太明显的序列，通过图检验方法来判断序列的平稳性具有一定的主观性。这时，最好使用统计检验方法，它在一定的可靠性水平下对序列的平稳性做出判别。

平稳性的统计检验方法，主要是基于平稳序列与单位根之间的关系构造的。它的理论基础是：如果序列是平稳的，那么该序列的所有特征根都应该在单位圆内。如果序列有特征根在单位圆上或单位圆外，那么该序列就是非平稳序列。基于这个性质构造的平稳性检验方法叫做单位根检验。

单位根检验的统计量有很多种，本节介绍其中最基础的 DF 检验和应用最广的 ADF 检验。

4.2.1　DF 检验

一、DF 统计量的构造

最早的单位根检验方法是由统计学家 Dickey 和 Fuller 提出来的，人们以他们名字的首字母 DF 命名了这种平稳性检验方法。

DF 检验是基于最简单的一种情况进行构造的。假设序列的确定性部分可以只由过去一期的历史数据描述，即序列可以表达为：

$$x_t=\phi_1 x_{t-1}+\xi_t \tag{4.1}$$

式中，ξ_t 为序列的随机部分，$\xi_t \sim N(0,\sigma^2)$。

显然该序列只有一个特征根，且特征根为：

$$\lambda=\phi_1$$

当特征根在单位圆内时，该序列平稳：

$$|\phi_1|<1$$

当特征根在单位圆上或单位圆外时，该序列非平稳：

$$|\phi_1|\geqslant 1$$

通过检验特征根 ϕ_1 是在单位圆内还是单位圆上（外）可以检验序列的平稳性。

由于现实生活中绝大多数序列都是非平稳序列，所以单位根检验的原假设为序列非平稳，备择假设为序列平稳，即

$$H_0: |\phi_1| \geqslant 1 \leftrightarrow H_1: |\phi_1| < 1$$

检验统计量为：

$$t(\phi_1) = \frac{\hat{\phi}_1 - \phi_1}{S(\hat{\phi}_1)}$$

式中，$\hat{\phi}_1$ 为参数 ϕ_1 的最小二乘估计值；$S(\hat{\phi}_1)$ 为 $\hat{\phi}_1$ 的样本标准差。

当 $\phi_1 = 0$ 时，$t(\phi_1)$的极限分布为标准正态分布：

$$t(\phi_1) = \frac{\hat{\phi}_1}{S(\hat{\phi}_1)} \xrightarrow{\text{极限}} N(0,1)$$

当$|\phi_1| < 1$时，$t(\phi_1)$的渐近分布为标准正态分布：

$$t(\phi_1) = \frac{\hat{\phi}_1 - \phi_1}{S(\hat{\phi}_1)} \xrightarrow{\text{渐近}} N(0,1)$$

但当$|\phi_1| \geqslant 1$时，$t(\phi_1)$的渐近分布将不再是正态分布，也不是我们熟知的任何参数分布。为了区别于传统的 t 分布检验统计量，记

$$\tau = \frac{|\hat{\phi}_1| - 1}{S(\hat{\phi}_1)}$$

该统计量称为 DF（Dickey-Fuller）统计量。

Dickey 和 Fuller 对 τ 统计量的分布进行了随机模拟研究，随机模拟结果显示该统计量的极限分布为对称钟形分布，和正态分布的形状相似，但是均值有偏移。它的极限分布为：

$$\frac{\int_0^1 W(r)\mathrm{d}W(r)}{\sqrt{\int_0^1 [W(r)]^2 \mathrm{d}r}}$$

式中，$W(r)$ 为自由度为 r 的维纳过程（Weiner process）。所谓维纳过程，是一个独立增量过程，每个增量均服从正态分布。维纳过程具有如下性质：

（1）$W(0)=0$

（2）$W(1) \sim N(0,1)$

（3）$\sigma W(r) \sim N(0, r\sigma^2)$

（4）$[W(r)]^2 / r \sim \chi^2(1)$

由于 DF 统计量只有一个极限分布的表达式，没有明确的密度函数，所以我们无法通过理论计算得到 DF 统计量的精确分位数表，这是 DF 检验面临的一个重大操作困难。

1979 年，Dickey 和 Fuller 通过蒙特卡罗随机模拟的方法，计算出了 DF 统计量的模拟

分位数表，为 DF 检验扫清了最后的技术难题。有了 DF 统计的模拟分位数表，我们很容易做出序列平稳性判别。

当显著性水平取为 α 时，记 τ_α 为 DF 检验的 α 分位点，则：

当 $\tau \leqslant \tau_\alpha$ 时，拒绝原假设，认为序列平稳。等价判别是 τ 统计量的 P 值小于等于显著性水平 α。

当 $\tau > \tau_\alpha$ 时，接受原假设，认为序列非平稳。等价判别是 τ 统计量的 P 值大于显著性水平 α。

二、DF 统计量的等价表达

在式（4.1）等号两边同时减去 x_{t-1}，得到如下等式

$$x_t - x_{t-1} = (\phi_1 - 1)x_{t-1} + \xi_t$$

记

$$\rho = |\phi_1| - 1$$

则式（4.1）可以等价表达为：

$$\nabla x_t = \rho x_{t-1} + \xi_t$$

DF 检验可以通过对参数 ρ 的检验等价进行：

$$H_0: \rho \geqslant 0 \leftrightarrow H_1: \rho < 0$$

检验统计量将更加精简：

$$\tau = \frac{\hat{\rho}}{S(\hat{\rho})}$$

式中，$S(\hat{\rho})$ 为 $\hat{\rho}$ 的样本标准差。

三、DF 检验的三种类型

在讲 Wold 分解定理时我们说过，序列的确定性部分可以是任何函数形式，但不管是什么函数形式都可以等价表达为序列历史信息的线性组合。也就是说序列真实的确定性影响可以是任何结构。如果能够确定序列真实的确定性信息生成函数，那么基于这个函数得到的分析结果一定是最精确的。

但研究人员通常无法知道序列真实的生成机制到底是怎样的，他们只能根据序列的样本数据表现出的特征和自己的经验，对序列可能的生成机制进行猜测。

在 Dickey 和 Fuller 的那个年代，人们对确定性影响的拟合常常使用如下三种模型：无漂移项自回归模型、有漂移项自回归模型和关于时间 t 的趋势回归模型。不同的模型结构，DF 检验的临界值会不一样。针对这三种最常用的确定性结构假定，Dickey 和 Fuller 分别求出了它们的 DF 统计量拟合分位数表。

类型一：无漂移项自回归结构

$$x_t=\phi_1 x_{t-1}+\xi_t$$

这是一个典型的无截距项的线性回归结构。根据系数 ϕ_1 是否为 0，该模型又可以分为两个子模型：

（1）无延迟项模型：$x_t=\xi_t$。

该模型表示序列的确定性部分的均值为常数 0，序列所有的波动信息都来自随机波动。这种情况下，如果 DF 检验结果显著拒绝原假设，说明原序列 x_t 在统计意义上可以视为零均值平稳序列。

（2）有延迟项模型：$x_t=\phi_1 x_{t-1}+\xi_t$。

该模型表示序列的确定性部分由零均值、1 阶自相关的历史信息决定，将一阶自回归信息提取完之后，剩下的信息都是随机波动 $\xi_t=x_t-\phi_1 x_{t-1}$。DF 检验主要是检验残差序列 ξ_t 是否为平稳序列。如果 DF 检验结果显著拒绝原假设，说明残差序列 ξ_t 可以视为平稳序列，进而原序列 x_t 可以视为零均值 1 阶自相关的平稳序列。

类型二：有漂移项自回归结构

$$x_t=\phi_0+\phi_1 x_{t-1}+\xi_t$$

同样，这种结构下也包括两个子模型：

（1）无延迟项模型：$x_t=\phi_0+\xi_t$。

该模型表示序列的确定性部分均值为常数 ϕ_0。如果 DF 检验结果显著拒绝原假设，说明残差序列 $\xi_t=x_t-\phi_0$ 在统计意义上可以视为平稳序列，进而原序列 x_t 在统计意义上可以视为均值为 ϕ_0 的平稳序列。

（2）有延迟项模型：$x_t=\phi_0+\phi_1 x_{t-1}+\xi_t$。

该模型表示序列的确定性部分是由漂移项 ϕ_0 和 1 阶自相关的历史信息决定的。如果 DF 检验结果显著拒绝原假设，说明 $|\phi_1|<1$，残差序列 $\xi_t=x_t-\phi_0-\phi_1 x_{t-1}$ 可以视为平稳序列，进而原序列 x_t 可以视为均值非零、1 阶自相关的平稳序列。根据平稳序列的特征，还可以求出序列 x_t 的均值为 $\frac{\phi_0}{1-\phi_1}$。

如果 DF 检验结果不能拒绝原假设，说明 $|\phi_1|\geqslant 1$，那么该序列的确定性部分和随机性部分都是非平稳的。以 $\phi_1=1$ 为例：

$$\begin{aligned}
&x_0=0\\
&x_1=\phi_0+x_0+\xi_1=\phi_0+\xi_1\\
&x_2=\phi_0+x_1+\xi_2=2\phi_0+\xi_1+\xi_2\\
&\vdots\\
&x_t=\phi_0+x_{t-1}+\xi_t=t\phi_0+\xi_1+\xi_2+\cdots+\xi_t
\end{aligned}$$

该序列的确定性部分为 $x_t=t\phi_0$，呈现出线性趋势的非平稳特征。

该序列的随机性部分为 $\xi_1+\xi_2+\cdots+\xi_t$，即使每个 ξ_{t-i}（$\forall 0\leqslant i\leqslant t$）都是平稳序列，随机序列 $\xi_1+\xi_2+\cdots+\xi_t$ 也是非平稳序列，因为它的方差随时间递增

$$\mathrm{Var}(\xi_1+\xi_2+\cdots+\xi_t)=t\sigma_\varepsilon^2$$

类型三：关于时间 t 的趋势回归结构

$$x_t=\alpha+\beta t+\phi_1 x_{t-1}+\xi_t$$

同样，这种结构下也包括两个子模型：

（1）无延迟项模型：$x_t=\alpha+\beta t+\xi_t$。

该模型的确定性部分为时间 t 的一元线性回归结构 $x_t=\alpha+\beta t$，随机性部分为 ξ_t。

DF 检验如果拒绝原假设，说明残差序列 ξ_t 平稳，进而说明可以用一元线性回归模型 $x_t=\alpha+\beta t$ 提取序列的非平稳确定性信息。这时带趋势回归模型也称为趋势平稳模型。

（2）有延迟项模型：$x_t=\alpha+\beta t+\phi_1 x_{t-1}+\xi_t$。

该模型的确定性部分为时间 t 的一元线性回归和 1 阶自回归的组合 $x_t=\alpha+\beta t+\phi_1 x_{t-1}$，随机性部分为 ξ_t。如果 DF 检验结果拒绝原假设，说明残差序列 ξ_t 平稳，进而说明可以用 $x_t=\alpha+\beta t+\phi_1 x_{t-1}$ 的模型结构提取序列的确定性信息。

Dickey 和 Fuller 通过蒙特卡罗随机模拟的方法，分别计算出了这三种类型六个子模型的 DF 统计量的分位数表。研究人员可以根据自己对观察值序列确定性结构的选择，进行序列的平稳性检验。

例 2-3 续（2）

对 1915—2004 年澳大利亚自杀率序列（每 10 万人自杀人数）进行 DF 检验，判断该序列的平稳性。

在例 2-3 中，我们通过图检验方法判断该序列为非平稳序列。但这种判断带有很强的个人主观色彩和经验主义色彩。现在借助 DF 统计量，进行序列的平稳性检验（$\alpha=0.05$）。

该序列的 DF 检验结果如表 4-1 所示。

表 4-1

类型	延迟阶数	模型结构	τ 统计量的值	$Pr<\tau$
类型一	0	$x_t=\xi_t$	−1.39	0.152 0
	1	$x_t=\phi_1 x_{t-1}+\xi_t$	−1.32	0.171 0
类型二	0	$x_t=\phi_0+\xi_t$	−1.98	0.295 8
	1	$x_t=\phi_0+\phi_1 x_{t-1}+\xi_t$	−1.31	0.621 4
类型三	0	$x_t=\alpha+\beta t+\xi_t$	−2.29	0.432 5
	1	$x_t=\alpha+\beta t+\phi_1 x_t+\xi_t$	−1.65	0.767 0

检验结果显示，如果序列的结构考虑如上三种类型（六种子模型）的话，τ 统计量的 P 值均显著大于显著性水平（$\alpha=0.05$）。因此，可以判断，如果序列考虑如上六种模型之一提取确定性信息，则随机性部分 ξ_t 都不能实现平稳，也就是说 1915—2004 年澳大利亚自杀率序列是非平稳序列。

4.2.2 ADF 检验

DF 检验只适用于最简单的、确定性部分只由上一期历史信息决定的 AR(1)模型的平稳性检验。如果序列的确定性部分需要由 AR(p)模型描述呢？这时还能用 DF 检验吗？

为了使 DF 检验能适用于任意 p 期确定性信息的提取，人们对 DF 检验进行了一定的修正，得到了增广 DF（augmented Dickey-Fuller）检验，简记为 ADF 检验。

一、ADF 检验的原理

假设序列的确定性部分可以由过去 p 期的历史数据描述，即序列可以表达为：

$$x_t=\phi_1 x_{t-1}+\phi_2 x_{t-2}+\cdots+\phi_p x_{t-p}+\xi_t \tag{4.2}$$

式中，ξ_t 为序列的随机部分，$\xi_t \sim N(0,\sigma^2)$。它的特征方程为：

$$\lambda^p-\phi_1\lambda^{p-1}-\phi_2\lambda^{p-2}-\cdots-\phi_p=0 \tag{4.3}$$

该特征方程的非零特征根不妨记作

$$\lambda_1,\lambda_2,\cdots,\lambda_p$$

如果所有特征根均在单位圆内，即

$$|\lambda_i|<1,\ i=1,2,\cdots,p$$

则序列 $\{x_t\}$ 平稳。

如果有一个单位根存在，不妨假设

$$\lambda_1=1$$

则序列 $\{x_t\}$ 非平稳。

把 $\lambda_1=1$ 代入特征方程，得到

$$1-\phi_1-\phi_2-\cdots-\phi_p=0 \Rightarrow \phi_1+\phi_2+\cdots+\phi_p=1$$

这意味着，如果序列非平稳，存在特征根，那么序列回归系数之和恰好等于 1。因而，对于式（4.2）的序列平稳性检验，可以通过检验它的回归系数之和的性质进行判断。

二、ADF 检验统计量

为了构造 ADF 检验统计量，需要对式（4.2）进行等价变换。首先等号两边同时减去 x_{t-1}，得到

$$x_t - x_{t-1} = (\phi_1 - 1)x_{t-1} + \phi_2 x_{t-2} + \cdots + \phi_p x_{t-p} + \xi_t$$

然后在等号右边，加一项 $\phi_p x_{t-p+1}$，再减一项 $\phi_p x_{t-p+1}$，得到式（4.2）的等价表达式

$$\begin{aligned}\nabla x_t &= (\phi_1 - 1)x_{t-1} + \phi_2 x_{t-2} + \cdots + \phi_{p-1} x_{t-p+1} + \phi_p x_{t-p+1} - \phi_p x_{t-p+1} + \phi_p x_{t-p} + \xi_t \\ &= (\phi_1 - 1)x_{t-1} + \phi_2 x_{t-2} + \cdots + (\phi_{p-1} + \phi_p)x_{t-p+1} - \phi_p (x_{t-p+1} - x_{t-p}) + \xi_t \\ &= (\phi_1 - 1)x_{t-1} + \phi_2 x_{t-2} + \cdots + (\phi_{p-1} + \phi_p)x_{t-p+1} - \phi_p \nabla x_{t-p+1} + \xi_t\end{aligned}$$

同理，在上式等号右边，加一项（$\phi_{p-1} + \phi_p$）x_{t-p+2}，再减一项（$\phi_{p-1} + \phi_p$）x_{t-p+2}，得到

$$\begin{aligned}\nabla x_t &= (\phi_1 - 1)x_{t-1} + \phi_2 x_{t-2} + \cdots + (\phi_{p-2} + \phi_{p-1} + \phi_p)x_{t-p+2} \\ &\quad + (\phi_{p-1} + \phi_p)\nabla x_{t-p+2} - \phi_p \nabla x_{t-p+1} + \xi_t\end{aligned}$$

持续类似操作，直至所有自变量都变为差分变量，最后等价表达为：

$$\begin{aligned}\nabla x_t &= (\phi_1 + \phi_2 + \cdots + \phi_p - 1)x_{t-1} - (\phi_2 + \phi_3 + \cdots + \phi_p)\nabla x_{t-1} - \cdots \\ &\quad - (\phi_{p-1} + \phi_p)\nabla x_{t-p+1} - \phi_p \nabla x_{t-p+1} + \xi_t\end{aligned}$$

记

$$\begin{aligned}&\rho = \phi_1 + \phi_2 + \cdots + \phi_p - 1 \\ &\beta_j = \phi_{j+1} + \phi_{j+2} + \cdots + \phi_p,\ j = 1, 2, \cdots, p-1\end{aligned}$$

式（4.2）可以简记为：

$$\nabla x_t = \rho x_{t-1} - \beta_1 \nabla x_{t-1} - \cdots - \beta_{p-2} \nabla x_{t-p+1} - \beta_{p-1} \nabla x_{t-p+1} + \xi_t$$

若序列非平稳，则至少存在一个单位根，有 $\phi_1 + \phi_2 + \cdots + \phi_p = 1$，即 $\rho = 0$。

反之，如果序列平稳，则 $\phi_1 + \phi_2 + \cdots + \phi_p < 1$，即 $\rho < 0$。

通过这种序列的变换，我们将式（4.2）的平稳性检验转变为对参数 ρ 的检验。

原假设为序列非平稳，备择假设为序列平稳。假设条件用参数 ρ 表达，即为：

$$H_0: \rho \geqslant 0 \leftrightarrow H_1: \rho < 0$$

构造 ADF 检验统计量

$$\tau = \frac{\hat{\rho}}{S(\hat{\rho})}$$

式中，$S(\hat{\rho})$ 为 $\hat{\rho}$ 的样本标准差。

和 DF 检验一样，通过蒙特卡罗模拟，可以得到 ADF 检验 τ 统计量的临界值表。当 τ 统计量小于 α 分位点，或者等价的 τ 统计量的 P 值小于显著性水平 α 时，可以认为该序列平稳。

显然 DF 检验是 ADF 检验在 $p=1$ 时的一个特例，因此它们统称为 ADF 检验。

例 2－5 续

对 1900—1998 年全球 7 级以上地震发生次数序列进行 ADF 检验，判断该序列的平稳性。

我们在例 2－5 通过图检验判断该序列平稳，现在基于 ADF 检验对序列的平稳性进行统计检验。

该序列最高延迟 2 阶的 ADF 检验结果如表 4－2 所示（$\alpha=0.05$）。

表 4－2

类型	延迟阶数	模型结构	τ 统计量的值	$Pr<\tau$
类型一	0	$x_t=\xi_t$	−1.58	0.106 2
	1	$x_t=\phi_1 x_{t-1}+\xi_t$	−1.05	0.265
	2	$x_t=\phi_1 x_{t-1}+\phi_2 x_{t-2}+\xi_t$	−0.65	0.432 1
类型二	0	$x_t=\phi_0+\xi_t$	−5.35	<0.000 1
	1	$x_t=\phi_0+\phi_1 x_{t-1}+\xi_t$	−3.92	0.002 8
	2	$x_t=\phi_0+\phi_1 x_{t-1}+\phi_2 x_{t-2}+\xi_t$	−3.18	0.024 1
类型三	0	$x_t=\alpha+\beta t+\xi_t$	−5.55	<0.000 1
	1	$x_t=\alpha+\beta t+\phi_1 x_t+\xi_t$	−4.14	0.007 7
	2	$x_t=\alpha+\beta t+\phi_1 x_{t-1}+\phi_2 x_{t-2}+\xi_t$	−3.51	0.043 9

检验结果显示，类型二和类型三各种模型的 τ 统计量的 P 值均小于显著性水平（$\alpha=0.05$），所以可以认为该序列显著平稳。

4.3 模型识别

通过考察平稳序列样本自相关系数和偏自相关系数的性质选择适合的模型拟合观察值序列，所以模型拟合的第一步是要根据观察值序列的取值求出该序列的样本自相关系数 $\{\hat{\rho}_k, 0\leqslant k<n\}$ 和样本偏自相关系数 $\{\hat{\phi}_{kk}, 0<k<n\}$ 的值。

样本自相关系数可以根据以下公式求得：

$$\hat{\rho}_k=\frac{\sum_{t=1}^{n-k}(x_t-\bar{x})(x_{t+k}-\bar{x})}{\sum_{t=1}^{n}(x_t-\bar{x})^2},\quad \forall\, 0\leqslant k<n$$

样本偏自相关系数可以利用样本自相关系数的值，根据以下公式求得：

$$\hat{\phi}_{kk}=\frac{\hat{D}_k}{\hat{D}},\quad \forall\, 0<k<n$$

式中：

$$\hat{D}=\begin{vmatrix} 1 & \hat{\rho}_1 & \cdots & \hat{\rho}_{k-1} \\ \hat{\rho}_1 & 1 & \cdots & \hat{\rho}_{k-2} \\ \vdots & \vdots & & \vdots \\ \hat{\rho}_{k-1} & \hat{\rho}_{k-2} & \cdots & 1 \end{vmatrix},\ \hat{D}_k=\begin{vmatrix} 1 & \hat{\rho}_1 & \cdots & \hat{\rho}_1 \\ \hat{\rho}_1 & 1 & \cdots & \hat{\rho}_2 \\ \vdots & \vdots & & \vdots \\ \hat{\rho}_{k-1} & \hat{\rho}_{k-2} & \cdots & \hat{\rho}_k \end{vmatrix}$$

计算出样本自相关系数和偏自相关系数的值之后，就要根据它们表现出来的性质，选择适当的 ARMA 模型拟合观察值序列。这个过程实际上就是根据样本自相关系数和偏自相关系数的性质估计自相关阶数 $\hat{p}$ 和移动平均阶数 $\hat{q}$，因此，模型识别过程也称模型定阶过程。

ARMA 模型定阶的基本原则如表 4-3 所示。

表 4-3

$\hat{\rho}_k$	$\hat{\phi}_{kk}$	模型定阶
拖尾	p 阶截尾	AR(p) 模型
q 阶截尾	拖尾	MA(q) 模型
拖尾	拖尾	ARMA(p,q) 模型

但是在实践中，这个定阶原则在操作上具有一定的难度。由于样本的随机性，样本的相关系数不会呈现出理论截尾的完美情况，本应截尾的样本自相关系数或偏自相关系数仍会呈现出小值波动。同时，由于平稳时间序列通常都具有短期相关性，随着延迟阶数 $k\to\infty$，$\hat{\rho}_k$ 与 $\hat{\phi}_{kk}$ 都会衰减至零值附近做小值波动。

这种现象促使我们必须思考，当样本自相关系数或偏自相关系数在延迟若干阶之后衰减为小值波动时，什么情况下该看做相关系数截尾，什么情况下该看做相关系数在延迟若干阶之后正常衰减到零值附近做拖尾波动。

这实际上没有绝对的标准，在很大程度上依靠分析人员的主观经验。但样本自相关系数和偏自相关系数的近似分布可以帮助缺乏经验的分析人员做出尽量合理的判断。

Jankins 和 Watts 于 1968 年证明

$$E(\hat{\rho}_k)=\left(1-\frac{k}{n}\right)\rho_k$$

也就是说，该样本自相关系数是总体自相关系数的有偏估计值。当 k 足够大时，根据平稳序列自相关系数呈负指数衰减，有 $\rho_k\to 0$。

根据 Bartlett 公式计算样本自相关系数的方差：

$$\mathrm{Var}(\hat{\rho}_k)\approx\frac{1}{n}\sum_{m=-j}^{j}\hat{\rho}_m^2=\frac{1}{n}(1+2\sum_{m=1}^{j}\hat{\rho}_m^2),\ k>j$$

当样本容量 n 充分大时，样本自相关系数近似服从正态分布：

$$\hat{\rho}_k \dot{\sim} N\left(0,\frac{1}{n}\right)$$

Quenouille 证明，样本偏自相关系数也近似服从这个正态分布：

$$\hat{\phi}_{kk} \dot{\sim} N(0,\frac{1}{n})$$

根据正态分布的性质，有

$$Pr\left(-\frac{2}{\sqrt{n}}\leqslant\hat{\rho}_k\leqslant\frac{2}{\sqrt{n}}\right)\geqslant 0.95$$

$$Pr\left(-\frac{2}{\sqrt{n}}\leqslant\hat{\phi}_{kk}\leqslant\frac{2}{\sqrt{n}}\right)\geqslant 0.95$$

所以可以利用 2 倍标准差范围辅助判断。

如果样本自相关系数或偏自相关系数在最初的 d 阶明显超过 2 倍标准差，而后几乎 95%的自相关系数都落在 2 倍标准差的范围以内，而且由非零自相关系数衰减为小值波动的过程非常突然，这时，通常视为自相关系数截尾，截尾阶数为 d。

如果有超过 5%的样本自相关系数落入 2 倍标准差范围之外，或者由显著非零的自相关系数衰减为小值波动的过程比较缓慢或者非常连续，这时，通常视为自相关系数不截尾。

例 4－1

选择合适的模型拟合 1900—1998 年全球 7 级以上地震发生次数序列（数据见表 A1－7）。

在例 2－5 的分析中，我们已经判断该序列是平稳非白噪声序列。现在考察该序列的自相关图（见图 4－2）和偏自相关图（见图 4－3），给该序列的拟合模型定阶。

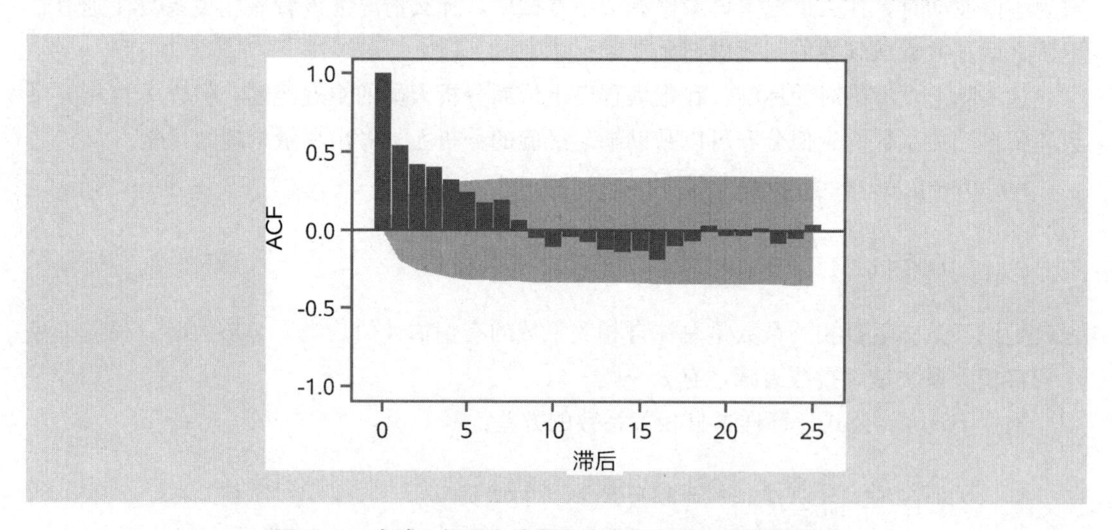

图 4－2　全球 7 级以上地震发生次数序列样本自相关图

从本例的自相关图（见图 4－2）可以看出，自相关系数是以一种有规律的方式，按指数函数轨迹衰减的，这说明自相关系数衰减到零不是一个突然截尾的过程，而是一个连续渐变的过程，这是自相关系数拖尾的典型特征，我们可以把拖尾特征形象地描述为“坐着滑梯落水”。

从本例的偏自相关图（见图 4-3）可以看出，除了 1 阶偏自相关系数在 2 倍标准差范围之外，其他阶数的偏自相关系数都在 2 倍标准差范围内，这是一个偏自相关系数 1 阶截尾的典型特征。我们可以把这种截尾特征形象地描述为“1 阶之后高台跳水”。

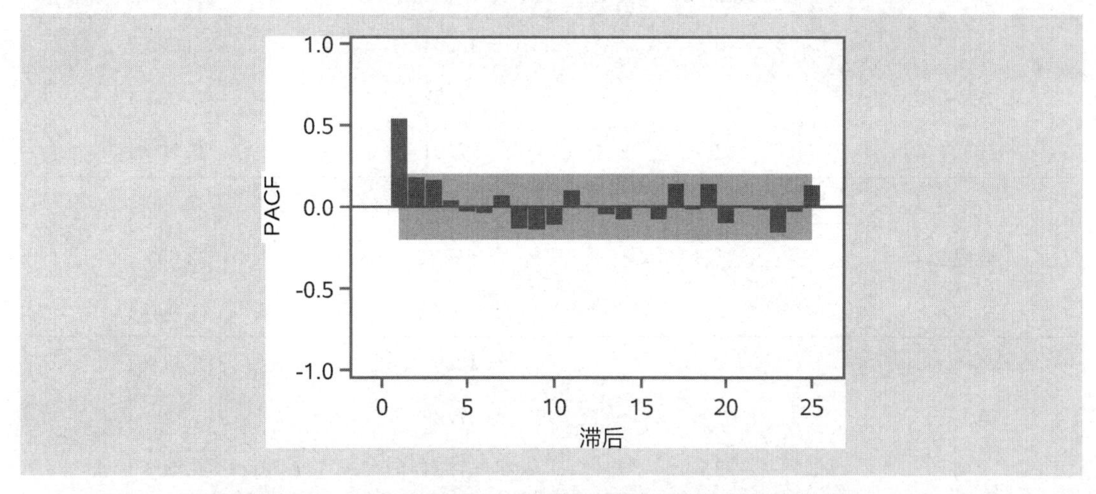

图 4-3　全球 7 级以上地震发生次数序列样本偏自相关图

本例中，根据自相关系数拖尾，偏自相关系数 1 阶截尾的属性，可以初步确定拟合模型为 AR(1)模型。

例 4-2

选择合适的模型拟合美国科罗拉多州某个加油站连续 57 天的盈亏序列（数据见表 A1-8）。

首先绘制该序列的时序图（见图 4-4），直观检验该序列的平稳性。

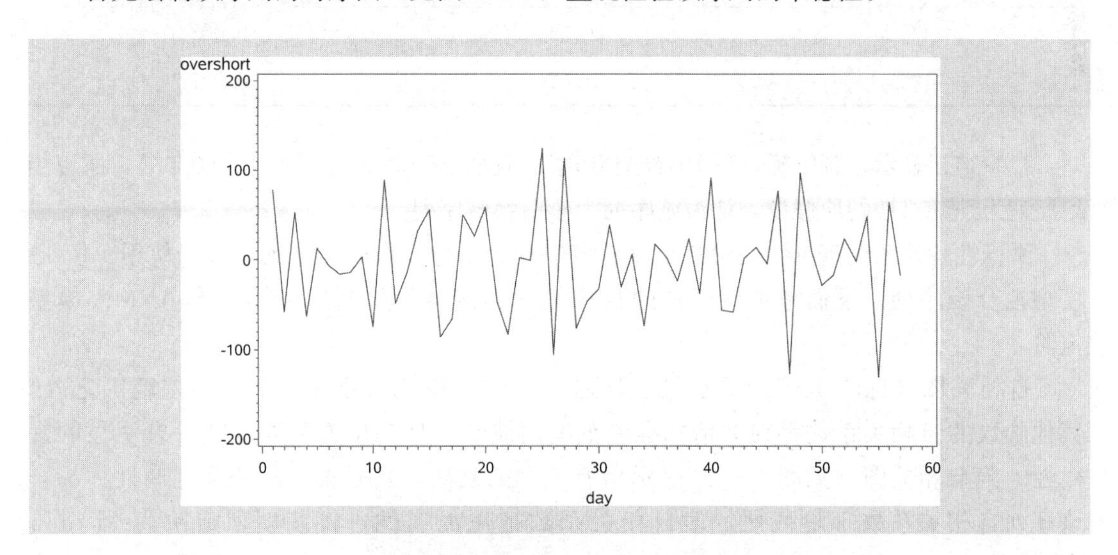

图 4-4　加油站每日盈亏序列时序图

时序图（见图 4-4）显示该序列没有明显的趋势或周期特征。进一步使用 ADF 检验，检验该序列的平稳性。该序列的ADF检验结果如表4-4所示（$\alpha=0.05$）。

表4-4

类型	延迟阶数	τ统计量的值	$Pr<\tau$
类型一	0	−13.04	<0.000 1
	1	−7.32	<0.000 1
	2	−7.01	<0.000 1
类型二	0	−13.1	0.000 1
	1	−7.46	0.000 1
	2	−7.38	0.000 1
类型三	0	−12.99	<0.000 1
	1	−7.39	<0.000 1
	2	−7.34	<0.000 1

检验结果显示，该序列所有τ统计量的P值均小于显著性水平（$\alpha=0.05$），所以可以确认该序列为平稳序列。

接下来检验该序列的纯随机性。该序列纯随机性检验结果如表4-5所示。

表4-5

延迟阶数	纯随机性检验	
	LB检验统计量的值	P值
6	20.24	0.002 5
12	31.37	0.001 7

检验结果显示，各阶延迟下LB统计量的P值都小于显著性水平（$\alpha=0.05$），所以拒绝序列为纯随机性的原假设，认为该序列为非白噪声序列。

平稳性检验和纯随机性检验结果显示该序列为平稳非白噪声序列，可以使用ARMA模型拟合该序列。下面考察该序列的自相关图和偏自相关图的特征，给ARMA模型定阶。

自相关图（见图4-5）显示除了延迟1阶的自相关系数在2倍标准差范围之外，其他阶数的自相关系数都在2倍标准差范围内波动，且自相关系数衰减没有明显的规律性。偏自相关图（见图4-6）显示出有规律的衰减，这是偏自相关拖尾属性。综合该序列自相关系数1阶截尾，偏自相关系数拖尾的属性，将该模型定阶为MA(1)模型。

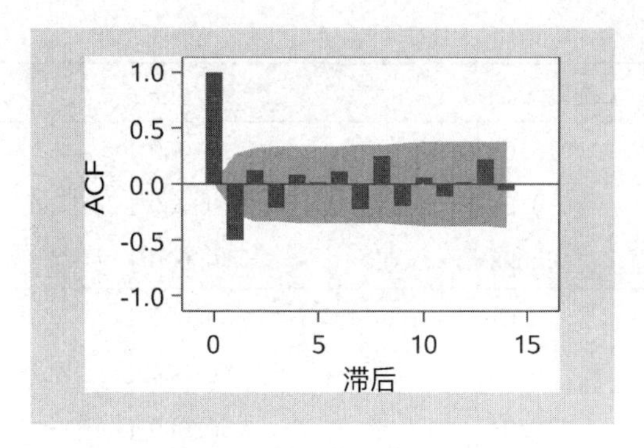

图 4-5　加油站每日盈亏序列自相关图

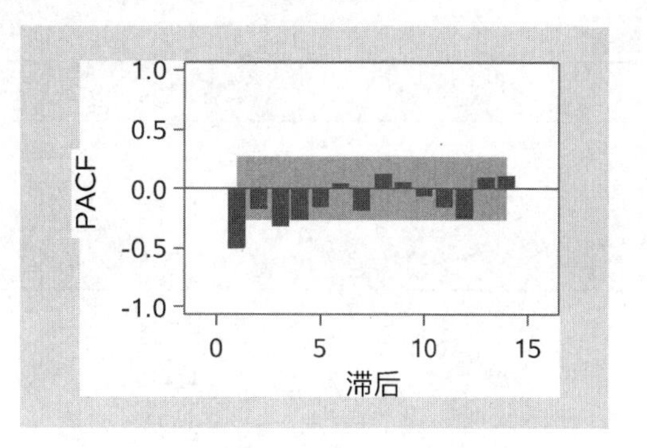

图 4-6　加油站每日盈亏序列偏自相关图

例 4-3

选择合适的模型拟合 1880—1985 年全球地表平均温度改变值差分序列（全球地表平均温度改变值序列见表 A1-9）。

首先绘制该序列的时序图（见图 4-7），直观检验该序列的平稳性。

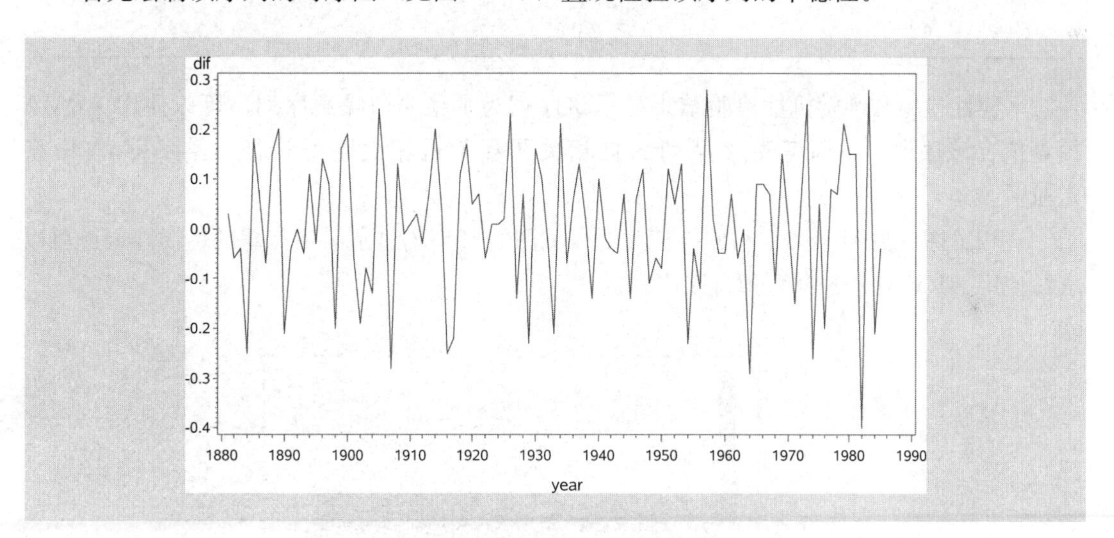

图 4-7　全球地表平均温度改变值差分序列时序图

时序图（见图 4-7）显示该序列没有明显的趋势或周期特征。进一步使用 ADF 检验，检验结果（见表 4-6）显示该序列平稳。

表 4-6

类型	延迟阶数	τ 统计量的值	$Pr<\tau$
类型一	0	−13.13	<0.000 1
	1	−9.6	<0.000 1
	2	−8.97	<0.000 1

续表

类型	延迟阶数	τ 统计量的值	$Pr<\tau$
类型二	0	−13.08	<0.000 1
	1	−9.58	<0.000 1
	2	−8.98	<0.000 1
类型三	0	−13.01	<0.000 1
	1	−9.53	<0.000 1
	2	−8.94	<0.000 1

接下来检验该序列的纯随机性，检验结果（见表4－7）显示该序列为非白噪声序列。

表4－7

延迟阶数	纯随机性检验	
	LB检验统计量的值	P值
6	17.44	0.007 8
12	26.27	0.009 8

平稳性检验和纯随机性检验结果显示该序列为平稳非白噪声序列，可以使用ARMA模型拟合该序列。下面考察该序列的自相关图和偏自相关图的特征，给ARMA模型定阶。

自相关图（见图4－8）和偏自相关图（见图4－9）均显示出不截尾的性质，因此可以尝试使用ARMA(1,1)模型拟合该序列。

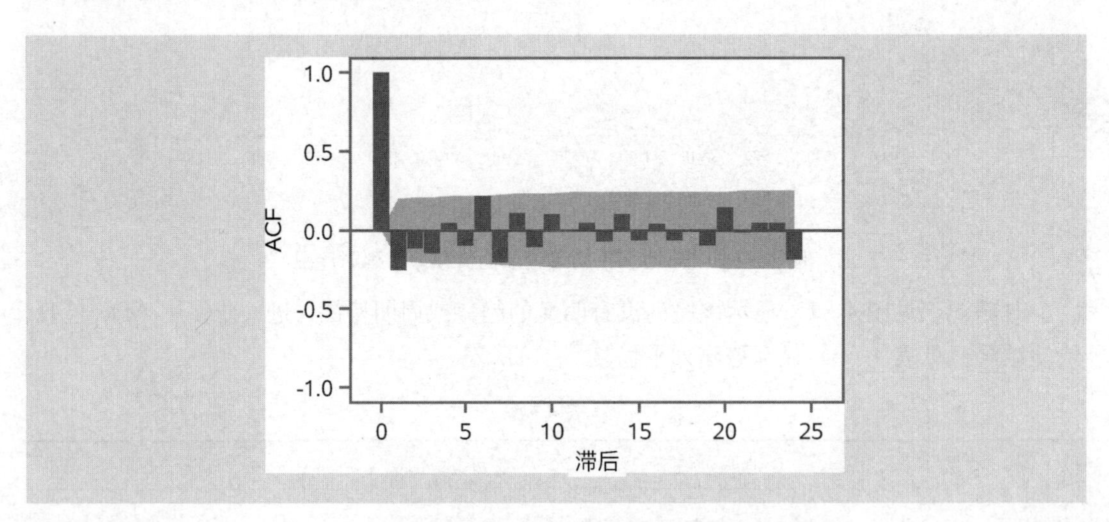

图4－8　全球地表平均温度改变值差分序列自相关图

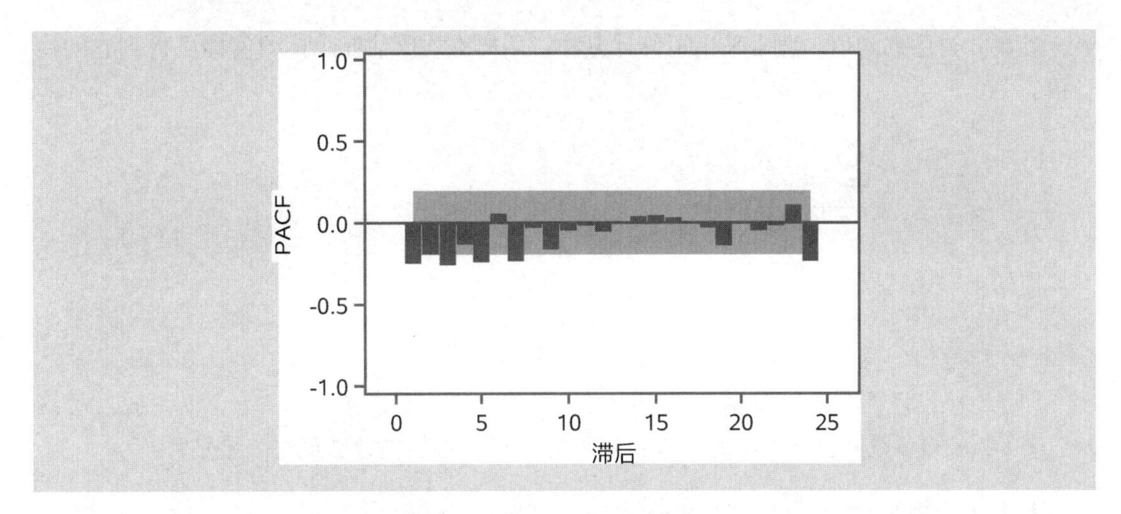

图 4－9　全球地表平均温度改变值差分序列偏自相关图

关于 ARMA 模型的定阶，统计学家曾经研究过使用三角格子法进行准确定阶。但三角格子法也不是精确的方法，而且计算复杂，所以现在很少有人再用该方法。因为 ARMA 模型的阶数通常都不高，所以实务中更常用的方法是从最小阶数 $p=1$，$q=1$开始尝试，不断增加 p 和 q 的阶数，直到模型精度达到研究要求。

自相关图和偏自相关图的特征，可以帮助我们进行 ARMA 模型的阶数识别，但显然图识别具有很大的主观性，这可能会使部分研究人员产生焦虑，怕自己识别错误造成很严重的系统性错误。其实不必太担心这个问题。因为平稳可逆 ARMA 模型存在整体自洽性，即 AR 模型可以转化为 MA 模型，MA 模型也可以转化为 AR 模型，所以对于 ARMA 模型的阶数识别并没有唯一结果。很可能出现同一个序列，使用不同的阶数识别，都能得到不错的拟合效果。

4.4 参数估计

模型识别之后，下一步就是要利用序列的观察值确定该模型的口径，即估计模型中未知参数的值。

对于一个非中心化 ARMA(p,q)模型，有

$$x_t=\mu+\frac{\Theta_q(B)}{\Phi_p(B)}\varepsilon_t$$

式中：

$$\varepsilon_t\sim WN(0,\sigma_\varepsilon^2)$$
$$\Theta_q(B)=1-\theta_1B-\theta_2B-\cdots-\theta_qB^q$$
$$\Phi_p(B)=1-\phi_1B-\phi_2B-\cdots-\phi_pB^p$$

该模型共含有 $p+q+2$ 个未知参数：$\phi_1,\cdots,\phi_p,\theta_1,\cdots,\theta_q,\mu,\sigma_\varepsilon^2$。

参数 μ 是序列均值，通常采用矩估计方法，用样本均值估计总体均值即可得到它的估计值：

$$\hat{\mu}=\bar{x}=\frac{\sum_{i=1}^{n}x_i}{n}$$

对原序列中心化，有

$$y_t=x_t-\bar{x}$$

原 $p+q+2$ 个待估参数减少为 $p+q+1$ 个：ϕ_1，…，ϕ_p，θ_1，…，θ_q，σ_ε^2。对这 $p+q+1$个未知参数的估计方法有三种：矩估计、极大似然估计和最小二乘估计。

4.4.1 矩估计

运用 $p+q$ 个样本自相关系数估计总体自相关系数，构造 $p+q$ 个方程组成的 Yule-Walker 方程组

$$\begin{cases}\rho_1(\phi_1,\cdots,\phi_p,\theta_1,\cdots,\theta_q)=\hat{\rho}_1\\ \vdots\\ \rho_{p+q}(\phi_1,\cdots,\phi_p,\theta_1,\cdots,\theta_q)=\hat{\rho}_{p+q}\end{cases}$$

从中解出的参数值 $\hat{\phi}_1,\hat{\phi}_2,\cdots,\hat{\phi}_p,\hat{\theta}_1,\hat{\theta}_2,\cdots,\hat{\theta}_q$ 就是 $\phi_1,\phi_2,\cdots,\phi_p,\theta_1,\theta_2,\cdots,\theta_q$ 的矩估计。

将参数估计值 $\hat{\phi}_1,\hat{\phi}_2,\cdots,\hat{\phi}_p,\hat{\theta}_1,\hat{\theta}_2,\cdots,\hat{\theta}_q$ 代入 ARMA(p,q) 表达式，利用历史观察值(不可获得的历史观察值默认为零)，得到序列估计值 $\hat{x}_t(t=1，2，\cdots，n)$。序列观察值 x_t 减去序列估计值 $\hat{x}_t$，就得到序列残差 $\varepsilon_t(t=1，2，\cdots，n)$，即

$$\begin{aligned}&\hat{x}_1=0 \;\Rightarrow\; \varepsilon_1=x_1-\hat{x}_1\\ &\hat{x}_2=\hat{\phi}_1x_1+\hat{\theta}_1\varepsilon_1 \;\Rightarrow\; \varepsilon_2=x_2-\hat{x}_2\\ &\hat{x}_3=\hat{\phi}_1x_2+\hat{\phi}_2x_1+\hat{\theta}_1\varepsilon_2+\hat{\theta}_2\varepsilon_1 \;\Rightarrow\; \varepsilon_3=x_3-\hat{x}_3\\ &\vdots\\ &\hat{x}_t=\hat{\phi}_1x_{t-1}+\hat{\phi}_2x_{t-2}+\cdots+\hat{\phi}_{t-p}x_{t-p}+\hat{\theta}_1\varepsilon_{t-1}+\hat{\theta}_2\varepsilon_{t-2}+\cdots+\hat{\theta}_{t-q}\varepsilon_{t-q} \;\Rightarrow\; \varepsilon_t=x_t-\hat{x}_t\end{aligned} \tag{4.4}$$

残差序列 ε_t 独立同分布，服从零均值、方差为 σ_ε^2 的正态分布，则方差的矩估计等于

$$\hat{\sigma}_\varepsilon^2=\frac{\sum_{t=1}^{n}\varepsilon_t^2}{n}$$

例 4-4

求 AR(2)模型 $x_t=\phi_1x_{t-1}+\phi_2x_{t-2}+\varepsilon_t$ 中未知参数 ϕ_1，ϕ_2 的矩估计。

根据 Yule-Walker 方程，有

$$\begin{cases}\rho_1=\phi_1\rho_0+\phi_2\rho_1\\ \rho_2=\phi_1\rho_1+\phi_2\rho_0\end{cases}$$

则

$$\hat{\phi}_1=\frac{1-\hat{\rho}_2}{1-\hat{\rho}_1^2}\hat{\rho}_1,\ \hat{\phi}_2=\frac{\hat{\rho}_2-\hat{\rho}_1^2}{1-\hat{\rho}_1^2}$$

例 4-5

求 MA(1)模型 $x_t=\varepsilon_t-\theta_1\varepsilon_{t-1}$ 中未知参数 θ_1 的矩估计。

根据 MA(1)模型自协方差函数的性质，有

$$\begin{cases}\gamma_0=(1+\theta_1^2)\sigma_\varepsilon^2\\ \gamma_1=-\theta_1\sigma_\varepsilon^2\end{cases}\Rightarrow\rho_1=\frac{\gamma_1}{\gamma_0}=\frac{-\theta_1}{1+\theta_1^2}$$

解一元二次方程

$$\theta_1^2\rho_1+\theta_1+\rho_1=0$$

得

$$\hat{\theta}_1=\frac{-1\pm\sqrt{1-4\hat{\rho}_1^2}}{2\hat{\rho}_1}$$

考虑 MA(1)模型的可逆性条件：$|\theta_1|<1$，可得到未知参数的唯一解：

$$\hat{\theta}_1=\frac{-1+\sqrt{1-4\hat{\rho}_1^2}}{2\hat{\rho}_1}$$

例 4-6

求 ARMA(1,1)模型 $x_t=\phi_1x_{t-1}+\varepsilon_t-\theta_1\varepsilon_{t-1}$ 中未知参数 ϕ_1，θ_1 的矩估计。

根据 ARMA 模型 Green 函数的递推公式，可以确定该 ARMA(1,1)模型的 Green 函数为：

$$G_0=1$$
$$G_k=(\phi_1-\theta_1)\phi_1^{k-1},\ k=1,\ 2,\ \cdots$$

推导出

$$\begin{cases}\gamma_0=\sum_{k=0}^{\infty}G_k^2\sigma_\varepsilon^2=\dfrac{1+\theta_1^2-2\theta_1\phi_1}{1-\phi_1^2}\sigma_\varepsilon^2\\ \gamma_1=\sum_{k=0}^{\infty}G_kG_{k+1}\sigma_\varepsilon^2=\dfrac{(\phi_1-\theta_1)(1-\theta_1\phi_1)}{1-\phi_1^2}\sigma_\varepsilon^2\\ \gamma_2=\sum_{k=0}^{\infty}G_kG_{k+2}\sigma_\varepsilon^2=\phi_1\gamma_1\end{cases}$$

则

$$\begin{cases}\rho_1=\dfrac{\gamma_1}{\gamma_0}=\dfrac{(\phi_1-\theta_1)(1-\theta_1\phi_1)}{1+\theta_1^2-2\theta_1\phi_1}\\ \rho_2=\phi_1\rho_1\end{cases}\tag{4.5}$$

整理方程组（4.5），得

$$\begin{cases}\theta_1^2-\dfrac{1+\phi_1^2-2\rho_2}{\phi_1-\rho_1}\theta_1+1=0\\ \phi_1=\dfrac{\rho_2}{\rho_1}\end{cases}$$

考虑可逆条件：$|\theta_1|<1$，得到未知参数矩估计的唯一解

$$\begin{cases}\hat{\phi}_1=\dfrac{\hat{\rho}_2}{\hat{\rho}_1}\\ \hat{\theta}_1=\begin{cases}\dfrac{c+\sqrt{c^2-4}}{2},&c\leqslant-2\\ \dfrac{c-\sqrt{c^2-4}}{2},&c\geqslant2\end{cases},\quad c=\dfrac{1-\hat{\phi}_1^2-2\hat{\rho}_2}{\hat{\phi}_1-\hat{\rho}_1}\end{cases}$$

矩估计方法，尤其是低阶 ARMA 模型场合下的矩估计方法具有计算量小、估计思想简单直观，且不需要假设总体分布的优点。但是在这种估计方法中只用到了$p+q$个样本自相关系数，即样本二阶矩的信息，观察值序列中的其他信息都被忽略了。这导致矩估计方法是一种比较粗糙的估计方法，估计精度一般不高，因此常用于确定极大似然估计和最小二乘估计迭代计算的初始值。

4.4.2 极大似然估计

在极大似然准则下，认为样本来自使该样本出现概率最大的总体。因此未知参数的极大似然估计就是使得似然函数（联合密度函数）达到最大的参数值。

$$L(\hat{\beta}_1,\hat{\beta}_2,\cdots,\hat{\beta}_k;x_1,x_2,\cdots,x_n)=\max\{p(x_1,x_2,\cdots,x_n);\beta_1,\beta_2,\cdots,\beta_k\}\tag{4.6}$$

使用极大似然估计必须已知总体的分布函数，而在时间序列分析中，序列总体的分布通常是未知的。为便于分析和计算，通常假设序列服从多元正态分布。

$$x_t=\phi_1x_{t-1}+\cdots+\phi_px_{t-p}+\varepsilon_t-\theta_1\varepsilon_{t-1}-\cdots-\theta_q\varepsilon_{t-q}$$

记

$$\tilde{x}=(x_1,x_2,\cdots,x_n)$$

$$\tilde{\beta}=(\phi_1,\phi_2,\cdots,\phi_p,\theta_1,\theta_2,\cdots,\theta_q)'$$

$$\Sigma_n=E(\tilde{x}'\tilde{x})=\Omega\sigma_\varepsilon^2$$

式中：

$$\Omega=\begin{pmatrix}\sum_{i=0}^{\infty}G_i^2 & \cdots & \sum_{i=0}^{\infty}G_iG_{i+n-1}\\ \vdots & & \vdots\\ \sum_{i=0}^{\infty}G_iG_{i+n-1} & \cdots & \sum_{i=0}^{\infty}G_i^2\end{pmatrix}$$

$\tilde{x}$ 的似然函数为：

$$\begin{aligned}L(\tilde{\beta};\tilde{x})&=p(x_1,x_2,\cdots,x_n;\tilde{\beta})\\&=(2\pi)^{-\frac{n}{2}}|\Sigma_n|^{-\frac{1}{2}}\exp(-\frac{\tilde{x}'\Sigma_n^{-1}\tilde{x}}{2})\\&=(2\pi)^{-\frac{n}{2}}(\sigma_\varepsilon^2)^{-\frac{n}{2}}|\Omega|^{-\frac{1}{2}}\exp(-\frac{\tilde{x}'\Omega^{-1}\tilde{x}}{2\sigma_\varepsilon^2})\end{aligned}$$

对数似然函数为：

$$l(\tilde{\beta};\tilde{x})=-\frac{n}{2}\ln(2\pi)-\frac{n}{2}\ln(\sigma_\varepsilon^2)-\frac{1}{2}\ln|\Omega|-\frac{1}{2\sigma_\varepsilon^2}(\tilde{x}'\Omega^{-1}\tilde{x})$$

对对数似然函数中的未知参数求偏导数，得到似然方程组

$$\begin{cases}\dfrac{\partial}{\partial\sigma_\varepsilon^2}l(\tilde{\beta};\tilde{x})=-\dfrac{n}{2\sigma_\varepsilon^2}+\dfrac{S(\tilde{\beta})}{2\sigma_\varepsilon^4}=0\\[2ex]\dfrac{\partial}{\partial\tilde{\beta}}l(\tilde{\beta};\tilde{x})=-\dfrac{1}{2}\dfrac{\partial\ln|\Omega|}{\partial\tilde{\beta}}-\dfrac{1}{\sigma_\varepsilon^2}\dfrac{\partial S(\tilde{\beta})}{2\partial\tilde{\beta}}=0\end{cases}\tag{4.7}$$

式中，$S(\tilde{\beta})=\tilde{x}'\Omega^{-1}\tilde{x}$。

理论上，求解方程组（4.7）即得到未知参数的极大似然估计值。但是，由于$S(\tilde{\beta})$和 $\ln|\Omega|$ 都不是 $\tilde{\beta}$ 的显式表达式，因此似然方程组（4.7）实际上是由 $p+q+1$ 个超越方程构成的，通常需要利用迭代算法才能求出未知参数的极大似然估计值。

幸运的是，目前计算机技术比较发达，有许多统计软件可以辅助分析，使得求ARMA模型的极大似然估计值成为一件很容易实现的事情。

极大似然估计充分利用了每一个观察值所提供的信息，因而它的估计精度高，同时具有估计的一致性、渐近正态性和渐近有效性等许多优良的统计性质，是一种非常优良的参数估计方法。但它的缺点是需要事先假定序列的分布。

4.4.3　最小二乘估计

在 ARMA(p,q)模型场合，记

$$\begin{aligned}\tilde{\beta}&=(\phi_1,\phi_2,\cdots,\phi_p,\theta_1,\theta_2,\cdots,\theta_q)'\\F_t(\tilde{\beta})&=\phi_1x_{t-1}+\cdots+\phi_px_{t-p}-\theta_1\varepsilon_{t-1}-\cdots-\theta_q\varepsilon_{t-q}\end{aligned}$$

残差项为：

$$\varepsilon_t=x_t-F_t(\tilde{\beta})$$

残差平方和为：

$$\begin{aligned}Q(\tilde{\beta}) &= \sum_{t=1}^{n}\varepsilon_t^2 \\ &= \sum_{t=1}^{n}(x_t-\phi_1x_{t-1}-\cdots-\phi_px_{t-p}+\theta_1\varepsilon_{t-1}+\cdots+\theta_q\varepsilon_{t-q})^2\end{aligned}$$

使残差平方和达到最小的那组参数值即 $\tilde{\beta}$ 的最小二乘估计值。

由于随机扰动 ε_{t-1}，ε_{t-2}，…不可观测，所以 $Q(\tilde{\beta})$ 也不是 $\tilde{\beta}$ 的显性函数，未知参数的最小二乘估计值通常也得借助迭代法求出。由于充分利用了序列观察值的信息，因此最小二乘估计的精度很高。

在实际中，最常用的是条件最小二乘估计方法。它假定过去未观测到的序列值等于零，即

$$x_t=0,\ t\leqslant 0$$

根据这个假定可以得到残差序列的有限项表达式：

$$\varepsilon_t=\frac{\Phi(B)}{\Theta(B)}x_t=x_t-\sum_{i=1}^{t}\pi_ix_{t-i}$$

于是残差平方和为：

$$\begin{aligned}Q(\tilde{\beta}) &= \sum_{t=1}^{n}\varepsilon_t^2 \\ &= \sum_{t=1}^{n}\left(x_t-\sum_{i=1}^{t}\pi_ix_{t-i}\right)^2\end{aligned} \tag{4.8}$$

通过迭代法，使式（4.8）达到最小值的估计值即参数 β 的条件最小二乘估计。

例 4－1 续（1）

使用极大似然估计方法确定 1900—1998 年全球 7 级以上地震发生次数序列拟合模型的口径。

根据该序列自相关图和偏自相关图，我们将该序列定阶为 AR(1)模型，使用极大似然估计确定该模型的口径为：

$$x_t=9.085+0.543x_{t-1}+\varepsilon_t,\ \mathrm{Var}(\varepsilon_t)=37.454$$

例 4－2 续（1）

确定美国科罗拉多州某个加油站连续 57 天的盈亏序列拟合模型的口径。

在例 4-2 中，我们将该序列的拟合模型定阶为 MA(1)模型，使用条件最小二乘估计，确定该模型的口径为：

$$x_t = -4.409 + \varepsilon_t - 0.821\varepsilon_{t-1}, \quad \mathrm{Var}(\varepsilon_t) = 2\,181.637$$

例 4-3 续 (1)

确定 1880—1985 年全球地表平均温度改变值差分序列拟合模型的口径。

对序列尝试拟合 ARMA(1,1)模型，使用条件最小二乘估计，得到该模型的口径为：

$$x_t = 0.003 + 0.407x_{t-1} + \varepsilon_t - 0.899\varepsilon_{t-1}, \quad \mathrm{Var}(\varepsilon_t) = 0.016$$

4.5 模型检验

确定了拟合模型的口径之后，我们还要对该拟合模型进行必要的检验。

4.5.1 模型的显著性检验

模型的显著性检验主要是检验模型的有效性。一个模型是否显著有效主要看它提取的信息是否充分。一个好的拟合模型应该能够提取观察值序列中几乎所有的样本相关信息，换言之，拟合残差项中将不再蕴涵任何相关信息，即残差序列应该为白噪声序列，这样的模型称为显著有效模型。

反之，如果残差序列为非白噪声序列，就意味着残差序列中还残留着相关信息未被提取，这说明拟合模型不够有效，通常需要选择其他模型重新拟合。

所以模型的显著性检验即残差序列的白噪声检验。原假设和备择假设分别为：

$$H_0: \rho_1 = \rho_2 = \cdots = \rho_m = 0, \quad \forall m \geqslant 1$$
$$H_1: \text{至少存在某个 } \rho_k \neq 0, \quad \forall m \geqslant 1, k \leqslant m$$

检验统计量为 LB（Ljung-Box）检验统计量：

$$\mathrm{LB} = n(n+2)\sum_{k=1}^{m}\frac{\hat{\rho}_k^2}{n-k} \sim \chi^2(m), \quad \forall m > 0$$

如果拒绝原假设，就说明残差序列中还残留着相关信息，拟合模型不显著。如果不能拒绝原假设，就认为拟合模型显著有效。

例 4-1 续 (2)

检验 1900—1998 年全球 7 级以上地震发生次数序列拟合模型的显著性（$\alpha = 0.05$）。

我们对该序列拟合了 AR(1) 模型，拟合模型的残差序列白噪声检验结果如表 4-8 所示。

表 4-8

延迟阶数	纯随机性检验	
	LB 检验统计量的值	P 值
6	5.25	0.386 2
12	10.52	0.484 3
18	15.49	0.560 5

由于各阶延迟下 LB 统计量的 P 值都显著大于 0.05，可以认为这个拟合模型的残差序列属于白噪声序列，即该拟合模型显著有效。

4.5.2 参数的显著性检验

参数的显著性检验就是要检验每一个未知参数是否显著非零。这个检验的目的是使模型最精简。

如果某个参数不显著非零，即表示该参数所对应的那个自变量对因变量的影响不明显，该自变量就可以从拟合模型中剔除。最终模型将由一系列参数显著非零的自变量表示。

检验假设：

$$H_0: \beta_j = 0 \quad \leftrightarrow \quad H_1: \beta_j \neq 0, \quad \forall\, 1 \leqslant j \leqslant m$$

$$E(\hat{\beta}) = E[(X'X)^{-1}X'\tilde{y}] = (X'X)^{-1}X'X\tilde{\beta} = \tilde{\beta}$$

$$\begin{aligned}\mathrm{Var}(\hat{\beta}) &= \mathrm{Var}[(X'X)^{-1}X'\tilde{y}] = (X'X)^{-1}X'X(X'X)^{-1}\sigma_\varepsilon^2 \\ &= (X'X)^{-1}\sigma_\varepsilon^2\end{aligned}$$

对于线性拟合模型，记 $\hat{\beta}$ 为 $\tilde{\beta}$ 的最小二乘估计，有

$$\Omega = (X'X)^{-1} = \begin{bmatrix} a_{11} & \cdots & a_{1m} \\ \vdots & & \vdots \\ a_{m1} & \cdots & a_{mm} \end{bmatrix}$$

在正态分布假定下，第 j 个未知参数的最小二乘估计值 $\hat{\beta}_j$ 服从正态分布：

$$\hat{\beta}_j \sim N(0, a_{jj}\sigma_\varepsilon^2), \quad 1 \leqslant j \leqslant m \tag{4.9}$$

由于 σ_ε^2 不可观测，用最小残差平方和估计 σ_ε^2：

$$\hat{\sigma}_\varepsilon^2 = \frac{Q(\tilde{\beta})}{n-m}$$

根据正态分布的性质，有

$$\frac{Q(\tilde{\beta})}{\sigma_\varepsilon^2} \sim \chi^2(n-m) \tag{4.10}$$

式中，n 为序列长度；m 为待估参数个数。

由式（4.9）和式（4.10）可以构造出用于检验未知参数显著性的 t 检验统计量

$$T=\sqrt{n-m}\frac{\hat{\beta}_j}{\sqrt{a_{jj}Q(\tilde{\beta})}}\sim t(n-m)$$

当该检验统计量的绝对值大于自由度为 $n-m$ 的 t 分布的 $1-\alpha$ 分位点，即

$$|T|\geqslant t_{1-\alpha}(n-m)$$

或者该检验统计量的 P 值小于 α 时，拒绝原假设，认为该参数显著非零。如果参数显著性检验不能拒绝原假设，就应该剔除不显著参数所对应的自变量重新拟合模型，构造出新的、结构更精练的拟合模型。

例 4-1 续（3）

检验 1900—1998 年全球 7 级以上地震发生次数序列拟合模型参数的显著性（$\alpha=0.05$）。

参数显著性检验结果如表 4-9 所示。

表 4-9

参数	t 统计量的值	P 值	结论
μ	14.97	<0.000 1	显著非零
ϕ_1	6.4	<0.000 1	显著非零

例 4-2 续（2）

对美国科罗拉多州某个加油站连续 57 天的盈亏序列的拟合模型进行检验。

残差序列的白噪声检验结果如表 4-10 所示。

表 4-10

延迟阶数	LB 统计量的值	P 值	结论
6	3.14	0.678 0	拟合模型显著有效
12	9.10	0.613 0	

检验结果显示残差序列可视为白噪声序列，这说明拟合模型显著有效。

参数检验结果如表 4-11 所示。

表 4-11

估计方法	均值的检验		θ_1 的检验		结论
	t 统计量的值	P 值	t 统计量的值	P 值	
条件最小二乘	−3.71	<0.000 5	10.53	<0.000 1	两参数检验均显著

例 4-3 续（2）

对1880—1985年全球地表平均温度改变值差分序列拟合模型进行检验。

残差序列白噪声检验结果如表4-12所示。

表 4-12

延迟阶数	LB统计量的值	P 值	结论
6	5.11	0.276 3	拟合模型显著有效
12	10.21	0.422 1	
18	13.27	0.652 6	

参数检验结果如表4-13所示。

表 4-13

估计方法	θ_1 的检验		ϕ_1 的检验		结论
	t 统计量的值	P 值	t 统计量的值	P 值	
条件最小二乘	16.16	<0.000 1	3.49	0.000 7	两参数检验均显著

4.6 模型优化

4.6.1 问题的提出

若一个拟合模型通过了检验，说明在一定的置信水平下，该模型能有效拟合观察值序列的波动，但这种有效模型并不一定是唯一的。

例 4-7

等时间间隔连续读取70个某次化学反应的过程数据，构成一时间序列（数据见表A1-10）。试对该序列进行拟合（$\alpha=0.05$）。

一、序列预处理

序列的时序图（见图4-10）显示，此次化学反应的过程无明显趋势或周期，波动稳定。

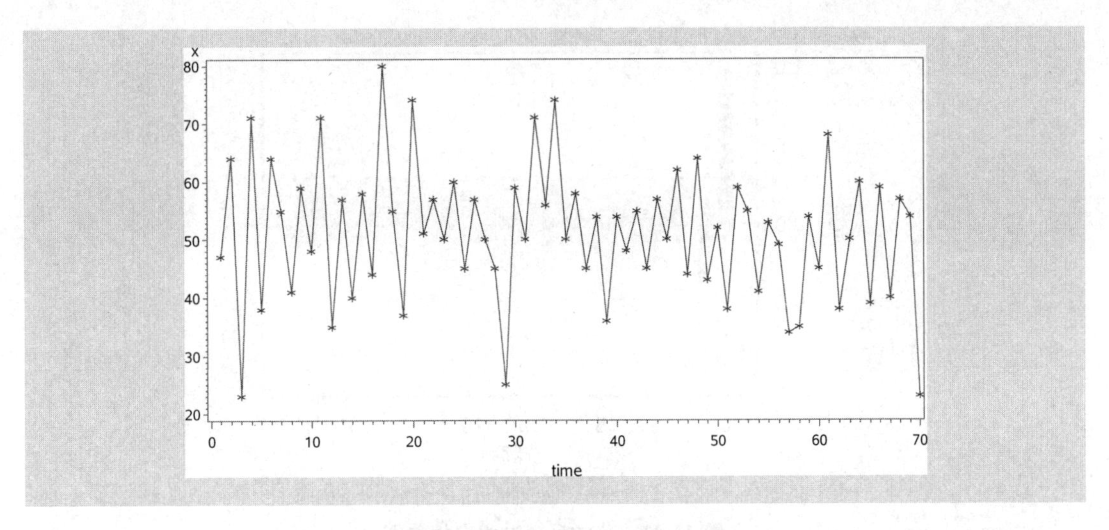

图 4-10　化学反应过程时序图

进一步使用 ADF 检验，检验结果（见表 4-14）表明该序列平稳。

表 4-14

类型	延迟阶数	τ 统计量的值	$Pr<\tau$
类型一	0	−1.66	0.091 7
	1	−0.87	0.335 5
	2	−0.45	0.514 5
类型二	0	−12.25	0.000 1
	1	−5.38	0.000 1
	2	−4.36	0.000 8
类型三	0	−12.61	<0.000 1
	1	−5.61	0.000 1
	2	−4.83	0.001 1

接下来检验该序列的纯随机性，检验结果（见表 4-15）表明该序列为非白噪声序列。

表 4-15

延迟阶数	纯随机性检验	
	LB 检验统计量的值	P 值
6	21.32	0.001 6
12	23.03	0.027 4

平稳性检验和纯随机性检验显示该序列为平稳非白噪声序列，可以使用 ARMA 模型拟合该序列。下面考察该序列的自相关图和偏自相关图的特征，给 ARMA 模型定阶。

二、模型定阶

该序列的自相关图（见图 4-11）和偏自相关图（见图 4-12）如下所示。

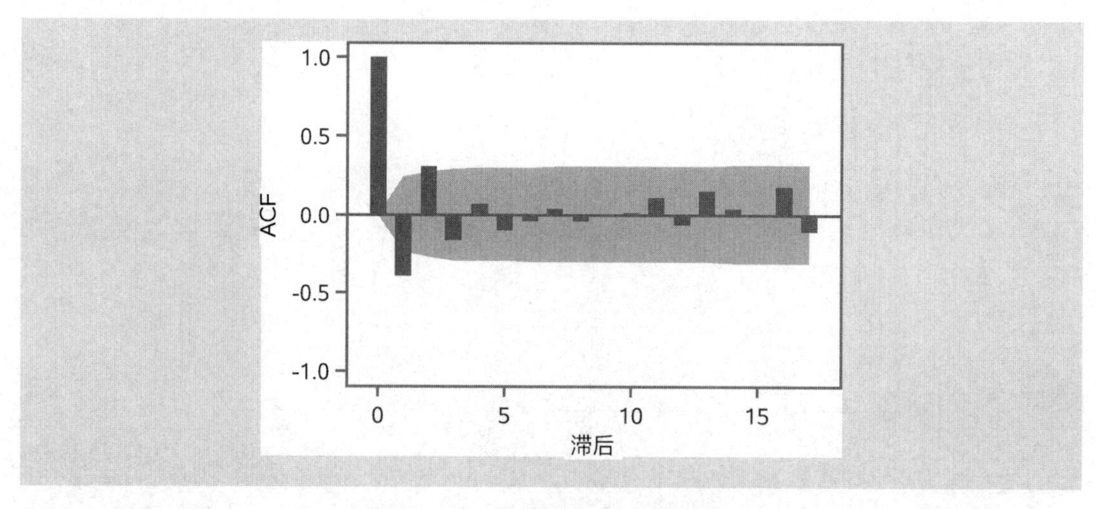

图 4-11　化学反应过程自相关图

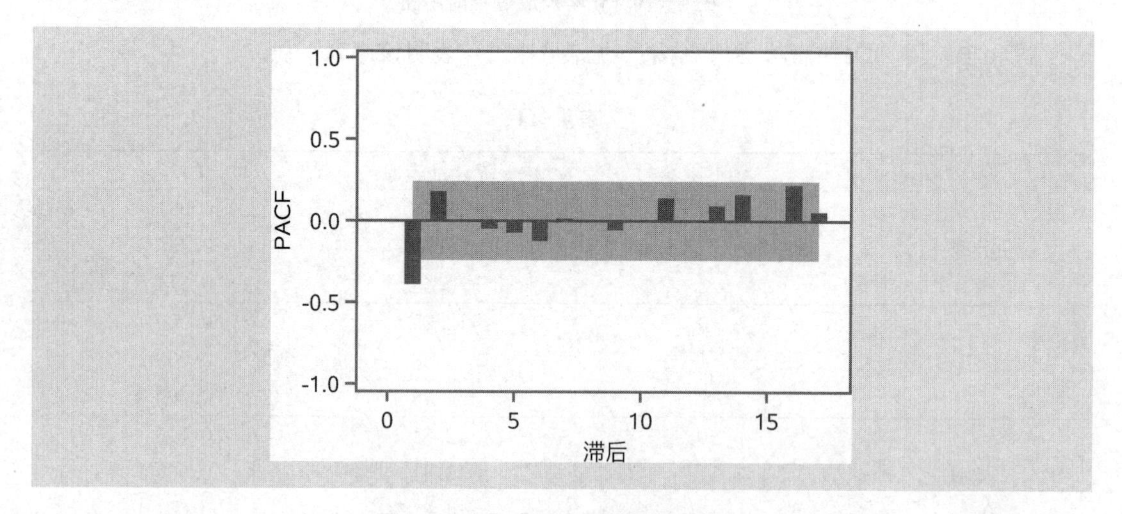

图 4-12　化学反应过程偏自相关图

根据自相关图（见图 4-11）的特征，可能有人会认为自相关系数 2 阶截尾，那么可以对序列拟合 MA(2)模型。

根据偏自相关图（见图 4-12）的特征，可能有人会认为偏自相关系数 1 阶截尾，那么可以对序列拟合 AR(1)模型。

下面分别拟合 MA(2)模型和 AR(1)模型。

三、参数估计

使用条件最小二乘估计方法，得到 MA(2)模型的口径为：

$$x_t=51.173+\varepsilon_t-0.323\varepsilon_{t-1}+0.31\varepsilon_{t-2},\ \mathrm{Var}(\sigma_\varepsilon^2)=119.5653$$

如果定阶为 AR(1)，那么使用条件最小二乘估计方法，得到 AR(1)模型的口径为：

$$x_t=73.038-0.4248x_{t-1}+\varepsilon_t,\ \mathrm{Var}(\sigma_\varepsilon^2)=120.0735$$

四、模型检验

对这两个拟合模型分别进行残差白噪声检验和参数检验，MA(2)模型的检验结果见表 4 - 16，AR(1)模型的检验结果见表 4 - 17。

表 4 - 16

残差白噪声检验			参数显著性检验		
延迟阶数	LB 统计量	P 值	参数	t 统计量	P 值
6	2.28	0.684 2	μ	39.84	<0.000 1
12	4.46	0.924 2	θ_1	2.66	0.009 9
18	10.79	0.822 5	θ_2	−2.54	0.013 4

表 4 - 16 的结果显示，使用 MA(2)模型拟合该序列，残差序列已实现白噪声，所有参数均显著非零。这说明 MA(2)模型是该序列的有效拟合模型。

表 4 - 17

残差白噪声检验			参数显著性检验		
延迟阶数	LB 统计量	P 值	参数	t 统计量	P 值
6	4.60	0.467 0	μ	55.55	<0.000 1
12	7.00	0.799 1	ϕ_1	−3.67	0.000 5

表 4 - 17 的结果显示，使用 AR(1)模型拟合该序列，残差序列也已实现白噪声，所有参数均显著非零。这说明 AR(1)模型也是该序列的有效拟合模型。

同一个序列可以构造两个甚至更多个拟合模型，多个模型都显著有效，那么到底该选择哪个模型用于统计推断呢？

为了解决这个问题，引进 AIC 和 SBC 准则的概念，进行模型优化。

4.6.2　AIC 准则

AIC 准则（Akaike information criterion）是由日本统计学家 Akaike 于 1971 年提出的，它的全称是最小信息量准则。

该准则的指导思想是一个拟合模型的优劣可以从两方面去考察：一方面是常用来衡量拟合程度的似然函数值；另一方面是模型中未知参数的个数。

通常似然函数值越大，说明模型拟合的效果越好。模型中未知参数个数越多，说明模型中包含的自变量越多。自变量越多，模型变化越灵活，模型拟合的准确度就会越高。模型拟合程度高是我们所希望的，但是我们又不能单纯地以拟合精度来衡量模型的优劣，因为这样势必会导致未知参数的个数越多越好。

未知参数越多，说明模型中自变量越多，未知的风险越多。而且参数越多，参数估计的难度就越大，估计的精度也越差。所以一个好的拟合模型应该是一个拟合精度和未知参数个数的综合最优配置。

AIC 准则就是在这种考虑下提出的，它是拟合精度和参数个数的加权函数：

$$\text{AIC}=-2\ln(\text{模型的极大似然函数值})+2(\text{模型中未知参数个数})$$

使 AIC 函数达到最小的模型被认为是最优模型。

在 ARMA(p,q)模型场合，对数似然函数为：

$$l(\tilde{\beta};x_1,x_2,\cdots,x_n)=-\left[\frac{n}{2}\ln\sigma_\varepsilon^2+\frac{1}{2}\ln|\Omega|+\frac{1}{2\sigma_\varepsilon^2}S(\tilde{\beta})\right]$$

因为$\frac{1}{2}\ln|\Omega|$有界，$\frac{1}{2\sigma_\varepsilon^2}S(\tilde{\beta})\to\frac{n}{2}$，所以对数似然函数与$-\frac{n}{2}\ln\sigma_\varepsilon^2$成正比。

$$l(\tilde{\beta};x_1,x_2,\cdots,x_n)\propto-\frac{n}{2}\ln\sigma_\varepsilon^2$$

中心化 ARMA(p,q)模型的未知参数个数为 $p+q+1$，非中心化 ARMA(p,q)模型的未知参数个数为 $p+q+2$。

所以，中心化 ARMA(p,q)模型的 AIC 函数为：

$$\text{AIC}=n\ln\hat{\sigma}_\varepsilon^2+2(p+q+1)$$

非中心化 ARMA(p,q)模型的 AIC 函数为：

$$\text{AIC}=n\ln\hat{\sigma}_\varepsilon^2+2(p+q+2)$$

4.6.3 SBC 准则

AIC 准则为选择最优模型提供了有效的规则，但它也有不足之处。对于一个观察值序列而言，序列越长，相关信息就越分散，要很充分地提取其中的有用信息，或者说要使拟合精度比较高，通常需要包含多个自变量的复杂模型。在 AIC 准则中拟合误差提供的信息会因样本容量而放大，它等于 $n\ln\hat{\sigma}_\varepsilon^2$，但参数个数的惩罚因子和样本容量没关系，它的权重始终是常数 2。因此在样本容量趋于无穷大时，由 AIC 准则选择的模型不收敛于真实模型，它通常比真实模型所含的未知参数个数要多。

为了弥补 AIC 准则的不足，Schwartz 在 1978 年根据 Bayes 理论提出 BIC 准则，所以 BIC 准则也称为 SBC 准则。SBC 准则定义为：

$$\text{SBC}=-2\ln(\text{模型的极大似然函数值})+\ln n(\text{模型中未知参数个数})$$

SBC 对 AIC 的改进就是将未知参数个数的惩罚权重由常数 2 变成了样本容量的对数函数 $\ln n$。理论上已证明，SBC 准则是最优模型的真实阶数的相合估计。

容易得到，中心化 ARMA(p,q) 模型的 SBC 函数为：

$$\text{SBC}=n\ln\hat{\sigma}_\varepsilon^2+(\ln n)(p+q+1)$$

非中心化 ARMA(p,q) 模型的 SBC 函数为：

$$\text{SBC}=n\ln\hat{\sigma}_{\varepsilon}^{2}+(\ln n)(p+q+2)$$

在所有通过检验的模型中使得 AIC 或 SBC 函数达到最小的模型为相对最优模型。之所以称为相对最优模型而不是绝对最优模型，是因为我们不可能比较所有模型的 AIC 和 SBC 函数值，我们总是在尽可能大的范围里考察有限多个模型的 AIC 和 SBC 函数值，再选择其中 AIC 和 SBC 函数值最小的那个模型作为最终的拟合模型，因而这样得到的最优模型就是一个相对最优模型。

例 4-7 续

用 AIC 准则和 SBC 准则评判例 4-7 中两个拟合模型的相对优劣。

检验结果如表 4-18 所示。

表 4-18

模型	AIC	SBC
MA(2)	536.455 6	543.201 1
AR(1)	535.789 6	540.286 6

最小信息量检验结果显示，无论是使用 AIC 准则还是使用 SBC 准则，AR(1)模型都要优于 MA(2)模型，所以本例中 AR(1)模型是相对最优模型。

AIC 准则和 SBC 准则的提出可以有效弥补根据自相关图和偏自相关图定阶的主观性，在有限的阶数范围内帮助我们寻找相对最优拟合模型。

4.7 序列预测

到目前为止，我们对观察值序列做了许多工作，包括平稳性判别、白噪声判别、模型选择、参数估计及模型检验。这些工作的最终目的常常就是要利用拟合模型对随机序列的未来发展进行预测。

所谓预测，就是利用序列已观测到的样本值对序列在未来某个时刻的取值进行估计。目前对平稳序列最常用的预测方法是线性最小方差预测。线性是指预测值为观察值序列的线性函数，最小方差是指预测方差达到最小。

4.7.1 线性预测函数

根据平稳 ARMA 模型的可逆性，可以用 AR 结构表达任意一个平稳 ARMA 模型

$$\sum_{j=0}^{\infty} I_j x_{t-j}=\varepsilon_t$$

式中，$I_j(j=0,1,2,\cdots)$为逆函数，它的递推公式如式（3.37）所示。

这意味着使用递推法，基于现有的序列观察值 x_t，x_{t-1}，x_{t-2}，…，可以预测未来任意时刻的序列值，即

$$\begin{aligned}
\hat{x}_{t+1} &= -I_1 x_t - I_2 x_{t-1} - I_3 x_{t-2} - \cdots \\
\hat{x}_{t+2} &= -I_1 \hat{x}_{t+1} - I_2 x_t - I_3 x_{t-1} - \cdots \\
\hat{x}_{t+3} &= -I_1 \hat{x}_{t+2} - I_2 \hat{x}_{t+1} - I_3 x_t - \cdots \\
&\vdots \\
\hat{x}_{t+l} &= -I_1 \hat{x}_{t+l-1} - I_2 \hat{x}_{t+l-2} - I_3 \hat{x}_{t+l-3} - \cdots
\end{aligned}$$

例 4-8

假设序列 $\{x_t\}$ 可以用如下 ARMA(1,1) 模型拟合：

$$x_t = 0.8x_t + \varepsilon_t - 0.2\varepsilon_{t-1}$$

请确定该序列未来 2 期预测值 $\hat{x}_{t+1}$ 和 $\hat{x}_{t+2}$ 中第 t 期和第 $t-1$ 期序列值的权重。

根据式（3.37），本例 ARMA(1,1) 模型的逆函数为：

$$\begin{aligned}
I_0 &= 1 \\
I_1 &= \theta_1 - \phi_1 = 0.2 - 0.8 = -0.6 \\
I_2 &= \theta_1 I_1 = -0.2 \times 0.6 = -0.12 \\
I_3 &= \theta_1 I_2 = -0.2 \times 0.12 = -0.024
\end{aligned}$$

则未来 2 期的预测值递推公式为：

$$\begin{aligned}
\hat{x}_{t+1} &= 0.6x_t + 0.12x_{t-1} + 0.024x_{t-2} - \cdots \\
\hat{x}_{t+2} &= 0.6\hat{x}_{t+1} + 0.12x_t + 0.024x_{t-1} - \cdots \\
&= 0.6(0.6x_t + 0.12x_{t-1} + 0.024x_{t-2} - \cdots) + 0.12x_t + 0.024x_{t-1} - \cdots \\
&= (0.36 + 0.12)x_t + (0.072 + 0.024)x_{t-1} + \cdots
\end{aligned}$$

所以，该序列未来 1 期预测值 $\hat{x}_{t+1}$ 中，第 t 期序列值 x_t 的权重是 0.6，第 $t-1$ 期序列值 x_{t-1} 的权重是 0.12。而该序列未来 2 期预测值 $\hat{x}_{t+2}$ 中，第 t 期序列值 x_t 的权重是 0.48（0.36+0.12），第 $t-1$ 期序列值 x_{t-1} 的权重是 0.096（0.072+0.024）。

4.7.2 预测方差最小原则

用 $e_t(l)$ 衡量预测误差：

$$e_t(l) = x_{t+l} - \hat{x}_t(l)$$

显然，预测误差越小，预测精度就越高。因此，目前最常用的预测原则是预测方差最小原则，即

$$\mathrm{Var}[e_t(l)] = \min\{\mathrm{Var}[e_t(l)]\}$$

因为 $\hat{x}_t(l)$ 为 x_t，x_{t-1}，…的线性函数，所以该原则也称线性预测方差最小原则。

为便于分析，使用传递形式来描述序列值，根据 ARMA(p,q)平稳模型的性质和线性函数的可加性，显然有

$$\begin{cases} x_{t+l} = \sum_{i=0}^{\infty} G_i \varepsilon_{t+l-i} \\ \hat{x}_t(l) = \sum_{i=0}^{\infty} D_i x_{t-i} = \sum_{i=0}^{\infty} D_i \left(\sum_{j=0}^{\infty} G_j \varepsilon_{t-i-j} \right) \hat{=} \sum_{i=0}^{\infty} W_i \varepsilon_{t-i} \end{cases}$$

则

$$\begin{aligned} e_t(l) &= x_{t+l} - \hat{x}_t(l) \\ &= \sum_{i=0}^{\infty} G_i \varepsilon_{t+l-i} - \sum_{i=0}^{\infty} W_i \varepsilon_{t-i} = \sum_{i=0}^{l-1} G_i \varepsilon_{t+l-i} + \sum_{i=0}^{\infty} (G_{l+i} - W_i) \varepsilon_{t-i} \end{aligned}$$

预测方差为：

$$\mathrm{Var}[e_t(l)] = \left[\sum_{i=0}^{l-1} G_i^2 + \sum_{i=0}^{\infty} (G_{l+i} - W_i)^2 \right] \sigma_\varepsilon^2 \geqslant \sum_{i=0}^{l-1} G_i^2 \sigma_\varepsilon^2$$

显然，要使得预测方差达到最小，必须有

$$W_i = G_{l+i}, \quad i = 0, 1, 2, \cdots$$

这时，x_{t+l}的预测值为：

$$\hat{x}_t(l) = \sum_{i=0}^{\infty} G_{l+i} \varepsilon_{t-i}, \ \forall\, l \geqslant 1$$

预测误差为：

$$e_t(l) = \sum_{i=0}^{l-1} G_i \varepsilon_{t+l-i}$$

由于$\{\varepsilon_t\}$为白噪声序列，所以

$$E[e_t(l)] = 0$$

$$\mathrm{Var}[e_t(l)] = \sum_{i=0}^{l-1} G_i^2 \sigma_\varepsilon^2, \ \forall\, l \geqslant 1$$

4.7.3　线性最小方差预测的性质

一、条件无偏最小方差估计值

序列值 x_{t+l}可以进行如下分解：

$$\begin{aligned} x_{t+l} &= (\varepsilon_{t+l} + G_1 \varepsilon_{t+l-1} + \cdots + G_{l-1} \varepsilon_{t+1}) + (G_l \varepsilon_t + G_{l+1} \varepsilon_{t-1} + \cdots) \\ &= e_t(l) + \hat{x}_t(l) \end{aligned}$$

未来任意 l 期的序列值最终都可以表示成已知历史信息的线性函数，不妨记作：

$$\hat{x}_t(l)=\sum_{i=0}^{\infty}D_i x_{t-i}$$

即在 x_t，x_{t-1}，…已知的条件下，$\hat{x}_t(l)$为常数，有

$$E[\hat{x}_t(l)|x_t,x_{t-1},\cdots]=\hat{x}_t(l),\ \mathrm{Var}[\hat{x}_t(l)|x_t,x_{t-1},\cdots]=0$$

推导出

$$\begin{aligned}E(x_{t+l}|x_t,x_{t-1},\cdots)&=E[e_t(l)|x_t,x_{t-1},\cdots]+E[\hat{x}_t(l)|x_t,x_{t-1},\cdots]=\hat{x}_t(l)\\ \mathrm{Var}(x_{t+l}|x_t,x_{t-1},\cdots)&=\mathrm{Var}[e_t(l)|x_t,x_{t-1},\cdots]+\mathrm{Var}[\hat{x}_t(l)|x_t,x_{t-1},\cdots]\\ &=\mathrm{Var}[e_t(l)]\end{aligned}$$

这说明在预测方差最小原则下得到的估计值 $\hat{x}_t(l)$是序列值 x_{t+l}在 x_t，x_{t-1}，…已知的情况下得到的条件无偏最小方差估计值，且预测方差只与预测步长 l 有关，而与预测起始点 t 无关。但预测步长 l 越大，预测值的方差也越大，因而为了保证预测的精度，时间序列数据通常只适合做短期预测。

在正态假定下，有

$$x_{t+l}|x_t,x_{t-1},\cdots\sim N(\hat{x}_t(l),\ \mathrm{Var}[e_t(l)])$$

式中，$x_{t+l}\mid x_t$，x_{t-1}，…的置信水平为 $1-\alpha$ 的置信区间为：

$$(\hat{x}_t(l)\mp z_{1-\alpha/2}(1+G_1^2+\cdots+G_{l-1}^2)^{\frac{1}{2}}\sigma_\varepsilon)$$

式中，$z_{1-\alpha/2}$为标准正态分布的 $1-\alpha/2$ 分位点的值。

二、AR(p)序列预测

在 AR(p)序列场合

$$\begin{aligned}\hat{x}_t(l)&=E(x_{t+l}|x_t,x_{t-1},\cdots)\\ &=E(\phi_1 x_{t+l-1}+\cdots+\phi_p x_{t+l-p}+\varepsilon_{t+l}|x_t,x_{t-1},\cdots)\\ &=\phi_1\hat{x}_t(l-1)+\cdots+\phi_p\hat{x}_t(l-p)\end{aligned}$$

式中：

$$\hat{x}_t(k)=\begin{cases}\hat{x}_t(k), & k\geqslant 1\\ x_{t+k}, & k\leqslant 0\end{cases}$$

预测方差为：

$$\mathrm{Var}[e_t(l)]=(1+G_1^2+\cdots+G_{l-1}^2)\sigma_\varepsilon^2$$

例 4－9

已知某超市月销售额（单位：万元）近似服从 AR(2)模型：

$$x_t=10+0.6x_{t-1}+0.3x_{t-2}+\varepsilon_t,\ \varepsilon_t\sim N(0,36)$$

某年第一季度该超市月销售额分别为：101 万元、96 万元、97.2 万元。请确定该超市第二季度每月销售额的 95%的置信区间。

（1）预测值的计算。

4 月：$\hat{x}_3(1)=10+0.6x_3+0.3x_2=97.12$

5 月：$\hat{x}_3(2)=10+0.6\hat{x}_3(1)+0.3x_3=97.432$

6 月：$\hat{x}_3(3)=10+0.6\hat{x}_3(2)+0.3\hat{x}_3(1)=97.5952$

（2）预测方差的计算。

首先，根据 Green 函数的递推公式，算得

$$G_0=1$$
$$G_1=\phi_1 G_0=0.6$$
$$G_2=\phi_1 G_1+\phi_2 G_0=0.36+0.3=0.66$$

则

$$\mathrm{Var}[e_3(1)]=G_0^2\sigma_\varepsilon^2=36$$
$$\mathrm{Var}[e_3(2)]=(G_0^2+G_1^2)\sigma_\varepsilon^2=48.96$$
$$\mathrm{Var}[e_3(3)]=(G_0^2+G_1^2+G_2^2)\sigma_\varepsilon^2=64.6416$$

（3）l 步预测销售额的 95%的置信区间为：

$$(\hat{x}_3(l)-1.96\sqrt{\mathrm{Var}[e_3(l)]},\hat{x}_3(l)+1.96\sqrt{\mathrm{Var}[e_3(l)]})$$

计算结果如表 4-19 所示。

表 4-19

预测时期	95%的置信区间
4 月	(85.36，108.88)
5 月	(83.72，111.15)
6 月	(81.84，113.35)

例 4-1 续（4）

根据 1900—1998 年全球 7 级以上地震发生次数的观察值，预测 1999—2008 年全球 7 级以上地震发生次数。

利用观察值序列我们已经为该序列拟合了 AR(1)模型

$$x_t=9.085+0.543x_{t-1}+\varepsilon_t,\ \mathrm{Var}(\varepsilon_t)=37.454$$

且该模型通过了残差白噪声检验和参数显著性检验。现在利用该拟合模型进行 10 期预测，得到 1999—2008 年全球 7 级以上地震发生次数的预测值及相应的置信区间，如表 4-20 所示。

表 4-20

预测年份	预测值	标准差	95%置信下限	95%置信上限
1999	17.777 0	6.120 0	5.782 1	29.771 9
2000	18.742 4	6.964 8	5.091 7	32.393 1
2001	19.266 8	7.195 2	5.164 6	33.369 1
2002	19.551 7	7.261 8	5.319 0	33.784 5
2003	19.706 5	7.281 3	5.435 5	33.977 6
2004	19.790 6	7.287 1	5.508 3	34.073 0
2005	19.836 3	7.288 8	5.550 6	34.122 0
2006	19.861 1	7.289 3	5.574 4	34.147 8
2007	19.874 6	7.289 4	5.587 6	34.161 6
2008	19.881 9	7.289 4	5.594 9	34.169 0

该序列拟合与预测效果如图 4-13 所示。

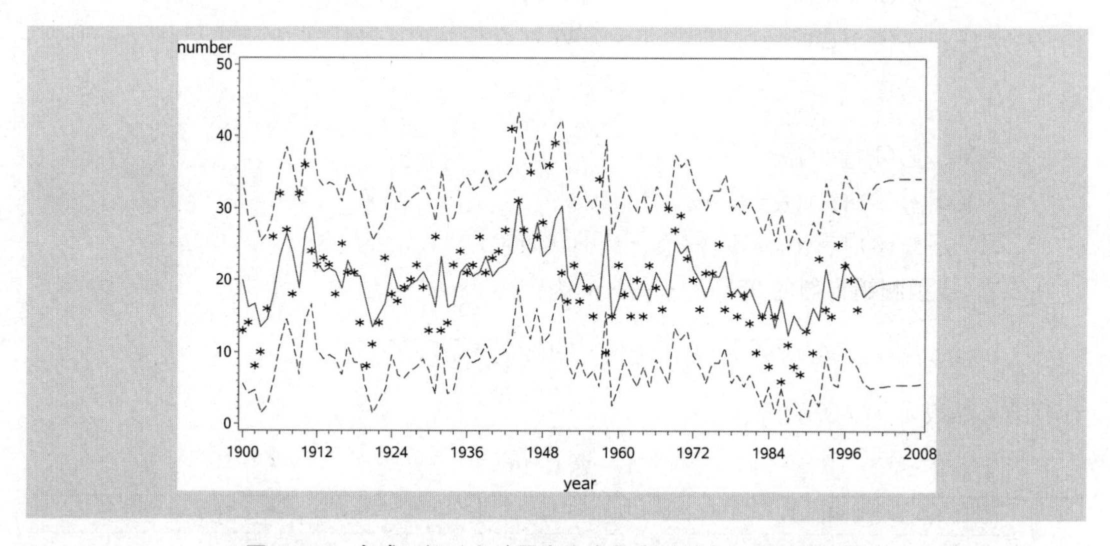

图 4-13　全球 7 级以上地震发生次数序列拟合与预测效果图

说明：图中星号代表序列观察值，中间实线代表序列拟合值，上下虚线代表序列拟合值的 95%的置信区间。

三、MA(q)序列预测

对一个 MA(q)序列 $x_t=\mu+\varepsilon_t-\theta_1\varepsilon_{t-1}-\cdots-\theta_q\varepsilon_{t-q}$而言，有

$$x_{t+l}=\mu+\varepsilon_{t+l}-\theta_1\varepsilon_{t+l-1}-\cdots-\theta_q\varepsilon_{t+l-q}$$

在 x_t，x_{t-1}，…已知的条件下求 x_{t+l}的估计值，就等价于在 ε_t，ε_{t-1}，…已知的条件下求 x_{t+l}的估计值，而未来时刻的随机扰动 ε_{t+1}，ε_{t+2}，…是不可观测的，属于预测误差。所以当预测步长小于等于 MA 模型的阶数（$l\leqslant q$）时，x_{t+l}可以分解为：

$$\begin{aligned}x_{t+l}&=\mu+\varepsilon_{t+l}-\theta_1\varepsilon_{t+l-1}-\cdots-\theta_q\varepsilon_{t+l-q}\\&=(\varepsilon_{t+l}-\theta_1\varepsilon_{t+l-1}-\cdots-\theta_{l-1}\varepsilon_{t+1})+(\mu-\theta_l\varepsilon_t-\cdots-\theta_q\varepsilon_{t+l-q})\\&=e_t(l)+\hat{x}_t(l)\end{aligned}$$

当预测步长大于 MA 模型的阶数（$l>q$）时，x_{t+l}可以分解为：

$$\begin{aligned}x_{t+l}&=\mu+\varepsilon_{t+l}-\theta_1\varepsilon_{t+l-1}-\cdots-\theta_q\varepsilon_{t+l-q}\\&=(\varepsilon_{t+l}-\theta_1\varepsilon_{t+l-1}-\cdots-\theta_q\varepsilon_{t+l-q})+\mu\\&=e_t(l)+\hat{x}_t(l)\end{aligned}$$

即 MA(q)序列 l 步的预测值为：

$$\hat{x}_t(l)=\begin{cases}\mu-\sum_{i=l}^{q}\theta_i\varepsilon_{t+l-i}, & l\leqslant q\\ \mu, & l>q\end{cases}$$

这说明 MA(q)序列理论上只能预测 q 步之内的序列走势，超过 q 步预测值恒等于序列均值。这是由 MA(q)序列自相关 q 步截尾的性质决定的。

MA(q)序列的预测方差为：

$$\mathrm{Var}[e_t(l)]=\begin{cases}(1+\theta_1^2+\cdots+\theta_{l-1}^2)\sigma_\varepsilon^2, & l\leqslant q\\(1+\theta_1^2+\cdots+\theta_q^2)\sigma_\varepsilon^2, & l>q\end{cases}$$

例 4-10

已知某地区每年常住人口数量近似服从 MA(3)模型：

$$x_t=100+\varepsilon_t-0.8\varepsilon_{t-1}+0.6\varepsilon_{t-2}-0.2\varepsilon_{t-3},\quad \sigma_\varepsilon^2=25$$

2002—2004 年的常住人口数量及 1 步预测数量如表 4-21 所示。预测此后 5 年该地区常住人口的 95%的置信区间。

表 4-21　　单位：万人

年份	统计人数	预测人数
2002	104	110
2003	108	100
2004	105	109

（1）随机扰动项的计算：

$$\varepsilon_{t-2}=x_{2002}-\hat{x}_{2001}(1)=104-110=-6$$
$$\varepsilon_{t-1}=x_{2003}-\hat{x}_{2002}(1)=108-100=8$$
$$\varepsilon_t=x_{2004}-\hat{x}_{2003}(1)=105-109=-4$$

（2）未来常住人口预测值的计算：

$$\hat{x}_t(1)=100-0.8\varepsilon_t+0.6\varepsilon_{t-1}-0.2\varepsilon_{t-2}=109.2$$
$$\hat{x}_t(2)=100+0.6\varepsilon_t-0.2\varepsilon_{t-1}=96$$

$\hat{x}_t(3)=100-0.2\varepsilon_t=100.8$

$\hat{x}_t(4)=100$

$\hat{x}_t(5)=100$

（3）预测方差的计算：

$\text{Var}[e_t(1)]=\sigma_\varepsilon^2=25$

$\text{Var}[e_t(2)]=(1+\theta_1^2)\sigma_\varepsilon^2=41$

$\text{Var}[e_t(3)]=(1+\theta_1^2+\theta_2^2)\sigma_\varepsilon^2=50$

$\text{Var}[e_t(4)]=(1+\theta_1^2+\theta_2^2+\theta_3^2)\sigma_\varepsilon^2=51$

$\text{Var}[e_t(5)]=(1+\theta_1^2+\theta_2^2+\theta_3^2)\sigma_\varepsilon^2=51$

（4）95%的置信区间的计算：

$$(\hat{x}_t(l)-1.96\sqrt{\text{Var}[e_t(l)]},\hat{x}_t(l)+1.96\sqrt{\text{Var}[e_t(l)]})$$

容易计算此后5年该地区常住人口95%的置信区间，如表4-22所示。

表4-22

预测年份	95%的置信区间
2005	（99，119）
2006	（83，109）
2007	（87，115）
2008	（86，114）
2009	（86，114）

四、ARMA(*p*,*q*)序列预测

在ARMA(p,q)模型场合

$$\begin{aligned} x_t(l) &= E(\phi_1 x_{t+l-1}+\cdots+\phi_p x_{t+l-p}+\varepsilon_{t+l}-\theta_1\varepsilon_{t+l-1}-\cdots-\theta_q\varepsilon_{t+l-q}\mid x_t,x_{t-1},\cdots) \\ &= \begin{cases} \phi_1\hat{x}_t(l-1)+\cdots+\phi_p\hat{x}_t(l-p)-\sum_{i=l}^{q}\theta_i\varepsilon_{t+l-i}, & l\leqslant q \\ \phi_1\hat{x}_t(l-1)+\cdots+\phi_p\hat{x}_t(l-p), & l>q \end{cases} \end{aligned}$$

式中：

$$\hat{x}_t(k)=\begin{cases} \hat{x}_t(k), & k\geqslant 1 \\ x_{t+k}, & k\leqslant 0 \end{cases}$$

预测方差为：

$$\text{Var}[e_t(l)]=(G_0^2+G_1^2+\cdots+G_{l-1}^2)\sigma_\varepsilon^2$$

例 4-11

已知ARMA(1,1)模型为：

$$x_t=0.8x_{t-1}+\varepsilon_t-0.6\varepsilon_{t-1},\ \sigma_\varepsilon^2=0.0025$$

且 $x_{100}=0.3$，$\varepsilon_{100}=0.01$，预测未来3期序列值的95%的置信区间。

（1）预测值的计算：

$$\hat{x}_{100}(1)=0.8x_{100}-0.6\varepsilon_{100}=0.234$$
$$\hat{x}_{100}(2)=0.8\hat{x}_{100}(1)=0.1872$$
$$\hat{x}_{100}(3)=0.8\hat{x}_{100}(2)=0.14976$$

（2）预测方差的计算：

首先，根据Green函数的递推公式，算得

$$G_0=1$$
$$G_1=\phi_1 G_0-\theta_1=0.2$$
$$G_2=\phi_1 G_1=0.16$$

则

$$\mathrm{Var}[e_{100}(1)]=G_0^2\sigma_\varepsilon^2=0.0025$$
$$\mathrm{Var}[e_{100}(2)]=(G_0^2+G_1^2)\sigma_\varepsilon^2=0.0026$$
$$\mathrm{Var}[e_{100}(3)]=(G_0^2+G_1^2+G_2^2)\sigma_\varepsilon^2=0.002664$$

（3）95%的置信区间的计算：

$$\left(\hat{x}_{100}(l)-1.96\sqrt{\mathrm{Var}[e_{100}(l)]},\hat{x}_{100}(l)+1.96\sqrt{\mathrm{Var}[e_{100}(l)]}\right)$$

计算结果如表4-23所示。

表 4-23

预测时期	95%的置信区间
101	(0.136，0.332)
102	(0.087，0.287)
103	(0.049，0.251)

4.7.4　修正预测

对平稳时间序列的预测，实质就是根据所有的已知历史信息 x_t，x_{t-1}，…对序列未来某个时期的发展水平 x_{t+l}（$l=1$，2，…）做出估计。需要估计的时期越长，未知信息就越多。而未知信息越多，估计的精度就越低。

随着时间的推移，在原有观察值 x_t，x_{t-1}，…的基础上，我们会不断获得新的观察值 x_{t+1}，x_{t+2}，…。每获得一个新的观察值就意味着减少了未知信息，显然，如果把新的信

息加进来，就能够提高对 x_{t+l} 的估计精度。所谓的修正预测，就是研究如何利用新的信息去获得精度更高的预测值。

一个最简单的想法就是把新信息加入旧的信息中，重新拟合模型，再利用拟合后的模型预测 x_{t+l} 的序列值。在新的信息量比较大且使用统计软件很便利的时候，这不失为一种可行的修正办法。

但是在新的数据量不大或使用统计软件不是很方便的时候，这种重新拟合是一种非常麻烦的修正方法。我们可以根据平稳时序预测的性质，寻找更为简便的修正预测方法。

已知在旧信息 x_t，x_{t-1}，…的基础上，x_{t+l} 的预测值为：

$$\hat{x}_t(l)=G_l\varepsilon_t+G_{l+1}\varepsilon_{t-1}+\cdots$$

假如获得新的信息 x_{t+1}，则在 x_{t+1}，x_t，x_{t-1}，…的基础上，重新预测 x_{t+l} 为：

$$\begin{aligned}\hat{x}_{t+1}(l-1)&=G_{l-1}\varepsilon_{t+1}+G_l\varepsilon_t+G_{l+1}\varepsilon_{t-1}+\cdots\\&=G_{l-1}\varepsilon_{t+1}+\hat{x}_t(l)\end{aligned}$$

式中，$\varepsilon_{t+1}=x_{t+1}-\hat{x}_t(1)$，是 x_{t+1} 的一步预测误差。它的可测源于 x_{t+1} 提供的新信息。

此时，修正预测误差为：

$$e_{t+1}(l-1)=G_0\varepsilon_{t+l}+\cdots+G_{l-2}\varepsilon_{t+2}$$

因而，预测方差为：

$$\begin{aligned}\mathrm{Var}[e_{t+1}(l-1)]&=(G_0^2+\cdots+G_{l-2}^2)\sigma_\varepsilon^2\\&=\mathrm{Var}[e_t(l-1)]\end{aligned}$$

一期修正后的第 l 步预测方差就等于修正前的第 $l-1$ 步预测方差。它比修正前的同期预测方差减少了 $G_{l-1}^2\sigma_\varepsilon^2$，提高了预测精度。

上面的分析说明，当我们获得新的观察值时，要获得 x_{t+l} 更精确的预测值并不需要重新对所有的历史数据进行计算，只需利用新的观察值所带来的新的信息对旧的预测值进行修正即可。

更一般的情况，假如重新获得 p 个新观察值 x_{t+1}，…，x_{t+p}（$1\leqslant p\leqslant l$），则 x_{t+l} 的修正预测值为：

$$\begin{aligned}\hat{x}_{t+p}(l-p)&=G_{l-p}\varepsilon_{t+p}+\cdots+G_{l-1}\varepsilon_{t+1}+G_l\varepsilon_t+G_{l+1}\varepsilon_{t-1}+\cdots\\&=G_{l-p}\varepsilon_{t+p}+\cdots+G_{l-1}\varepsilon_{t+1}+\hat{x}_t(l)\end{aligned}$$

式中，$\varepsilon_{t+i}=x_{t+i}-\hat{x}_{t+i-1}(1)$，是 $x_{t+i}(i=1,2,\cdots,p)$ 的一步预测误差。

此时，修正预测误差为：

$$e_{t+p}(l-p)=G_0\varepsilon_{t+l}+\cdots+G_{l-p-1}\varepsilon_{t+p+1}$$

预测方差为：

$$\mathrm{Var}[e_{t+p}(l-p)]=(G_0^2+\cdots+G_{l-p-1}^2)\sigma_\varepsilon^2=\mathrm{Var}[e_t(l-p)]$$

例 4-9 续

假如一个月后知道 4 月的真实销售额为 100 万元，求第二季度后两个月销售额的修正预测值。

（1）计算 4 月销售额的一步预测误差：

$$\varepsilon_4 = x_4 - \hat{x}_3(1) = 100 - 97.12 = 2.88$$

（2）计算修正预测值，如表 4-24 所示。

表 4-24

预测时期	预测值 $\hat{x}_3(l)$	新获得观察值	修正预测 $\hat{x}_4(l-1)$
4 月	97.12	100	
5 月	97.43		$\hat{x}_4(1)=G_1\varepsilon_4+\hat{x}_3(2)=99.16$
6 月	97.60		$\hat{x}_4(2)=G_2\varepsilon_4+\hat{x}_3(3)=99.50$

（3）修正预测方差的计算：

$$\mathrm{Var}[e_4(1)] = \mathrm{Var}[e_3(1)] = G_0^2\sigma_\varepsilon^2 = 36$$

$$\mathrm{Var}[e_4(2)] = \mathrm{Var}[e_3(2)] = (G_0^2 + G_1^2)\sigma_\varepsilon^2 = 48.96$$

（4）l 步预测销售额的 95%的置信区间为：

$$\left(\hat{x}_4(l) - 1.96\sqrt{\mathrm{Var}[e_4(l)]}, \hat{x}_4(l) + 1.96\sqrt{\mathrm{Var}[e_4(l)]}\right)$$

计算结果如表 4-25 所示。

表 4-25

预测时期	修正前的置信区间	修正后的置信区间
4 月	(85.36，108.88)	
5 月	(83.72，111.15)	(87.40，110.92)
6 月	(81.84，113.35)	(85.79，113.21)

由修正前后的置信区间范围可以看出，修正以后置信区间的宽度变小，即估计的精度提高了。

4.8 习　题

1. 某公司过去 50 个月每月盈亏情况如表 4-26 所示（行数据）。

表 4-26　　　　　　　　　　　　　　　　　　　　单位：万元

−2.000	−0.703	−2.232	−2.535	−1.662	−0.152	2.155	2.298	0.886	1.871	1.933
2.221	0.328	−0.103	0.337	1.334	0.864	0.205	0.555	0.883	1.734	0.824

续表

−1.054	1.015	1.479	1.158	1.002	−0.415	−0.193	−0.502	−0.316	−0.421	−0.448
−2.115	0.271	−0.558	−0.045	−0.221	−0.875	−0.014	1.746	1.481	0.950	1.714
0.220	−1.924	−1.217	−1.907	0.200	−0.237					

（1）绘制该序列的时序图。

（2）判断该序列的平稳性与纯随机性。

（3）考察该序列的自相关系数和偏自相关系数的性质。

（4）选择适当模型拟合该序列的发展。

（5）利用拟合模型预测该公司未来 5 年的盈亏情况。

2. 某城市过去 4 年每个月人口净流入数量如表 4 - 27 所示（行数据）。

表 4 - 27

单位：万人

4.101	3.297	3.533	5.687	6.778	4.873	3.592	3.973	2.731	3.557	2.863	4.170
4.225	2.581	1.965	4.257	4.373	3.573	3.320	2.257	3.110	4.574	5.328	2.645
2.859	3.721	3.836	2.417	3.074	3.483	3.847	3.250	3.735	4.842	3.564	3.109
2.463	1.778	1.450	1.956	2.196	4.584	3.715	1.853	2.543	2.123	2.756	3.690

（1）绘制该序列的时序图。

（2）判断该序列的平稳性与纯随机性。

（3）考察该序列的自相关系数和偏自相关系数的性质。

（4）选择适当模型拟合该序列的发展。

（5）利用拟合模型预测该城市未来 5 年的人口净流入情况。

3. 某公司过去 3 年每月缴纳的税收金额如表 4 - 28 所示（行数据）。

表 4 - 28

单位：万元

12.373	12.871	11.799	8.850	8.070	7.886	6.920	7.593	7.574	8.230
10.347	9.549	7.461	8.159	9.243	9.160	10.683	10.516	9.077	8.104
7.700	8.640	8.736	9.027	9.380	9.783	9.648	8.135	8.222	9.155
8.941	9.682	10.331	10.601	10.693	8.311				

（1）绘制该序列的时序图。

（2）判断该序列的平稳性与纯随机性。

（3）考察该序列的自相关系数和偏自相关系数的性质。

（4）尝试用多个模型拟合该序列的发展，并考察该序列的拟合模型优化问题。

（5）利用最优拟合模型预测该公司未来一年的税收缴纳情况。

4. 某城市过去 45 年中每年的人口死亡率（‰）如表 4-29 所示（行数据）。

表 4-29

3.665	4.247	4.674	3.669	4.752	4.785	5.929	4.468	5.102	4.831	6.899	5.337
5.086	5.603	4.153	4.945	5.726	4.965	1.820	3.723	5.663	4.739	4.845	4.535
4.774	5.962	6.614	5.255	5.355	6.144	5.590	4.388	3.447	4.615	6.032	5.740
4.391	3.128	3.436	4.964	6.332	7.665	5.277	4.904	4.830			

（1）绘制该序列的时序图。

（2）判断该序列的平稳性与纯随机性。

（3）考察该序列的自相关系数和偏自相关系数的性质。

（4）尝试用多个模型拟合该序列的发展，并考察该序列的拟合模型优化问题。

（5）利用最优拟合模型预测该城市未来 5 年的人口死亡率情况。

5. 对于 AR(1)模型：$x_t-\mu=\phi_1(x_{t-1}-\mu)+\varepsilon_t$，根据 t 个历史观察值数据：…,10.1，9.6，已求出 $\hat{\mu}=10$，$\hat{\phi}_1=0.3$，$\hat{\sigma}_\varepsilon^2=9$。

（1）求 x_{t+3} 的 95%的置信区间。

（2）假定新获得观察值数据 $x_{t+1}=10.5$，用更新数据求 x_{t+3} 的 95%的置信区间。

6. 某城市过去 63 年中每年降雪量数据如表 4-30 所示（行数据）。

表 4-30　　单位：mm

126.4	82.4	78.1	51.1	90.9	76.2	104.5	87.4
110.5	25	69.3	53.5	39.8	63.6	46.7	72.9
79.6	83.6	80.7	60.3	79	74.4	49.6	54.7
71.8	49.1	103.9	51.6	82.4	83.6	77.8	79.3
89.6	85.5	58	120.7	110.5	65.4	39.9	40.1
88.7	71.4	83	55.9	89.9	84.8	105.2	113.7
124.7	114.5	115.6	102.4	101.4	89.8	71.5	70.9
98.3	55.5	66.1	78.4	120.5	97	110	

（1）判断该序列的平稳性与纯随机性。

（2）如果序列平稳且非白噪声，选择适当模型拟合该序列的发展。

（3）利用拟合模型预测该城市未来 5 年的降雪量。

7. 某地区连续 74 年的谷物产量如表 4-31 所示（行数据）。

表 4-31　　单位：千吨

0.97	0.45	1.61	1.26	1.37	1.43	1.32	1.23	0.84	0.89	1.18
1.33	1.21	0.98	0.91	0.61	1.23	0.97	1.10	0.74	0.80	0.81
0.80	0.60	0.59	0.63	0.87	0.36	0.81	0.91	0.77	0.96	0.93
0.95	0.65	0.98	0.70	0.86	1.32	0.88	0.68	0.78	1.25	0.79

续表

1.19	0.69	0.92	0.86	0.86	0.85	0.90	0.54	0.32	1.40	1.14
0.69	0.91	0.68	0.57	0.94	0.35	0.39	0.45	0.99	0.84	0.62
0.85	0.73	0.66	0.76	0.63	0.32	0.17	0.46			

（1）判断该序列的平稳性与纯随机性。

（2）选择适当模型拟合该序列的发展。

（3）利用拟合模型预测该地区未来5年的谷物产量。

8. 现有201个连续的生产记录，如表4-32所示（行数据）。

表4-32

81.9	89.4	79.0	81.4	84.8	85.9	88.0	80.3	82.6
83.5	80.2	85.2	87.2	83.5	84.3	82.9	84.7	82.9
81.5	83.4	87.7	81.8	79.6	85.8	77.9	89.7	85.4
86.3	80.7	83.8	90.5	84.5	82.4	86.7	83.0	81.8
89.3	79.3	82.7	88.0	79.6	87.8	83.6	79.5	83.3
88.4	86.6	84.6	79.7	86.0	84.2	83.0	84.8	83.6
81.8	85.9	88.2	83.5	87.2	83.7	87.3	83.0	90.5
80.7	83.1	86.5	90.0	77.5	84.7	84.6	87.2	80.5
86.1	82.6	85.4	84.7	82.8	81.9	83.6	86.8	84.0
84.2	82.8	83.0	82.0	84.7	84.4	88.9	82.4	83.0
85.0	82.2	81.6	86.2	85.4	82.1	81.4	85.0	85.8
84.2	83.5	86.5	85.0	80.4	85.7	86.7	86.7	82.3
86.4	82.5	82.0	79.5	86.7	80.5	91.7	81.6	83.9
85.6	84.8	78.4	89.9	85.0	86.2	83.0	85.4	84.4
84.5	86.2	85.6	83.2	85.7	83.5	80.1	82.2	88.6
82.0	85.0	85.2	85.3	84.3	82.3	89.7	84.8	83.1
80.6	87.4	86.8	83.5	86.2	84.1	82.3	84.8	86.6
83.5	78.1	88.8	81.9	83.3	80.0	87.2	83.3	86.6
79.5	84.1	82.2	90.8	86.5	79.7	81.0	87.2	81.6
84.4	84.4	82.2	88.9	80.9	85.1	87.1	84.0	76.5
82.7	85.1	83.3	90.4	81.0	80.3	79.8	89.0	83.7
80.9	87.3	81.1	85.6	86.6	80.0	86.6	83.3	83.1
82.3	86.7	80.2						

（1）判断该序列的平稳性与纯随机性。

（2）如果序列平稳且非白噪声，选择适当模型拟合该序列的发展。

（3）利用拟合模型预测该序列下一时刻95%的置信区间。

9. 1971 年 9 月至 1993 年 8 月澳大利亚季度常住人口季度变动情况如表 4－33 所示（行数据）。

表 4－33 单位：千人

63.2	67.9	55.8	49.5	50.2	55.4
49.9	45.3	48.1	61.7	55.2	53.1
49.5	59.9	30.6	30.4	33.8	42.1
35.8	28.4	32.9	44.1	45.5	36.6
39.5	49.8	48.8	29	37.3	34.2
47.6	37.3	39.2	47.6	43.9	49
51.2	60.8	67	48.9	65.4	65.4
67.6	62.5	55.1	49.6	57.3	47.3
45.5	44.5	48	47.9	49.1	48.8
59.4	51.6	51.4	60.9	60.9	56.8
58.6	62.1	64	60.3	64.6	71
79.4	59.9	83.4	75.4	80.2	55.9
58.5	65.2	69.5	59.1	21.5	62.5
170	−47.4	62.2	60	33.1	35.3
43.4	42.7	58.4	34.4		

（1）判断该序列的平稳性与纯随机性。

（2）选择适当模型拟合该序列的发展。

（3）绘制该序列的拟合图及未来 5 年预测图。

4.9 上机指导

在 SAS/ETS 软件中有一个综合软件包——PROC ARIMA，在该程序中只需要输入非常简洁的命令就可以得到包括模型识别、参数估计、相对最优模型选择、短期预测等丰富的分析结果。

在第 2 章，我们简单介绍了 ARIMA 程序中的 identify 命令，实际上一个完整的 ARIMA 程序是由 identify（识别）、estimate（估计）和 forecast（预测）三条命令组成的。这三条命令涵盖了平稳序列建模的每个步骤。它们既可以分开使用，也可以联合使用。一个 ARIMA 程序可以包含多个 identify，estimate 和 forecast 命令。

下面以临时数据集 example4_1 的数据为例详细介绍 ARIMA 程序的功能。首先建立该数据集并绘制该序列的时序图，时序图显示该序列波动平稳。

```
data example4_1;
input x@@;
```

```
time=_n_;
cards;
 0.30   -0.45   0.36   0.00   0.17   0.45   2.15
 4.42    3.48   2.99   1.74   2.40   0.11   0.96
 0.21   -0.10  -1.27  -1.45  -1.19  -1.47  -1.34
-1.02   -0.27   0.14  -0.07   0.10  -0.15  -0.36
-0.50   -1.93  -1.49  -2.35  -2.18  -0.39  -0.52
-2.24   -3.46  -3.97  -4.60  -3.09  -2.19  -1.21
 0.78    0.88   2.07   1.44   1.50   0.29  -0.36
-0.97   -0.30  -0.28   0.80   0.91   1.95   1.77
 1.80    0.56  -0.11   0.10  -0.56  -1.34  -2.47
 0.07   -0.69  -1.96   0.04   1.59   0.20   0.39
 1.06   -0.39  -0.16   2.07   1.35   1.46   1.50
 0.94   -0.08  -0.66  -0.21  -0.77  -0.52   0.05
;
proc gplot data=example4_1;
plot x*time=1;
symbol1 c=red I=join v=star;
run;
```

4.9.1 模型识别

一、identify语句介绍

arima过程的第一步要使用identify命令对该序列的平稳性、纯随机性进行识别，并对平稳非白噪声序列估计拟合模型的阶数。这些功能使用如下命令就可以实现。

```
proc arima data=example4_1;
identify var=x nlag=8 stationarity=(adf);
run;
```

这条identify命令执行后会输出四方面的信息：

(1) 序列的描述性统计量；

(2) 序列的平稳性检验结果；

(3) 序列的纯随机性检验结果；

(4) 序列的各种自相关图。

根据前三方面的输出信息，可以进行序列的平稳性和纯随机性检验。因为我们增加了stationarity=(adf)选项，所以本例输出结果还会增加序列ADF检验结果，输出内容如图4-14所示。

增广 Dickey-Fuller 单位根检验							
类型	滞后	Rho	Pr< Rho	Tau	Pr< Tau	F	Pr > F
零均值	0	-16.2125	0.0039	-2.98	0.0033		
	1	-19.2623	0.0015	-3.07	0.0025		
	2	-23.0213	0.0004	-3.12	0.0022		
单均值	0	-16.2491	0.0231	-2.97	0.0424	4.40	0.0681
	1	-19.2853	0.0098	-3.05	0.0345	4.65	0.0533
	2	-23.0826	0.0033	-3.10	0.0304	4.81	0.0470
趋势	0	-16.2463	0.1221	-2.95	0.1534	4.35	0.3195
	1	-19.3042	0.0618	-3.03	0.1296	4.60	0.2697
	2	-23.0774	0.0251	-3.08	0.1180	4.75	0.2410

图 4-14　ADF 检验输出结果

第一列输出的是检验的模型类型，第二列输出的是自相关延迟阶数，这两列联合确定了检验模型的形式。

第三列、第四列输出的是 Rho 统计量的值及检验 P 值。

第五列、第六列输出的是 Tau 统计量（τ）的值及检验 P 值。

第七列、第八列输出的是回归模型显著性检验 F 统计量的值及检验 P 值。

本例中，根据第四列或第六列的输出结果可以判断，当显著性水平取 0.05 时，序列平稳。本例平稳性检验显示序列平稳，白噪声检验显示序列非白噪声（输出结果略）。

现在着重介绍第四部分输出内容：序列的各种自相关图的输出结果。这一部分会输出四个图：序列的时序图，序列的自相关图（ACF），序列的偏自相关图（PACF），以及序列的逆自相关图（IACF）。这些自相关图对平稳非白噪声序列的 ARMA 模型定阶非常有帮助。

在本章正文部分我们详细介绍了样本自相关图和偏自相关图的概念和意义，还没有提到逆自相关的概念。逆自相关的定义如下：

如果$\{x_t\}$服从平稳可逆 ARMA(p,q)过程

$$x_t=\frac{\Theta(B)}{\Phi(B)}\varepsilon_t$$

式中，$\{\varepsilon_t\}$为白噪声序列，那么如下 ARMA(q,p) 模型称为该 ARMA(p,q) 模型的对偶模型

$$\Theta(B)x_t=\Phi(B)\varepsilon_t$$

该对偶模型的自相关系数就称为原模型的逆自相关系数。

逆自相关系数和偏自相关系数有基本相同的性质，但是它对过差分有非常敏感的判断。通常我们还是通过考察自相关系数图和偏自相关系数图识别 ARMA 模型的阶数。

本例相关信息输出结果如图 4-15 所示。每张图的横轴都是序列的延迟阶数，时序图的纵轴是序列取值，各相关图的纵轴都是相关系数的样本估计值。

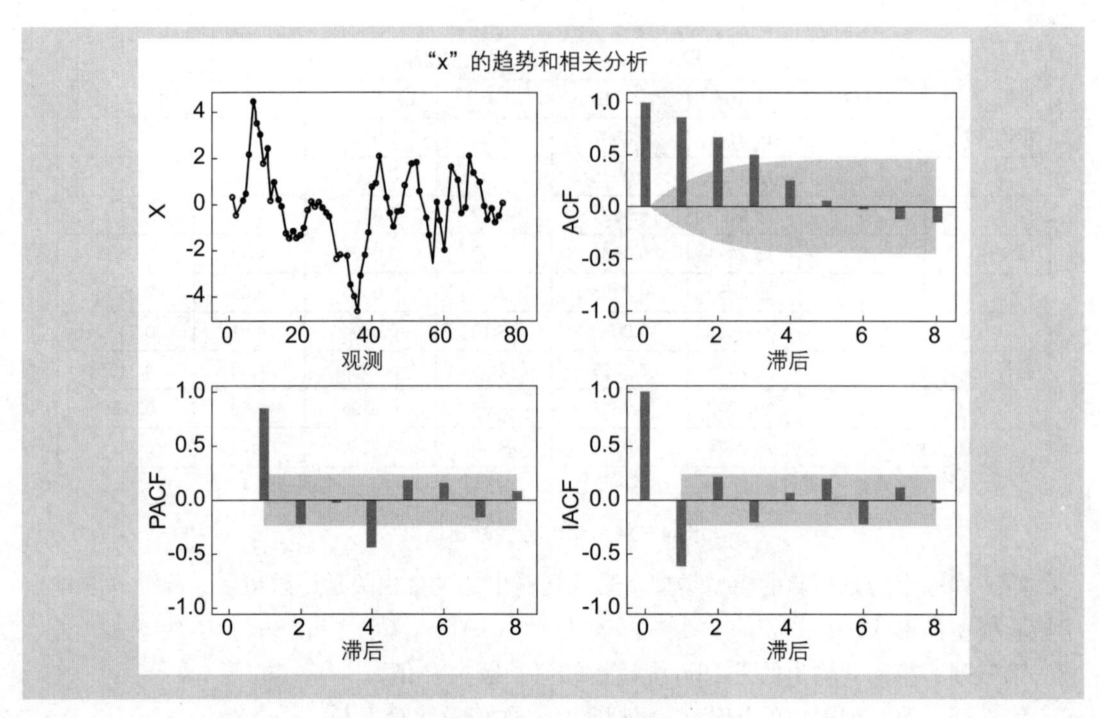

图 4 - 15　序列相关图输出结果

二、相对最优定阶

为了尽量避免因个人经验不足导致的模型识别问题，SAS 系统还提供了相对最优模型识别。只要在 identify 命令中增加一个可选命令 minic，就可以获得一定范围内的最优模型定阶。

比如本例中，将 identify 命令改写成如下形式：

identify var=x nlag=8 stationarity=(adf) minic p=(0:5) q=(0:5);

其中，minic 选项是指定 SAS 系统输出所有自相关延迟阶数小于等于 5，移动平均延迟阶数也小于等于 5 的 ARMA(p,q) 模型的 BIC 信息量，并指出其中 BIC 信息量达到最小的模型的阶数，这实际上就是在指定范围内寻找最优定阶的过程。

本例中，增加 minic 选项后，增加输出的信息如图 4 - 16 所示。

Minimum Information Criterion						
Lags	MA 0	MA 1	MA 2	MA 3	MA 4	MA 5
AR 0	0.756693	0.566331	0.345231	0.070485	-0.34069	-0.30354
AR 1	-0.2796	-0.22796	-0.18901	-0.18561	-0.3029	-0.26115
AR 2	-0.23293	-0.18092	-0.1398	-0.13454	-0.25115	-0.2096
AR 3	-0.18805	-0.1358	-0.09201	-0.08275	-0.19909	-0.15753
AR 4	-0.23786	-0.18799	-0.17594	-0.12337	-0.17314	-0.14008
AR 5	-0.23719	-0.21421	-0.21202	-0.17287	-0.13442	-0.0899

图 4 - 16　相对最优模型定阶输出结果

最后一条信息显示，在自相关延迟阶数小于等于 5，移动平均延迟阶数也小于等于 5 的所有 ARMA 模型中，BIC 信息量相对最小的是 ARMA(0,4) 模型，即拟合 MA(4) 模型。

需要注意的是，minic 只给出一定范围内 BIC 最小的模型定阶结果，但该模型的参数未必都能通过参数显著性检验，即有可能会出现 minic 给出的模型阶数依然偏高的情况。所以 minic 的输出结果只能作为模型定阶的参考，它不是必然最优定阶。

4.9.2　参数估计

确定了拟合模型的阶数之后，下一步就是要估计模型中未知参数的值，以确定模型的口径，并对拟合好的模型进行显著性检验和各种假设条件是否满足的诊断。使用一条 estimate 命令可以轻松实现这些功能。

```
proc arima data=example4_1;
identify var=x nlag=8 stationarity=(adf) minic p=(0:5) q=(0:5);
estimate q=4;
run;
```

SAS 系统支持三种参数估计方法：最小二乘估计方法、条件最小二乘估计方法及极大似然估计方法。如果不特别指定参数估计方法，系统默认的估计方法是条件最小二乘估计方法。

如果需要特别指定参数估计方法，只需要在 estimate 命令中增加 method 选项，可供选择的估计方法有：

method=ml（极大似然估计）

method=uls（最小二乘估计）

method=cls（条件最小二乘估计）

每条 estimate 命令执行之后，系统会输出七个方面的信息。

一、参数估计值

本例指定系统拟合 MA(4) 模型，默认使用条件最小二乘估计方法。运行该命令，首先输出参数估计结果及参数显著性检验结果如图 4－17 所示。

条件最小二乘估计					
参数	估计	标准误差	t 值	近似 Pr > |t|	滞后
MU	-0.0013871	0.34414	-0.00	0.9968	0
MA1,1	-0.91784	0.08919	-10.29	<.0001	1
MA1,2	-0.83200	0.11931	-6.97	<.0001	2
MA1,3	-0.59806	0.11906	-5.02	<.0001	3
MA1,4	-0.62317	0.08945	-6.97	<.0001	4

图 4－17　条件最小二乘法估计输出结果

输出结果第一列为参数名称，第二列为各参数估计值，第三列为各参数估计值的标准差，第四列为参数显著性检验的 t 统计量，第五列为 t 统计量的 P 值，第六列为各参数对应的延迟阶数。

本例参数估计结果显示均值 MU 不显著（t 检验统计量的 P 值为 0.996 8），其他参数均显著非零（P 值小于 0.000 1），所以选择加入 noint 选项，除去常数项。再次估计未知参数的结果，即可输入第二条 estimate 命令：

estimate q=4 noint;

运行该条命令，输出结果显示各参数均显著非零，如图 4-18 所示。

条件最小二乘估计					
参数	估计	标准误差	t 值	近似 Pr > |t|	滞后
MA1,1	-0.91780	0.08862	-10.36	<.0001	1
MA1,2	-0.83198	0.11833	-7.03	<.0001	2
MA1,3	-0.59789	0.11829	-5.05	<.0001	3
MA1,4	-0.62314	0.08888	-7.01	<.0001	4

图 4-18　去除常数项后的输出结果

二、拟合统计量的值

这部分输出五个拟合统计量的值：方差估计值、标准差估计值、AIC 信息量、SBC 信息量和残差个数。不同模型之间比较拟合优劣，就可以利用这些统计量，尤其是 AIC 或 SBC 信息量，输出结果见图 4-19。

方差估计	0.763764
标准误差估计	0.873936
AIC	219.6455
SBC	229.3688
残差数	84

图 4-19　拟合统计量的值

三、参数相关阵

这部分输出各参数估计值的相关矩阵，如图 4-20 所示。

参数估计相关性				
参数	MA1,1	MA1,2	MA1,3	MA1,4
MA1,1	1.000	0.662	0.385	0.051
MA1,2	0.662	1.000	0.738	0.382
MA1,3	0.385	0.738	1.000	0.661
MA1,4	0.051	0.382	0.661	1.000

图 4-20　参数估计值的相关矩阵

四、残差的自相关检验结果

这部分输出残差序列的白噪声检验结果，如图 4－21 所示。假设显著性水平为 0.05，本例显示各阶 LB 检验统计量的 P 值均显著大于 0.05，所以可以认为残差序列为白噪声序列，即该拟合模型显著成立。

残差的自相关检查									
滞后	卡方	自由度	Pr >卡方	自相关					
6	2.00	2	0.3682	-0.021	0.002	0.103	-0.038	0.076	-0.062
12	4.70	8	0.7895	0.052	-0.141	0.006	0.059	0.042	0.018
18	11.39	14	0.6549	-0.097	0.048	-0.106	0.005	0.080	-0.182
24	14.74	20	0.7913	0.079	-0.020	0.121	-0.028	-0.082	-0.013

图 4－21　残差序列白噪声检验结果

五、残差的相关性检验

这部分输出残差序列的自相关图、偏自相关图、逆自相关图和白噪声概率图（见图 4－22）。这是在残差序列白噪声检验没通过时使用的，让研究人员了解残差序列里还有怎样的信息没有提取干净，帮助研究人员重新进行模型定阶。本例显示序列的自相关系数、偏自相关系数都在两倍标准差范围内，说明相关信息提取很充分，残差里面残留的相关性不显著。

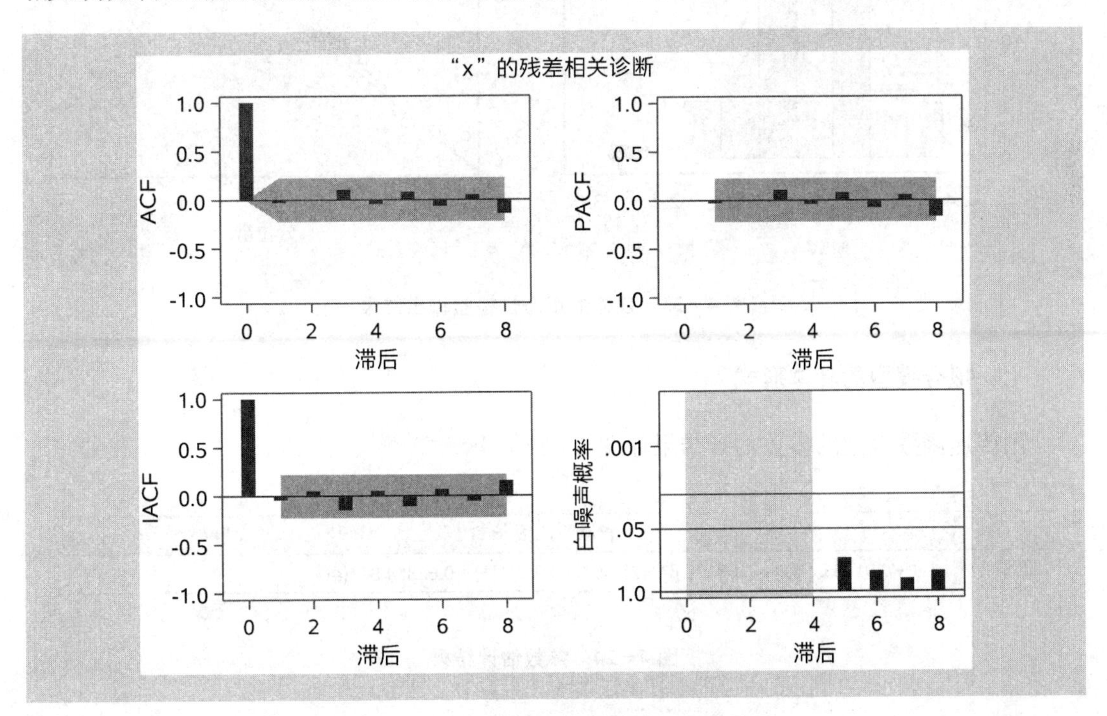

图 4－22　残差的相关性检验输出结果

六、残差的正态性检验

在拟合 ARMA 模型时，有一个默认的假设条件——残差序列服从正态分布。这一部分就是检验这个假设是否满足。这一部分会输出两个图：一个是残差的直方图（附加了核密度图和正态分布密度函数参考线），另一个是正态分布 QQ 图（如图 4－23 所示）。

通常核密度图和正态分布密度函数参考线越接近说明正态假设越正确，越偏离说明正态假设越不符合。QQ 图则是残差分位点越集中在对角线上，说明正态假设越符合；残差分位点越偏离对角线，说明正态假设越有可能不正确。

图示只是给我们一个直观判断的参考，如果想要严格的正态假设检验，则需要借助一些检验统计量。第 6 章会专门介绍正态分布检验统计量，本章略。

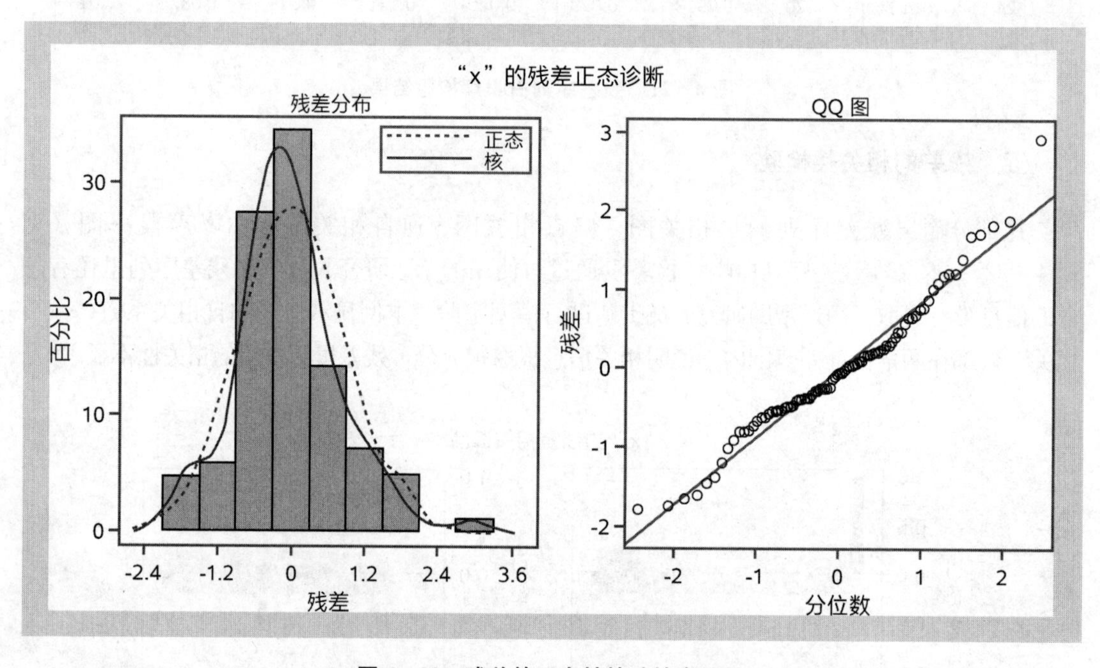

图 4－23　残差的正态性检验输出结果

七、拟合模型的具体形式

用传递函数表达的参数估计结果如图 4－24 所示。

移动平均因子	
因子 1:	1 + 0.9178 B**(1) + 0.83198 B**(2) + 0.59789 B**(3) + 0.62314 B**(4)

图 4－24　参数估计结果

该输出形式等价于

$$x_t=(1+0.9178B+0.83198B^2+0.59789B^3+0.62314B^4)\varepsilon_t$$

或记为：

$$x_t=\varepsilon_t+0.9178\varepsilon_{t-1}+0.83198\varepsilon_{t-2}+0.59789\varepsilon_{t-3}+0.62314\varepsilon_{t-4}$$

本例中没有常数项，也没有自相关因子。假定一个 ARMA 模型既含有常数项 μ，又含有自相关系数多项式 $\Phi(B)$ 与移动平均多项式 $\Theta(B)$，该模型应该表示为：

$$x_t=u+\frac{\Theta(B)}{\Phi(B)}\varepsilon_t$$

4.9.3　序列预测

模型拟合好之后，还可以利用该模型对序列进行短期预测。预测命令如下：

```
forecast lead=5 id=time out=results;
run;
```

其中，lead 指定预测期数；id 指定时间变量标识；out 指定预测后的结果存入某个数据集。

该命令运行后会输出两方面的信息。

一、预测结果

运行预测命令，首先会输出指定预测时期长度的预测值、预测值的标准差以及预测值的 95%的置信区间（下限和上限）。本例输出结果如图 4－25 所示。

以下变量的预测：x				
观测	预测	标准误差	95% 置信限	
85	0.6185	0.8739	-1.0943	2.3314
86	0.2725	1.1862	-2.0525	2.5974
87	0.3923	1.3913	-2.3346	3.1193
88	0.4696	1.4862	-2.4433	3.3825
89	0.0000	1.5828	-3.1023	3.1023

图 4－25　预测结果

二、输出预测图

SAS 系统会自动输出仅含预测部分的预测效果图（如图 4－26 所示）。

如果我们不满足系统自动输出的预测效果图，希望看到整个拟合和预测效果图，可以利用存储在临时数据集 results 里的数据，自己绘制拟合与预测效果图，相关命令如下：

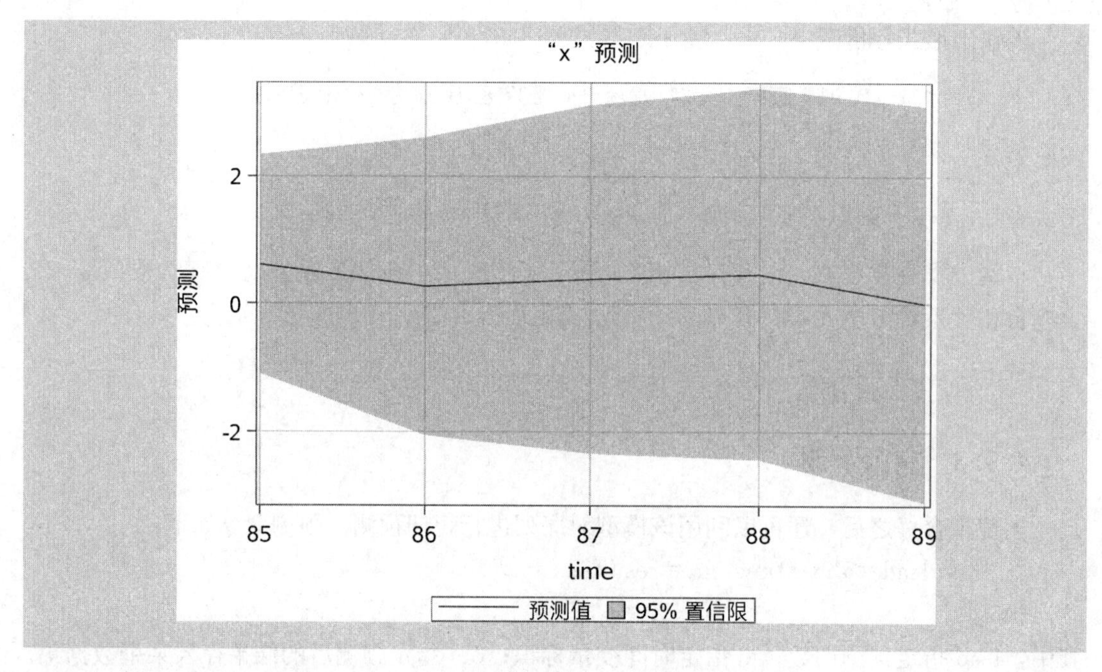

图 4-26 预测效果图（仅含预测部分）

```
proc gplot data=results;
plot x * time=1 forecast * time=2 l95 * time=3 u95 * time=3/overlay;
symbol1 c=black i=none v=star;
symbol2 c=red i=join v=none;
symbol3 c=green i=join v=none l=32;
run;
```

输出图像如图 4-27 所示。

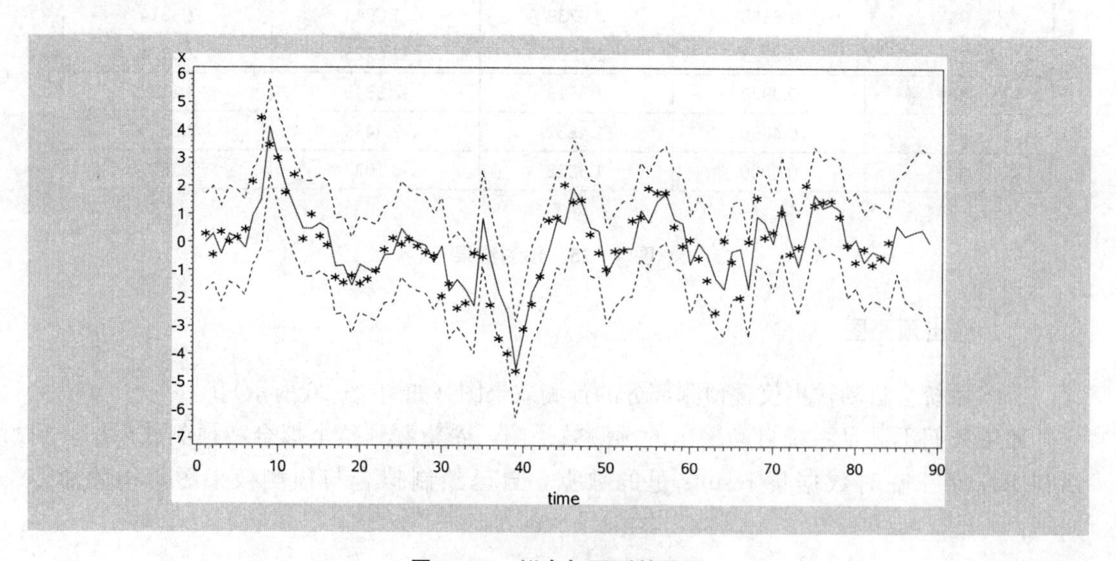

图 4-27 拟合与预测效果图

第 5 章 无季节效应的非平稳序列分析

第 4 章介绍了对平稳时间序列的分析方法。实际上，在自然界中绝大部分序列都是非平稳的，因而对非平稳序列的分析更普遍、更重要，人们创造的分析方法也更多。

5.1 Cramer 分解定理

Wold 分解定理是现代时间序列分析理论的灵魂。尽管 Wold 提出这个分解定理只是为了分析平稳序列的构成，但 Cramer 于 1961 年证明这种分解思路同样可以用于非平稳序列。

Cramer 分解定理　任何一个时间序列 $\{x_t\}$ 都可以视为两部分的叠加，其中，一部分是由时间 t 的多项式决定的确定性成分，另一部分是由白噪声序列决定的随机性成分，即

$$x_t = \mu_t + \varepsilon_t = \sum_{j=0}^{d} \beta_j t^j + \Psi(B) a_t$$

式中，$d<\infty$；β_1，β_2，…，β_d 为常数系数；$\{a_t\}$ 为一个零均值白噪声序列；B 为延迟算子。

因为

$$E(\varepsilon_t) = \Psi(B) E(a_t) = 0$$

所以有

$$E(x_t) = E(\mu_t) = \sum_{j=0}^{d} \beta_j t^j$$

即均值序列 $\left\{\sum_{j=0}^{d} \beta_j t^j\right\}$ 反映了 $\{x_t\}$ 受到的确定性影响，而 $\{\varepsilon_t;\ \varepsilon_t = \Psi(B) a_t\}$ 反映了 $\{x_t\}$ 受到的随机性影响。

Cramer 分解定理说明任何一个序列的波动都可以视为同时受到确定性影响和随机性影响的作用。平稳序列要求这两方面的影响都是稳定的，而非平稳序列产生的机理就在于它所受到的这两方面的影响至少有一方面是不稳定的。

5.2 差分平稳

5.2.1 差分运算的实质

拿到观察值序列之后，分析的重点是通过有效的手段提取序列中所蕴涵的确定性信息。

确定性信息的提取方法非常多。Box 和 Jenkins 在《时间序列分析：预测与控制》一书中特别强调差分方法的使用，他们使用大量的案例分析证明差分方法是一种非常简便有效的确定性信息提取方法。而 Cramer 分解定理则在理论上保证了适当阶数的差分一定可以充分提取确定性信息。

根据 Cramer 分解定理，非平稳序列可以分解为如下形式：

$$x_t = \sum_{j=0}^{d} \beta_j t^j + \Psi(B) a_t$$

式中，$\{a_t\}$ 为零均值白噪声序列。

显然，在 Cramer 分解定理的保证下，d 阶差分就可以将 $\{x_t\}$ 中蕴涵的确定性信息充分提取出来。

$$\nabla^d \sum_{j=0}^{d} \beta_j t^j = c，c \text{ 为某一常数}$$

展开 1 阶差分，有

$$\nabla x_t = x_t - x_{t-1}$$

等价于

$$x_t = x_{t-1} + \nabla x_t$$

这意味着 1 阶差分实质上就是一个 1 阶自回归过程，它是用延迟一期的历史数据 $\{x_{t-1}\}$ 作为自变量来解释当期序列值 $\{x_t\}$ 的变动状况，差分序列 $\{\nabla x_t\}$ 度量的是 $\{x_t\}$ 1 阶自回归过程中产生的随机误差的大小。

展开任意一个 d 阶差分，有

$$\nabla^d x_t = (1-B)^d x_t = \sum_{i=0}^{d} (-1)^i C_d^i x_{t-i}$$

它的实质就是一个 d 阶自回归过程：

$$x_t = \sum_{i=1}^{d}(-1)^{i+1}C_d^i x_{t-i} + \nabla^d x_t$$

差分运算的实质就是使用自回归的方式提取序列中蕴涵的确定性信息。

5.2.2　差分方式的选择

实践中，我们会根据序列的不同特点选择合适的差分方式，常见情况有以下三种。

一、序列蕴涵显著的线性趋势，1 阶差分就可以实现趋势平稳

例 5-1

尝试提取 1964—1999 年中国纱年产量序列中的确定性信息（数据见表 A1-11）。

该序列的时序图如图 5-1 所示。

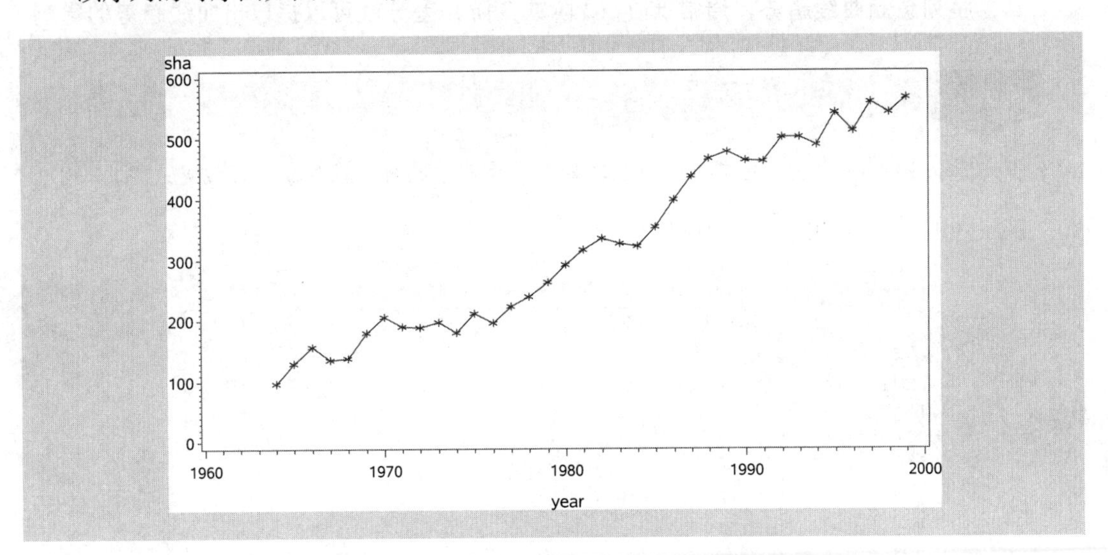

图 5-1　1964—1999 年中国纱年产量序列时序图

从时序图中可以清楚地看到，该序列蕴涵着显著的线性递增趋势。对该序列进行 1 阶差分提取线性趋势信息：

$$\nabla x_t = x_t - x_{t-1}$$

1 阶差分后序列 $\{\nabla x_t\}$ 的时序图如图 5-2 所示。

时序图清晰地显示，1 阶差分运算非常成功地从原序列中提取出线性趋势，差分后序列呈现出非常平稳的波动特征。

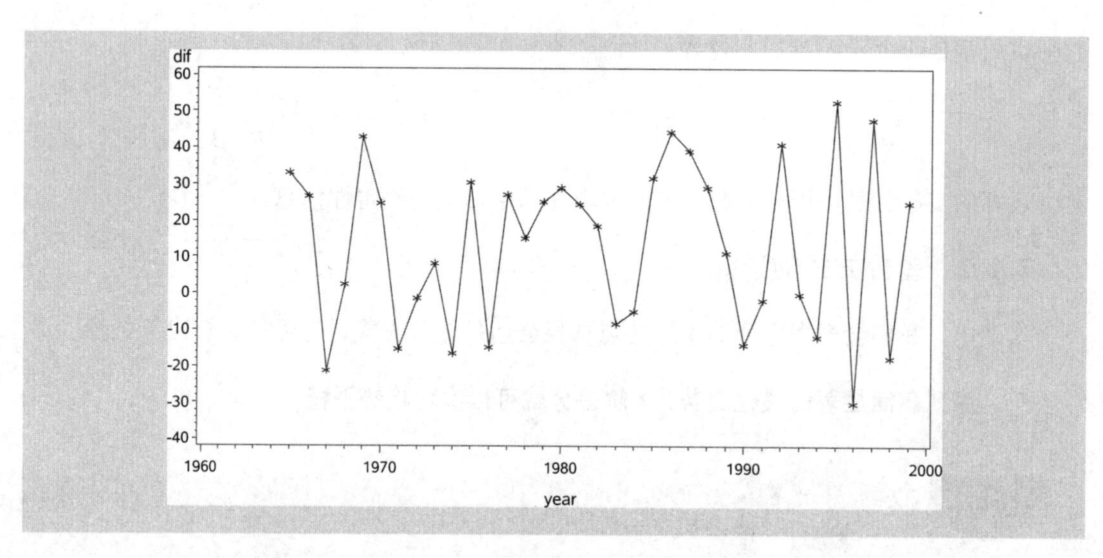

图5-2　1964—1999年中国纱年产量1阶差分后序列时序图

二、序列蕴涵曲线趋势，通常低阶（2阶或3阶）差分就可以提取出曲线趋势的影响

例5-2

尝试提取1950—1999年北京市民用车辆拥有量序列中的确定性信息（数据见表A1-12）。该序列的时序图如图5-3所示。

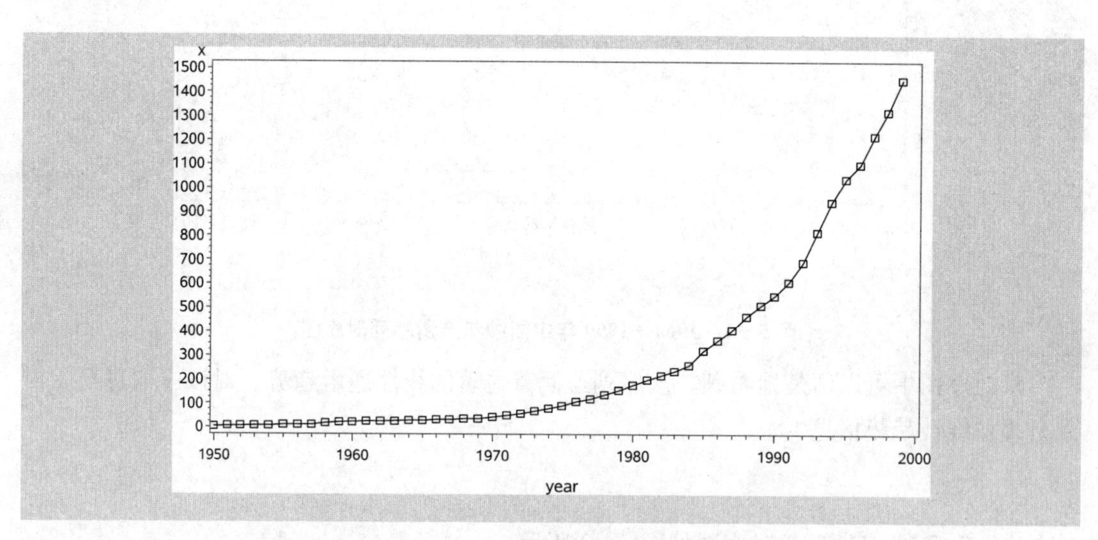

图5-3　1950—1999年北京市民用车辆拥有量序列时序图

从时序图中可以清楚看到该序列蕴涵曲线递增的长期趋势。对该序列进行1阶差分运算：

$$\nabla x_t = x_t - x_{t-1}$$

1 阶差分后序列 $\{\nabla x_t\}$ 的时序图如图 5-4 所示。

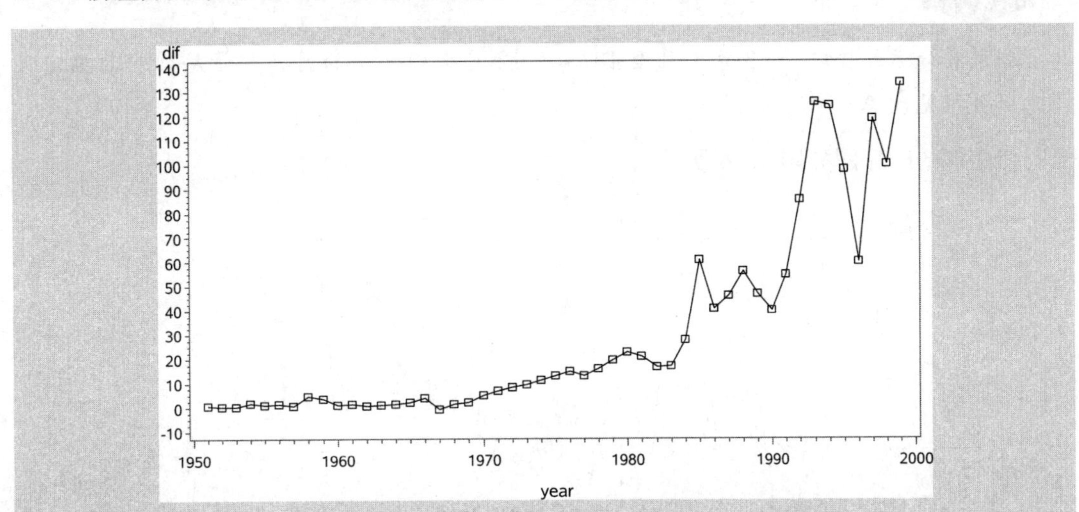

图 5-4　1950—1999 年北京市民用车辆拥有量 1 阶差分后时序图

图 5-4 显示，1 阶差分提取了原序列中的部分长期趋势，但长期趋势信息提取不充分，1 阶差分后序列中仍蕴涵长期递增的趋势，于是对 1 阶差分后序列再做一次差分运算：

$$\nabla^2 x_t = \nabla x_t - \nabla x_{t-1}$$

2 阶差分后序列 $\{\nabla^2 x_t\}$ 的时序图（见图 5-5）显示，2 阶差分比较充分地提取了原序列中蕴涵的长期趋势，使得差分后序列不再呈现确定性趋势。

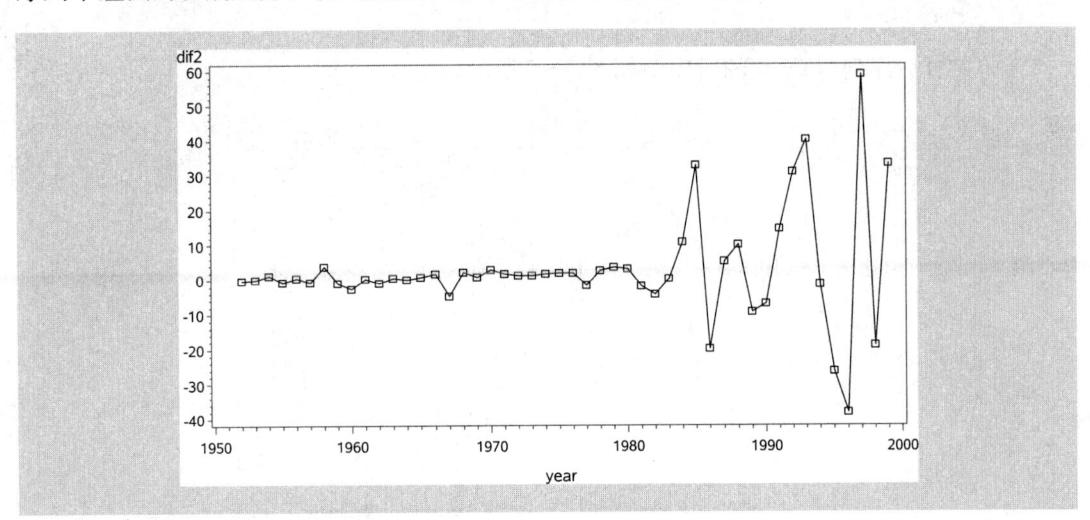

图 5-5　1950—1999 年北京市民用车辆拥有量 2 阶差分后时序图

三、蕴涵固定周期的序列

对蕴涵固定周期的序列进行步长为周期长度的差分运算，通常可以较好地提取周期信息。

例 5-3

利用差分运算提取 1962 年 1 月至 1975 年 12 月平均奶牛的月产奶量序列中的确定性信息（数据见表 A1-13）。

该序列的时序图如图 5-6 所示。

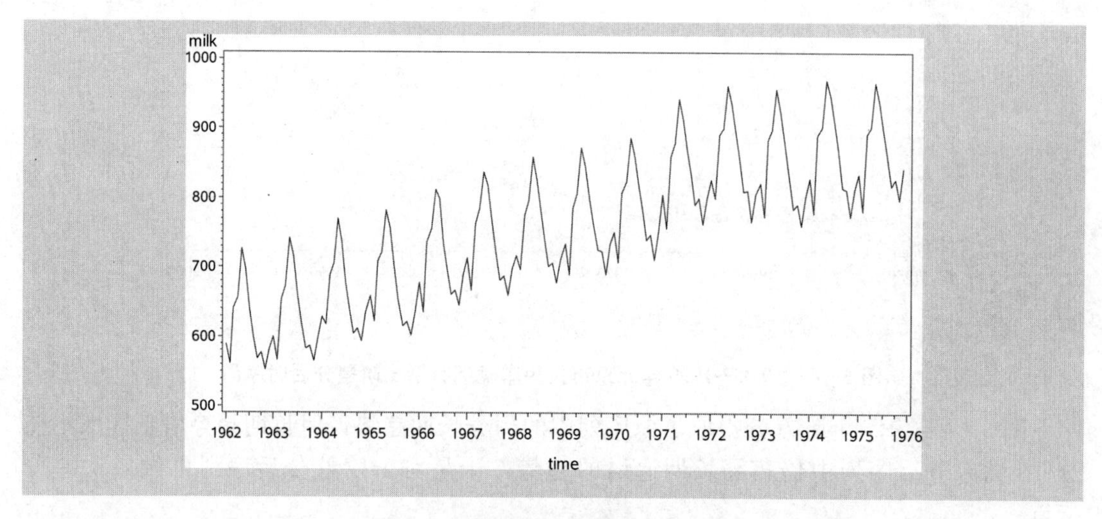

图 5-6　奶牛的月产奶量序列时序图

时序图显示该序列具有一个线性递增的长期趋势和一个周期长度为一年的稳定的季节变动。所以对原序列先做 1 阶差分，提取线性递增趋势：

$$\nabla x_t = x_t - x_{t-1}$$

1 阶差分后序列 $\{\nabla x_t\}$ 的时序图如图 5-7 所示。

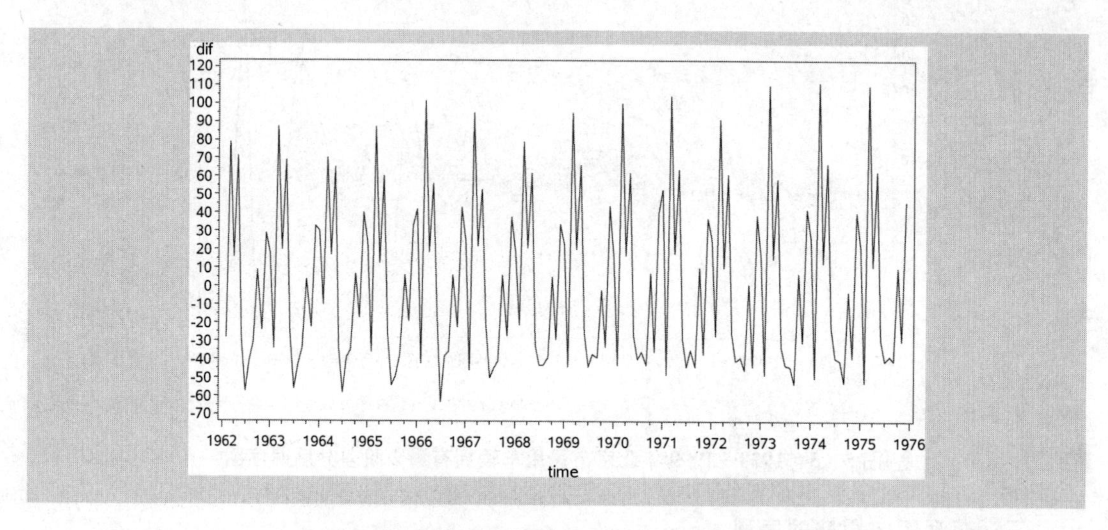

图 5-7　奶牛月产奶量 1 阶差分后序列时序图

图 5-7 显示，1 阶差分后线性递增信息被提取，1 阶差分后序列具有稳定的季节波动

和随机波动。对 1 阶差分后序列再进行 12 步的周期差分，提取季节波动信息：

$$\nabla_{12}\nabla x_t = \nabla x_t - \nabla x_{t-12}$$

周期差分后序列 $\{\nabla_{12}\nabla x_t\}$ 的时序图如图 5－8 所示。

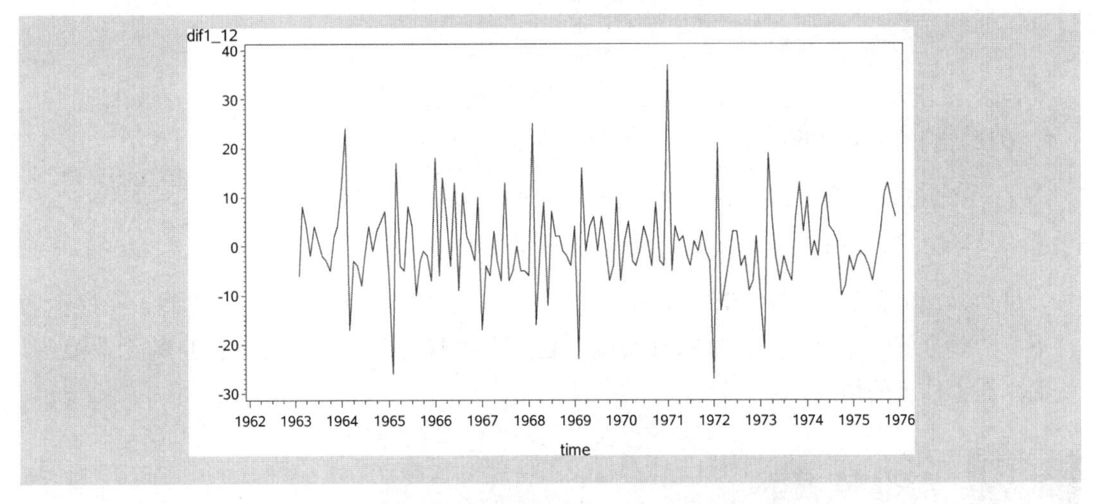

图 5－8　奶牛月产奶量 1 阶 12 步差分后序列时序图

图 5－8 显示，周期差分可以非常好地提取周期信息。至此，差分运算比较充分地提取了原序列中蕴涵的季节效应和长期趋势效应等确定性信息。差分后序列呈现典型的随机波动特征。

5.2.3　过差分

从理论上讲，足够多次的差分运算可以充分地提取原序列中的非平稳确定性信息。但应当注意的是，差分运算的阶数并不是越多越好。因为差分运算是一种对信息的提取、加工过程，每次差分都会有信息的损失，所以在实际应用中差分运算的阶数要适当，应当避免出现过度差分（简称过差分）的现象。

例 5－4

假定线性非平稳序列 $\{x_t\}$ 形如

$$x_t = \beta_0 + \beta_1 t + a_t$$

式中，$E(a_t)=0$，$\mathrm{Var}(a_t)=\sigma^2$，$\mathrm{Cov}(a_t, a_{t-1})=0$，$\forall t\geqslant 1$。

对 x_t 做 1 阶差分：

$$\begin{aligned}\nabla x_t &= x_t - x_{t-1}\\ &= \beta_0+\beta_1 t + a_t - [\beta_0 + \beta_1(t-1) + a_{t-1}]\\ &= \beta_1 + a_t - a_{t-1}\end{aligned}$$

显然，1 阶差分后序列 $\{\nabla x_t\}$ 为平稳序列。这说明 1 阶差分运算有效地提取了 $\{x_t\}$

中的非平稳确定性信息。

对 1 阶差分后序列 $\{\nabla x_t\}$ 再做一次差分：

$$\begin{aligned}\nabla^2 x_t &= \nabla x_t - \nabla x_{t-1} \\ &= \beta_1 + a_t - a_{t-1} - (\beta_1 + a_{t-1} - a_{t-2}) \\ &= a_t - 2a_{t-1} + a_{t-2}\end{aligned}$$

显然，2 阶差分后序列 $\{\nabla^2 x_t\}$ 也是平稳序列，它也将原序列中的非平稳趋势充分提取了。

考察它们的方差状况：

$$\mathrm{Var}(\nabla x_t) = \mathrm{Var}(a_t - a_{t-1}) = 2\sigma^2$$
$$\mathrm{Var}(\nabla^2 x_t) = \mathrm{Var}(a_t - 2a_{t-1} + a_{t-2}) = 6\sigma^2$$

显然，2 阶差分后序列 $\{\nabla^2 x_t\}$ 的方差大于 1 阶差分后序列 $\{\nabla x_t\}$ 的方差，在这种场合下 2 阶差分就属于过差分。过差分实质上是过多次数的差分导致有效信息的无谓浪费，从而降低了拟合的精度。

5.3 ARIMA 模型

差分运算具有强大的确定性信息提取能力，许多非平稳序列差分后会显示出平稳序列的性质，这时我们称这个非平稳序列为差分平稳序列。对差分平稳序列可以使用 ARIMA 模型进行拟合。本章主要介绍无季节效应的非平稳序列建模。

5.3.1 ARIMA 模型的结构

具有如下结构的模型称为求和自回归移动平均（autoregressive integrated moving average）模型，简记为 ARIMA(p,d,q)模型：

$$\begin{cases}\Phi(B)\nabla^d x_t = \Theta(B)\varepsilon_t \\ E(\varepsilon_t)=0,\ \mathrm{Var}(\varepsilon_t)=\sigma_\varepsilon^2,\ E(\varepsilon_t\varepsilon_s)=0,\ s\neq t \\ E(x_s\varepsilon_t)=0,\ \forall s<t\end{cases} \tag{5.1}$$

式中，$\nabla^d=(1-B)^d$；$\Phi(B)=1-\phi_1 B-\cdots-\phi_p B^p$，为平稳可逆 ARMA$(p,q)$模型的自回归系数多项式；$\Theta(B)=1-\theta_1 B-\cdots-\theta_q B^q$，为平稳可逆 ARMA$(p,q)$模型的移动平均系数多项式。

求和自回归移动平均模型这个名字的由来是：d 阶差分后序列可以表示为：

$$\nabla^d x_t = \sum_{i=0}^{d}(-1)^i \mathrm{C}_d^i x_{t-i}$$

式中，$\mathrm{C}_d^i=\dfrac{d!}{i!(d-i)!}$，即差分后序列等于原序列的若干序列值的加权和，对差分平稳序列又可以拟合自回归移动平均（ARMA）模型，所以称它为求和自回归移动平均模型。

式（5.1）可以简记为：

$$\nabla^d x_t = \frac{\Theta(B)}{\Phi(B)} \varepsilon_t \tag{5.2}$$

式中，$\{\varepsilon_t\}$ 为零均值白噪声序列。

由式（5.2）容易看出，ARIMA 模型的实质就是差分运算与 ARMA 模型的组合。这一关系意义重大。这说明任何非平稳序列如果能通过适当阶数的差分实现差分后平稳，就可以对差分后序列进行 ARMA 模型拟合。而 ARMA 模型的分析方法非常成熟，这意味着对差分平稳序列的分析也将是非常简单可靠的。

特别地，当 $d=0$ 时，ARIMA(p,d,q)模型实际上就是 ARMA(p,q)模型。

当 $p=0$ 时，ARIMA$(0,d,q)$模型可以简记为 IMA(d,q)模型。

当 $q=0$ 时，ARIMA$(p,d,0)$模型可以简记为 ARI(p,d)模型。

当 $d=1$，$p=q=0$ 时，ARIMA$(0,1,0)$模型为：

$$\begin{cases} x_t = x_{t-1} + \varepsilon_t \\ E(\varepsilon_t)=0,\ \mathrm{Var}(\varepsilon_t)=\sigma_\varepsilon^2,\ E(\varepsilon_t\varepsilon_s)=0,\ s\neq t \\ E(x_s\varepsilon_t)=0, \quad \forall s<t \end{cases} \tag{5.3}$$

该模型又称随机游走（random walk）模型，或醉汉模型。

随机游走模型的产生有一个有趣的典故。它最早于 1905 年 7 月由 Karl Pearson 在《自然》杂志上作为一个问题提出：假如有一个人酩酊大醉，完全丧失方向感，把他放在荒郊野外，一段时间之后再去找他，在什么地方找到他的概率最大?

考虑到他完全丧失方向感，那么他第 t 步的位置将是他第 $t-1$ 步的位置再加一个完全随机的位移。用数学模型来描述任意时刻这个醉汉可能的位置即一个随机游走模型。

1905 年 8 月，Lord Rayleigh 对 Karl Pearson 的这个问题做出解答。他算出这个醉汉与初始点的距离为 $r\sim r+\delta r$ 的概率为：

$$\frac{2}{nl^2}\mathrm{e}^{-r^2/nl^2} r\delta r$$

且当 n 很大时，该醉汉与初始点的距离服从零均值正态分布。这意味着假如有人想去寻找该醉汉的话，最好是去初始点附近找他，该地点是醉汉未来位置的无偏估计值。

作为一个最简单的 ARIMA 模型，随机游走模型目前广泛应用于计量经济学领域。传统的经济学家普遍认为投机价格的走势类似于随机游走模型，随机游走模型也是有效市场理论（efficient market theory）的核心。

5.3.2　ARIMA 模型的性质

一、平稳性

假如$\{x_t\}$服从 ARIMA(p,d,q)模型

$$\Phi(B)\nabla^d x_t = \Theta(B)\varepsilon_t$$

式中：

$$\nabla^d=(1-B)^d$$
$$\Phi(B)=1-\phi_1 B-\cdots-\phi_p B^p$$
$$\Theta(B)=1-\theta_1 B-\cdots-\theta_q B^q$$

记 $\phi(B)=\Phi(B)\nabla^d$，$\phi(B)$ 称为广义自回归系数多项式。显然 ARIMA 模型的平稳性完全由 $\phi(B)=0$ 的根的性质决定。

因为 $\{x_t\}$ d 阶差分后平稳，服从 ARMA(p,q)模型，所以不妨设

$$\Phi(B)=\prod_{i=1}^{p}(1-\lambda_i B),\ |\lambda_i|<1;\ i=1,2,\cdots,p$$

则

$$\phi(B)=\Phi(B)\ \nabla^d=\left[\prod_{i=1}^{p}(1-\lambda_i B)\right](1-B)^d \tag{5.4}$$

由式（5.4）容易判断，ARIMA(p,d,q)模型的广义自回归系数多项式共有 $p+d$ 个根，其中 p 个根$\left(\frac{1}{\lambda_1},\ \cdots,\ \frac{1}{\lambda_p}\right)$在单位圆外，$d$ 个根在单位圆上。

自回归系数多项式的根即特征根的倒数，所以 ARIMA(p,d,q) 模型共有 $p+d$ 个特征根，其中 p 个根在单位圆内，d 个根在单位圆上。

因为有 d 个特征根在单位圆上而非单位圆内，所以当 $d\neq 0$ 时，ARIMA(p,d,q) 模型不平稳。

例 5-5

拟合随机游走序列：$x_t=x_{t-1}+\varepsilon_t$，$\varepsilon_t\sim\text{NID}(0,100)$。

时序图如图 5-9 所示。

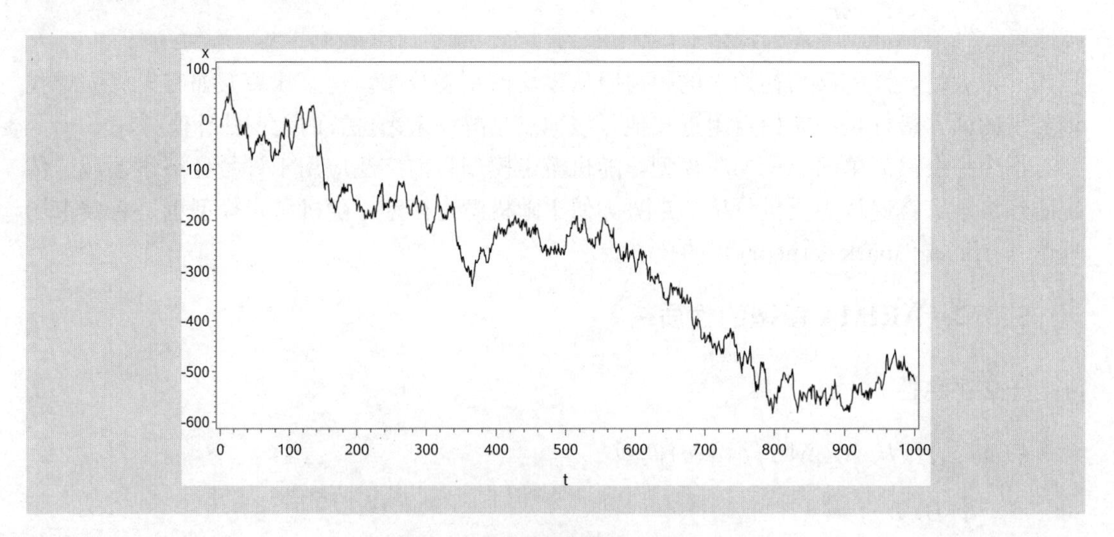

图 5-9　随机游走序列时序图

时序图清晰显示该序列非平稳。

二、方差齐性

对于 ARIMA(p,d,q)模型，当 $d\neq0$ 时，不仅均值非常数，而且序列方差也非齐性。以最简单的随机游走模型 ARIMA(0,1,0)为例：

$$\begin{aligned}x_t &= x_{t-1}+\varepsilon_t\\ &= x_{t-2}+\varepsilon_t+\varepsilon_{t-1}\\ &\vdots\\ &= x_0+\varepsilon_t+\varepsilon_{t-1}+\cdots+\varepsilon_1\end{aligned}$$

则

$$\begin{aligned}\mathrm{Var}(x_t) &= \mathrm{Var}(x_0+\varepsilon_t+\varepsilon_{t-1}+\cdots+\varepsilon_1)\\ &= t\sigma_\varepsilon^2\end{aligned}$$

显然，$\mathrm{Var}(x_t)$ 是时间 t 的递增函数，随着时间趋向无穷，序列 $\{x_t\}$ 的方差也趋向无穷。

但1阶差分之后

$$\nabla x_t=\varepsilon_t$$

差分后序列方差齐性

$$\mathrm{Var}(\nabla x_t)=\sigma_\varepsilon^2$$

5.3.3 ARIMA 模型建模

掌握了 ARMA 模型的建模方法之后，使用 ARIMA 模型对观察序列建模就是一件比较简单的事情。它遵循如图 5-10 所示的操作流程。

下面根据这种建模流程，对一个真实序列建模。

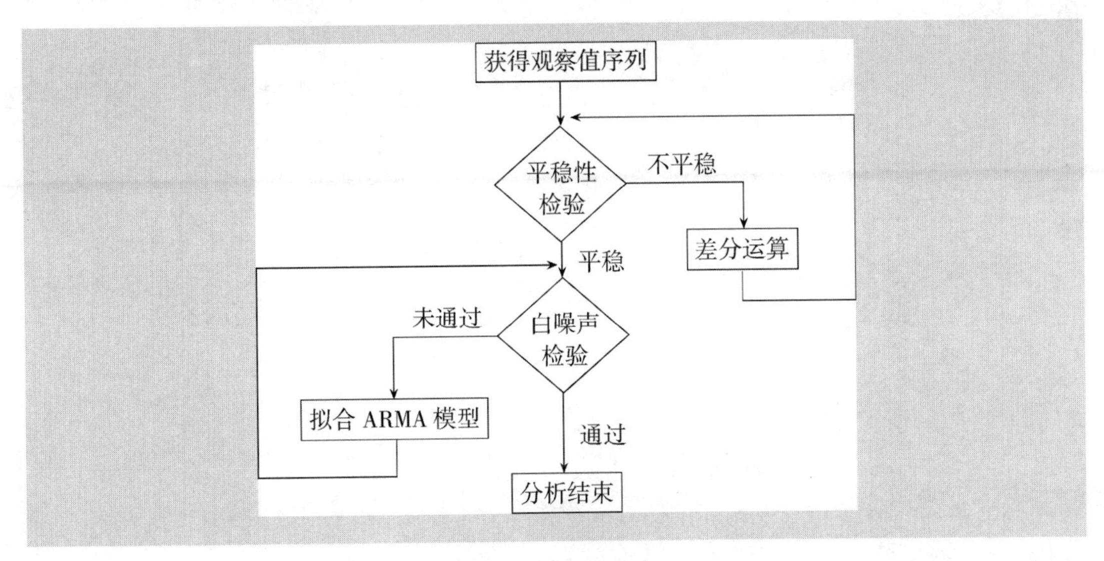

图 5-10 建模流程

例 5-6

对1889—1970年美国国民生产总值（GNP）平减指数序列建模（数据见表A1-14）。

1. 判断序列的平稳性

该序列的时序图如图5-11所示。

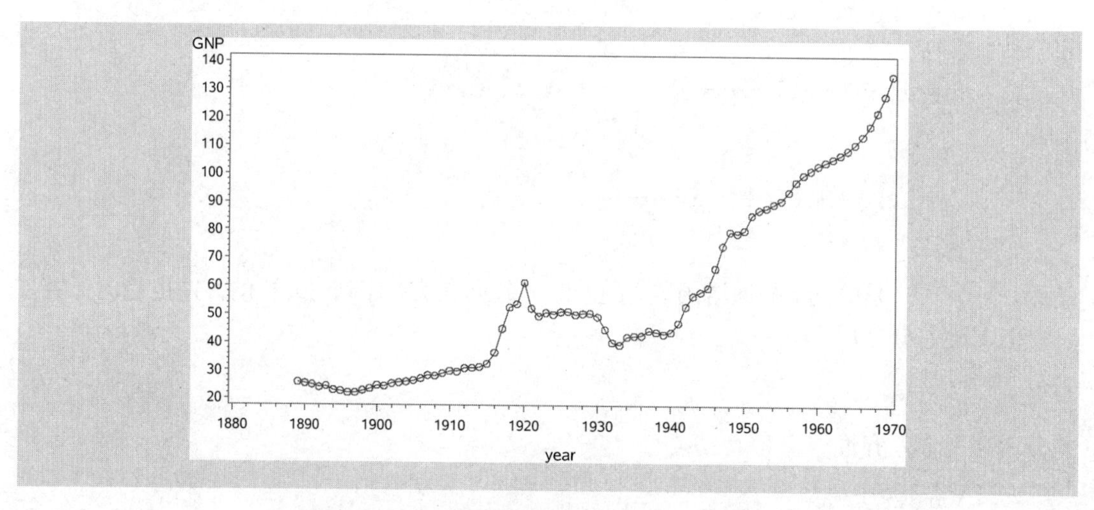

图5-11　1889—1970年美国GNP平减指数序列时序图

时序图显示，该序列有显著的趋势，为典型的非平稳序列。

2. 差分平稳

因为原序列呈现出近似线性趋势，所以选择1阶差分，差分后序列的时序图如图5-12所示。

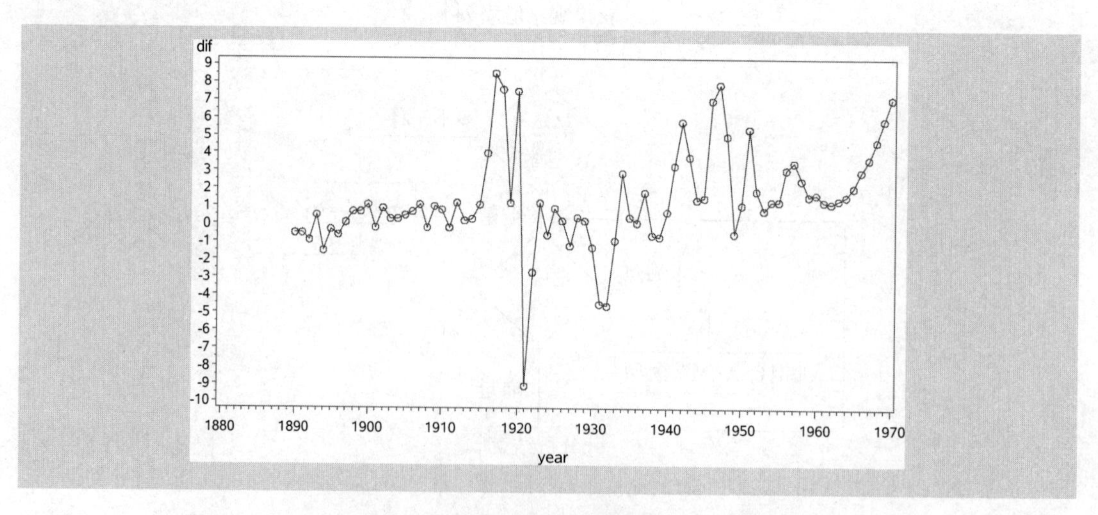

图5-12　1889—1970年美国GNP平减指数序列1阶差分后序列时序图

图 5-12 显示，差分后序列已经没有非常显著的趋势特征，基本围绕着 0 值波动。为了进一步确定差分后序列的平稳性，对差分后序列进行 ADF 检验，检验结果见表 5-1。

表 5-1

类型	延迟阶数	τ 统计量的值	$Pr<\tau$
类型一	0	−4.38	<0.000 1
	1	−3.25	0.001 5
	2	−2.61	0.009 7
类型二	0	−5.14	0.000 1
	1	−4.03	0.002 1
	2	−3.44	0.012 4
类型三	0	−5.73	<0.000 1
	1	−4.62	0.001 9
	2	−4.03	0.011 4

检验结果显示，该序列所有 τ 统计量的 P 值均小于显著性水平（$\alpha=0.05$），所以可以确认 1 阶差分后序列实现了平稳。

3. 对差分平稳序列进行纯随机性检验

1 阶差分后序列纯随机性检验结果如表 5-2 所示。

表 5-2

延迟阶数	纯随机性检验	
	LB 检验统计量的值	P 值
6	25.33	0.000 3
12	28.09	0.005 4
18	37.18	0.005 0

检验结果显示，各阶延迟下 LB 统计量的 P 值都小于显著性水平（$\alpha=0.05$），所以可以认为差分后序列为平稳非白噪声序列。

4. 对平稳非白噪声差分后序列拟合 ARMA 模型

1 阶差分后序列的自相关图和偏自相关图如图 5-13 和图 5-14 所示。

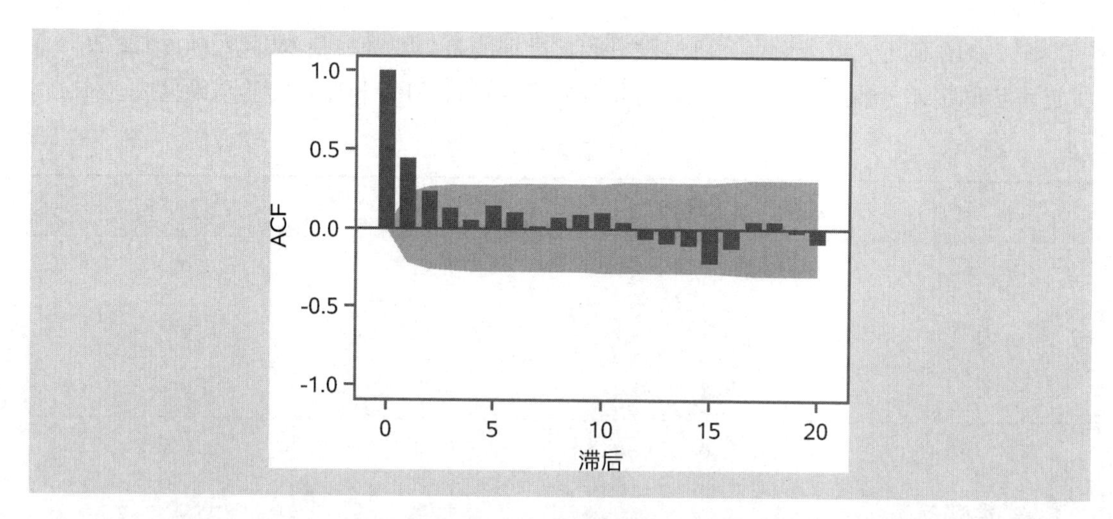

图 5-13　1889—1970 年美国 GNP 平减指数序列 1 阶差分后序列自相关图

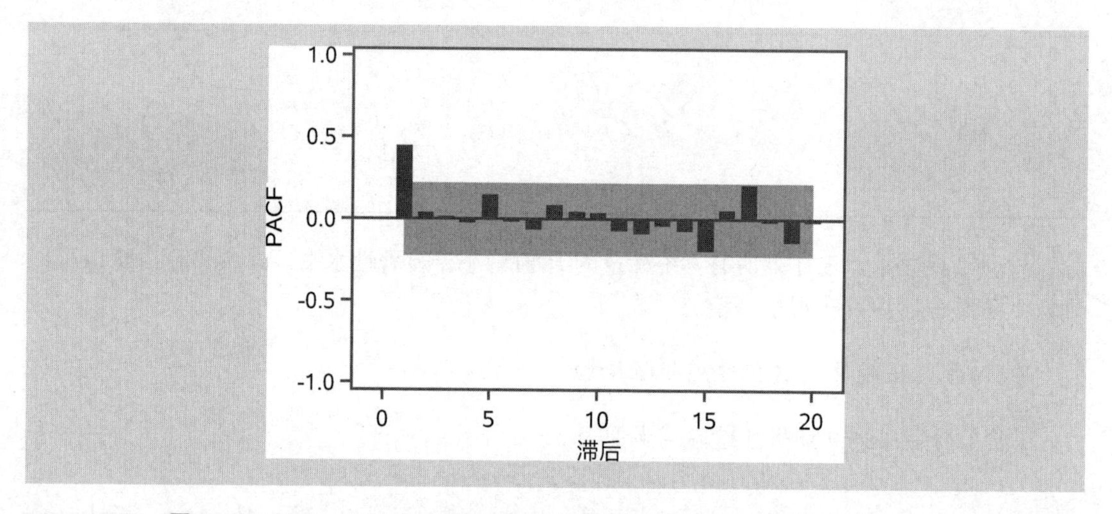

图 5-14　1889—1970 年美国 GNP 平减指数序列 1 阶差分后序列偏自相关图

1 阶差分后序列的自相关图显示拖尾特征，偏自相关图显示 1 阶截尾特征。所以考虑用 AR(1) 模型拟合 1 阶差分后序列。考虑到前面已经进行的 1 阶差分运算，实际上使用 ARIMA(1,1,0) 模型拟合原序列。

基于条件最小二乘估计方法，得到拟合结果为：

$$\nabla x_t = 1.3746 + \frac{\varepsilon_t}{1 - 0.4695B}$$

或等价表示为：

$$x_t = 0.7292 + 1.4695x_{t-1} - 0.4695x_{t-2} + \varepsilon_t$$

式中：

$$\mathrm{Var}(\varepsilon_t) = 6.3564$$

5. 拟合检验（$\alpha=0.05$）

对ARIMA模型拟合结果进行残差白噪声检验和参数显著性检验，检验结果见表5-3。

表5-3

残差白噪声检验			参数显著性检验		
延迟阶数	LB统计量	P值	参数	t统计量	P值
6	2.68	0.748 9	μ	2.64	0.009 9
12	4.93	0.934 4	ϕ_1	4.57	$<0.000\ 1$

显然，LB统计量的P值都大于显著性水平0.05，可以认为拟合模型的残差序列为白噪声序列。参数的显著性检验显示两参数均显著非零。这说明ARIMA(1,1,0)模型对该序列的拟合显著成立。

5.3.4　ARIMA模型预测

在最小均方误差预测原理下，ARIMA模型和ARMA模型的预测方法非常相似。

ARIMA(p,d,q)模型的一般表示方法为：

$$\Phi(B)(1-B)^d x_t=\Theta(B)\varepsilon_t$$

和ARMA模型一样，也可以用随机扰动项的线性函数表示它：

$$\begin{aligned}x_t&=\varepsilon_t+\Psi_1\varepsilon_{t-1}+\Psi_2\varepsilon_{t-2}+\cdots\\&=\Psi(B)\varepsilon_t\end{aligned}$$

式中，Ψ_1，Ψ_2，…的值由如下等式确定：

$$\Phi(B)(1-B)^d\Psi(B)=\Theta(B)$$

如果把$\Phi^*(B)$记为广义自相关函数，有

$$\Phi^*(B)=\Phi(B)(1-B)^d=1-\tilde{\phi}_1B-\tilde{\phi}_2B^2-\cdots$$

容易验证Ψ_1，Ψ_2，…的值满足如下递推公式：

$$\begin{cases}\Psi_1=\tilde{\phi}_1-\theta_1\\\Psi_2=\tilde{\phi}_1\Psi_1+\tilde{\phi}_2-\theta_2\\\vdots\\\Psi_j=\tilde{\phi}_1\Psi_{j-1}+\cdots+\tilde{\phi}_{p+d}\Psi_{j-p-d}-\theta_j\end{cases}\tag{5.5}$$

式中：

$$\Psi_j=\begin{cases}0, & j<0\\1, & j=0\end{cases},\quad \theta_j=0,\ j>q$$

那么，x_{t+l}的真实值为：

$$x_{t+l}=(\varepsilon_{t+l}+\Psi_1\varepsilon_{t+l-1}+\cdots+\Psi_{l-1}\varepsilon_{t+1})+(\Psi_l\varepsilon_t+\Psi_{l+1}\varepsilon_{t-1}+\cdots) \tag{5.6}$$

由于ε_{t+l}，ε_{t+l-1}，…，ε_{t+1}的不可获得性，所以x_{t+l}的估计值只能为：

$$\hat{x}_t(l)=\Psi_0^*\varepsilon_t+\Psi_1^*\varepsilon_{t-1}+\Psi_2^*\varepsilon_{t-2}+\cdots$$

真实值与预测值之间的均方误差为：

$$E[x_{t+l}-\hat{x}_t(l)]^2=(1+\Psi_1^2+\cdots+\Psi_{l-1}^2)\sigma_\varepsilon^2+\sum_{j=0}^{\infty}(\Psi_{l+j}-\Psi_j^*)^2\sigma_\varepsilon^2$$

要使均方误差最小，当且仅当

$$\Psi_j^*=\Psi_{l+j}$$

所以在均方误差最小原则下，l 期预测值为：

$$\hat{x}_t(l)=\Psi_l\varepsilon_t+\Psi_{l+1}\varepsilon_{t-1}+\Psi_{l+2}\varepsilon_{t-2}+\cdots$$

l 期预测误差为：

$$e_t(l)=\varepsilon_{t+l}+\Psi_1\varepsilon_{t+l-1}+\cdots+\Psi_{l-1}\varepsilon_{t+1}$$

真实值等于预测值加上预测误差：

$$\begin{aligned}x_{t+l}&=(\Psi_l\varepsilon_t+\Psi_{l+1}\varepsilon_{t-1}+\cdots)+(\varepsilon_{t+l}+\Psi_1\varepsilon_{t+l-1}+\cdots+\Psi_{l-1}\varepsilon_{t+1})\\&=\hat{x}_t(l)+e_t(l)\end{aligned}$$

l 期预测误差的方差为：

$$\mathrm{Var}[e_t(l)]=(1+\Psi_1^2+\cdots+\Psi_{l-1}^2)\sigma_\varepsilon^2 \tag{5.7}$$

例 5-7

已知 ARIMA(1,1,1)模型为$(1-0.8B)(1-B)x_t=(1-0.6B)\varepsilon_t$，且$x_{t-1}=4.5$，$x_t=5.3$，$\varepsilon_t=0.8$，$\sigma_\varepsilon^2=1$。求$x_{t+3}$的 95%的置信区间。

展开原模型，等价形式为：

$$(1-1.8B+0.8B^2)x_t=(1-0.6B)\varepsilon_t$$

$$x_t=1.8x_{t-1}-0.8x_{t-2}+\varepsilon_t-0.6\varepsilon_{t-1}$$

则预测值的递推公式为：

$$\hat{x}_t(1)=1.8x_t-0.8x_{t-1}-0.6\varepsilon_t=5.46$$

$$\hat{x}_t(2)=1.8\hat{x}_t(1)-0.8x_t=5.59$$

$$\hat{x}_t(3)=1.8\hat{x}_t(2)-0.8\hat{x}_t(1)=5.69$$

3 期预测误差的方差为：

$$\mathrm{Var}[e(3)]=(1+\Psi_1^2+\Psi_2^2)\sigma_\varepsilon^2$$

广义自相关函数为：

$$\begin{aligned}\Phi^*(B)&=\Phi(B)(1-B)^d\\&=(1-0.8B)(1-B)\\&=1-1.8B+0.8B^2\end{aligned}$$

则 $\tilde{\phi}_1=1.8$，$\tilde{\phi}_2=-0.8$，根据递推公式（5.5）可以得到：

$$\begin{cases}\Psi_1=1.8-0.6=1.2\\\Psi_2=1.8\Psi_1-0.8=1.36\end{cases}$$

则

$$\mathrm{Var}[e(3)]=(1+\Psi_1^2+\Psi_2^2)\sigma_\varepsilon^2=4.2896$$

x_{t+3} 的 95%置信区间为 $(\hat{x}_t(3)-1.96\sqrt{\mathrm{Var}[e(3)]},\ \hat{x}_t(3)+1.96\sqrt{\mathrm{Var}[e(3)]})$，即(1.63，9.75)。

例 5-6 续

对 1889—1970 年美国国民生产总值（GNP）平减指数序列做为期 10 年的预测。

结果如表 5-4 所示。

表 5-4

年份	预测值	标准差	95%置信下限	95%置信上限
1971	139.362 6	2.521 2	134.421 2	144.304
1972	141.999 1	4.481 3	133.216	150.782 3
1973	143.966 2	6.183 3	131.847	156.085 3
1974	145.618 9	7.660 1	130.605 4	160.632 4
1975	147.124	8.957 8	129.567	164.681 1
1976	148.559 9	10.116 6	128.731 7	168.388 1
1977	149.963 3	11.167 1	128.076 2	171.850 3
1978	151.351 4	12.131 8	127.573 4	175.129 3
1979	152.732 3	13.027 5	127.198 9	178.265 7
1980	154.109 8	13.866 4	126.932 2	181.287 4

预测图如图 5－15 所示。随着预测时期变长，预测误差越来越大，预测区间呈现喇叭形，这是时间序列预测的典型特点。

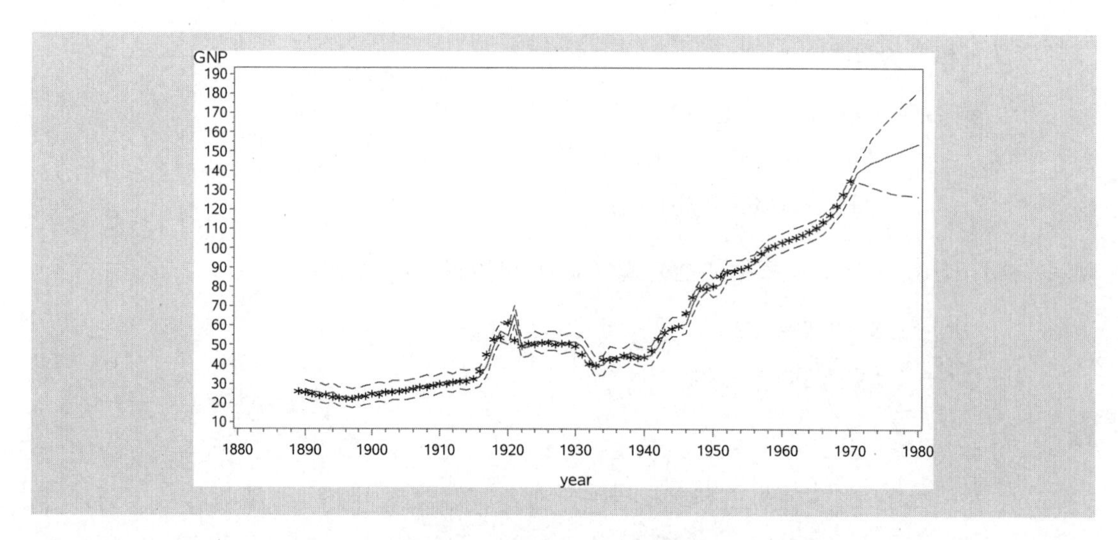

图 5－15　1889—1970 年美国 GNP 平减指数序列预测图

说明：图中星号为序列观察值，中间曲线为序列拟合预测值，上下曲线为 95%的置信区间。

5.4 疏系数模型

ARIMA(p,d,q) 模型是指 d 阶差分后自相关最高阶数为 p，移动平均最高阶数为 q 的模型，它通常包含 $p+q$ 个独立的未知系数：ϕ_1，ϕ_2，…，ϕ_p，θ_1，θ_2，…，θ_q。

如果该模型中有部分自相关系数 $\phi_j(1\leqslant j<p)$ 或部分移动平均系数 $\theta_k(1\leqslant k<q)$ 为零，即原 ARIMA(p,d,q) 模型中有部分系数缺省了，那么该模型称为疏系数模型。

如果只是自相关部分有缺省系数，那么该疏系数模型可以简记为：

$$\text{ARIMA}((p_1,p_2,\cdots,p_m),d,q)$$

式中，p_1，p_2，…，p_m 为非零自相关系数的阶数。

如果只是移动平均部分有缺省系数，那么该疏系数模型可以简记为：

$$\text{ARIMA}(p,d,(q_1,q_2,\cdots,q_n))$$

式中，q_1，q_2，…，q_n 为非零移动平均系数的阶数。

如果自相关和移动平均部分都有缺省，可以简记为：

$$\text{ARIMA}((p_1,p_2,\cdots,p_m),d,(q_1,q_2,\cdots,q_n))$$

在实际操作中，疏系数模型时有应用。

例 5 - 8

对 1917—1975 年美国 23 岁妇女每万人生育率序列建模（数据见表 A1 - 15）。

1. 绘制时序图

时序图如图 5 - 16 所示。

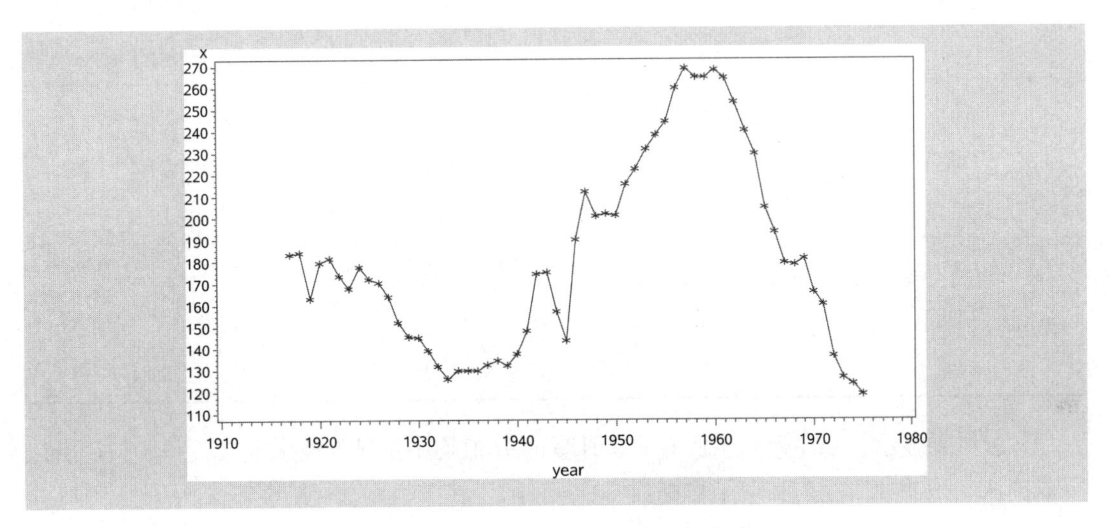

图 5 - 16　美国 23 岁妇女每万人生育率序列时序图

2. 差分平稳

时序图显示，序列具有长期趋势，对序列进行 1 阶差分$\nabla x_t = x_t - x_{t-1}$，观察差分后序列$\nabla x_t$ 的时序图（见图 5 - 17）。

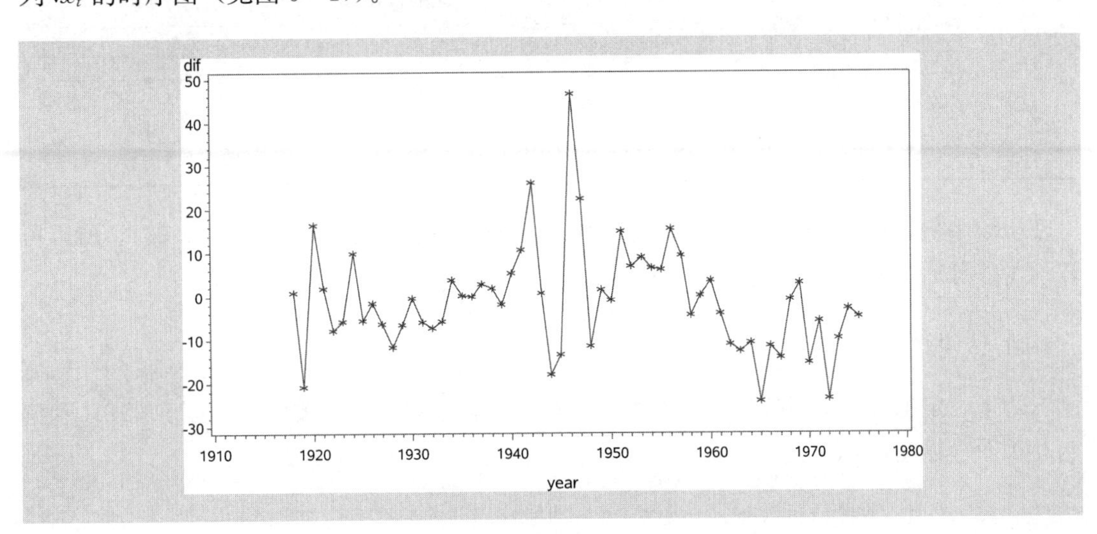

图 5 - 17　美国 23 岁妇女每万人生育率 1 阶差分后序列时序图

时序图显示，长期趋势信息基本被差分运算充分提取，对差分后序列进行 ADF 检验，进一步确定平稳性，检验结果见表 5-5。

表 5-5

类型	延迟阶数	τ 统计量的值	$Pr<\tau$
类型一	0	−5.54	<0.000 1
	1	−5.13	<0.000 1
	2	−3.37	0.001 1
类型二	0	−5.53	0.000 1
	1	−5.10	0.000 2
	2	−3.39	0.015 3
类型三	0	−5.59	0.000 1
	1	−5.33	0.000 3
	2	−3.47	0.052 4

检验结果显示，该序列几乎所有 τ 统计量的 P 值均小于显著性水平（$\alpha=0.05$），所以可以确认 1 阶差分后序列实现了平稳。

3. 对差分平稳序列进行纯随机性检验

1 阶差分后序列纯随机性检验结果如表 5-6 所示。

表 5-6

延迟阶数	纯随机性检验	
	LB 检验统计量的值	P 值
6	20.81	0.002 0
12	22.73	0.030 1

检验结果显示，各阶延迟下 LB 统计量的 P 值都小于显著性水平（$\alpha=0.05$），所以可以认为差分后序列为平稳非白噪声序列。

4. 模型定阶

为了确定拟合模型的阶数，还需考察 1 阶差分后序列的自相关图（见图 5-18）和偏自相关图（见图 5-19）。

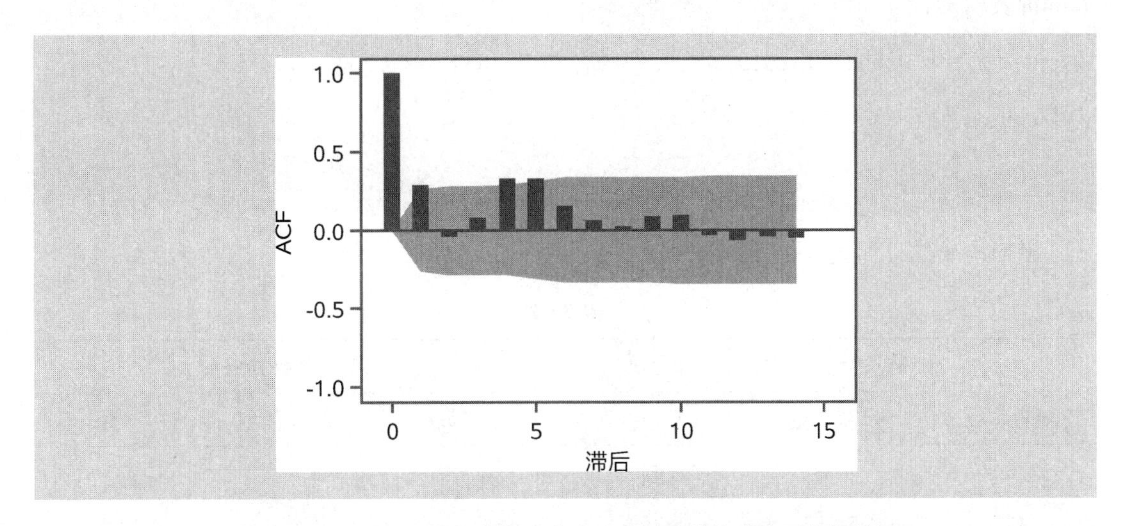

图 5-18　美国 23 岁妇女每万人生育率 1 阶差分后序列自相关图

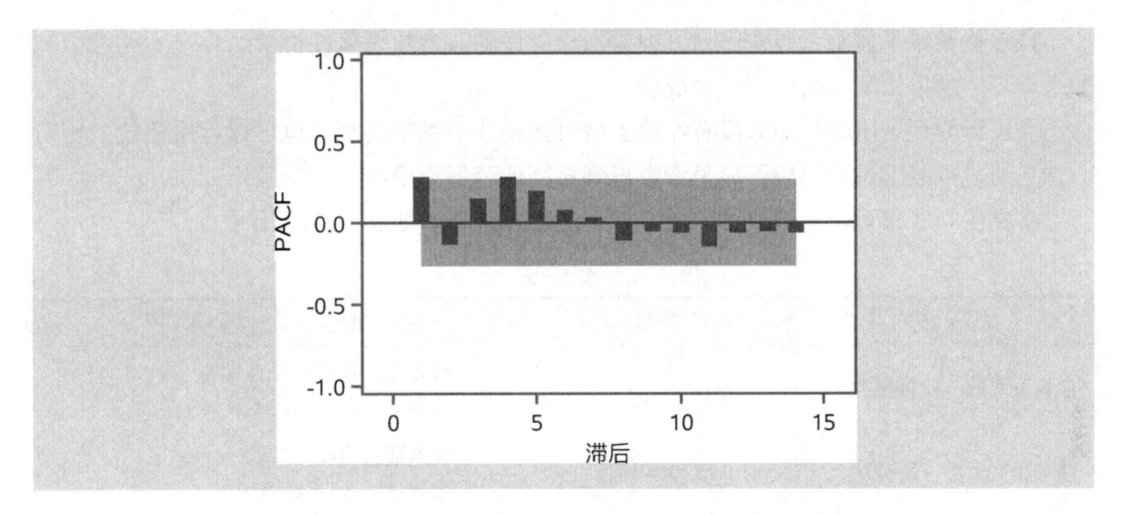

图 5-19　美国 23 岁妇女每万人生育率 1 阶差分后序列偏自相关图

自相关图显示，延迟 1 阶、4 阶和 5 阶自相关系数大于 2 倍标准差。偏自相关图显示，延迟 1 阶和 4 阶的偏自相关系数大于 2 倍标准差。根据自相关图和偏自相关图定阶可以有多种尝试。其中一种尝试是认为偏自相关系数 4 阶截尾，可以考虑构建疏系数 AR(1,4) 模型。

5. 参数估计

假定偏自相关系数 4 阶截尾，那么综合考虑前面的差分运算，可以对原序列拟合疏系数模型 ARIMA((1,4),1,0)。使用条件最小二乘估计，确定模型的口径为：

$$\nabla x_t = -1.455 + \frac{\varepsilon_t}{1 - 0.261\,13 - 0.333B^4}$$

或等价表示为：

$$x_t=-0.591+1.261x_{t-1}-0.261x_{t-2}+0.333x_{t-4}-0.333x_{t-5}+\varepsilon_t$$

式中，$\mathrm{Var}(\varepsilon_t)=125.6745$。

6. 模型检验（$\alpha=0.05$）

模型检验结果如表 5 - 7 所示。

表 5 - 7

残差白噪声检验			参数显著性检验		
延迟阶数	χ^2 统计量	P 值	待估参数	t 统计量	P 值
6	4.33	0.363 2	ϕ_1	2.13	0.037 3
12	5.75	0.835 9	ϕ_4	2.62	0.011 2

残差检验结果显示，残差序列可视为白噪声序列。参数显著性检验结果显示两参数均显著非零，所以该疏系数模型拟合成功。

在进行模型定阶时，如果没有经验不敢直接构造疏系数模型，也可以运用传统的定阶方法，通过反复尝试和删减不显著参数得到相同的疏系数模型。

本例中，在模型定阶阶段可能会有如下考虑和选择，如表 5 - 8 所示。

表 5 - 8

考虑	选择模型	拟合结果
自相关系数 5 阶截尾	MA(5)	残差不能通过白噪声检验 参数 θ_1，θ_2，θ_3 均不显著
偏自相关系数 4 阶截尾	AR(4)	残差通过白噪声检验 参数 ϕ_2，ϕ_3 不显著
自相关和偏自相关截尾的阶数都偏长	ARMA(1,1)	残差不能通过白噪声检验 两参数 θ_1，ϕ_1 均不显著

只有 AR 模型的残差通过了白噪声检验，只是拟合的参数过多，有部分参数不显著。删除不显著的参数 ϕ_2，ϕ_3，优化模型。通过这一系列的操作，最后殊途同归，得到的是同一个疏系数模型。

5.5 习 题

1. 我国 1949—2008 年每年铁路货运量数据如表 5 - 9 所示。

表 5-9　　单位：万吨

年份	铁路货运量	年份	铁路货运量	年份	铁路货运量
1949	5 589	1969	53 120	1989	151 489
1950	9 983	1970	68 132	1990	150 681
1951	11 083	1971	76 471	1991	152 893
1952	13 217	1972	80 873	1992	157 627
1953	16 131	1973	83 111	1993	162 794
1954	19 288	1974	78 772	1994	163 216
1955	19 376	1975	88 955	1995	165 982
1956	24 605	1976	84 066	1996	171 024
1957	27 421	1977	95 309	1997	172 149
1958	38 109	1978	110 119	1998	164 309
1959	54 410	1979	111 893	1999	167 554
1960	67 219	1980	111 279	2000	178 581
1961	44 988	1981	107 673	2001	193 189
1962	35 261	1982	113 495	2002	204 956
1963	36 418	1983	118 784	2003	224 248
1964	41 786	1984	124 074	2004	249 017
1965	49 100	1985	130 709	2005	269 296
1966	54 951	1986	135 635	2006	288 224
1967	43 089	1987	140 653	2007	314 237
1968	42 095	1988	144 948	2008	330 354

请选择适当的模型拟合该序列，并预测 2009—2013 年我国铁路货运量。

2. 1750—1849 年瑞典人口出生率数据（‰）如表 5-10 所示。

表 5-10

年份	出生率	年份	出生率	年份	出生率	年份	出生率
1750	9	1757	2	1764	7	1771	4
1751	12	1758	0	1765	5	1772	−9
1752	8	1759	7	1766	8	1773	−27
1753	12	1760	10	1767	9	1774	12
1754	10	1761	9	1768	5	1775	10
1755	10	1762	4	1769	5	1776	10
1756	8	1763	1	1770	6	1777	8

续表

年份	出生率	年份	出生率	年份	出生率	年份	出生率
1778	8	1796	9	1814	6	1832	7
1779	9	1797	10	1815	1	1833	12
1780	14	1798	9	1816	13	1834	8
1781	7	1799	5	1817	10	1835	14
1782	4	1800	4	1818	10	1836	11
1783	1	1801	3	1819	6	1837	5
1784	1	1802	7	1820	9	1838	5
1785	2	1803	7	1821	10	1839	5
1786	6	1804	6	1822	13	1840	10
1787	7	1805	8	1823	16	1841	11
1788	7	1806	3	1824	14	1842	11
1789	−2	1807	4	1825	16	1843	9
1790	−1	1808	−5	1826	12	1844	12
1791	7	1809	−14	1827	8	1845	13
1792	12	1810	1	1828	7	1846	8
1793	10	1811	6	1829	6	1847	6
1794	10	1812	3	1830	9	1848	10
1795	4	1813	2	1831	4	1849	13

请选择适当的模型拟合该序列的发展。

3. 1867—1938 年英国的绵羊数量如表 5 - 11 所示（行数据）。

表 5 - 11

2 203	2 360	2 254	2 165	2 024	2 078	2 214	2 292	2 207	2 119	2 119	2 137
2 132	1 955	1 785	1 747	1 818	1 909	1 958	1 892	1 919	1 853	1 868	1 991
2 111	2 119	1 991	1 859	1 856	1 924	1 892	1 916	1 968	1 928	1 898	1 850
1 841	1 824	1 823	1 843	1 880	1 968	2 029	1 996	1 933	1 805	1 713	1 726
1 752	1 795	1 717	1 648	1 512	1 338	1 383	1 344	1 384	1 484	1 597	1 686
1 707	1 640	1 611	1 632	1 775	1 850	1 809	1 653	1 648	1 665	1 627	1 791

（1）确定该序列的平稳性。

（2）选择适当模型拟合该序列的发展。

（3）利用拟合模型预测 1939—1945 年英国绵羊的数量。

4. 1980—2017 年我国人口出生率、死亡率和自然增长率数据（‰）如表 5-12 所示。

表 5-12

年份	出生率	死亡率	自然增长率	年份	出生率	死亡率	自然增长率
1980	18.21	6.34	11.87	1999	14.64	6.46	8.18
1981	20.91	6.36	14.55	2000	14.03	6.45	7.58
1982	22.28	6.60	15.68	2001	13.38	6.43	6.95
1983	20.19	6.90	13.29	2002	12.86	6.41	6.45
1984	19.90	6.82	13.08	2003	12.41	6.40	6.01
1985	21.04	6.78	14.26	2004	12.29	6.42	5.87
1986	22.43	6.86	15.57	2005	12.40	6.51	5.89
1987	23.33	6.72	16.61	2006	12.09	6.81	5.28
1988	22.37	6.64	15.73	2007	12.10	6.93	5.17
1989	21.58	6.54	15.04	2008	12.14	7.06	5.08
1990	21.06	6.67	14.39	2009	11.95	7.08	4.87
1991	19.68	6.70	12.98	2010	11.90	7.11	4.79
1992	18.24	6.64	11.60	2011	11.93	7.14	4.79
1993	18.09	6.64	11.45	2012	12.10	7.15	4.95
1994	17.70	6.49	11.21	2013	12.08	7.16	4.92
1995	17.12	6.57	10.55	2014	12.37	7.16	5.21
1996	16.98	6.56	10.42	2015	12.07	7.11	4.96
1997	16.57	6.51	10.06	2016	12.95	7.09	5.86
1998	15.64	6.50	9.14	2017	12.45	7.11	5.32

（1）分析我国人口出生率、死亡率和自然增长率序列的平稳性。

（2）对非平稳序列选择适当的差分方式实现差分后平稳。

（3）选择适当的模型拟合我国人口出生率的变化，并预测未来 10 年的人口出生率。

（4）选择适当的模型拟合我国人口死亡率的变化，并预测未来 10 年的人口死亡率。

（5）选择适当的模型拟合我国人口自然增长率的变化，并预测未来 10 年的人口自然增长率。

5. 某地区 1867—1947 年玉米和生猪的销售价格、产量及工人工资如表 5-13 所示。

表 5-13

年份	玉米价格	玉米产量	工人工资	生猪价格	生猪产量
1867	6.850 13	6.802 39	6.577 86	6.232 45	6.287 86
1868	6.734 59	6.871 09	6.573 68	6.496 78	6.257 67
1869	6.814 54	6.794 59	6.584 79	6.621 41	6.240 28
1870	6.643 79	6.957 5	6.595 78	6.605 3	6.270 99
1871	6.576 47	6.963 19	6.606 65	6.393 59	6.336 83

续表

年份	玉米价格	玉米产量	工人工资	生猪价格	生猪产量
1872	6.452 05	7.009 41	6.617 4	6.320 77	6.386 88
1873	6.599 87	6.910 75	6.628 04	6.386 88	6.396 93
1874	6.754 6	6.932 45	6.617 4	6.502 79	6.369 9
1875	6.511 75	7.057 04	6.606 65	6.654 15	6.317 16
1876	6.411 82	7.064 76	6.595 78	6.625 39	6.315 36
1877	6.403 57	7.074 12	6.612 04	6.535 24	6.388 56
1878	6.124 68	7.085 06	6.628 04	6.210 6	6.456 77
1879	6.416 73	7.126 09	6.656 73	6.466 14	6.463 03
1880	6.464 59	7.116 39	6.683 36	6.523 56	6.472 35
1881	6.744 06	6.998 51	6.683 36	6.656 73	6.452 05
1882	6.597 15	7.126 09	6.683 36	6.720 22	6.444 13
1883	6.510 26	7.104 97	6.683 36	6.621 41	6.458 34
1884	6.386 88	7.161 62	6.685 86	6.556 78	6.495 27
1885	6.326 15	7.180 07	6.688 35	6.450 47	6.514 71
1886	6.403 57	7.131 7	6.692 08	6.496 78	6.489 2
1887	6.519 15	7.094 23	6.692 08	6.563 86	6.444 13
1888	6.347 39	7.209 34	6.692 08	6.637 26	6.437 75
1889	6.194 41	7.215 97	6.697 03	6.523 56	6.473 89
1890	6.616 07	7.104 97	6.700 73	6.440 95	6.525 03
1891	6.478 51	7.221 11	6.697 03	6.502 79	6.516 19
1892	6.469 25	7.153 05	6.692 08	6.689 6	6.484 64
1893	6.411 82	7.153 83	6.647 69	6.661 85	6.461 47
1894	6.558 2	7.096 72	6.647 69	6.561 03	6.504 29
1895	6.115 89	7.247 08	6.659 29	6.481 58	6.519 15
1896	5.945 42	7.263 33	6.670 77	6.459 9	6.539 59
1897	6.144 19	7.214 5	6.683 36	6.510 26	6.565 27
1898	6.226 54	7.223 3	6.709 3	6.505 78	6.588 93
1899	6.263 4	7.260 52	6.726 23	6.591 67	6.568 08
1900	6.388 56	7.261 93	6.742 88	6.664 41	6.562 44
1901	6.720 22	7.118 02	6.760 41	6.735 78	6.558 2
1902	6.483 11	7.274 48	6.784 46	6.786 72	6.522 09
1903	6.511 75	7.244 94	6.809 04	6.664 41	6.525 03
1904	6.538 14	7.264 73	6.833 03	6.646 39	6.569 48

续表

年份	玉米价格	玉米产量	工人工资	生猪价格	生猪产量
1905	6.492 24	7.293 02	6.855 41	6.663 13	6.587 55
1906	6.466 14	7.301 15	6.866 93	6.776 51	6.591 67
1907	6.625 39	7.256 3	6.878 33	6.655 44	6.622 74
1908	6.700 73	7.250 64	6.889 59	6.697 03	6.641 18
1909	6.672 03	7.256 3	6.894 67	6.863 8	6.579 25
1910	6.568 08	7.282 76	6.898 71	6.877 3	6.525 03
1911	6.722 63	7.239 93	6.911 75	6.805 72	6.610 7
1912	6.609 35	7.292 34	6.920 67	6.902 74	6.610 7
1913	6.741 7	7.213 03	6.911 75	6.929 52	6.593 04
1914	6.745 24	7.245 66	6.920 67	6.905 75	6.583 41
1915	6.721 43	7.280 7	6.959 4	6.833 03	6.624 07
1916	6.962 24	7.233 46	7.046 65	6.978 21	6.661 85
1917	7.058 76	7.288 93	7.129 3	7.165 49	6.633 32
1918	7.074 96	7.235 62	7.182 35	7.204 89	6.683 36
1919	7.073 27	7.264 03	7.232 73	7.170 89	6.694 56
1920	6.690 84	7.304 52	7.081 71	7.033 51	6.658 01
1921	6.570 88	7.290 97	7.072 42	6.931 47	6.646 39
1922	6.762 73	7.266 83	7.113 14	6.993 93	6.655 44
1923	6.814 54	7.285 51	7.121 25	6.920 67	6.734 59
1924	6.934 4	7.205 64	7.127 69	7.020 19	6.712 96
1925	6.740 52	7.277 25	7.133 3	7.085 9	6.614 73
1926	6.767 34	7.248 5	7.133 3	7.118 83	6.575 08
1927	6.833 03	7.257	7.133 3	7.021 08	6.612 04
1928	6.828 71	7.262 63	7.134 89	7.013 92	6.673 3
1929	6.805 72	7.244 94	7.109 06	7.029 09	6.647 69
1930	6.655 44	7.183 87	7.015 71	6.961 3	6.614 73
1931	6.228 51	7.252 05	6.889 59	6.668 23	6.605 3
1932	6.214 61	7.290 97	6.834 11	6.436 15	6.650 28
1933	6.573 68	7.229 84	6.885 51	6.416 73	6.675 82
1934	6.814 54	7.057 04	6.920 67	6.684 61	6.643 79
1935	6.704 41	7.216 71	6.951 77	7.006 7	6.383 51
1936	6.926 58	7.071 57	7.003 07	6.980 08	6.450 47
1937	6.570 88	7.259 82	7.000 33	6.958 45	6.452 05

续表

年份	玉米价格	玉米产量	工人工资	生猪价格	生猪产量
1938	6.532 33	7.248 5	6.993 93	6.954 64	6.475 43
1939	6.625 39	7.252 76	7.003 07	6.792 34	6.549 65
1940	6.673 3	7.237 06	7.080 03	6.825 46	6.666 96
1941	6.775 37	7.261 23	7.172 42	7.084 23	6.599 87
1942	6.869 01	7.304 52	7.259 82	7.209 34	6.661 85
1943	6.956 55	7.294 38	7.311 89	7.125 28	6.767 34
1944	6.944 09	7.306 53	7.342 13	7.180 83	6.827 63
1945	7.006 7	7.284 82	7.366 45	7.229 84	6.651 57
1946	7.084 23	7.317 88	7.382 12	7.349 87	6.668 23
1947	7.195 94	7.224 02	7.395 72	7.397 56	6.625 39

（1）分析这几个序列的平稳性。

（2）对非平稳序列找到适当的差分阶数实现差分后平稳。

（3）选择适当的模型拟合这几个序列的发展，并做10年期序列预测。

（4）绘制拟合与预测效果图。

5.6 上机指导

由于ARMA模型是ARIMA模型的一个特例，所以在SAS系统中这两种模型的拟合都放在arima过程中。我们已经在第4章进行ARMA模型拟合时介绍了arima过程的基本命令格式。在此以临时数据集example5_1的数据为例介绍ARIMA模型拟合与ARMA模型拟合的不同之处。

```
data example5_1;
input x@@;
difx=dif(x);
t=_n_;
cards;
  1.05    -0.84    -1.42     0.20     2.81     6.72     5.40     4.38
  5.52     4.46     2.89    -0.43    -4.86    -8.54   -11.54   -16.22
-19.41   -21.61   -22.51   -23.51   -24.49   -25.54   -24.06   -23.44
-23.41   -24.17   -21.58   -19.00   -14.14   -12.69    -9.48   -10.29
 -9.88    -8.33    -4.67    -2.97    -2.91    -1.86    -1.91    -0.80
;
proc gplot;
plot x*t;
symbol v=star c=black i=join;
```

```
run;
```

输出的时序图显示，这是一个典型的非平稳序列，如图 5-20 所示。

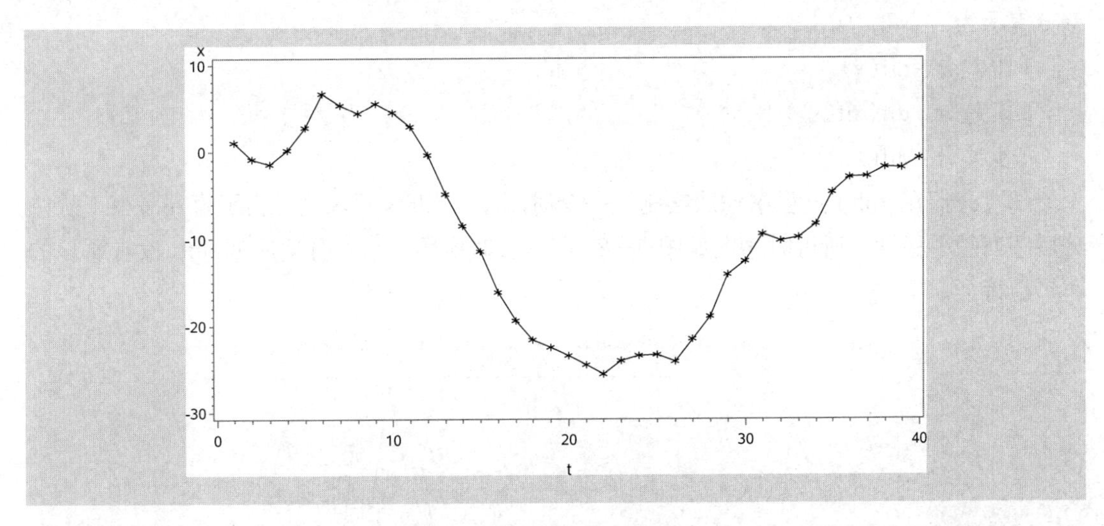

图 5-20　序列 x 时序图

考虑对该序列进行 1 阶差分运算，同时考察差分后序列的平稳性，在原程序基础上添加相关命令，程序修改如下：

```
data example5_1;
input x@@;
difx=dif(x);
t=_n_;
cards;
  1.05    -0.84    -1.42     0.20     2.81     6.72     5.40     4.38
  5.52     4.46     2.89    -0.43    -4.86    -8.54   -11.54   -16.22
-19.41   -21.61   -22.51   -23.51   -24.49   -25.54   -24.06   -23.44
-23.41   -24.17   -21.58   -19.00   -14.14   -12.69    -9.48   -10.29
 -9.88    -8.33    -4.67    -2.97    -2.91    -1.86    -1.91    -0.80
;
proc gplot;
plot x*t difx*t;
symbol v=star c=black i=join;
proc arima;
identify var=x(1);
estimate p=1;
forecast lead=5 id=t;
run;
```

语句说明：

（1）data 步中的命令“difx=dif(x);”指令系统对变量 x 进行 1 阶差分，将差分后的序列值赋值给变量 difx。其中 dif() 是差分函数，假设要差分的变量名为 x，常见的几种差分表示为：

1 阶差分：dif(x)

2 阶差分：dif(dif(x))

k 步差分：difk(x)

（2）我们在 gplot 过程中添加绘制了一个时序图“difx * t”，这是为了直观考察 1 阶差分后序列的平稳性。所得时序图如图 5－21 所示。时序图显示差分后序列 difx 没有明显的非平稳特征。

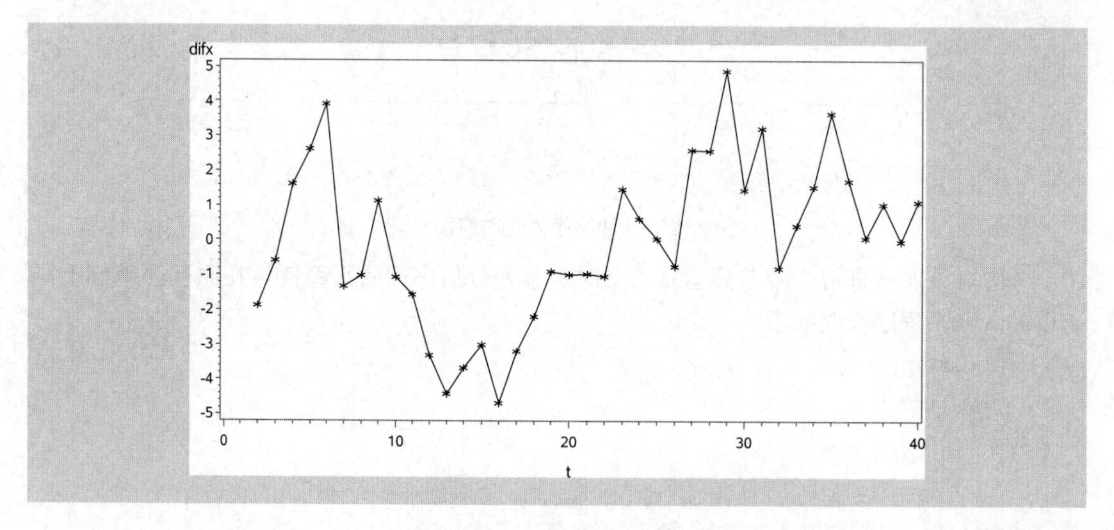

图 5－21　序列 difx 时序图

（3）使用命令“identify var=x(1);”可以识别差分后序列的平稳性、纯随机性和适当的拟合模型阶数。其中，x(1)表示识别变量 x 的 1 阶差分后序列。SAS 支持多种形式的差分序列识别：

var=x(1)，表示识别变量 x 的 1 阶差分后序列 ∇x_t；

var=x(1,1)，表示识别变量 x 的 2 阶差分后序列 $\nabla^2 x_t$；

var=x(k)，表示识别变量 x 的 k 步差分后序列 $\nabla_k x_t$；

var=x(k,s)，表示识别变量 x 的 k 步差分后，再进行 s 步差分后序列 $\nabla_s \nabla_k x_t$。

识别部分的输出结果显示，1 阶差分后序列 difx 为平稳非白噪声序列，且具有显著的自相关系数不截尾、偏自相关系数 1 阶截尾的性质。

（4）使用命令“estimate p=1;”对 1 阶差分后序列 ∇x_t 拟合 AR(1) 模型。输出的拟合结果显示常数项不显著，添加或修改估计命令如下：

estimate p=1 noint;

这是命令系统拟合不带常数项的 AR(1) 模型，拟合结果显示模型显著且参数显著，如图 5－22 所示。

条件最小二乘估计					
参数	估计	标准误差	t 值	近似 Pr > |t|	滞后
AR1,1	0.66933	0.12118	5.52	<.0001	1

图 5－22　拟合结果

如果要拟合 AR(1,4) 疏系数模型，相关命令为“estimate p=(1,4);”。

残差序列白噪声检验结果如图 5－23 所示，残差序列可以视为纯随机序列，所以该拟合模型显著成立。

残差的自相关检查									
至滞后	卡方	自由度	Pr >卡方	自相关					
6	5.68	5	0.3390	-0.087	0.120	-0.160	0.171	0.109	0.188
12	7.48	11	0.7593	-0.163	0.001	-0.021	-0.065	-0.049	-0.038
18	10.31	17	0.8902	-0.106	0.043	-0.104	-0.118	-0.067	0.012
24	12.85	23	0.9552	-0.026	-0.023	-0.098	-0.073	0.096	-0.039

图 5－23　残差序列白噪声检验结果

输出结果显示，序列 x_t 的拟合模型为 ARIMA(1,1,0)模型，模型的口径为：

$$\nabla x_t=\frac{\varepsilon_t}{1-0.66933B}$$

或记为：

$$x_t=1.66933x_{t-1}-0.66933x_{t-2}+\varepsilon_t$$

(5)“forecast lead=5 id=t;”命令系统利用拟合模型对序列 x_t 做 5 期预测。

有季节效应的非平稳序列分析

有很多时间序列带有季节效应，呈现出周期性波动规律。统计学家从100多年前就开始研究序列中季节性、周期性信息的提取方法。目前，有季节效应的序列分析方法主要分为两大类：

一类是基于因素分解方法产生的。这类方法主要是从序列外部去考察有哪些确定性因素会影响序列的波动，查看序列有没有明显的趋势特征、周期特征或季节性特征，将序列按照这几个固定的特征进行因素分解。本章要介绍的X11模型以及Holt-Winters三参数指数平滑法都属于这类方法。

另一类是基于ARIMA方法产生的。这类方法是深入序列内部去寻找序列值之间的相关关系，借助自相关系数、偏自相关系数等统计量的特征，进行序列相关信息的提取。本章要介绍的ARIMA加法模型以及ARIMA乘法模型都属于这类方法。

6.1 因素分解理论

1919年统计学家Warren Persons在他的论文《商业环境的指标》中首次提出了确定性因素分解思想。之后，该方法广泛应用于宏观经济领域时间序列的分析和预测。

Persons认为尽管不同的经济变量波动特征千变万化，因果关系的影响错综复杂，但所有的序列波动都可以归纳为受到如下四个因素的综合影响：

（1）长期趋势（trend）。序列呈现出明显的长期递增或递减的变化规律。

（2）循环波动（circle）。序列呈现出从低到高，再从高到低的反复循环波动。循环周期可长可短，不一定是固定的。循环波动通常在经济学中作为经济景气周期的指标。

（3）季节性变化（season）。序列呈现出和季节变化相关的稳定周期性波动，后来季节性变化的周期拓展到任意稳定周期。

（4）随机波动（irrelevance）。除了长期趋势、循环波动和季节性变化之外，其他不能用确定性因素解释的序列波动都属于随机波动。

统计学家假定序列会受到这四个因素中的全部或部分的影响，从而呈现出不同的波动特征。换言之，任何一个时间序列都可以用这四个因素的某个函数进行拟合：

$$x_t=f(T_t,C_t,S_t,I_t)$$

最常用的两个函数是加法函数和乘法函数，相应的因素分解模型称为加法模型和乘法模型。

加法模型：$x_t=T_t+C_t+S_t+I_t$

乘法模型：$x_t=T_t\times C_t\times S_t\times I_t$

确定性因素分解方法在经济领域、商业领域和社会领域有广泛的应用。但是几十年来，人们从大量的使用经验中也发现了一些问题。

一是如果观察时期不够长，那么循环因素和趋势因素的影响很难准确区分。比如很多经济或社会现象确实有“上行—峰顶—下行—谷底”周而复始的循环周期，但是这个周期通常很长而且周期长度不固定。比如，前面提到的太阳黑子序列就有 9～13 年长度不等的周期。在经济领域更是如此。1913 年美国经济学家 Wesley Mitchell 出版了《经济周期》一书，他提出经济周期的持续时间从超过 1 年到 10 年或 12 年不等，它们会重复发生，但不定期。后来不同的经济学家研究不同的经济问题，一再证明经济周期的存在和周期的不确定，比如基钦周期（平均周期长度为 40 个月左右）、朱格拉周期（平均周期长度为 10 年左右）、库兹涅茨周期（平均周期长度为 20 年左右）、康德拉季耶夫周期（平均周期长度为 50～60 年）。如果观察值序列不够长，没有包含几个循环周期，那么周期的一部分会和趋势重合，无法准确完整地提取循环因素的影响。

二是有些社会现象和经济现象显示某些特殊日期是很显著的影响因素，但是在传统因素分解模型中却没有被纳入研究。比如股票交易序列，成交量、开盘价、收盘价明显会受到交易日的影响，同一只股票每周一和每周五的波动情况可能有显著的不同。超市销售情况受特殊日期的影响更明显，工作日、周末、重大假日的销售特征相差很大。而春节、端午节、中秋节、儿童节、圣诞节等节日对零售业、旅游业、运输业等多个行业都有显著影响。

近年来，针对这两个问题，人们对确定性因素分解模型做了改进。如果观察时期不够长，人们将循环因素（circle）改为特殊交易日因素（day）。新的四大因素为：趋势（T）、季节（S）、交易日（D）和随机波动（I），即

$$x_t=f(T_t,S_t,D_t,I_t)$$

而常用的因素分解模型在加法模型和乘法模型的基础上，增加了伪加法模型和对数加法模型。

加法模型：$x_t=T_t+S_t+D_t+I_t$

乘法模型：$x_t=T_t\times S_t\times D_t\times I_t$

伪加法模型：$x_t=T_t\times(S_t+D_t+I_t)$

对数加法模型：$\ln x_t=\ln T_t+\ln S_t+\ln D_t+\ln I_t$

我们基于因素分解的思想进行确定性时序分析的目的主要包括以下两个方面：

一是克服其他因素的干扰，单纯测度出某个确定性因素（诸如季节、趋势、交易日）对序列的影响。6.2 节介绍的 X11 季节调节模型就是最常用的因素分解模型。

二是根据序列呈现的确定性特征选择适当的方法对序列进行综合预测。6.3 节介绍的指数平滑预测模型就是基于因素分解思想衍生出的预测模型。

6.2 因素分解模型

6.2.1 因素分解模型的选择

例 6-1

考察 1981—1990 年澳大利亚政府季度消费支出序列的确定性影响因素，并选择因素分解模型（数据见表 A1-16）。

该序列的时序图如图 6-1 所示。

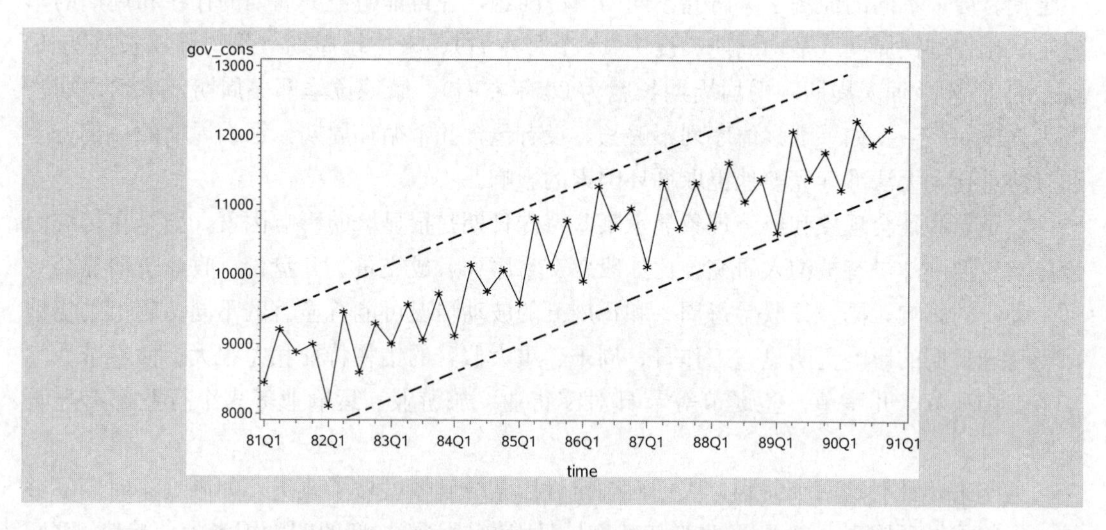

图 6-1　澳大利亚政府季度消费支出序列时序图

从图 6-1 中可以看到，该序列具有明显的线性递增趋势，以及以年为周期的季节效应，没有看到大的经济周期循环特征，也没有交易日的信息，所以可以确定这个序列受到三个因素的影响：长期趋势、季节效应和随机波动。

这三个因素是怎样相互影响的？也就是说，我们要选择加法模型还是乘法模型？图 6-1 显示，随着趋势的递增，每个季节的振幅维持相对稳定（如图 6-1 中的虚线所示，周期波动范围近似平行），这说明季节效应没有受到趋势的影响，这时通常选择加法模型：

$$x_t = T_t + S_t + I_t$$

例 6-2

考察 1993—2000 年中国社会消费品零售总额序列的确定性影响因素，并选择因素分解模型（数据见表 A1-17）。

该序列的时序图如图 6-2 所示。

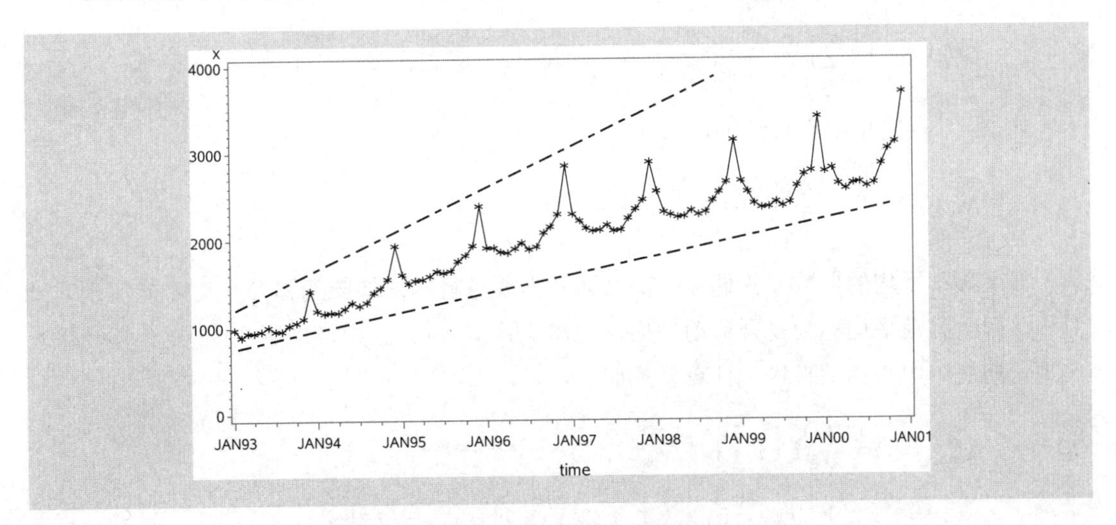

图 6-2　中国社会消费品零售总额序列时序图

从图 6-2 中可以看到，该序列具有明显的线性递增趋势，以及以年为周期的季节效应，没有看到大的经济周期循环特征，也没有交易日的信息，所以可以确定这个序列也受到三个因素的影响：长期趋势、季节效应和随机波动。

同时，图 6-2 显示出随着趋势的递增，每个季节的振幅也在增大（如图 6-2 中的虚线所示，周期波动范围随着趋势递增而扩大，呈现喇叭形），这说明季节效应受到趋势的影响，这时通常选择乘法模型：

$$x_t = T_t \times S_t \times I_t$$

6.2.2　趋势效应的提取

因素分解方法的重要任务之一就是将序列中蕴涵的信息，根据不同的影响因素进行分解。我们首先介绍如何克服其他因素的影响，只提取趋势效应信息。

趋势效应的提取方法有很多，比如构建序列与时间 t 的线性回归方程或曲线回归方程，或者构建序列与历史信息的自回归方程，但在因素分解场合，最常用的趋势效应提取方法是简单中心移动平均方法。

移动平均方法最早于 1870 年由法国数学家 De Forest 提出。移动平均的计算公式如下：

$$M(x_t) = \sum_{i=-k}^{f} \theta_i x_{t-i}，\forall k，f > 0$$

式中，$M(x_t)$ 为序列 x_t 的 $k+f+1$ 期移动平均函数；θ_i 为移动平均系数或移动平均算子。

对移动平均函数增加三个约束条件：时期对称；系数相等；系数和为 1。此时 $M(x_t)$ 称为 n 期简单中心移动平均。

如果移动平均的期数 n 为奇数，不妨假设 $n=2k+1$，那么 n 期简单中心移动平均记作 $M_n(x_t)$，计算公式为：

$$M_n(x_t)=\sum_{i=-k}^{k}\frac{x_{t-i}}{n}$$

比如，5 期简单中心移动平均为：

$$M_5(x_t)=\frac{x_{t-2}+x_{t-1}+x_t+x_{t+1}+x_{t+2}}{5}$$

如果移动平均的期数 n 为偶数，那么通常需要进行两次偶数期移动平均才能实现时期对称。两次移动平均称为复合移动平均，记作 $M_{P\times Q}(x_t)$。比如，采用 2×4 复合移动平均实现 4 期简单中心移动平均，计算公式如下：

$$\begin{aligned}M_{2\times 4}(x_t)&=\frac{1}{2}M_4(x_t)+\frac{1}{2}M_4(x_{t+1})\\&=\frac{1}{2}\left(\frac{x_{t-2}+x_{t-1}+x_t+x_{t+1}}{4}\right)+\frac{1}{2}\left(\frac{x_{t-1}+x_t+x_{t+1}+x_{t+2}}{4}\right)\\&=\frac{1}{8}x_{t-2}+\frac{1}{4}x_{t-1}+\frac{1}{4}x_t+\frac{1}{4}x_{t+1}+\frac{1}{8}x_{t+2}\end{aligned}$$

简单中心移动平均方法尽管很简单，却具有很多良好的属性。

（1）简单中心移动平均能够有效提取低阶趋势（一元一次线性趋势或一元二次抛物线趋势）。

如果序列 x_t 有线性趋势，即

$$x_t=a+bt+\varepsilon_t,\quad \varepsilon_t\sim N(0,\sigma^2)$$

那么它的 $2k+1$ 期中心移动平均函数为：

$$\begin{aligned}M(x_t)&=\sum_{i=-k}^{k}\theta_i x_{t-i}\\&=\sum_{i=-k}^{k}\theta_i[a+b(t-i)+\varepsilon_{t-i}]\\&=a\sum_{i=-k}^{k}\theta_i+bt\sum_{i=-k}^{k}\theta_i-b\sum_{i=-k}^{k}i\theta_i+\sum_{i=-k}^{k}\theta_i\varepsilon_{t-i}\end{aligned}$$

我们希望一个好的移动平均能尽量消除随机波动的影响，还能维持线性趋势不变，即

$$E[M(x_t)]=E(x_t)$$

$$\Rightarrow a\sum_{i=-k}^{k}\theta_i + bt\sum_{i=-k}^{k}\theta_i - b\sum_{i=-k}^{k} i\theta_i = a + bt$$

推导出移动平均系数要满足如下条件：

$$\begin{cases}\sum_{i=-k}^{k}\theta_i = 1\\ \sum_{i=-k}^{k} i\theta_i = 0\end{cases}$$

简单中心移动平均系数取值对称且系数总和为 1，必然满足上面两个约束条件，所以简单中心移动平均函数能保持线性趋势不变。

同样可以证明，对于一元二次函数 $x_t = a + bt + ct^2 + \varepsilon_t$（$\varepsilon_t \sim N(0,\sigma^2)$），简单中心移动平均可以充分提取二阶趋势信息，即

$$\begin{aligned}M(x_t) &= \frac{1}{2k+1}\sum_{i=-k}^{k} x_{t-i}\\ &= \frac{1}{2k+1}\sum_{i=-k}^{k}[a + b(t-i) + c(t-i)^2 + \varepsilon_{t-i}]\\ &= a + bt + ct^2 + c\frac{k(k+1)}{3} + \frac{1}{2k+1}\sum_{i=-k}^{k}\varepsilon_{t-i}\end{aligned}$$

但此时 $M(x_t)$ 不再是一元二次函数的无偏估计，即

$$E(error_t) = E[x_t - M(x_t)] = \frac{ck(k+1)}{3}$$

这说明简单中心移动平均可以非常完整地提取一元二次函数的趋势信息，但是拟合序列和原序列会有一个截距上的小偏差。

（2）简单中心移动平均能够实现拟合方差最小。

移动平均估计值的方差为：

$$\mathrm{Var}[M(x_t)] = \mathrm{Var}\left(\sum_{i=-k}^{k}\theta_i\varepsilon_{t-i}\right) = \sum_{i=-k}^{k}\theta_i^2\sigma^2$$

要达到最优的修匀效果（拟合方差最小），实际上也就是要使得 $\sum_{i=-k}^{k}\theta_i^2$ 达到最小。在 $\sum_{i=-k}^{k}\theta_i = 1$ 且 $\sum_{i=-k}^{k} i\theta_i = 0$ 的约束下，$\theta_i = \frac{1}{2k+1}$ 能使 $\sum_{i=-k}^{k}\theta_i^2$ 达到最小，即简单中心移动平均能实现方差最小。

（3）简单中心移动平均能有效消除季节效应。对于有稳定季节周期的序列进行周期长度的简单中心移动平均可以消除季节效应。这一属性的证明需要用到季节指数的概念，我们将在后文介绍季节指数并证明这个属性。

因为简单中心移动平均具有这些良好的属性，所以，只要选择适当的移动平均期数就能有效消除季节效应和随机波动的影响，有效提取序列的趋势信息。

例6-1续（1）

使用简单中心移动平均方法提取1981—1990年澳大利亚政府季度消费支出序列的趋势效应（数据见表A1-16）。

该序列为季度数据，有显著的季节特征，每年为一个周期，即周期长度为4期。对原序列先进行4期简单中心移动平均 $M_4(x_t)$，再对 $M_4(x_t)$ 序列进行2期移动平均，得到 $M_{2\times4}(x_t)$ 复合移动平均值，计算结果如表6-1所示。

表6-1　1981—1990年澳大利亚政府季度消费支出 $M_{2\times4}(x_t)$ 计算过程

单位：百万澳元

时间	消费支出	$M_4(x_t)$	$M_{2\times4}(x_t)$
1981Q1	8 444.00	—	—
1981Q2	9 215.00	—	—
1981Q3	8 879.00	8 882.00	8 840.88
1981Q4	8 990.00	8 799.75	8 830.00
1982Q1	8 115.00	8 860.25	8 824.13
1982Q2	9 457.00	8 788.00	8 826.00
1982Q3	8 590.00	8 864.00	8 974.25
1982Q4	9 294.00	9 084.50	9 099.13
1983Q1	8 997.00	9 113.75	9 171.38
1983Q2	9 574.00	9 229.00	9 282.75
1983Q3	9 051.00	9 336.50	9 351.88
1983Q4	9 724.00	9 367.25	9 438.38
1984Q1	9 120.00	9 509.50	9 596.38
1984Q2	10 143.00	9 683.25	9 727.00
1984Q3	9 746.00	9 770.75	9 828.00
1984Q4	10 074.00	9 885.25	9 969.50
1985Q1	9 578.00	10 053.75	10 100.00
1985Q2	10 817.00	10 146.25	10 234.38
1985Q3	10 116.00	10 322.50	10 362.88
1985Q4	10 779.00	10 403.25	10 459.38
1986Q1	9 901.00	10 515.50	10 586.75
1986Q2	11 266.00	10 658.00	10 680.75

续表

时间	消费支出	$M_4(x_t)$	$M_{2\times4}(x_t)$
1986Q3	10 686.00	10 703.50	10 731.00
1986Q4	10 961.00	10 758.50	10 766.88
1987Q1	10 121.00	10 775.25	10 774.13
1987Q2	11 333.00	10 773.00	10 818.50
1987Q3	10 677.00	10 864.00	10 936.13
1987Q4	11 325.00	11 008.25	11 044.63
1988Q1	10 698.00	11 081.00	11 127.88
1988Q2	11 624.00	11 174.75	11 183.25
1988Q3	11 052.00	11 191.75	11 180.63
1988Q4	11 393.00	11 169.50	11 226.13
1989Q1	10 609.00	11 282.75	11 323.25
1989Q2	12 077.00	11 363.75	11 411.75
1989Q3	11 376.00	11 459.75	11 536.75
1989Q4	11 777.00	11 613.75	11 633.00
1990Q1	11 225.00	11 652.25	11 715.75
1990Q2	12 231.00	11 779.25	11 820.75
1990Q3	11 884.00	11 862.25	—
1990Q4	12 109.00	—	—

$M_{2\times4}$能有效消除季节效应和随机波动的影响，提取出该序列的趋势信息，效果如图 6-3 所示。

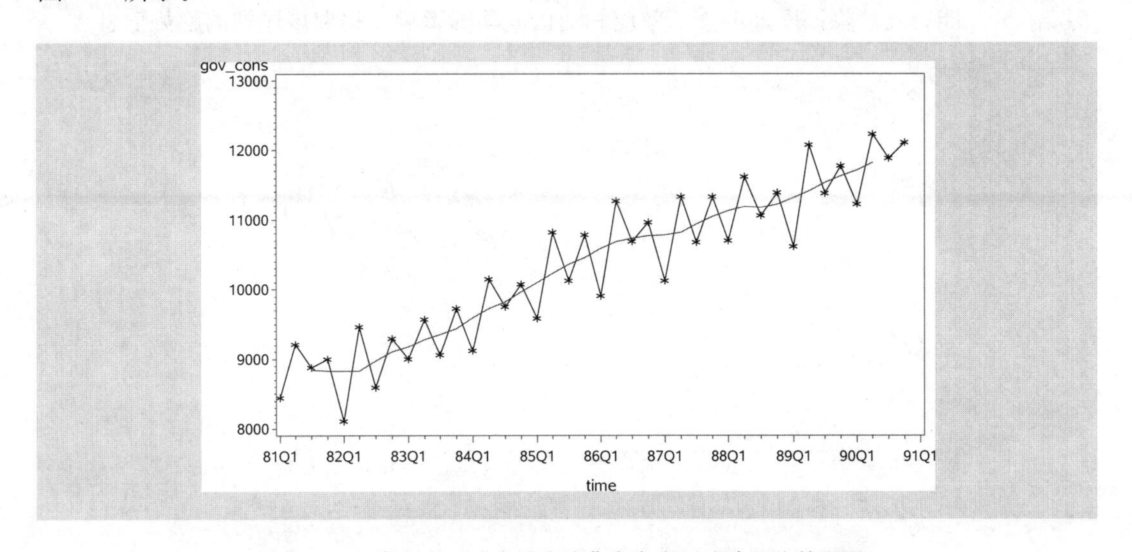

图 6-3　澳大利亚政府季度消费支出序列移动平均效果图

说明：图中星号表示序列观察值，中间的平滑拟合线为 $M_{2\times4}(x_t)$ 复合移动平均估计值。

假定该序列的因素分解模型为加法模型，现在用 $M_{2\times4}(x_t)$ 提取趋势信息，那么用原序列减去趋势效应，剩下的就应该是季节效应和随机波动，效果如图 6-4 所示。

$$x_t - M_{2\times4} = S_t + I_t$$

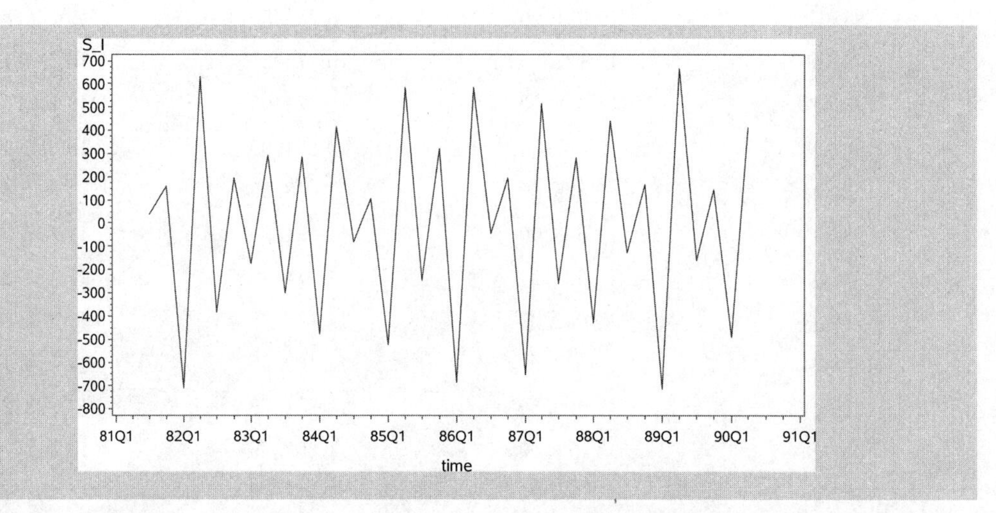

图 6-4　澳大利亚政府季度消费支出序列消除趋势效应效果图

例 6-2 续（1）

使用简单中心移动平均方法提取 1993—2000 年中国社会消费品零售总额序列的趋势效应（数据见表 A1-17）。

该序列为月度数据，即周期长度等于 12。对原序列先进行 12 期简单中心移动平均 $M_{12}(x_t)$，再对 $M_{12}(x_t)$ 序列进行 2 期移动平均，得到 $M_{2\times12}(x_t)$ 复合移动平均值。图 6-5 显示 $M_{2\times12}(x_t)$ 能有效消除该序列的季节效应和随机波动的影响，提取该序列的趋势信息。

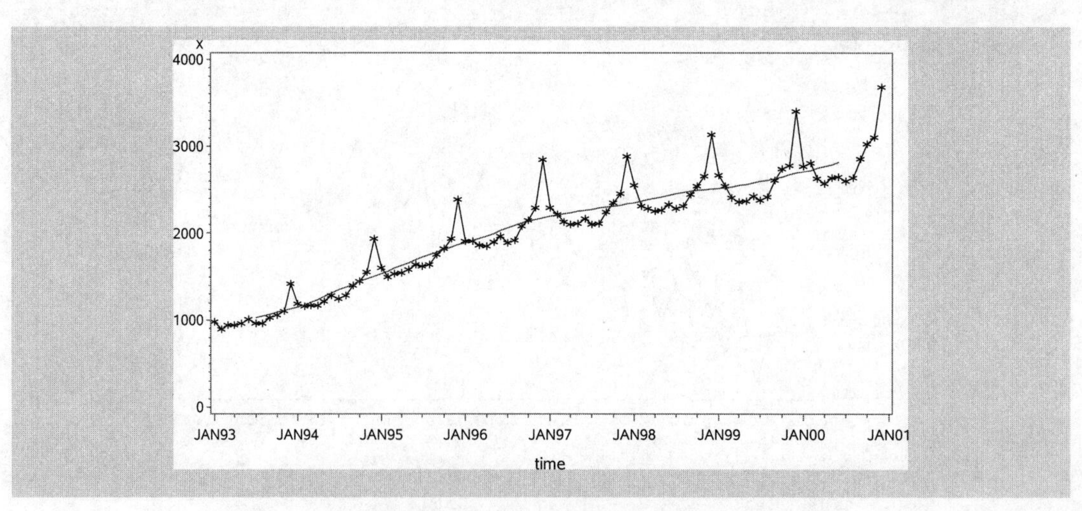

图 6-5　中国社会消费品零售总额序列趋势效应示意图

说明：图中星号表示序列观察值，中间平滑拟合线为 $M_{2\times12}(x_t)$ 的复合移动平均估计值。

假定该序列的因素分解模型为乘法模型，现在用 $M_{2\times12}(x_t)$ 提取趋势信息，那么用原序列除以趋势效应，剩下的就应该是季节效应和随机波动，效果如图 6-6 所示。

$$\frac{x_t}{M_{2\times12}}=S_t\times I_t$$

6.2.3　季节效应的提取

在日常生活中可以见到许多有季节效应的时间序列，比如四季的气温、月度商品零售额、某景点季度旅游人数等。它们都呈现出明显的季节变动规律。在时间序列分析中，我们把"季节"广义化，凡是呈现出固定的周期性变化的事件，都称它具有季节效应。

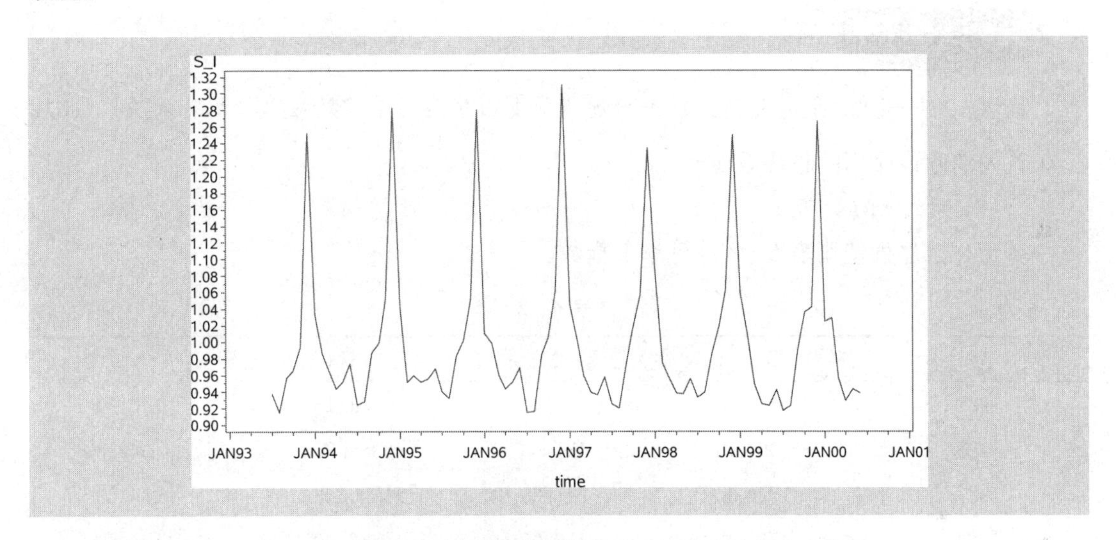

图 6-6　中国社会消费品零售总额序列消除趋势效应示意图

我们通过构造季节指数的方法，提取序列中蕴涵的季节效应。

一、加法模型中季节指数的构造

季节指数的构造分为四步：

第一步：从原序列中消除趋势效应。

$$y_t=x_t-T_t=S_t+I_t$$

加法模型假定每个季度的序列值等于均值加上季节效应，即

$$y_{ij}=\bar{y}+S_j+I_{ij}\,,\ i=1,2,\cdots,k;\ j=1,2,\cdots,m$$

式中，y_{ij} 表示第 i 个周期的第 j 个季节已去除趋势的序列值；$\bar{y}$ 表示 $\{y\}$ 序列的均值；S_j 为第 j 个季节的季节指数，且 $\sum_j S_j=0$；I_{ij} 表示第 i 个周期第 j 个季节的随机波动。

第二步：计算 $\{y\}$ 序列总均值。

$$\bar{y}=\frac{\sum_{i=1}^{k}\sum_{j=1}^{m}y_{ij}}{km}$$

第三步：计算每季度均值 $\bar{y}_j$。

$$\bar{y}_j=\frac{\sum_{i=1}^{k}y_{ij}}{k},\ j=1,2,\cdots,m$$

第四步：计算加法模型的季节指数 S_j。

$$S_j=\bar{y}_j-\bar{y},\ j=1,2,\cdots,m$$

例 6-1 续（2）

提取 1981—1990 年澳大利亚政府季度消费支出序列的季节效应（数据见表 A1-16）。

首先消除该序列的趋势效应。

$$y_t=x_t-M_{2\times4}$$

基于$\{y_t\}$序列使用表 6-2 计算季节指数。

表 6-2

年份	Q1	Q2	Q3	Q4
1981	.	.	38.13	160.00
1982	−709.13	631.00	−384.25	194.88
1983	−174.38	291.25	−300.88	285.63
1984	−476.38	416.00	−82.00	104.50
1985	−522.00	582.63	−246.88	319.63
1986	−685.75	585.25	−45.00	194.13
1987	−653.13	514.50	−259.13	280.38
1988	−429.88	440.75	−128.63	166.88
1989	−714.25	665.25	−160.75	144.00
1990	−490.75	410.25	.	.
$\bar{y}_j=\frac{\sum_{i=1}^{k}y_{ij}}{k}$	−539.51	504.10	−174.38	205.56
$\bar{y}=\frac{\sum_{i=1}^{k}\sum_{j=1}^{m}y_{ij}}{km}$		−1.06		
$S_j=\bar{y}_j-\bar{y}$	−538.45	505.16	−173.32	206.61

这说明澳大利亚政府季度消费支出每年都是 2 季度最高，1 季度最低，消费支出从低到高排序是：1 季度<3 季度<4 季度<2 季度。不同季节之间平均季节指数的差值就是季节效应造成的差异大小。图 6－7 为本例季节效应示意图。

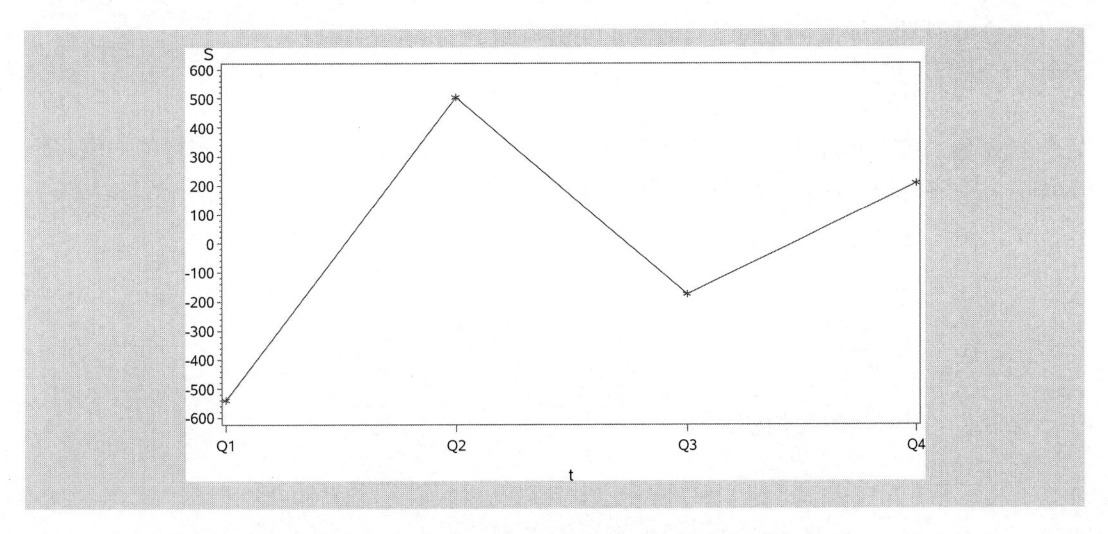

图 6－7　澳大利亚政府季度消费支出序列季节效应示意图

再从 $\{y_t\}$ 序列中剔除季节效应，剩下的就是随机波动了。

$$y_t - S = x_t - T_t - S_t = I_t$$

图 6－8 是剔除趋势效应和季节效应之后的随机效应示意图。

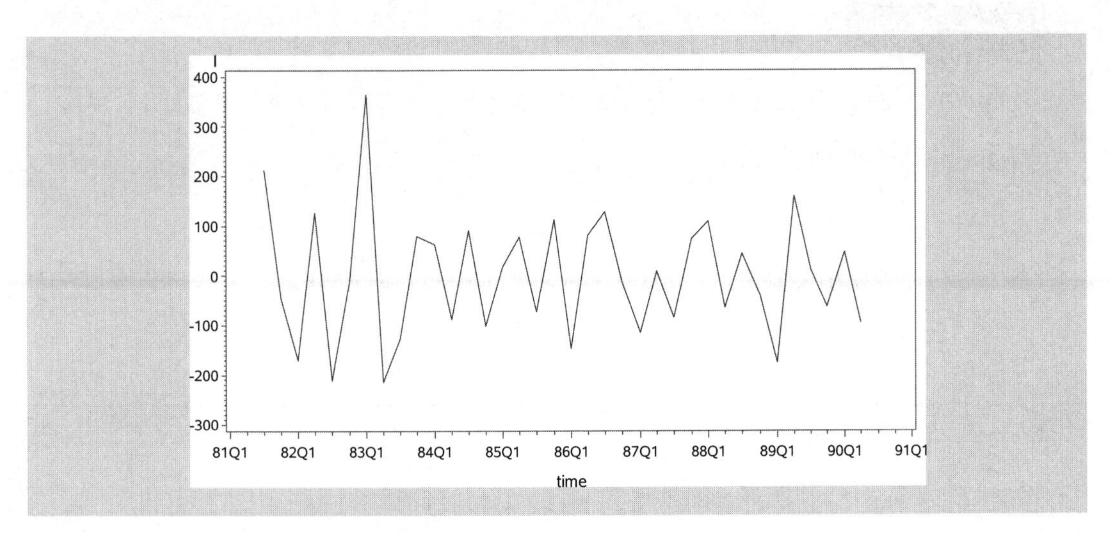

图 6－8　澳大利亚政府季度消费支出序列随机效应示意图

二、乘法模型中季节指数的构造

季节指数的构造也分为四步：

第一步：从原序列中消除趋势效应。

$$y_t=\frac{x_t}{T_t}=S_t\times I_t$$

乘法模型假定每个季度的序列值等于均值乘以季节指数，即

$$y_{ij}=\bar{y}S_j\times I_{ij}，i=1,2,\cdots,k；j=1,2,\cdots,m$$

式中，y_{ij} 表示第 i 个周期的第 j 个季节已去除趋势的序列值；$\bar{y}$ 表示 $\{y\}$ 序列的均值；S_j 为第 j 个季节的季节指数；I_{ij} 表示随机波动。

第二步：计算 $\{y\}$ 序列总均值。

$$\bar{y}=\frac{\sum_{i=1}^{k}\sum_{j=1}^{m}y_{ij}}{km}$$

第三步：计算每季度均值 $\bar{y}_j$。

$$\bar{y}_j=\frac{\sum_{i=1}^{k}y_{ij}}{k}，j=1,2,\cdots,m$$

第四步：计算乘法模型的季节指数 S_j。

$$S_j=\frac{\bar{y}_j}{\bar{y}}，j=1,2,\cdots,m$$

例 6－2 续（2）

提取 1993—2000 年中国社会消费品零售总额序列的季节效应（数据见表 A1－17）。

首先消除该序列的趋势效应。

$$y_t=\frac{x_t}{M_{2\times 4}}$$

基于 $\{y_t\}$ 序列使用类似表 6－2 的方法计算季节指数，最后得到本例的季节指数，如表 6－3 所示。

表 6－3

季节	季节指数	季节	季节指数
1月	1.04	7月	0.93
2月	0.99	8月	0.93
3月	0.96	9月	0.98
4月	0.94	10月	1.01
5月	0.94	11月	1.05
6月	0.96	12月	1.27

这说明中国社会消费品零售总额序列具有上半年为淡季，下半年为旺季，而且越到年底销售越旺的特征。在 6 月份，由于换季的原因有一个小反弹。不同季节之间季节指数的比值就是季节效应造成的差异。比如 1 月份的季节指数为 1.04，2 月份的季节指数为 0.99，这说明由于季节的原因，2 月份的平均销售额通常只有 1 月份的 95%左右（0.99/1.04=0.95）。图 6-9 为本例季节效应示意图。

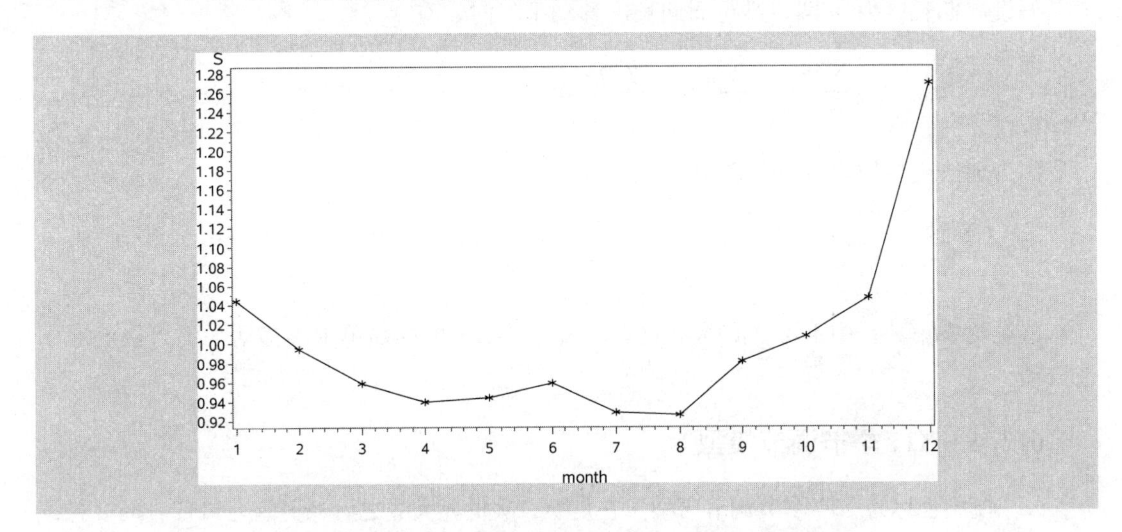

图 6-9　中国社会消费品零售总额序列季节效应示意图

再从 $\{y_t\}$ 序列中剔除季节效应，剩下的就是随机波动了。

$$\frac{y_t}{S_t}=\frac{x_t}{T_t}/S_t=I_t$$

图 6-10 是剔除趋势效应和季节效应之后的随机效应示意图。

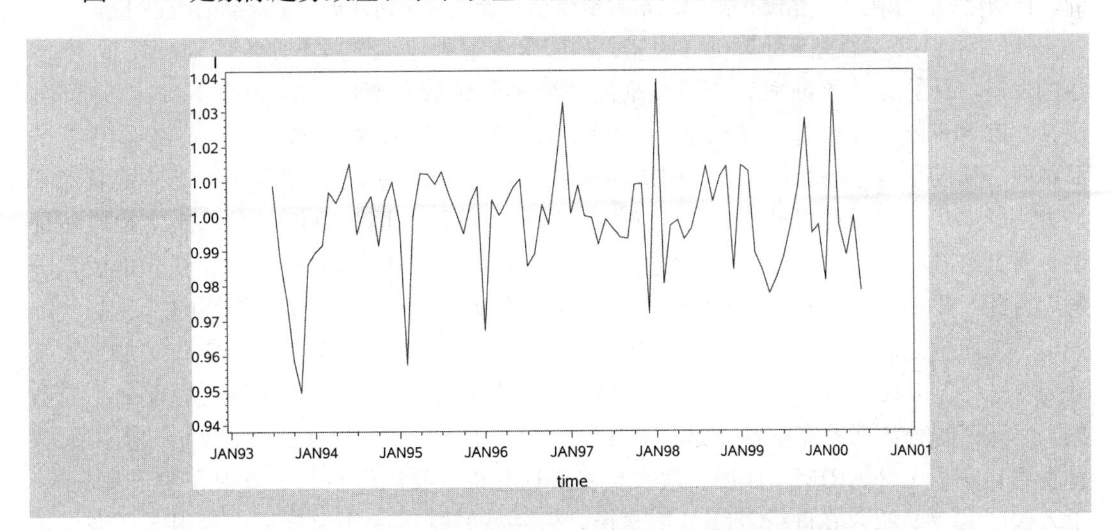

图 6-10　中国社会消费品零售总额序列随机效应示意图

有了季节指数的概念之后，很容易证明，为什么周期长度的简单中心移动平均可以消除季节波动。

这是因为周期长度与序列长度相比通常很短，短期序列季节与趋势之间的乘积效应是看不出来的，所以通常短期内都假定序列的季节与趋势之间是加法关系：

$$x_t = T_t + S_t + I_t$$

假设周期长度为 m 期，进行周期长度移动平均时，有

$$M_m(x_t) = \frac{\sum T_t}{m} + \frac{\sum S_t}{m} + \frac{\sum I_t}{m}$$

因为加法模型的季节指数之和等于 0，所以有

$$\frac{\sum S_t}{m} = 0$$

这说明 $M_m(x_t)$ 中不再含有季节效应，因此周期长度的简单中心移动平均可以消除季节波动。

6.2.4 X11 季节调节模型

X11 模型也称为 X11 季节调节模型。它是第二次世界大战之后，美国人口普查局委托统计学家实施的基于计算机自动进行的时间序列因素分解方法。构造它的原因是很多序列通常具有明显的季节效应，季节性会掩盖序列发展的真正趋势，妨碍人们做出正确判断。因此在进行国情监控研究时，首先需要对序列进行因素分解，分别监控季节波动和趋势效应。

关于因素分解方法的原理与操作步骤，我们通过例 6－1 和例 6－2 的演示已经介绍过了。但是例 6－1 和例 6－2 是手工操作的，而且没有精度的要求。如何能创造出一套适用于所有序列、自动化程度很高，且精度很高的因素分解模型？统计学家为此进行了长期的改进工作。

1954 年，第一个基于计算机自动完成的因素分解程序测试版本面世，随后经过 10 多年的发展，计算方法不断完善，陆续推出了新的测试版本 X1，X2，…，X10。1965 年，统计学家 Shiskin，Young 和 Musgrave 共同研发推出了新的测试版本 X11。X11 在传统的简单中心移动平均方法的基础上，创造性地引入两种移动平均方法以弥补简单中心移动平均方法的不足。它通过三种移动平均方法，进行三阶段的因素分解。大量的实践应用证明，对具有各种特征的序列，X11 模型都能进行精度很高的、计算机程序化操作的因素分解。自此，X11 模型成为全球统计机构和商业机构进行因素分解时最常使用的模型。

X11 面世之后，各国统计学家依然致力于 X11 模型的持续改进。1975 年，加拿大统计局将 ARIMA 模型引入 X11 模型。借助 ARIMA 模型可以对序列进行向后预测扩充数据，以保证拟合数据的完整性，这弥补了中心移动平均方法的缺陷。1998 年，美国人口普查局开发了 X12-ARIMA 模型。这次是将干预分析（我们将在 8.2 节中介绍干预分析）引入 X11 模型。它是在进行 X11 分析之前，将一些特殊因素作为干预变量引入研究。这些干预变量包括：特殊节假日、固定季节因素、工作日因素、交易日因素、闰年因素，以及研究人员自行定义的任意自变量。先建立响应变量和干预变量回归模型，然后再对回归

残差序列进行 X11 因素分解。2006 年美国人口普查局再次推出更新版本 X13-ARIMA-Seats，它在 X12-ARIMA 的基础上增加了 Seats 季节调整方法。

由这个改进过程可以看到，尽管现在有很多因素分解模型的最新版本，但最重要的理论基础依然是 X11 模型。所以我们主要介绍 X11 模型的理论基础和操作流程。

除了简单中心移动平均方法，X11 模型中还加入了两种新的移动平均方法。

一、Henderson 加权移动平均

简单中心移动平均具有很多优良的属性，这使得它成为应用最广的一种移动平均方法，但它也有不足之处。在提取趋势信息的时候，它能很好地提取一次函数（线性趋势）和二次函数（抛物线趋势）的信息，但是对于二次以上曲线，它对趋势信息的提取就不够充分了。

这说明简单中心移动平均对高阶多项式函数的拟合不够精确。为了解决这个问题，X11 模型引入了 Henderson 加权移动平均。

Henderson 加权移动平均是指在 $\sum_{i=-k}^{k}\theta_i=1$ 且 $\sum_{i=-k}^{k}i\theta_i=0$ 的约束下，使 $S^2=\sum_{i=-k}^{k}(\nabla^3\theta_i)^2$ 达到最小的 θ_i 即移动平均的加权系数。其中，S^2 等于移动平均系数的三阶差分的平方和，这等价于将某个三次多项式作为光滑度的一个指标，要求 S^2 达到最小，就是力求修匀值接近一条三次曲线。理论上也可以要求 S^2 逼近更高次数的多项式曲线，比如四次或五次，这时只需要调整 S^2 函数中的差分阶数，即 $S^2=\sum_{i=-k}^{k}(\nabla^4\theta_i)^2$ 或 $S^2=\sum_{i=-k}^{k}(\nabla^5\theta_i)^2$ 。但阶数越高，计算越复杂，所以使用最多的还是 3 阶差分光滑度要求。

目前人们已经计算出了 3 阶差分光滑度下，使 S^2 达到最小的 5 期、7 期、9 期、13 期和 23 期的移动平均系数，如表 6 - 4 所示。

表 6 - 4

k	$\theta_k(\theta_{-k})$				
	5 期	7 期	9 期	13 期	23 期
0	0.559 44	0.412 59	0.331 14	0.240 06	0.144 06
1	0.293 71	0.293 71	0.266 56	0.214 34	0.138 32
2	−0.073 43	0.058 74	0.118 47	0.147 36	0.121 95
3		−0.058 74	−0.009 87	0.065 49	0.097 40
4			−0.040 72	0.000 00	0.068 30
5				−0.027 86	0.038 93
6				−0.019 35	0.013 43
7					−0.004 95
8					−0.014 53
9					−0.015 69
10					−0.010 92
11					−0.004 28

Henderson 加权移动平均的期数选择取决于序列的波动幅度。序列的波动幅度越大，期数选得越大。

实践证明，对高阶曲线趋势，Henderson 加权移动平均通常也能取得精度很高的拟合效果。

二、Musgrave 非对称移动平均

简单中心移动平均加上 Henderson 加权移动平均可以很好地提取序列中蕴涵的线性或非线性趋势信息。但是它们都有一个明显的缺点：因为都是中心移动平均方法，所以一头一尾都会有拟合信息的缺损。如表 6-1 所示，进行 4 期移动平均时，一头一尾都缺失了 2 期序列拟合值。这是严重的信息损耗，尤其是最后几期的信息可能正是我们最关心的信息。1964 年，统计学家 Musgrave 针对这个问题专门构造了 Musgrave 非对称移动平均方法，专门用来补齐最后缺损的序列拟合值。

Musgrave 非对称移动平均的构造思想是，已知一组中心移动平均系数，满足 $\sum_{i=-k}^{k}\theta_i=1$、方差最小、光滑度最优等前提约束。现在需要另外寻找一组非中心移动平均系数，也满足和为 1 的约束（$\sum_{i=-k}^{k-d}\phi_i=1$），且它的拟合值能无限接近中心移动平均的拟合值，即对中心移动平均现有估计值做出的修正最小：

$$\min\left\{E\left(\sum_{i=-k}^{k}\theta_i x_{t-i}-\sum_{i=-(k-d)}^{k}\phi_i x_{t-i}\right)\right\}^2,\ d\leqslant k$$

式中，d 为补充平滑的项数。

X11 模型就是基于中心移动平均、Henderson 加权移动平均和 Musgrave 非对称移动平均这三大类移动平均方法，使用多次移动平均反复迭代进行因素分解的模型。下面借助一个具体的例子，讲解 X11 模型的计算流程。

例 6-2 续（3）

对 1993—2000 年中国社会消费品零售总额序列，基于 X11 模型进行因素分解（数据见表 A1-17）。

每个序列基于 X11 模型进行因素分解，都要经过如下三个阶段共 10 步的重复迭代过程，才能得到最终的高精度的因素分解结果。

迭代第一阶段：

第 1 步：进行 $M_{2\times12}$ 复合移动平均，剔除周期效应，得到趋势效应初始估计值。

$$T_t^{(1)}=M_{2\times12}(x_t)$$

第 2 步：从原序列 $\{x_t\}$ 中剔除趋势效应，得到季节-不规则成分，不妨记作 $\{y_t^{(1)}\}$。

$$y_t^{(1)}=S_t^{(1)}\times I_t^{(1)}=\frac{x_t}{T_t^{(1)}}$$

第 3 步：计算$\{y_t^{(1)}\}$序列的季节指数。

$$S_t^{(1)}=\frac{y_t^{(1)}}{\bar{y}_t^{(1)}}=\frac{M_{3\times3}(y_t^{(1)})}{M_{2\times12}(y_t^{(1)})}$$

第 4 步：从原序列$\{x_t\}$中剔除趋势效应和季节效应，得到不规则成分，不妨记作$\{I_t^{(1)}\}$。

$$I_t^{(1)}=\frac{y_t^{(1)}}{S_t^{(1)}},W_t^{(1)}=\frac{I_t^{(1)}-E(I_t^{(1)})}{Sd(I_t^{(1)})},X_t^{(2)}=\frac{X_t}{W_t^{(1)}}$$

迭代第二阶段：

第 5 步：用 13 期 Henderson 加权移动平均，并使用 Musgrave 非对称移动平均填补 Henderson 加权移动平均不能获得的最后估计值，得出趋势效应估计值。

$$T_t^{(2)}=H_{13}(x_t^{(2)})$$

第 6 步：从序列$\{x_t^{(2)}\}$中剔除趋势效应，得到季节-不规则成分，不妨记作$\{y_t^{(2)}\}$。

$$y_t^{(2)}=S_t^{(2)}\times I_t^{(2)}=\frac{x_t^{(2)}}{T_t^{(2)}}$$

第 7 步：计算$\{y_t^{(2)}\}$序列的季节指数$S_t^{(2)}$。

$$S_t^{(2)}=\frac{y_t^{(2)}}{\bar{y}_t^{(2)}}=\frac{M_{3\times3}(y_t^{(2)})}{M_{2\times12}(y_t^{(2)})}$$

第 8 步：从序列$\{x_t^{(2)}\}$中剔除趋势效应和季节效应，得到不规则成分，不妨记作$\{I_t^{(2)}\}$。

$$I_t^{(2)}=\frac{y_t^{(2)}}{S_t^{(2)}},W_t^{(2)}=\frac{I_t^{(2)}-E(I_t^{(2)})}{Sd(I_t^{(2)})},X_t^{(3)}=\frac{X_t^{(2)}}{W_t^{(2)}}$$

迭代第三阶段：

第 9 步：根据$\{x_t^{(3)}\}$波动性的大小，程序自动选择适当期数的 Henderson 加权移动平均，并使用 Musgrave 非对称移动平均填补 Henderson 加权移动平均不能获得的估计值，计算最终趋势效应。

$$T_t^{(3)}=H_{2k+1}(x_t^{(3)})$$

第 10 步：从$\{x_t^{(3)}\}$中剔除趋势效应，得到随机波动。

$$I_t^{(3)}=\frac{x_t^{(3)}}{T_t^{(3)}}$$

通过上面三个迭代阶段，得到的是最终的因素分解结果：

$$x_t=S_t^{(2)}\times T_t^{(3)}\times I_t^{(3)}$$

本例第 7 步、第 9 步和第 10 步分别得到季节、趋势和随机波动的最终拟合值，拟合效果图如图 6-11 至图 6-13 所示。图 6-14 是原序列和季节调整后序列拟合效果图。

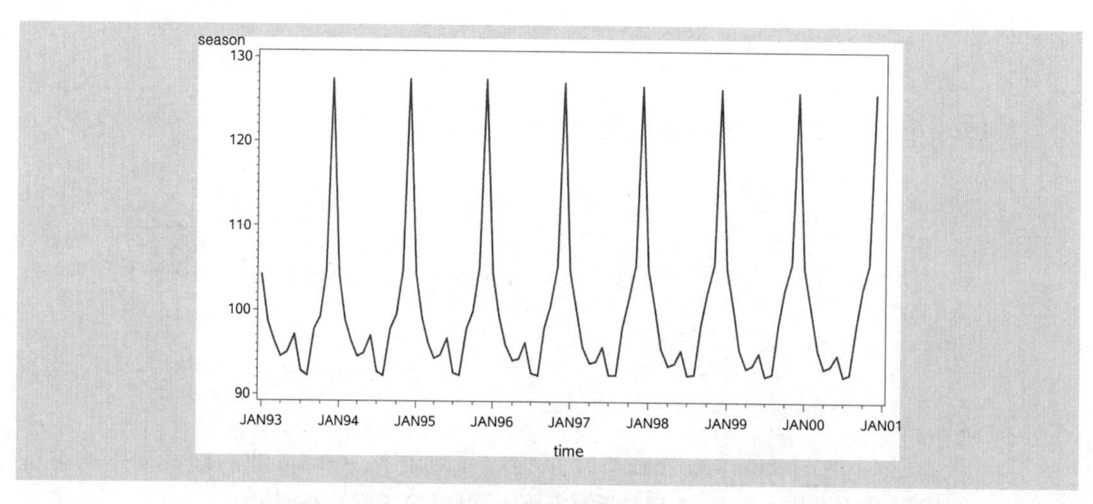

图 6-11　中国社会消费品零售总额序列季节指数拟合图

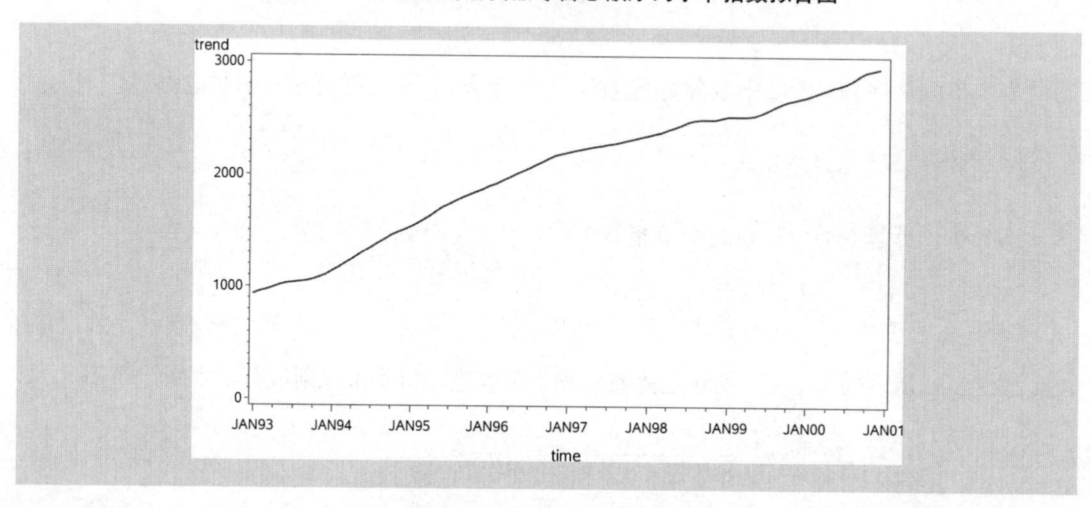

图 6-12　中国社会消费品零售总额序列趋势拟合图

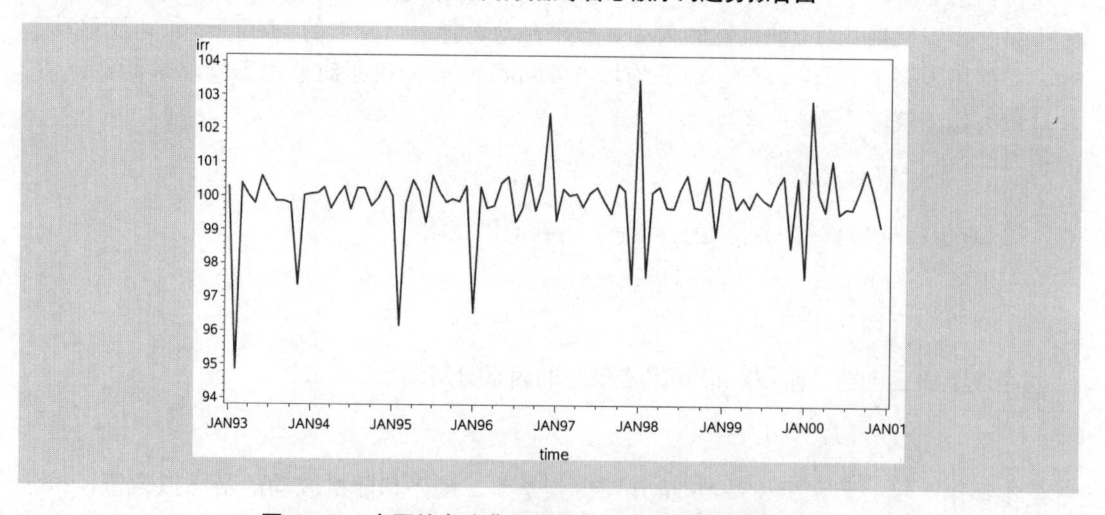

图 6-13　中国社会消费品零售总额序列随机波动拟合图

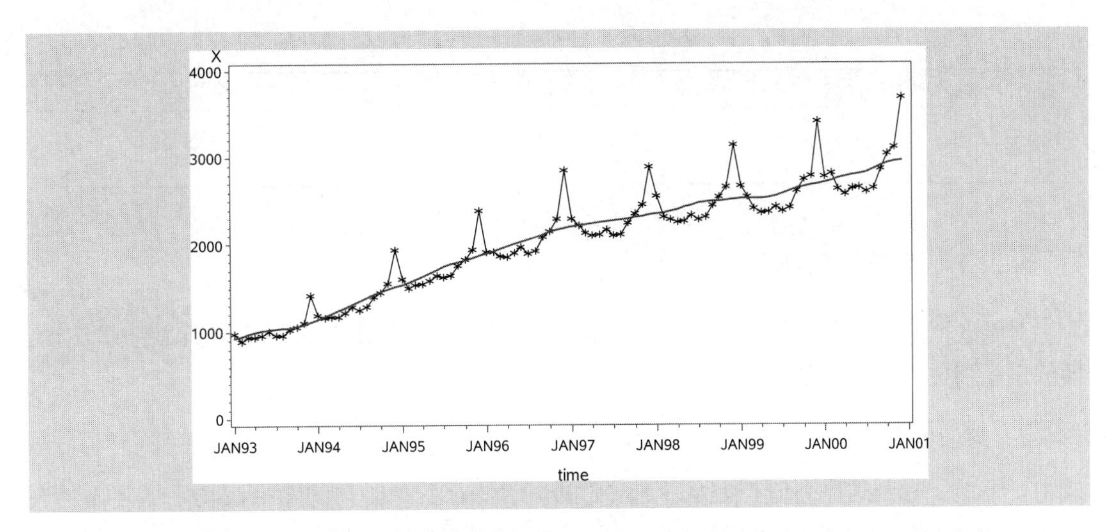

图 6-14　中国社会消费品零售总额原序列和季节调整后序列拟合效果图

说明：图中星号为序列观察值，中间的连续曲线为序列季节调整后拟合值。

X11 模型通过多次加权移动平均，可以单纯测度出季节因素、长期趋势和随机波动对序列的影响。

本例中，根据季节指数拟合图（见图 6-11）可以看出，中国社会消费品零售总额序列具有显著的季节变动特征，每年的春夏季节（3—8 月）是销售淡季，6 月份略有回弹。秋冬季是销售旺季，越靠近年末，销售额越高。

剔除季节因素的影响之后，序列呈现出显著的长期递增趋势（见图 6-12）。这说明，我国消费经济发展势头良好，每月销售额数据的起伏只是受到季节因素和随机波动的影响，长期递增趋势始终未变。

6.3 指数平滑预测模型

确定性因素分解的第二个目的是根据序列呈现的确定性特征，选择适当的模型，预测序列未来的发展。根据序列是否具有长期趋势与季节效应，可以把序列分为如下三大类：

第一类：既无长期趋势，也无季节效应。

第二类：有长期趋势，无季节效应。

第三类：长期趋势可有可无，但一定有季节效应。

在确定性因素分解领域，针对这三类序列，可以采用三种不同的指数平滑模型进行序列预测。各指数平滑模型的使用场合如表 6-5 所示。

表 6-5

预测模型选择	长期趋势	季节效应
简单指数平滑	无	无
Holt 两参数指数平滑	有	无

续表

预测模型选择	长期趋势	季节效应
Holt-Winters 三参数指数平滑	有 无	有

6.3.1 简单指数平滑

对于既无长期趋势又无季节效应的序列，可以认为序列围绕在均值附近做随机波动，即假定序列的波动服从如下模型：

$$x_t=\mu+\varepsilon_t$$

式中，x_t 为 t 时刻的序列值；μ 为序列的常数均值；ε_t 为 t 时刻的随机波动，假定不同时刻的 ε_t 相互独立，且都服从正态分布，即 $\varepsilon_t\sim N(0,\sigma^2)$，$\forall t>0$。

根据这个假定，对该序列进行预测的主要目的是消除随机波动的影响，得到序列稳定的均值。简单中心移动平均方法可以很好地完成这个任务。

简单中心移动平均方法就是将过去 n 期的等权重加权算术均值作为序列的预测值。假定序列最后一期的观察值为 x_t，那么使用简单中心移动平均方法，向前预测 1 期的预测值为：

$$\hat{x}_{t+1}=\frac{x_t+x_{t-1}+\cdots+x_{t-n+1}}{n}$$

式中，$\hat{x}_{t+1}$ 为序列向前预测 1 期的预测值；x_t，x_{t-1}，…为序列的历史观察值；n 为移动平均期数，它的大小可以由研究人员根据研究目的自行选择。

因为 $x_t=\mu+\varepsilon_t$，且 $\varepsilon_t\sim N(0,\sigma^2)$，所以

$$\hat{x}_{t+1}=\frac{x_t+x_{t-1}+\cdots+x_{t-n+1}}{n}=\mu+\frac{\varepsilon_t+\varepsilon_{t-1}+\cdots+\varepsilon_{t-n+1}}{n}$$

容易推导出：

$$E(\hat{x}_{t+1})=\mu,\ \mathrm{Var}(\hat{x}_{t+1})=\frac{\sigma^2}{n}$$

这说明使用简单中心移动平均得到的预测值是序列真实值的无偏估计，而且移动平均期数越大，预测的误差越小。

简单中心移动平均具有很多良好的属性，但是在实务中，人们也发现了它的缺点。以 n 期移动平均为例，它相当于将最近 n 期的加权平均数作为未来 1 期序列的预测值，历史信息的权重都取为 $\frac{1}{n}$。也就是说，无论时间远近，过去 n 期的观察值对未来的影响都是一样的。

但在现实生活中，我们会发现对于大多数随机事件而言，一般是近期的结果对现在的影响大些，远期的结果对现在的影响小些。为了更好地反映这种影响，Brown 和 Meyers 在 1961 年提出了指数平滑的思想。他们修正了等权重的设计，采用各期权重随时间间隔的增大呈指数衰减的设计。

简单指数平滑预测模型为：

$$\hat{x}_{t+1}=\alpha x_t+\alpha(1-\alpha)x_{t-1}+\alpha(1-\alpha)^2x_{t-2}+\alpha(1-\alpha)^3x_{t-3}+\cdots$$

式中，$\hat{x}_{t+1}$为序列向前预测1期的预测值；x_t，x_{t-1}，x_{t-2}，…为序列的历史观察值；α为平滑系数，满足$0<\alpha<1$。

因为

$$\sum_{k=0}^{\infty}\alpha(1-\alpha)^k=\frac{\alpha}{1-(1-\alpha)}=1$$

所以

$$E(\hat{x}_{t+1})=\sum_{k=0}^{\infty}\alpha(1-\alpha)^k\mu=\mu$$

这说明简单指数平滑方法的设计既考虑到时间间隔的影响，又不影响预测值的无偏性。所以它是一种简单好用的无趋势、无季节效应序列的预测方法。

在实际应用中，通常使用简单指数平滑的递推公式进行逐期预测：

$$\begin{aligned}\hat{x}_{t+1}&=\alpha x_t+\alpha(1-\alpha)x_{t-1}+\alpha(1-\alpha)^2x_{t-2}+\alpha(1-\alpha)^3x_{t-3}+\cdots\\&=\alpha x_t+(1-\alpha)[\alpha x_{t-1}+\alpha(1-\alpha)x_{t-2}+\alpha(1-\alpha)^2x_{t-3}+\cdots]\\&=\alpha x_t+(1-\alpha)\hat{x}_t\end{aligned}$$

式中，$\hat{x}_{t+1}$为序列第$t+1$期的指数平滑估计值；$\hat{x}_t$为序列第t期的指数平滑估计值；x_t为序列第t期的观察值；α为平滑系数，满足$0<\alpha<1$。

平滑系数α的值可以由研究人员根据经验和需要自行给定。对于变化缓慢的序列，常取较小的α值；相反，对于变化迅速的序列，常取较大的α值。经验α值通常介于0.05～0.3之间。现在很多统计软件也支持基于拟合精度最优原则，由计算机自行给出α值。

例6-3

对某一观察值序列$\{x_t\}$使用简单指数平滑法。已知$x_t=10$，$\hat{x}_t=10.5$，平滑系数$\alpha=0.25$。

（1）求向前预测2期的预测值$\hat{x}_{t+2}$。

（2）在2期预测值$\hat{x}_{t+2}$中，x_t前面的系数等于多少？

（1）$\hat{x}_{t+1}=0.25x_t+0.75\hat{x}_t=0.25\times10+0.75\times10.5=10.375$

$\hat{x}_{t+2}=\hat{x}_{t+1}=10.375$

（2）因为

$$\hat{x}_{t+2}=\hat{x}_{t+1}=\alpha x_t+\alpha(1-\alpha)x_{t-1}+\cdots$$

所以使用简单指数平滑法，在2期预测值$\hat{x}_{t+2}$中，x_t前面的系数等于平滑系数α，本例中$\alpha=0.25$。

例 6-4

根据1949—1998年北京市每年最高气温序列，采用指数平滑法预测1999—2018年北京市每年的最高气温（数据见表A1-18）。

首先，绘制该序列的时序图（见图6-15）。可以看到该序列没有长期趋势，没有季节效应，所以采用简单指数平滑法进行序列预测。

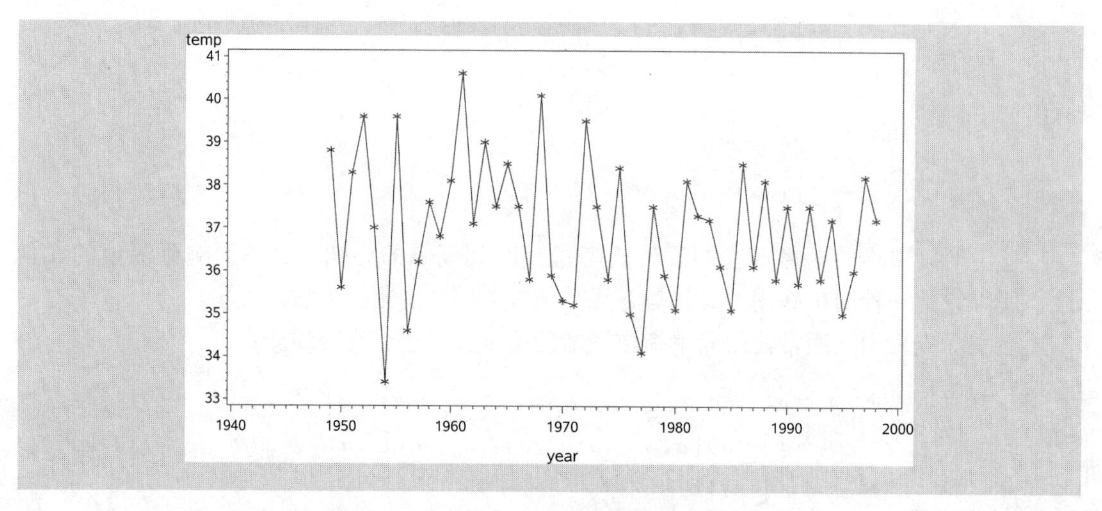

图6-15　北京市每年最高气温序列时序图

采用SAS系统默认的平滑系数$\alpha=0.2$，根据简单指数平滑公式$\hat{x}_{t+1}=\alpha x_t+(1-\alpha)\hat{x}_t$得到序列的指数平滑估计值，并向前预测20年的最高气温。容易得到1999—2018年，北京市每年的最高气温预测值为36.8℃，95%的置信区间恒为（33.1℃，40.5℃）。拟合和预测效果图如图6-16所示。

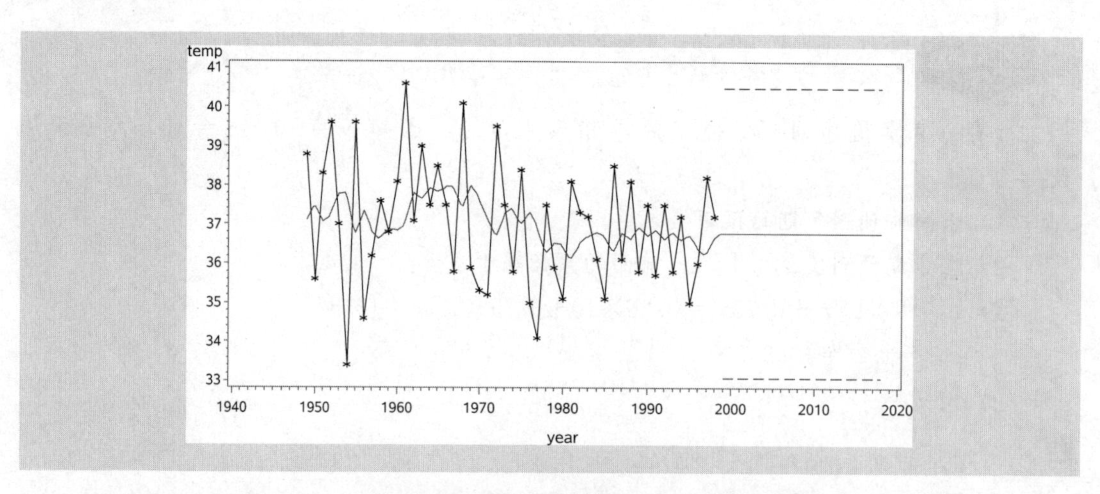

图6-16　北京市每年最高气温序列简单指数平滑预测效果图

说明：图中带星号的曲线为序列观察值，中间实线为序列简单指数平滑估计值与预测值，虚线为序列预测值的95%的置信区间。

6.3.2　Holt 两参数指数平滑

Holt 两参数指数平滑适用于对含有线性趋势的序列进行预测。它的基本思想是具有线性趋势的序列通常可以表达为如下模型结构：

$$x_t=a_0+bt+\varepsilon_t \tag{6.1}$$

式中，a_0 为截距；b 为斜率；ε_t 为随机波动，$\varepsilon_t \sim N(0,\sigma^2)$。

式（6.1）可以等价表达为如下递推公式：

$$\begin{aligned}x_t&=a_0+b(t-1)+b+\varepsilon_t\\&=(x_{t-1}-\varepsilon_{t-1})+b+\varepsilon_t\end{aligned}$$

不妨记

$$a(t-1)=x_{t-1}-\varepsilon_{t-1}$$
$$b(t)=b+\varepsilon_t$$

显然，$a(t-1)$ 是序列在 $t-1$ 时刻截距的无偏估计值，$b(t)$ 是序列在 t 时刻斜率的无偏估计值。

式（6.1）可以等价表达为：

$$x_t=a(t-1)+b(t) \tag{6.2}$$

Holt 两参数指数平滑就是分别使用简单指数平滑的方法，结合序列的最新观察值，不断修匀截距项 $\hat{a}(t)$ 和斜率项 $\hat{b}(t)$，递推公式如下：

$$\hat{a}(t)=\alpha x_t+(1-\alpha)[\hat{a}(t-1)+\hat{b}(t-1)]$$
$$\hat{b}(t)=\beta[\hat{a}(t)-\hat{a}(t-1)]+(1-\beta)\hat{b}(t-1)$$

式中，x_t 为序列在 t 时刻得到的最新观察值；α，β 均为平滑系数，满足 $0<\alpha$，$\beta<1$。

使用 Holt 两参数指数平滑法，向前 k 期的预测值为：

$$\hat{x}_{t+k}=\hat{a}(t)+\hat{b}(t)k,\forall k\geqslant 1$$

和简单指数平滑方法一样，两参数指数平滑的平滑系数 α 和 β 的值可以由研究人员根据经验和需要自行给定。通常对于变化缓慢的序列，常取较小的平滑系数；相反，对于变化迅速的序列，常取较大的平滑系数。现在很多统计软件也支持基于拟合精度最优原则，由计算机自行给出 α 和 β 的估计值。

例 6－5

对 1898—1968 年纽约市人均日用水量序列进行 Holt 两参数指数平滑，预测 1969—1980 年纽约市人均日用水量（数据见表 A1－19）。

首先，绘制该序列的时序图（见图 6－17）。时序图显示这是一个有显著线性递增趋势的序列，所以采用 Holt 两参数指数平滑法拟合并预测该序列的发展。

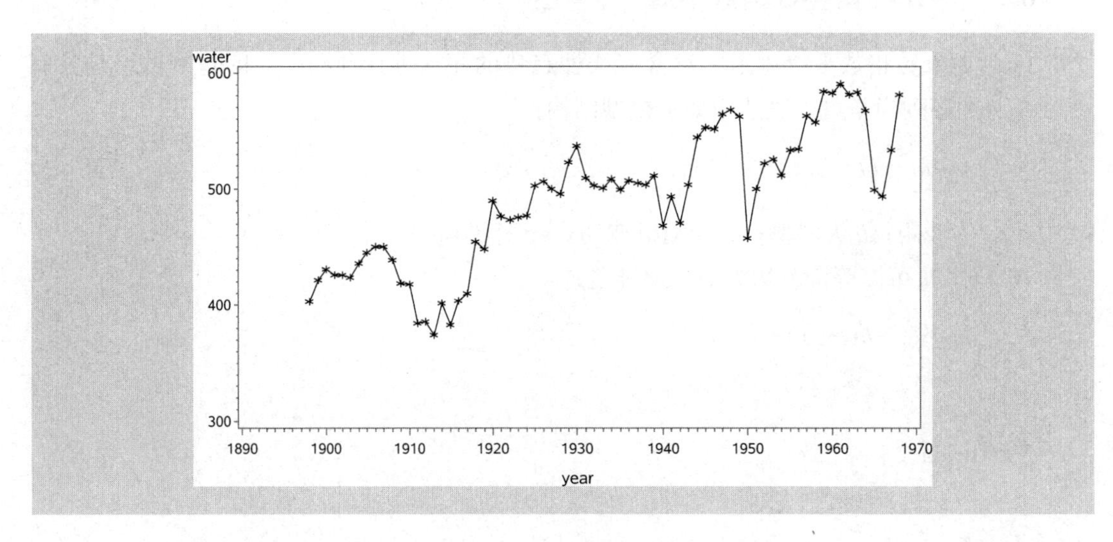

图 6-17　纽约市人均日用水量序列时序图

本例我们尝试指定平滑系数的方法，设置 $\alpha=0.6$，$\beta=0.1$。通过 Holt 两参数指数平滑法不断迭代，得到最后一期的参数估计值：

$$\hat{a}_{1968}=556.35，\hat{b}_{1968}=1.29$$

则未来任意 k 期的预测值为：

$$\hat{x}_{1968+k}=556.35+1.29k，\forall k\geqslant 1$$

预测效果图如图 6-18 所示。

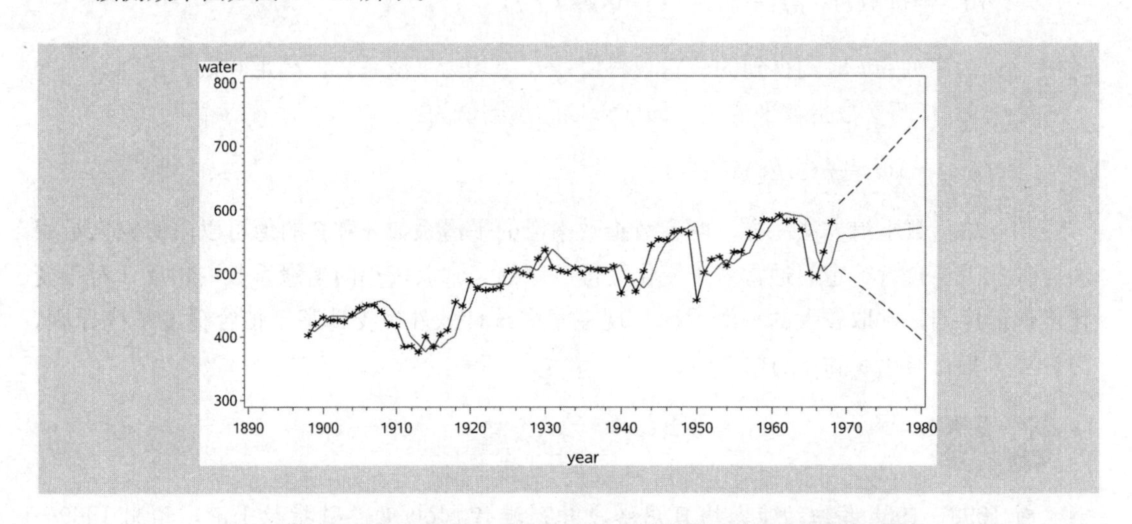

图 6-18　纽约市人均日用水量序列 Holt 两参数指数平滑预测效果图

说明：图中带星号的曲线为序列观察值，实线为序列 Holt 两参数指数平滑估计值与预测值，虚线为序列预测值的 95%的置信区间。

6.3.3　Holt-Winters 三参数指数平滑

为了预测带季节效应的序列，Winters 在 Holt 两参数指数平滑的基础上构造了 Holt-Winters 三参数指数平滑。

一、加法模型

对于季节加法模型，序列通常可以表达为如下模型结构：

$$x_t=a_0+bt+c_t+\varepsilon_t \tag{6.3}$$

式中，a_0 为截距；b 为斜率；ε_t 为随机波动，且 $\varepsilon_t \sim N(0,\sigma^2)$；$c_t$ 为 t 时刻由季节效应造成的序列偏差。

假设每个季节的周期长度为 m 期，每一期的季节指数为 S_1，S_2，…，S_m。不妨假设 t 时刻为季节周期的第 j 期（$1\leqslant j\leqslant m$），则 c_t 可以表达为：

$$c_t=S_j+e_t,\ e_t\sim N(0,\sigma_e^2)$$

式（6.3）可以等价表达为如下递推公式：

$$\begin{aligned} x_t &=a_0+b(t-1)+b+c_t+\varepsilon_t \\ &=(x_{t-1}-c_{t-1}-\varepsilon_{t-1})+b+\varepsilon_t+(S_j+e_t) \end{aligned}$$

不妨记

$$\begin{aligned} &a(t-1)=x_{t-1}-c_{t-1}-\varepsilon_{t-1} \\ &b(t)=b+\varepsilon_t \\ &c(t)=S_j+e_t \end{aligned}$$

显然，$a(t-1)$ 是 $t-1$ 时刻消除季节效应的序列截距项的无偏估计值，$b(t)$ 是 t 时刻斜率 b 的无偏估计值，$c(t)$ 是 t 时刻季节指数 S_j 的无偏估计值。

式（6.3）可以等价表达为：

$$x_t=a(t-1)+b(t)+c(t) \tag{6.4}$$

Holt-Winters 三参数指数平滑就是分别使用指数平滑的方法，迭代递推参数 $\hat{a}(t)$，$\hat{b}(t)$和 $\hat{c}(t)$ 的值，递推公式如下：

$$\begin{aligned} &\hat{a}(t)=\alpha[x_t-c(t-m)]+(1-\alpha)[\hat{a}(t-1)+\hat{b}(t-1)] \\ &\hat{b}(t)=\beta[\hat{a}(t)-\hat{a}(t-1)]+(1-\beta)\hat{b}(t-1) \\ &\hat{c}(t)=\gamma[x_t-\hat{a}(t)]+(1-\gamma)c(t-m) \end{aligned}$$

式中，x_t 为序列在 t 时刻得到的最新观察值；m 是季节效应的周期长度；α，β，γ 均为平滑系数，满足 $0<\alpha$，β，$\gamma<1$。

使用 Holt-Winters 三参数指数平滑加法公式，向前 k 期的预测值为：

$$\hat{x}_{t+k}=\hat{a}(t)+\hat{b}(t)k+\hat{c}(t+k),\quad \forall k\geqslant 1$$

假设 $t+k$ 期为季节周期的第 j 期，则 $\hat{c}(t+k)=\hat{S}_j(j=1，2，\cdots，m)$。

例 6-1 续（3）

对 1981—1990 年澳大利亚政府季度消费支出序列使用 Holt-Winters 三参数指数平滑法进行 8 期预测（数据见表 A1-16）。

我们在例 6-1 中判断过该序列适用加法模型。现在使用 Holt-Winters 三参数指数平滑加法公式对其进行 8 期预测。

如果不特别指定平滑系数的值，SAS 软件会直接使用系统默认的平滑系数：

$$\alpha=0.1055728，\beta=0.1055728，\gamma=0.25$$

通过 Holt-Winters 三参数指数平滑加法迭代公式，得到三参数的最后迭代值为：

$$\hat{a}(t)=11970.64，\hat{b}(t)=82.51$$

参数 $c(t)$ 的最后 4 个估计值对应的是 4 个季度的季节指数，如表 6-6 所示。

表 6-6

季度 j	1 季度	2 季度	3 季度	4 季度
S_j	−555.56	503.64	−131.27	183.19

该序列向前任意 k 期的预测值等于：

$$\hat{x}_{t+k}=11970.64+82.51k+S_j$$

式中，j 为 $t+k$ 期对应的季节期数。

该序列拟合与预测效果图如图 6-19 所示。

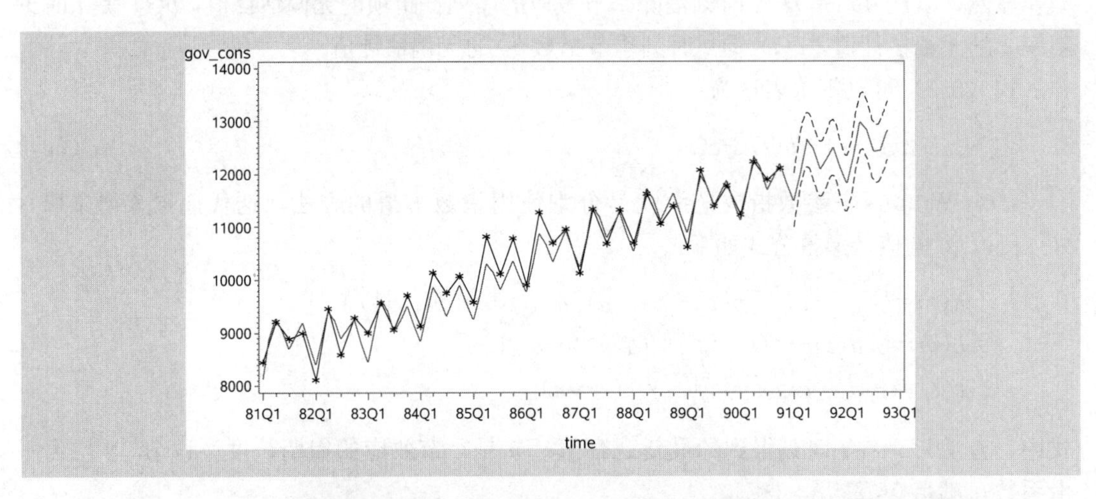

图 6-19 澳大利亚政府季度消费支出序列 Holt-Winters 三参数指数平滑预测效果图

说明：图中带星号的曲线为序列观察值，实线为序列 Holt 两参数指数平滑估计值与预测值，虚线为序列预测值的 95%的置信区间。

二、乘法模型

对于乘法模型，序列通常可以表达为如下模型结构：

$$x_t=(a_0+bt+\varepsilon_t)c_t \tag{6.5}$$

式中，a_0 为截距；b 为斜率；ε_t 为随机波动，且 $\varepsilon_t \sim N(0,\sigma^2)$；$c_t$ 为 t 时刻的季节效应。

假设每个季节的周期长度为 m 期，每一期的季节指数分别为 S_1，S_2，…，S_m。不妨假设 t 时刻为季节周期的第 j 期（$1\leqslant j\leqslant m$），则 c_t 可以表达为：

$$c_t=S_j+e_t,\ e_t\sim N(0,\sigma_e^2)$$

式（6.5）可以等价表达为如下递推公式：

$$\begin{aligned} x_t &=[a_0+b(t-1)+b+\varepsilon_t]c_t \\ &=[(x_{t-1}/c_{t-1}-\varepsilon_{t-1})+(b+\varepsilon_t)](S_j+e_t) \end{aligned}$$

不妨记

$$a(t-1)=x_{t-1}/c_{t-1}-\varepsilon_{t-1}$$
$$b(t)=b+\varepsilon_t$$
$$c(t)=S_j+e_t$$

显然，$a(t-1)$ 是 $t-1$ 时刻消除季节效应的序列截距的无偏估计值，$b(t)$ 是 t 时刻序列斜率 b 的无偏估计值，$c(t)$ 是 t 时刻序列季节指数 S_j 的无偏估计值。

式（6.5）可以等价表达为：

$$x_t=[a(t-1)+b(t)]c(t) \tag{6.6}$$

式（6.6）中三个参数的递推公式如下：

$$\hat{a}(t)=\alpha[x_t/c(t-m)]+(1-\alpha)[\hat{a}(t-1)+\hat{b}(t-1)]$$
$$\hat{b}(t)=\beta[\hat{a}(t)-\hat{a}(t-1)]+(1-\beta)\hat{b}(t-1)$$
$$\hat{c}(t)=\gamma[x_t/\hat{a}(t)]+(1-\gamma)c(t-m)$$

式中，x_t 为序列在 t 时刻的最新观察值；m 是季节效应的周期长度；α，β，γ 均为平滑系数，满足 $0<\alpha$，β，$\gamma<1$。

使用 Holt-Winters 三参数指数平滑乘法公式，向前 k 期的预测值为：

$$\hat{x}_{t+k}=[\hat{a}(t)+\hat{b}(t)k]\hat{c}(t+k),\quad \forall k\geqslant 1$$

假设 $t+k$ 期为季节周期的第 j 期，则 $\hat{c}(t+k)=\hat{S}_j(j=1,2,\cdots,m)$。

例 6-2 续（4）

对 1993—2000 年中国社会消费品零售总额序列使用 Holt-Winters 三参数指数平滑法

进行12期预测（数据见表A1-17)。

我们在例6-2中曾判断过该序列适用乘法模型，所以现在使用Holt-Winters三参数指数平滑乘法公式对其进行12期预测。

采用SAS软件系统默认的平滑系数：$\alpha=0.1055728$，$\beta=0.1055728$，$\gamma=0.25$，得到三个参数的最后迭代值：

$$\hat{a}(t)=2\,906.10,\hat{b}(t)=17.86$$

参数 $c(t)$ 的最后12个估计值对应的是12个月的季节指数，如表6-7所示。

表6-7

月份 j	季节指数 S_j	月份 j	季节指数 S_j
1	1.036 266 7	7	0.923 516 4
2	0.984 666 0	8	0.927 959 5
3	0.946 888 6	9	0.990 753 9
4	0.927 202 3	10	1.028 047 9
5	0.934 510 7	11	1.063 471 8
6	0.952 334 2	12	1.284 382 1

该序列向前任意 k 期的预测值等于：

$$\hat{x}_{t+k}=(2\,906.10+17.86k)S_j$$

式中，j 为 $t+k$ 期对应的季节期数。

使用Holt-Winters三参数指数平滑法得到该序列的拟合与预测效果图，如图6-20所示。

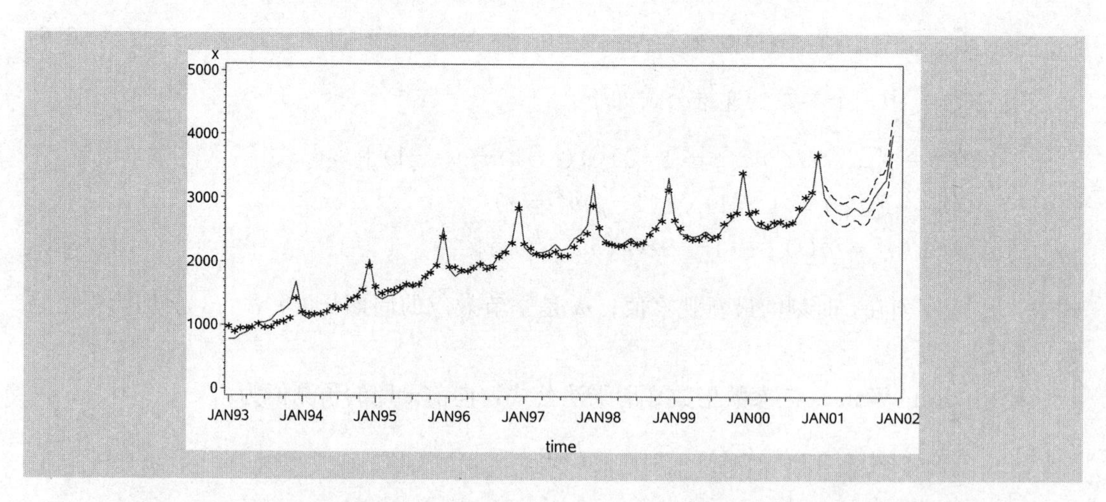

图6-20　中国社会消费品零售总额序列Holt-Winters三参数指数平滑预测效果图

说明：图中带星号的曲线为序列观察值，实线为序列Holt两参数指数平滑估计值与预测值，虚线为序列预测值的95%的置信区间。

6.4 ARIMA 加法模型

ARIMA 模型也可以对具有季节效应的序列建模。根据季节效应提取的方式不同，又分为 ARIMA 加法模型和 ARIMA 乘法模型。

ARIMA 加法模型是指序列中季节效应和其他效应之间是加法关系，即

$$x_t = S_t + T_t + I_t$$

这时，各种效应信息的提取都非常容易。通常简单的周期步长差分即可将序列中的季节信息提取充分，简单的低阶差分即可将趋势信息提取充分，提取完季节信息和趋势信息之后的残差序列就是一个平稳序列，可以用 ARMA 模型拟合。

所以季节加法模型实际上就是通过趋势差分、季节差分将序列转化为平稳序列，再对其进行拟合。它的模型结构通常如下：

$$\nabla_S \nabla^d x_t = \frac{\Theta(B)}{\Phi(B)} \varepsilon_t$$

式中，S 为周期步长，d 为提取趋势信息所用的差分阶数；$\{\varepsilon_t\}$ 为白噪声序列，且 $E(\varepsilon_t)=0$，$\mathrm{Var}(\varepsilon_t)=\sigma_\varepsilon^2$；$\Theta(B)=1-\theta_1 B-\cdots-\theta_q B^q$，为 q 阶移动平均系数多项式；$\Phi(B)=1-\phi_1 B-\cdots-\phi_p B^p$，为 p 阶自回归系数多项式。

该加法模型简记为 ARIMA$(p,(d,S),q)$，或 ARIMA$(p,d,q)\times(0,1,0)_S$。

例 6-6

拟合 1962—1991 年德国工人季度失业率序列（数据见表 A1-20）。

1. 绘制观察值序列的时序图

时序图如图 6-21 所示。

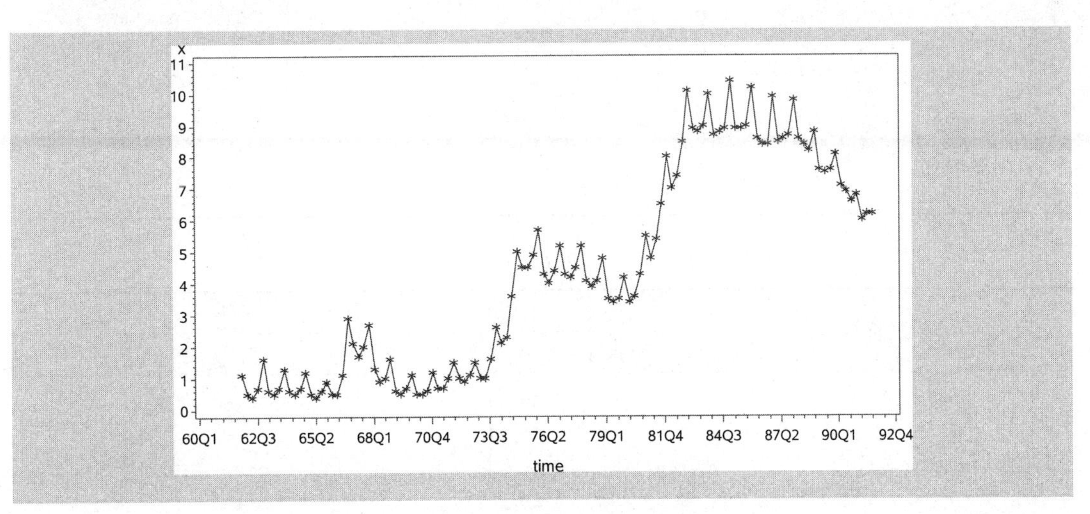

图 6-21 德国工人季度失业率序列时序图

时序图显示，该序列既含有长期趋势又含有以年为周期的季节效应。

2. 差分平稳化

对原序列做 1 阶差分消除趋势，再做 4 步差分消除季节效应的影响，差分后序列的时序图如图 6－22 所示。

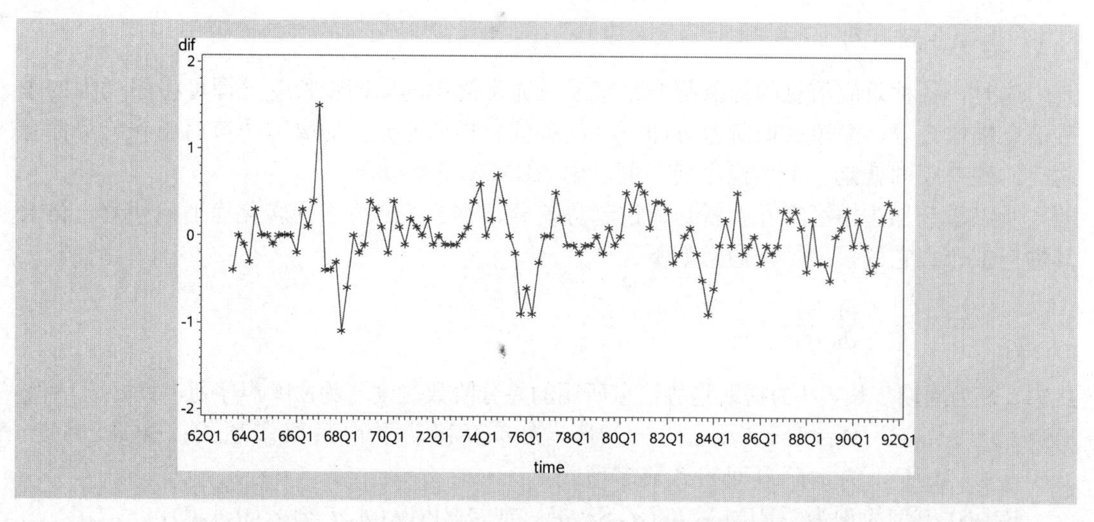

图 6－22　德国工人季度失业率 1 阶 4 步差分后序列时序图

时序图显示，差分后序列已无显著趋势或周期，随机波动比较平稳。

ADF 检验和白噪声检验结果如表 6－8 和表 6－9 所示。

表 6－8

类型	延迟阶数	τ 统计量的值	$Pr<\tau$
类型一	0	－6.77	<0.000 1
	1	－5.51	<0.000 1
	2	－4.89	<0.000 1
类型二	0	－6.74	<0.000 1
	1	－5.48	<0.000 1
	2	－4.86	0.000 2
类型三	0	－6.71	<0.000 1
	1	－5.45	<0.000 1
	2	－4.84	0.000 7

表 6－9

延迟阶数	白噪声检验	
	P 值	χ^2 统计量
6	43.84	<0.000 1
12	51.71	<0.000 1
18	54.48	<0.000 1

检验结果显示，差分后序列是平稳非白噪声序列，需要对差分后序列进一步拟合ARMA模型。

3. 模型拟合

考察差分后序列的自相关图（见图 6-23）和偏自相关图（见图 6-24）的性质，给拟合模型定阶。自相关图显示出明显的下滑轨迹，这是典型的拖尾属性。偏自相关图除了 1 阶和 4 阶偏自相关系数显著大于 2 倍标准差，其他阶数的偏自相关系数基本都在 2 倍标准差范围内波动。所以尝试拟合疏系数模型 AR(1,4)。考虑到前面进行的差分，实际上就是拟合疏系数的季节加法模型 ARIMA((1,4),(1,4),0)，或等价表达为 $ARIMA(1,1,0)\times(0,1,0)_4$。

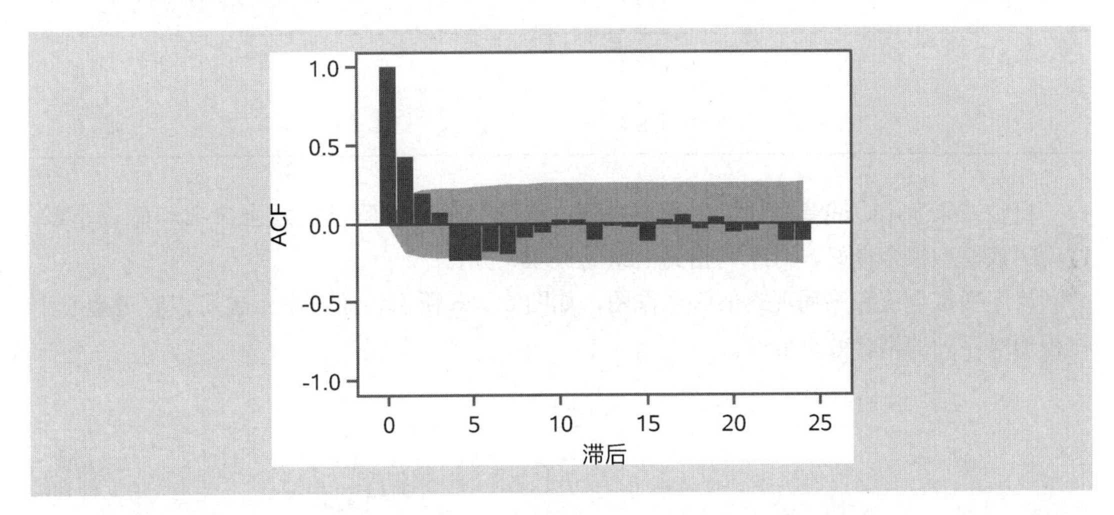

图 6-23　德国工人季度失业率 1 阶 4 步差分后序列自相关图

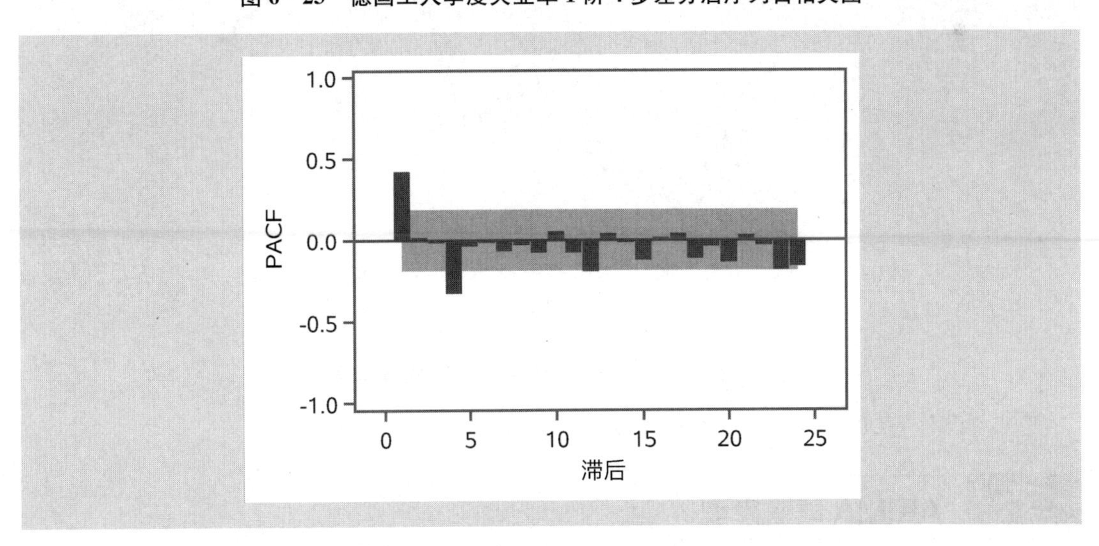

图 6-24　德国工人季度失业率 1 阶 4 步差分后序列偏自相关图

使用条件最小二乘估计方法，得到该模型的口径如下：

$$(1-B)(1-B^4)x_t=\frac{1}{1-0.447B+0.281B^4}\varepsilon_t,\ \mathrm{Var}(\varepsilon_t)=0.094\ 48$$

4. 模型检验

对该模型进行检验，结果如表 6-10 所示。

表 6-10

残差白噪声检验			参数显著性检验		
延迟阶数	χ^2 统计量	P 值	待估参数	t 统计量	P 值
6	2.09	0.719 1	ϕ_1	5.48	$<0.000\ 1$
12	10.99	0.358 4	ϕ_4	−3.41	0.000 9

检验结果显示，残差序列为白噪声序列，参数显著性检验显示两个参数均显著非零。这说明该模型拟合良好，对序列相关信息的提取充分。

将序列拟合值和序列观察值联合作图，如图 6-25 所示，通过图示也可以直观地看出该模型对序列的拟合效果良好。

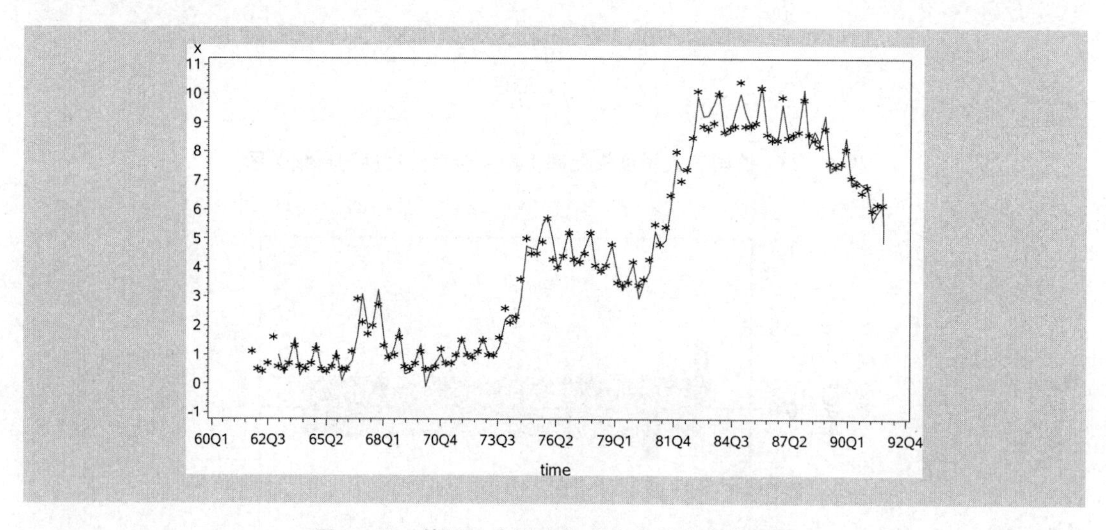

图 6-25　德国工人季度失业率序列拟合效果图

说明：图中星号为序列观察值，曲线为模型拟合值。

6.5 ARIMA 乘法模型

例 6-6 中的数据是一个既含有季节效应又含有长期趋势效应的简单序列，说它简单是因为这种序列的季节效应、趋势效应和随机波动彼此之间很容易分开，这时简单的季节加法模型即可拟合该序列的发展。

但更为常见的情况是，序列的季节效应、长期趋势效应和随机波动之间存在复杂的交互影响关系，简单的季节加法模型并不足以充分提取其中的相关关系，这时通常需要采用季节乘法模型。

例 6－7

拟合 1948—1981 年美国女性（20 岁以上）月度失业率序列（数据见表 A1－21）。

1. 绘制序列的时序图

时序图如图 6－26 所示。

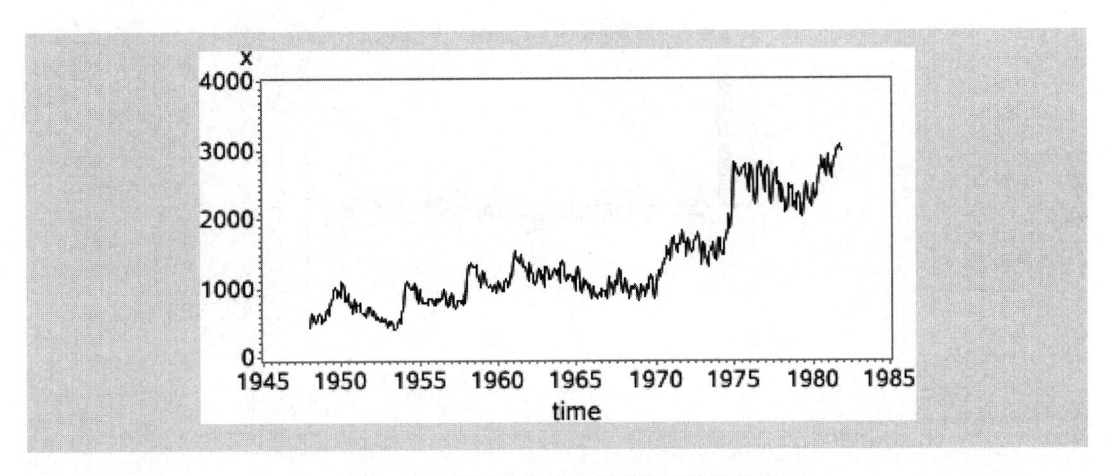

图 6－26　美国女性月度失业率序列时序图

时序图显示该序列具有长期递增趋势和以年为周期的季节效应。

2. 差分平稳化

对原序列做 1 阶 12 步差分，希望提取原序列的趋势效应和季节效应。差分后序列时序图如图 6－27 所示。ADF 检验和白噪声检验支持差分后序列为平稳非白噪声序列。

3. 模型定阶

考察差分后序列自相关图（见图 6－28）的性质，进一步确定平稳性判断，并估计拟合模型的阶数。

自相关图显示延迟 12 阶自相关系数显著大于 2 倍标准差，这说明差分后序列中仍蕴涵非常显著的季节效应。延迟 1 阶、2 阶的自相关系数也大于 2 倍标准差，这说明差分后序列还具有短期相关性。

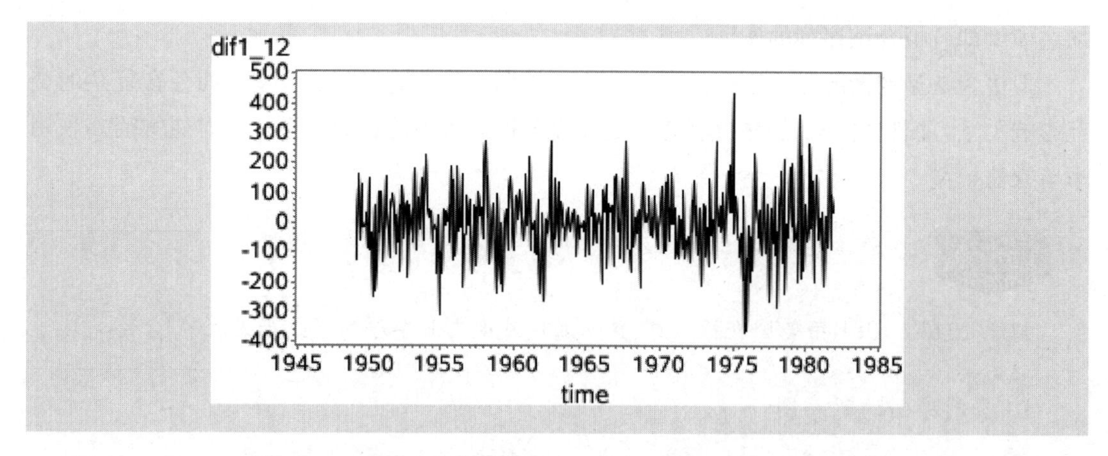

图 6－27　美国女性月度失业率 1 阶 12 步差分后序列时序图

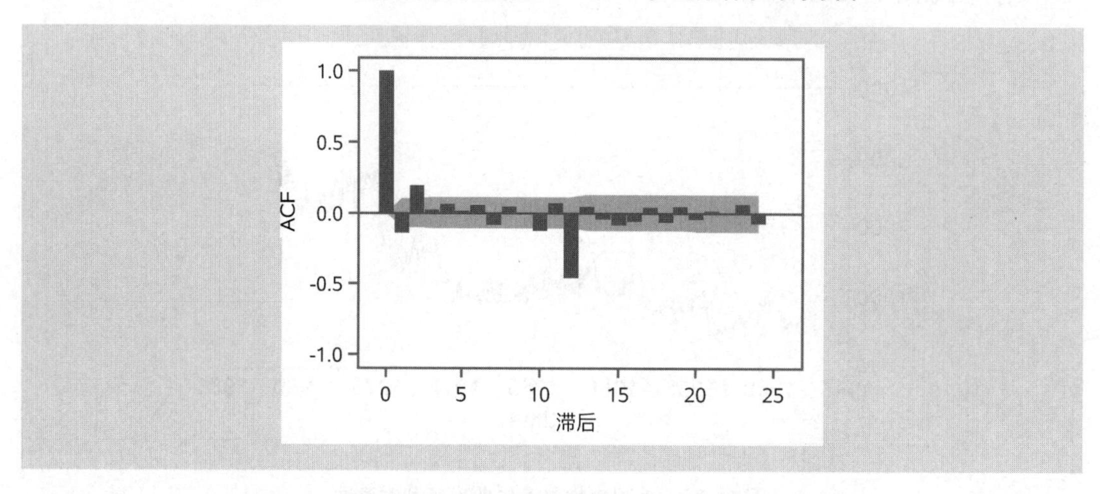

图 6－28　美国女性月度失业率 1 阶 12 步差分后序列自相关图

观察偏自相关图（见图 6－29），得到的结论和上面的结论一致。

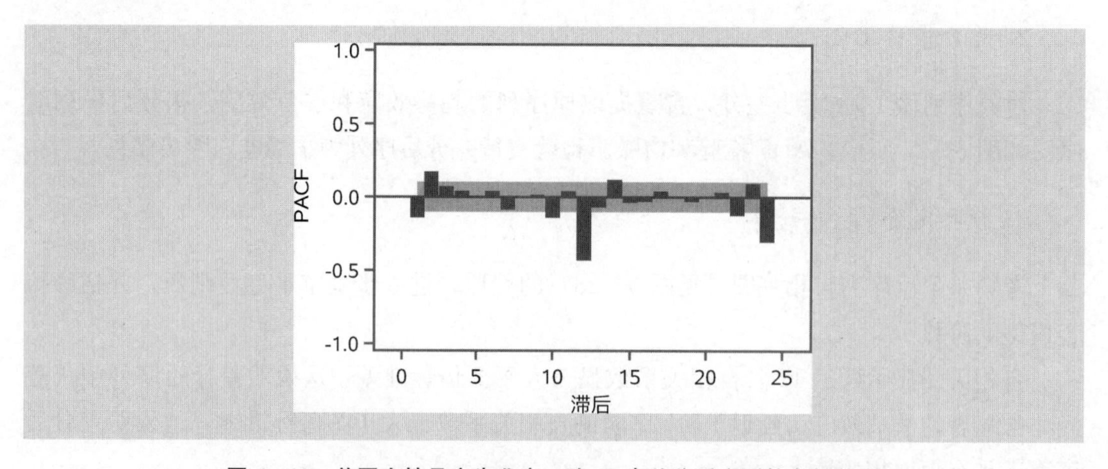

图 6－29　美国女性月度失业率 1 阶 12 步差分后序列偏自相关图

根据差分后序列的自相关图和偏自相关图的性质，尝试拟合如表 6－11 所示的 ARMA 模型，拟合效果均不理想，拟合残差均通不过白噪声检验。

表 6－11　拟合模型残差白噪声检验

延迟阶数	AR(1,12)		MA(1,2,12)		ARMA((1,12)(1,12))	
	χ^2 值	P 值	χ^2 值	P 值	χ^2 值	P 值
6	14.58	0.005 7	9.5	0.023 3	15.77	0.000 4
12	16.42	0.088 3	14.19	0.115 8	17.99	0.021 3

反复尝试的结果均不理想，说明简单的季节加法模型并不适合拟合这个序列。考虑到该序列既具有短期相关性又具有季节效应，而且使用加法模型无法充分、有效提取短期相关性和季节效应，可以认为该序列的季节效应和短期相关性之间具有复杂的关联性。这时，假定短期相关性和季节效应之间具有乘积关系，尝试使用乘法模型来拟合序列的发展。

乘法模型的构造原理如下：

当序列具有短期相关性时，通常可以使用低阶 ARMA(p,q) 模型提取。

当序列具有季节效应，季节效应本身还具有相关性时，季节相关性可以使用以周期步长为单位的 ARMA$(P,Q)_S$ 模型提取。

由于短期相关性和季节效应之间具有乘积关系，所以拟合模型实际上为ARMA(p,q) 和 ARMA$(P,Q)_S$ 的乘积。综合前面的 d 阶趋势差分和 D 阶以周期 S 为步长的季节差分运算，对原观察值序列拟合的乘法模型的完整结构如下：

$$\nabla^d \nabla_S^D x_t = \frac{\Theta(B)\Theta_S(B)}{\Phi(B)\Phi_S(B)}\varepsilon_t$$

式中：

$$\Theta(B) = 1 - \theta_1 B - \cdots - \theta_q B^q$$

$$\Phi(B) = 1 - \phi_1 B - \cdots - \phi_p B^p$$

$$\Theta_S(B) = 1 - \theta_1 B^S - \cdots - \theta_Q B^{QS}$$

$$\Phi_S(B) = 1 - \phi_1 B^S - \cdots - \phi_P B^{PS}$$

该乘法模型简记为 ARIMA$(p,d,q)\times(P,D,Q)_S$。

回到例 6－7 的模型定阶阶段，首先考虑 1 阶 12 步差分之后序列 12 阶以内的自相关系数和偏自相关系数的特征，以确定短期相关模型。自相关图（见图 6－28）和偏自相关图（见图 6－29）显示 12 阶以内的自相关系数和偏自相关系数均不截尾，所以尝试使用 ARMA(1,1) 模型提取差分后序列的短期自相关信息。

再考虑季节自相关特征，这时考察延迟 12 阶、24 阶等以周期长度为单位的自相关系数和偏自相关系数的特征。自相关图（见图 6－28）显示延迟 12 阶自相关系数显著非零，但是延迟 24 阶自相关系数落入 2 倍标准差范围。而偏自相关图（见图 6－29）显示延迟 12 阶和延迟 24 阶的偏自相关系数都显著非零。所以可以认为季节自相关特征是自相关系数截尾，偏自相关系数拖尾，这时用以 12 步为周期的 ARMA$(0,1)_{12}$模型提取差分后序列的季节自相关信息。

综合前面的差分信息，我们要拟合的乘法模型为 $\text{ARIMA}(1,1,1)\times(0,1,1)_{12}$。

$$\nabla\nabla_{12}x_t=\frac{1-\theta_1 B}{1-\phi_1 B}(1-\theta_{12}B^{12})\varepsilon_t$$

4. 参数估计

使用条件最小二乘估计方法，确定该拟合模型的口径为：

$$\nabla\nabla_{12}x_t=\frac{1+0.661\ 37B}{1+0.789\ 78B}(1-0.773\ 94B^{12})\varepsilon_t,\text{Var}(\varepsilon_t)=7\ 733.278$$

5. 模型检验

对拟合模型进行检验，检验结果显示该模型顺利通过残差白噪声检验和参数显著性检验，如表 6－12 所示。

表 6－12

残差白噪声检验			参数显著性检验		
延迟阶数	χ^2 统计量	P 值	待估参数	t 统计量	P 值
6	4.50	0.212 0	θ_1	−4.66	$<0.000\ 1$
12	9.41	0.400 2	θ_{12}	23.03	$<0.000\ 1$
18	20.58	0.150 7	ϕ_1	−6.81	$<0.000\ 1$

将序列拟合值和序列观察值联合作图，如图 6－30 所示，可以直观地看出该乘法模型对原序列的拟合效果良好。

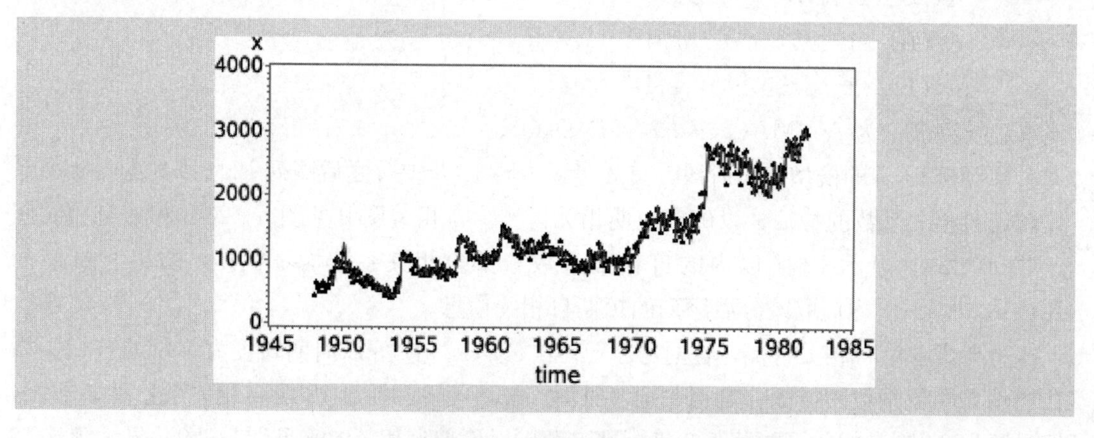

图 6－30　美国女性月度失业率序列拟合效果图

说明：图中点为序列观察值，曲线为序列拟合值。

6.6 习　题

1. 对 1962 年 1 月至 1975 年 12 月奶牛平均月产奶量序列（数据见表 A1－13）进行因素分解分析。

（1）分析它们受到哪些确定性因素的影响，为该序列选择适当的确定性因素分解模型。

（2）提取该序列的趋势效应。

（3）提取该序列的季节效应。

（4）用指数平滑法对该序列做 2 年期预测。

（5）用 ARIMA 季节模型拟合并预测该序列的发展。

（6）比较分析上面使用过的三种模型的拟合精度。

2. 据统计，1973—1978 年美国月度事故死亡数据如表 6－13 所示（行数据）。

表 6－13

单位：人

9 007	8 106	8 928	9 137	10 017	10 826	11 317	10 744	9 713
9 938	9 161	8 927	7 750	6 981	8 038	8 422	8 714	9 512
10 120	9 823	8 743	9 129	8 710	8 680	8 162	7 306	8 124
7 870	9 387	9 556	10 093	9 620	8 285	8 433	8 160	8 034
7 717	7 461	7 776	7 925	8 634	8 945	10 078	9 179	8 037
8 488	7 874	8 647	7 792	6 957	7 726	8 106	8 890	9 299
10 625	9 302	8 314	8 850	8 265	8 796	7 836	6 892	7 791
8 129	9 115	9 434	10 484	9 827	9 110	9 070	8 633	9 240

（1）分析该序列受到哪些确定性因素的影响，为该序列选择适当的确定性因素分解模型。

（2）提取该序列的趋势效应。

（3）提取该序列的季节效应。

（4）用指数平滑法对该序列做 2 年期预测。

（5）用 ARIMA 季节模型拟合并预测该序列的发展。

（6）比较分析上面使用过的三种模型的拟合精度。

3. 使用 $M_{2\times4}$ 移动平均做预测，求在 2 期预测值 $\hat{x}_t(2)$ 中 x_{t-3} 与 x_{t-1} 前面的系数分别等于多少。

4. 使用简单指数平滑法得到 $\tilde{x}_t=5$，$\tilde{x}_{t+2}=5.26$，已知序列观察值 $x_t=5.25$，$x_{t+1}=5.5$，求指数平滑系数 α。

5. 现有序列 $\{x_t=t，t=1，2，\cdots\}$，使用平滑系数为 α 的指数平滑法修匀该序列。假定 $\tilde{x}_0=0$，求 $\lim\limits_{t\to\infty}\frac{\tilde{x}_t}{t}$。

6. 我国 1949—2008 年年末人口总数序列如表 6－14 所示（行数据）。

表 6-14

单位：万人

54 167	55 196	56 300	57 482	58 796	60 266	61 465	62 828
64 653	65 994	67 207	66 207	65 859	67 295	69 172	70 499
72 538	74 542	76 368	78 534	80 671	82 992	85 229	87 177
89 211	90 859	92 420	93 717	94 974	96 259	97 542	98 705
100 072	101 654	103 008	104 357	105 851	107 507	109 300	111 026
112 704	114 333	115 823	117 171	118 517	119 850	121 121	122 389
123 626	124 761	125 786	126 743	127 627	128 453	129 227	129 988
130 756	131 448	132 129	132 802				

（1）考察该序列的特征，选择多个模型对 1949—2008 年我国人口总数进行拟合，并比较多个拟合模型的优劣。

（2）选择拟合效果最优的模型，对 2009—2016 年我国人口总数进行预测。

7. 美国艾奥瓦州 1948—1979 年非农产品季度收入数据如表 6-15 所示（行数据）。

表 6-15

单位：美元

601	604	620	626	641	642	645	655	682	678	692	707
736	753	763	775	775	783	794	813	823	826	829	831
830	838	854	872	882	903	919	937	927	962	975	995
1 001	1 013	1 021	1 028	1 027	1 048	1 070	1 095	1 113	1 143	1 154	1 173
1 178	1 183	1 205	1 208	1 209	1 223	1 238	1 245	1 258	1 278	1 294	1 314
1 323	1 336	1 355	1 377	1 416	1 430	1 455	1 480	1 514	1 545	1 589	1 634
1 669	1 715	1 760	1 812	1 809	1 828	1 871	1 892	1 946	1 983	2 013	2 045
2 048	2 097	2 140	2 171	2 208	2 272	2 311	2 349	2 362	2 442	2 479	2 528
2 571	2 634	2 684	2 790	2 890	2 964	3 085	3 159	3 237	3 358	3 489	3 588
3 624	3 719	3 821	3 934	4 028	4 129	4 205	4 349	4 463	4 598	4 725	4 827
4 939	5 067	5 231	5 408	5 492	5 653	5 828	5 965				

（1）绘制时序图，考察该序列的确定性因素特征。

（2）选择适当的模型对该序列进行拟合。

（3）对该序列进行为期 5 年的预测。

8. 某城市 1980 年 1 月至 1995 年 8 月每月屠宰生猪数量如表 6-16 所示（行数据）。

表 6-16

单位：头

76 378	71 947	33 873	96 428	105 084	95 741	110 647	100 331	94 133	103 055
90 595	101 457	76 889	81 291	91 643	96 228	102 736	100 264	103 491	97 027
95 240	91 680	101 259	109 564	76 892	85 773	95 210	93 771	98 202	97 906
100 306	94 089	102 680	77 919	93 561	117 062	81 225	88 357	106 175	91 922
104 114	109 959	97 880	105 386	96 479	97 580	109 490	110 191	90 974	98 981

续表

107 188	94 177	115 097	113 696	114 532	120 110	93 607	110 925	103 312	120 184
103 069	103 351	111 331	106 161	111 590	99 447	101 987	85 333	86 970	100 561
89 543	89 265	82 719	79 498	74 846	73 819	77 029	78 446	86 978	75 878
69 571	75 722	64 182	77 357	63 292	59 380	78 332	72 381	55 971	69 750
85 472	70 133	79 125	85 805	81 778	86 852	69 069	79 556	88 174	66 698
72 258	73 445	76 131	86 082	75 443	73 969	78 139	78 646	66 269	73 776
80 034	70 694	81 823	75 640	75 540	82 229	75 345	77 034	78 589	79 769
75 982	78 074	77 588	84 100	97 966	89 051	93 503	84 747	74 531	91 900
81 635	89 797	81 022	78 265	77 271	85 043	95 418	79 568	103 283	95 770
91 297	101 244	114 525	101 139	93 866	95 171	100 183	103 926	102 643	108 387
97 077	90 901	90 336	88 732	83 759	99 267	73 292	78 943	94 399	92 937
90 130	91 055	106 062	103 560	104 075	101 783	93 791	102 313	82 413	83 534
109 011	96 499	102 430	103 002	91 815	99 067	110 067	101 599	97 646	104 930
88 905	89 936	106 723	84 307	114 896	106 749	87 892	100 506		

（1）绘制时序图，直观考察该序列的确定性因素特征。

（2）选择适当的模型对该序列进行因素分解。

（3）选择适当的模型对该序列进行为期 5 年的预测。

9. 某欧洲小镇 1963 年 1 月至 1976 年 12 月每月旅馆入住的房间数如表 6－17 所示（行数据）。

表 6－17 单位：间

501	488	504	578	545	632	728	725	585	542	480	530
518	489	528	599	572	659	739	758	602	587	497	558
555	523	532	623	598	683	774	780	609	604	531	592
578	543	565	648	615	697	785	830	645	643	551	606
585	553	576	665	656	720	826	838	652	661	584	644
623	553	599	657	680	759	878	881	705	684	577	656
645	593	617	686	679	773	906	934	713	710	600	676
645	602	601	709	706	817	930	983	745	735	620	698
665	626	649	740	729	824	937	994	781	759	643	728
691	649	656	735	748	837	995	1 040	809	793	692	763
723	655	658	761	768	885	1 067	1 038	812	790	692	782
758	709	715	788	794	893	1 046	1 075	812	822	714	802
748	731	748	827	788	937	1 076	1 125	840	864	717	813
811	732	745	844	833	935	1 110	1 124	868	860	762	877

（1）考察该小镇旅馆入住情况的规律。

（2）根据该序列呈现的规律，你能想出多少种方法拟合该序列？比较不同方法的拟合效果。

（3）选择拟合效果最好的模型，预测该序列未来 3 年的旅馆入住情况。

6.7 上机指导

6.7.1 X11 过程

以 1978—1988 年英国非耐用品消费额序列为例，将数据读入临时数据集 example 6 _ 1，使用 X11 过程进行季节调整，并将原序列与消除季节影响的趋势线联合作图，相关命令如下：

```
data example6 _ 1;
input x@@;
t=intnx('quarter','1jan1978'd, _ n _ -1);
format t yyq4. ;
cards;
40777  41778  43160  45897
41947  44061  44378  47237
43315  43396  44843  46835
42833  43548  44637  47107
42552  43526  45039  47940
43740  45007  46667  49325
44878  46234  47055  50318
46354  47260  48883  52605
48527  50237  51592  55152
50451  52294  54633  58802
53990  55477  57850  61978
;
proc x11 data=example6 _ 1;
quarterly date=t;
var x;
output out=out b1=x d10=season d11=adjusted d12=trend d13=irr;
proc gplot data=out;
plot season * t=2 adjusted * t=2 trend * t=2 irr * t=2
plot x * t=1 adjusted * t=2/overlay;
symbol1 c=black i=join v=star;
symbol2 c=red i=join v=none w=2;
run;
```

语句说明：

（1）“proc x11 data=example6_1;”指定系统对数据集 example6_1 的数据进行 X11 分析。

（2）“quarterly date=t;”告诉系统这是季度数据（假如是月度数据就记作 monthly），变量 t 为时间变量名。

（3）“var x;”告诉系统要进行季节调整的变量为 x。

（4）“output out=out b1=x d10=season d11=adjusted d12=trend d13=irr;”告诉系统输出部分结果到临时数据集 out，在此我们要求输出的结果是：

原序列值 x（表 B1 的数据）；

季节指数（或称为季节因子）season（表 D10 的数据）；

季节调整后的序列值 adjusted（表 D11 的数据）；

趋势拟合值 trend（表 D12 的数据）；

最后的不规则波动值 irr（表 D13 的数据）。

X11 过程的输出结果非常多，主要分为七个部分：

A. 先验修正（可选）。

B. 不规则成分权重和回归交易日因子的初始估计。

C. 规则成分权重和回归交易日因子的最终估计。

D. 季节项、长期趋势项和不规则波动的最终估计。

E. 分析表格。

F. 概括性量度。

G. 图表。

每一部分的输出里又包含非常多的子表，由于内容过于庞杂，详细的解释略。每张表的具体输出内容及解释请参考附录 3。

本例输出的季节指数图、消除季节效应后的序列图、趋势图及不规则波动图略，输出的原序列与消除季节效应后的调整序列图如图 6-31 所示。

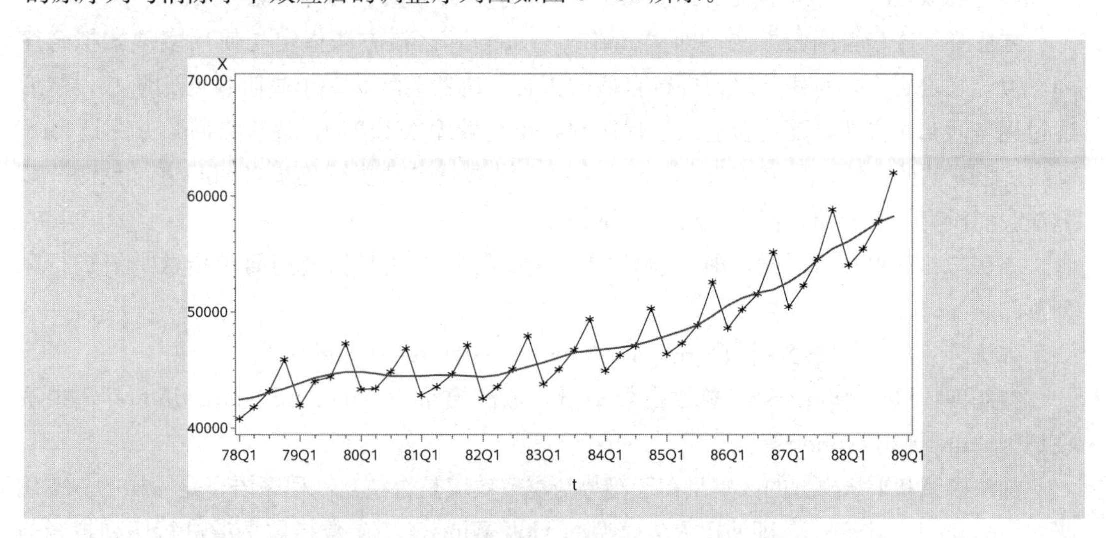

图 6-31　X11 过程季节效应调整前后的效果图

6.7.2 forecast 过程

在 SAS/ETS 模块中，有一个专门的 forecast 过程，可以使用平滑法进行快速预测。下面仍然以 1978—1988 年英国非耐用品消费额序列为例，数据文件依然存在临时数据集 example6_1 中，使用 forecast 过程进行预测，并将拟合值、预测值、拟合参数、拟合优度信息输出，相关命令如下：

```
proc forecast data=example6_1 interval=qtr lead=8 trend=2 method=winters
weight=(0.4,0.15,0.3) seasons=4 out=out2 outfull outest=outest;
id t;
var x;
run;
```

语句说明：

(1)“proc forecast data=example6_1 interval=qtr lead=8 trend=2 method=winters weight=(0.4,0.15,0.3) seasons=4 out=out2 outfull outest=outest;”指定系统对数据集 example6_1 的数据进行拟合和预测分析。其中：

1)“interval=”指定输入数据的频率。如果序列为季度数据，则 interval=qtr；如果序列为月度数据，则 interval=month。

2)“lead=”指定预测时期数。本序列做 8 期预测，对于季度数据而言，也就是预测未来两年的波动。

3)“trend=”指定序列长期趋势特征。如果序列无显著趋势，指定 trend=1；如果序列有线性趋势，指定 trend=2；如果序列有显著的非线性趋势，指定 trend=3。本例中序列有显著线性趋势，所以指定 trend=2。

4)“method=”指定预测方法。forecast 程序一共提供了四种预测方法。

方法一：逐步自回归方法，即“method=stepar”。该方法指定先使用多项式拟合序列，拟合好之后，再对残差序列进行自回归拟合，机器会默认一个高阶自回归阶数，然后通过逐步回归的方法，筛选合适的延迟阶数，得到最优 AR 模型。逐步自回归方法是 forecast 过程默认的方法，如果缺省 method 选项，机器就自动执行逐步自回归进行预测。该方法我们没有详细介绍，但大家可以尝试使用。

方法二：简单指数平滑，即“method=expo”。该方法是指使用简单指数平滑进行序列预测。

方法三：Holt 两参数指数平滑，即“method=winters trend=2”。

方法四：Holt-Winters 三参数指数平滑，加法模型为“method=addwinters”，乘法模型为“method=winters”。

加法模型和乘法模型的区别只在于趋势与季节效应是否独立，程序语言是一样的。本例指定“method=winters”，即使用乘法模型的 Holt-Winters 三参数指数平滑进行序列拟合与预测。

5）“weight=”根据指定的预测方法，给出具体的平滑系数。如果不指定该选项，机器会自动给出平滑系数。

如果方法指定“method=winters”，可以通过weight选项指定三个平滑系数的具体取值，weight=(α,β,γ)。如果缺省weight选项，机器默认$\alpha=0.1055728$，$\beta=0.1055728$，$\gamma=0.25$。机器默认的平滑系数有时拟合效果很好，有时不尽如人意。这时可以自行调节平滑系数，以期获得更好的拟合与预测结果。本例weight=(0.4,0.15,0.3）是指定$\alpha=0.4$，$\beta=0.15$，$\gamma=0.3$。

6）“seasons=”指定周期长度。本例为季度数据，4期为一个周期，所以seasons=4。如果是月度数据，则seasons=12。拟合Holt两参数指数平滑模型时，没有季节效应，必须缺省seasons选项。

7）“out=”指定输出结果存储文件。本例out=out2是将输出结果存在文件名为out2的临时数据库文件中。

8）“outfull”是指将原序列观察值、序列拟合值、预测值、95%的置信上限和95%的置信下限等信息都存入输出文件。如果缺省outfull选项，输出文件将只存储预测值。

9）“outest=”指定输出文件，将拟合过程中的参数估计值与拟合优度统计量存入该文件。

(2)“id t;”指定时间变量的标识。

(3)“var x;”指定预测变量。

运行该预测程序，通过资源管理器，打开结果文件work.out（见图6-32），该文件有四个变量，从左到右分别为时间变量、类型变量、预测时期标识变量、序列值变量。

	t	Type of Observation	Number of Periods into the Forecast	x
84	88Q2	FORECAST	0	55413.667938
85	88Q3	ACTUAL	0	57850
86	88Q3	FORECAST	0	57368.10393
87	88Q4	ACTUAL	0	61978
88	88Q4	FORECAST	0	61676.169423
89	89Q1	FORECAST	1	56674.979316
90	89Q1	L95	1	55221.277863
91	89Q1	U95	1	58128.680768
92	89Q2	FORECAST	2	58460.956628
93	89Q2	L95	2	56829.971651
94	89Q2	U95	2	60091.941605
95	89Q3	FORECAST	3	60583.973485
96	89Q3	L95	3	58736.544019
97	89Q3	U95	3	62431.402951
98	89Q4	FORECAST	4	64855.517818
99	89Q4	L95	4	62690.213837
100	89Q4	U95	4	67020.8218
101	90Q1	FORECAST	5	59394.813518
102	90Q1	L95	5	57213.60049
103	90Q1	U95	5	61576.026546
104	90Q2	FORECAST	6	61233.239456

图6-32　输出结果文件部分截图

类型变量（_type_）共有四种：

_ type _ =ACTUAL 表明后面的序列值为序列观察值；

_ type _ =FORECAST 表明后面的序列值为序列拟合值或预测值；

_ type _ =L95 表明后面的序列值为序列的 95%的置信下限；

_ type _ =U95 表明后面的序列值为序列的 95%的置信上限。

预测时期标识变量显示为 0 时，表明这是观察期；显示为 1，2，3，…时，表明这是第 1，2，3，…期的预测信息。

通过资源管理器，打开拟合结果文件 work. outest（见图 6 - 33），可以查看预测过程中的相关参数及拟合结果。

	Type of Observation	t	x
1	N	88Q4	44
2	NRESID	88Q4	44
3	DF	88Q4	38
4	WEIGHT1	88Q4	0.4
5	WEIGHT2	88Q4	0.15
6	WEIGHT3	88Q4	0.3
7	SIGMA	88Q4	772.81069
8	CONSTANT	88Q4	58343.892
9	LINEAR	88Q4	708.48135
10	S_1_1	88Q4	0.9597409
11	S_1_2	88Q4	0.9782483
12	S_1_3	88Q4	1.0018958
13	S_1_4	88Q4	1.0601149
14	SST	88Q4	1.06841E9
15	SSE	88Q4	22694982
16	MSE	88Q4	597236.36
17	RMSE	88Q4	772.81069
18	MAPE	88Q4	1.2134612
19	MPE	88Q4	-0.043687
20	MAE	88Q4	568.48363
21	ME	88Q4	5.7765471
22	RSQUARE	88Q4	0.9787581

图 6 - 33　拟合结果文件截图

该文件输出信息如下：

N 是序列长度；

NRESID 是序列中非缺失数据个数；

DF 是拟合模型自由度；

WEIGHT1 是平滑系数 α 的值；

WEIGHT2 是平滑系数 β 的值；

WEIGHT3 是平滑系数 γ 的值；

SIGMA 是残差标准差；

CONSTANT 是该序列时间趋势模型的常数或截距参数的估计；

LINEAR 是该序列时间趋势模型的线性或斜率参数的估计；

S _ 1 _ 1 是第一季度季节指数；

S _ 1 _ 2 是第二季度季节指数；
S _ 1 _ 3 是第三季度季节指数；
S _ 1 _ 4 是第四季度季节指数；
SST 是总误差平方和；
SSE 是残差平方和；
MSE 是均方误差；
RMSE 是均方误差开根号；
MAPE 是平均绝对百分数误差；
MPE 是平均百分误差；
MAE 是平均绝对误差；
ME 是平均误差；
RSQUARE 是拟合 R^2。

有了拟合和预测数据，还可以绘制拟合效果图（见图 6－34），相关程序如下：

```
proc gplot data=out2;
plot x * t= _ type _ /href='01jan1989'd;
symbol1 c=black v=star i=join;
symbol2 i=spline v=none c=red w=1.5;
symbol3 i=spline v=none l=3 r=1 c=blue;
symbol4 i=spline v=none l=3 r=1 c=blue;
run;
```

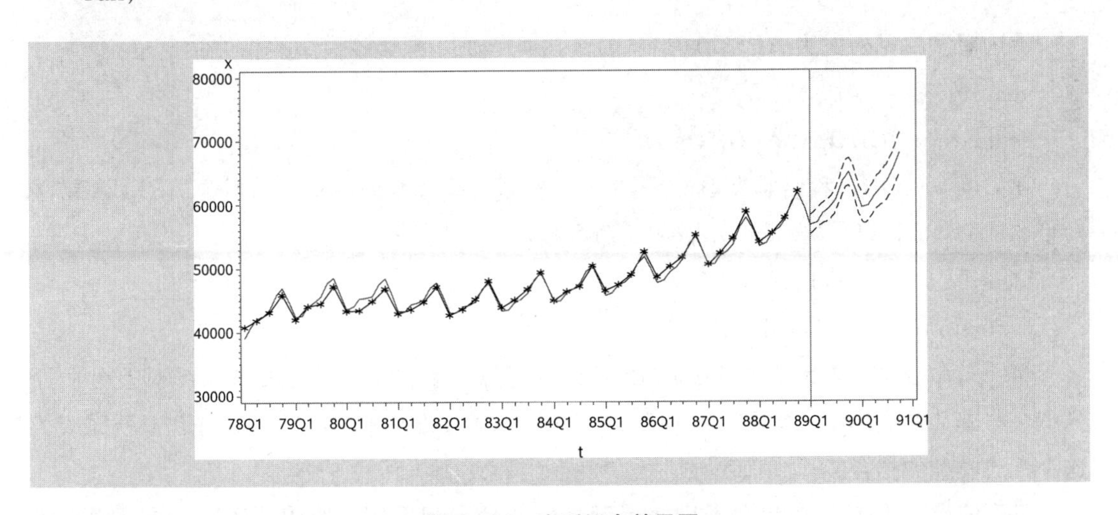

图 6－34　序列拟合效果图

说明：图中带星号的曲线为序列观察值，实线为序列 Holt 两参数指数平滑估计值与预测值，虚线为序列预测值的 95％的置信区间。

6.7.3 ARIMA 季节模型

在 arima 过程中拟合 ARIMA 季节模型是件很简单的事情。只需要在 identify 和 estimate 命令中以指定格式输入模型信息，系统就能自动识别并执行指令，然后会按照 ARIMA标准输出格式输出所有信息。

一、ARIMA 加法模型指定格式

加法模型常见格式为 $\text{ARIMA}(p,1,q)\times(0,1,0)_s$，拟合该模型的相关命令是：

```
identify var=x(1,s);
estimate p=p q=q;
```

比如例 6-6 中，我们要为 1962—1991 年德国工人季度失业率序列拟合 ARIMA 加法模型 ARIMA（(1，4)，(1，4)，0）（这个模型也可以写为 $\text{ARIMA}((1,\ 4),\ 1,\ 0)\times(0,\ 1,\ 0)_4$），相关命令是：

```
identify var=x(1,4);
estimate p=(1,4);
```

第一句命令是要求系统进行 1 阶 4 步（1 阶周期步长）差分运算。第二句命令是要求系统对差分后序列拟合疏系数模型 AR(1,4)。合并起来就完成了这个加法模型的拟合。

二、ARIMA 乘法模型指定格式

乘法模型常见格式为 $\text{ARIMA}(p,1,q)\times(m,1,n)_s$，拟合该模型的相关命令是：

```
identify var=x(1,s);
estimate p=(p)(ms)q=(q)(ns);
```

比如例 6-7 中，我们要为 1948—1981 年美国女性月度失业率序列拟合 ARIMA 乘法模型 $\text{ARIMA}(1,1,1)\times(0,1,1)_{12}$，相关命令是：

```
identify var=x(1,12);
estimate p=1 q=(1)(12);
```

第一句命令是要求系统进行 1 阶 12 步差分运算。第二句命令是要求系统对差分后序列拟合非季节效应模型 ARMA(1,0) 与季节效应模型 $\text{ARMA}(0,1)_{12}$。合并起来就完成了这个乘法模型的拟合。

下面依然以 1978—1988 年英国非耐用品消费额序列为例，使用 ARIMA 季节模型进行分析。相关命令如下：

```
proc arima data=example6_1;
```

```
identify var=x(1,4);
estimate p=(4) noint;
forecast lead=0 id=t out=out3;
run;
proc gplot data=out3;
plot x*t=1 forecast*t=2/overlay;
symbol1 c=black i=join v=dot;
symbol2 c=red i=join v=none;
run;
```

语句说明：

（1）“identify var=x(1,4);”。因为该序列有明显的长期线性递增趋势和以年为周期的季节效应，所以指定系统对该序列进行 1 阶 4 步差分。差分后序列的识别信息如图 6-35 所示。

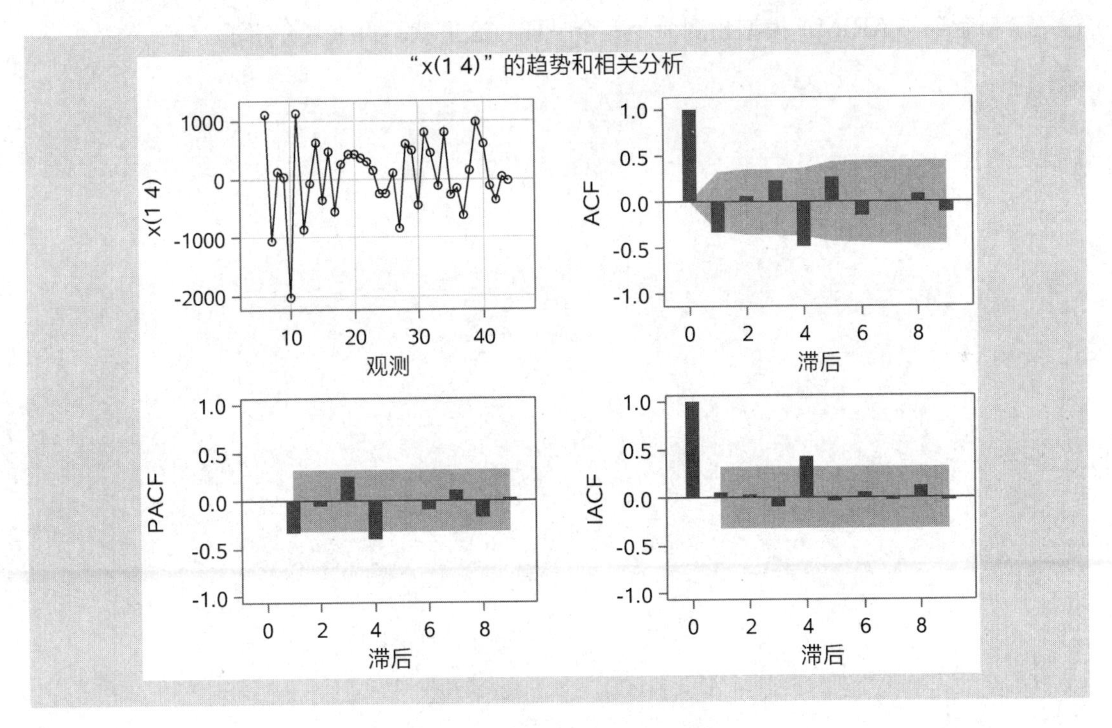

图 6-35　差分后序列相关信息

（2）“estimate p=(4) noint;”。研究人员可以根据自相关图和偏自相关图提供的特征，自行确定该序列的拟合模型结构。本例中的拟合模型结构为 ARIMA$(0,1,0)\times(1,1,0)_4$，同时，由于系数显著性检验显示常数项不显著，所以增加 noint 选项，删除常数项。

其他命令和输出结果格式前面都介绍过，在此不再赘述。该序列的拟合效果图如

图 6-36 所示。

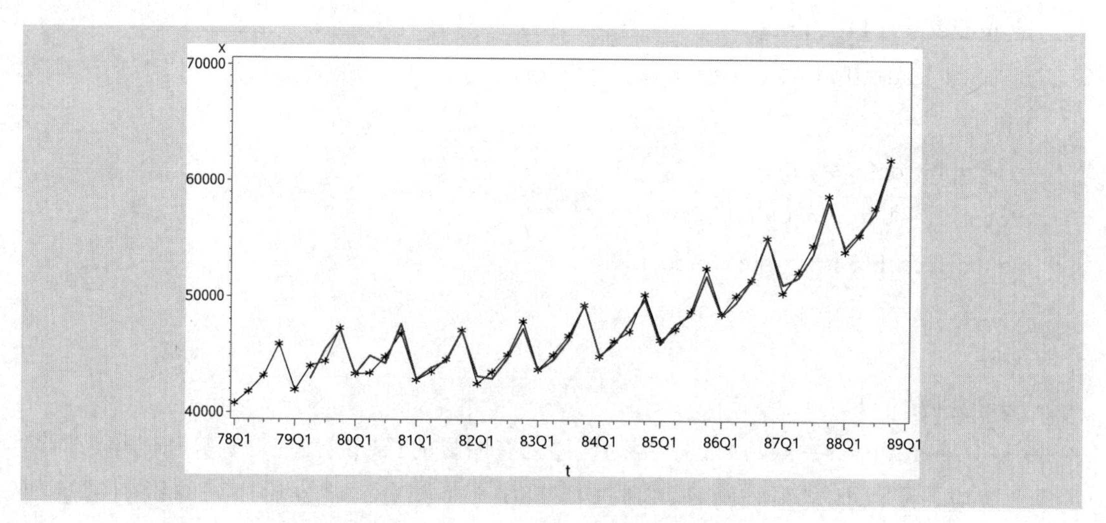

图 6-36　ARIMA 季节模型拟合效果图

预测命令与 ARIMA 模型预测命令完全一样，这里就不再重复介绍了。

条件异方差模型

1982年，Engle在分析英国通货膨胀率序列时发现，使用经典的ARIMA模型始终无法取得理想的预测值置信区间。为什么会这样呢？经过对残差序列的仔细研究，他发现问题出在残差序列具有异方差性。为了解决这个问题，他构造了条件异方差模型，并因为这个模型获得了2003年诺贝尔经济学奖。本章就介绍这个模型族的产生背景、构造原理和使用步骤。

7.1 异方差的问题

前面我们学过了ARIMA模型和因素分解模型。尽管它们得到的最终拟合模型的结构和结果可能会不一样，但它们的工作性质是相同的。这些模型拟合并预测序列在任意时刻的平均水平，所以，前面介绍的方法都属于对序列均值的拟合方法。

比如，在例5-6中我们对美国国民生产总值（GNP）平减指数序列进行拟合和预测，得到的拟合模型是：

$$x_t=0.7292+1.4695x_{t-1}-0.4695x_{t-2}+\varepsilon_t$$

通过这个拟合模型，可以得到该序列在任意已发生时刻的拟合值，以及未来时刻的预测值。换言之，就是得到了该序列在任意时刻均值的估计值。但均值的估计值只是一个点估计。点估计是无法给出估计精度的。对于预测而言，只知道一个点估计没有意义，因为未来真实值恰好等于预测的点估计值的概率近似为0。真正有意义的是预测值的置信区间。

比如例5-6中，基于拟合的ARIMA(1,1,0)模型，得到该序列未来10年的点估计和95%的置信区间（如表5-4所示）。基于过去的历史信息，我们预测1971年美国GNP平减指数的均值在139.36，当然1971年真实的GNP平减指数几乎不会恰好等于139.36，它会在139.36附近。那么附近是多近呢？95%的置信区间告诉我们，1971年的GNP平减指数有95%的可能处在134.42～144.30这个范围内。换言之，我们有95%的把握认为

1971 年美国 GNP 平减指数的值会落在一个波动范围只有 10 个点的狭窄空间里。显然，在预测分析中，置信区间更有使用价值。因此得到准确的置信区间对预测而言就显得非常重要。

但是，要提醒大家注意的是，这个 95%的置信区间不一定真的有 95%的置信水平。它的准确性取决于它是否满足一个默认的假定——残差序列方差齐性。

$$\mathrm{Var}(\sigma_\varepsilon^2)=\sigma^2$$

下面解释一下置信区间的计算，让大家了解为什么方差齐性假定这么重要。

序列的真实值 x_t 和根据拟合模型得到的拟合值 $\hat{x}_t$ 之差就是序列的残差 ε_t：

$$\varepsilon_t=x_t-\hat{x}_t,\quad t=1,2,\cdots,T$$

假如序列满足方差齐性假定，即 $\mathrm{Var}(\varepsilon_t)=\sigma_\varepsilon^2$，那么残差序列的每个观察值都可以用来估计它们共同的方差，这时它们共同的方差可以用残差平方和的均值估计：

$$\hat{\sigma}_\varepsilon^2=\frac{\sum_{t=1}^{T}\varepsilon_t^2}{T}$$

本例中，根据 1889—1970 年的历史数据，在方差齐性假定下计算出 $\hat{\sigma}_\varepsilon^2=6.356\ 4$。

1971 年的预测值，相当于历史数据向前预测 1 期，根据 ARIMA(1,1,0) 拟合模型，可以得到 1971 年的预测值点估计 $\hat{x}_{1971}$：

$$\begin{aligned}\hat{x}_{1971}&=0.729\ 2+1.469\ 5x_{1970}-0.469\ 5x_{1969}\\&=139.36\end{aligned}$$

这时如果能够获得 1971 年残差的波动 $\hat{\sigma}_{1971}^2$，我们就能获得 1971 年预测值的置信区间，在正态分布假定下，它的 95%的置信区间应该等于

$$(\hat{x}_{1971}-1.96\hat{\sigma}_{1971},\hat{x}_{1971}+1.96\hat{\sigma}_{1971})$$

如果残差序列满足方差齐性假定，那么 1971 年的方差均值也等于 σ_ε^2，即

$$\hat{\sigma}_{1971}^2=\hat{\sigma}_\varepsilon^2$$

那么 95%的置信区间即 $(\hat{x}_{1971}-1.96\hat{\sigma}_\varepsilon,\ \hat{x}_{1971}+1.96\hat{\sigma}_\varepsilon)$。把 $\hat{x}_{1971}=139.36$，$\hat{\sigma}_\varepsilon=\sqrt{6.356\ 4}$ 代入置信区间公式，容易求得 1971 年美国 GNP 平减指数序列 95%的置信区间即 (134.42，144.30)。

显然，这个置信区间的获得是基于残差序列满足方差齐性假定。如果没有方差齐性假定，我们就不可以用所有的残差求平方和的均值，即 $\mathrm{Var}(\varepsilon_t)\neq\sigma_\varepsilon^2$，也不可以认为 1971 年的方差就等于这个均值，即 $\hat{\sigma}_{1971}^2\neq\hat{\sigma}_\varepsilon^2$。如果硬要认为等号成立，那么求出的置信区间就不是 95%的置信区间。

遗憾的是，之前介绍的所有水平建模方法，实际上都没有严格地检验残差序列是否满足方差齐性。

以 ARIMA 模型建模为例，我们在模型拟合之后都会进行残差的白噪声检验，白噪声序列应该满足如下三个假定条件：

（1）零均值：$E(\varepsilon_t)=0$。

这个假定最容易实现，只要对序列进行中心化处理就可以实现，所以这个假定通常已经实现，无须检验。

（2）纯随机：$\mathrm{Cov}(\varepsilon_t,\varepsilon_{t-i})=0$，$\forall i\geqslant 1$。

如果这个条件不满足，说明残差序列中还蕴涵着值得提取的自相关信息。为了有效检验这个假定条件是否满足，我们构造了 Q 统计量和 LB 统计量。换言之，我们在拟合 ARIMA 模型时进行的残差白噪声检验其实只是残差的纯随机性检验。

（3）方差齐性：$\mathrm{Var}(\varepsilon_t)=\sigma_\varepsilon^2$，$\forall t\geqslant 0$。

在此之前我们没有对这一条件进行任何检验。在缺省检验的情况下，默认残差序列一定满足这个条件。但实际上，这个条件并不总是满足。

如果残差序列方差齐性的假定不成立，即随着时间的变化，残差序列的方差不是常数，我们称这种属性为方差非齐，或简称为异方差现象。序列的异方差属性可以表达为方差是时间 t 的函数：

$$\mathrm{Var}(\varepsilon_t)=\sigma_t^2$$

如果忽视异方差的存在，就会使得残差的方差估计不准确。相应地，置信水平为 $1-\alpha$ 的置信区间，实际的置信水平就不是 $1-\alpha$ 了。这会使得估计和预测的精度都受到影响，更糟糕的是，会受到多大的影响，我们无法测量。所以为了提高拟合模型的估计和预测精度，需要对残差序列进行方差齐性检验，并对异方差序列进行深入的分析。

7.2 异方差的直观诊断

有些序列具有明显的异方差属性，通过残差图或者残差平方图就可以直观地看出来。

7.2.1 残差图

当残差序列 $\{\varepsilon_t\}$ 方差齐性时，它应该在一个边界与均值的距离几乎相等的空间里随机波动，不带任何趋势，如图 7-1 所示；否则，就显示出异方差的性质，如图 7-2 至图 7-4所示。

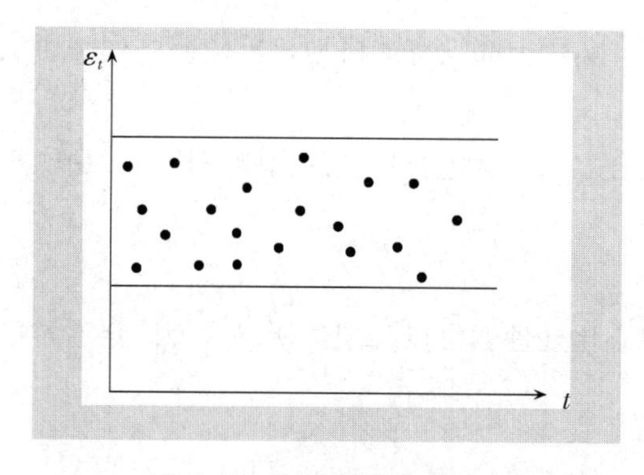

图 7-1　方差齐性残差图

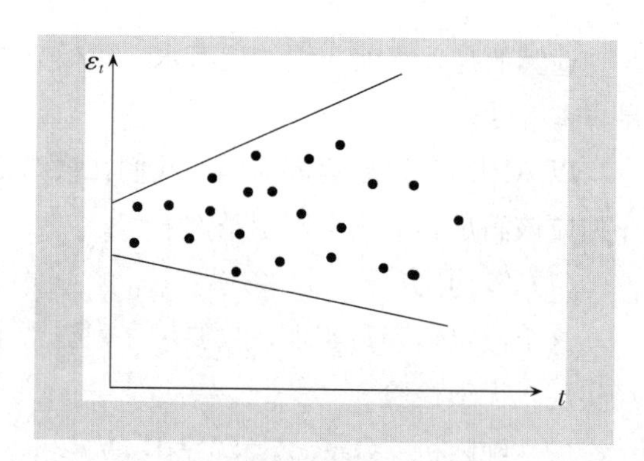

图 7-2　递增型异方差

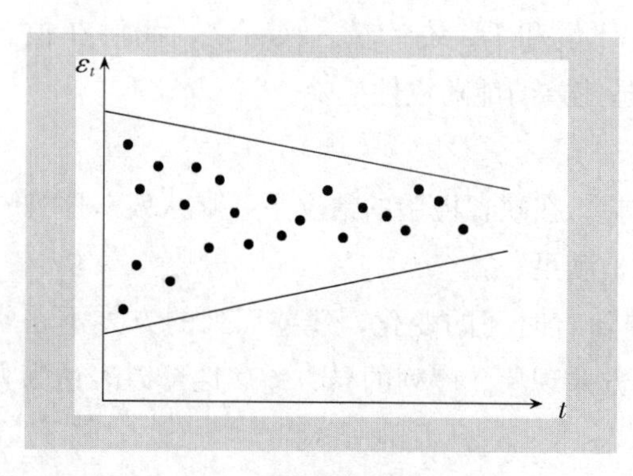

图 7-3　递减型异方差

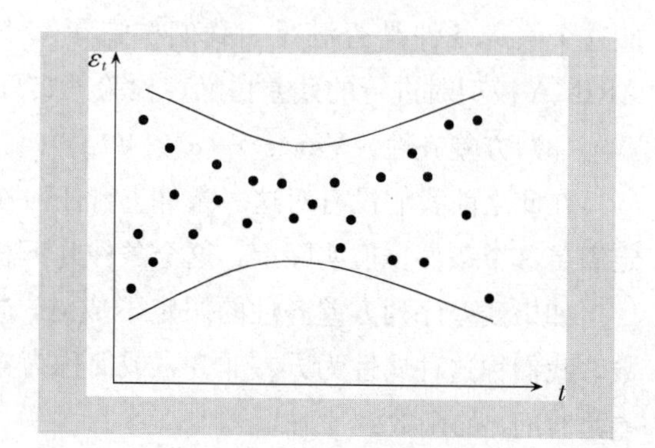

图 7-4　综合型异方差

7.2.2　残差平方图

由于残差序列的方差实际上就是它平方的期望，即

$$\mathrm{Var}(\varepsilon_t)=E(\varepsilon_t^2)$$

所以残差序列是否方差齐性，主要是考察 ε_t^2 的性质。我们可以借助残差平方图，即 ε_t^2 关于 t 变化的二维坐标图，对残差序列的方差齐性进行直观诊断。

和残差图的判断原则一样，假设方差齐性满足，有

$$E(\varepsilon_t^2)=\sigma_\varepsilon^2$$

这意味着 ε_t^2 应该在某个常数值 σ_ε^2 附近随机波动，它不应该具有任何明显的规律性，否则就呈现出异方差性。

例 7-1

直观考察 1963 年 4 月至 1971 年 7 月美国短期国库券的月度收益率序列的方差齐性（数据见表 A1-22）。

该序列的时序图（见图 7－5）显示出序列显著非平稳。

对原序列进行 1 阶差分，差分后残差显示出均值平稳但方差递增的性质，如图 7－6 所示。

观察 1 阶差分后残差平方图（见图 7－7），可以看出残差平方具有显著的差异性，图 7－6和图 7－7 都能得出残差序列异方差的结论。

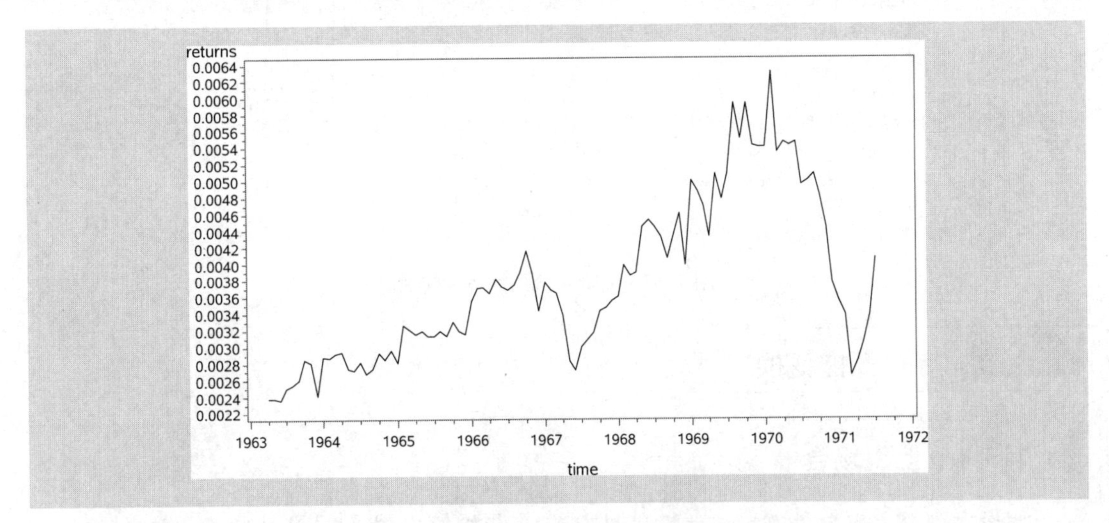

图 7－5　美国短期国库券月度收益率序列时序图

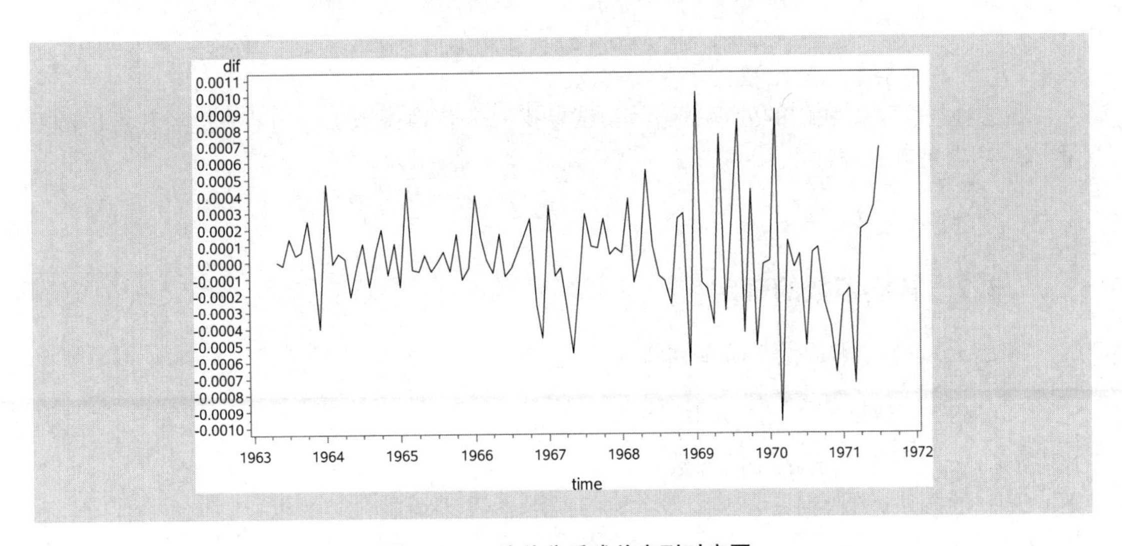

图 7－6　1 阶差分后残差序列时序图

当残差序列异方差时，我们需要对它做进一步的处理，思路有两种：

（1）假如已知异方差函数的具体形式，进行方差齐性变换。

（2）假如不知道异方差函数的具体形式，拟合条件异方差模型。

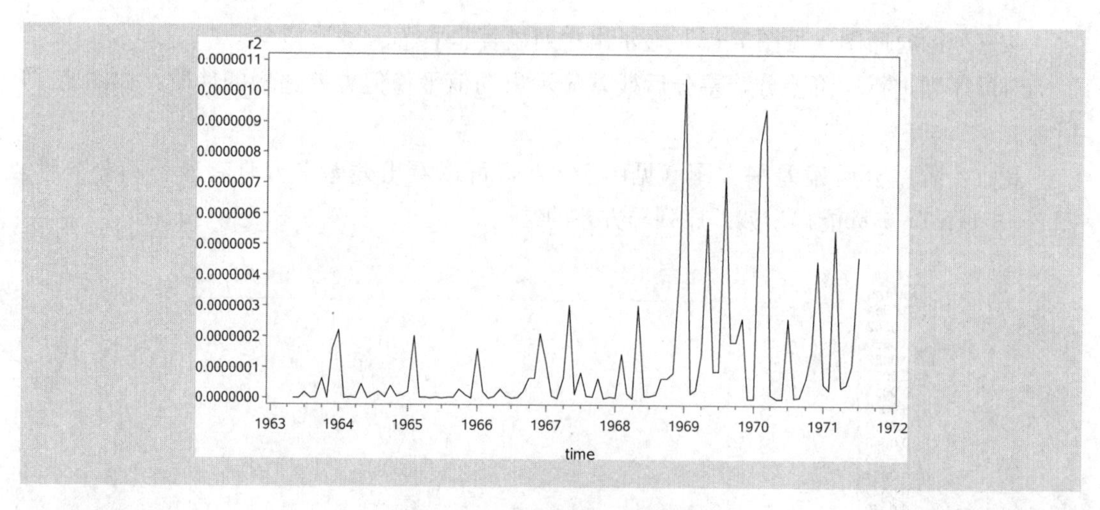

图 7－7　1 阶差分后残差平方图

7.3 方差齐性变换

7.3.1 使用场合

假设序列显示出显著的异方差性，且方差 σ_t^2 与均值 μ_t 之间具有某种函数关系：

$$\sigma_t^2=h(\mu_t)$$

式中，$h(\cdot)$ 是某个已知函数。

在这种场合下，我们的处理思路是尝试寻找一个转换函数 $g(\cdot)$，使得经转换后的变量 $g(x_t)$ 满足方差齐性：

$$\mathrm{Var}[g(x_t)]=\sigma^2$$

7.3.2 转换函数的确定

将 $g(x_t)$ 在 μ_t 附近做 1 阶泰勒展开：

$$g(x_t)\approx g(\mu_t)+(x_t-\mu_t)g'(\mu_t)$$

式中，$g'(\cdot)$ 为 $g(\cdot)$ 的 1 阶导数。

则 $g(x_t)$ 的方差近似等于

$$\begin{aligned}\mathrm{Var}[g(x_t)]&\approx\mathrm{Var}[g(\mu_t)+(x_t-\mu_t)g'(\mu_t)]\\&=[g'(\mu_t)]^2\cdot\mathrm{Var}(x_t)\\&=[g'(\mu_t)]^2h(\mu_t)\end{aligned}$$

显然，要使得 $\mathrm{Var}[g(x_t)]$ 等于常数，转换函数的导数 $g'(\cdot)$ 必须与 $\sqrt{h(\cdot)}$ 具有倒函数关系：

$$g'(\mu_t)=\frac{1}{\sqrt{h(\mu_t)}}$$

在实践中，许多金融时间序列都呈现出异方差的性质，而且通常序列的标准差与其水平之间具有某种正比关系，即序列的水平低时，序列的波动范围小；序列的水平高时，序列的波动范围大。对于这种异方差的性质，最简单的假定为：

$$\sigma_t = \mu_t$$

即等价于

$$h(\mu_t) = \mu_t^2$$

要使得原序列经过适当转换后方差齐性，就必须满足

$$g'(\mu_t) = \frac{1}{\sqrt{h(\mu_t)}} = \frac{1}{\mu_t}$$

等价推导出

$$g(\mu_t) = \ln \mu_t$$

这意味着对于标准差与水平成正比关系的异方差序列，对数变换可以有效地实现方差齐性。

例 5-2 续

对 1950—1999 年北京市民用车辆拥有量序列的异方差性进行考察并进行方差齐性变换（数据见表 A1-12）。

之前我们在介绍差分平稳时研究过这个序列。这个序列的时序图（见图 5-3）显示它有显著的曲线递增趋势，2 阶差分后能实现确定性趋势信息的充分提取，但差分后序列图呈现出显著的异方差特征（见图 5-5）。

考虑到随着趋势的递增，序列方差也在递增的特征，我们不妨尝试对原序列进行对数变换 $\ln x_t = \ln(x_t)$，对数序列时序图保持了原序列的递增趋势，如图 7-8 所示。

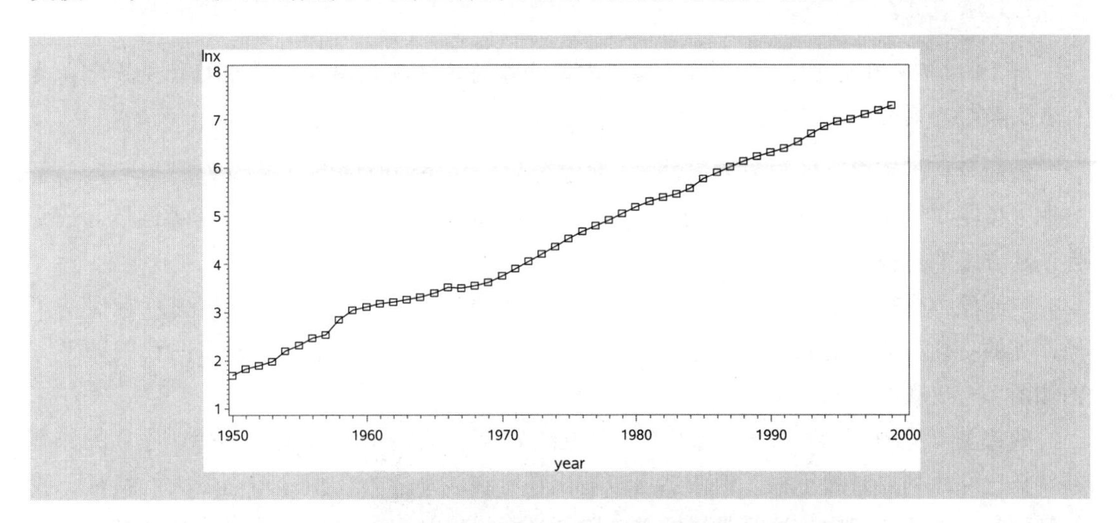

图 7-8　北京市民用车辆拥有量对数序列时序图

对 $\ln x_t$ 序列进行 1 阶差分 $\text{difln}x_t=\ln x_t-\ln x_{t-1}$，差分后时序图如图 7-9 所示。

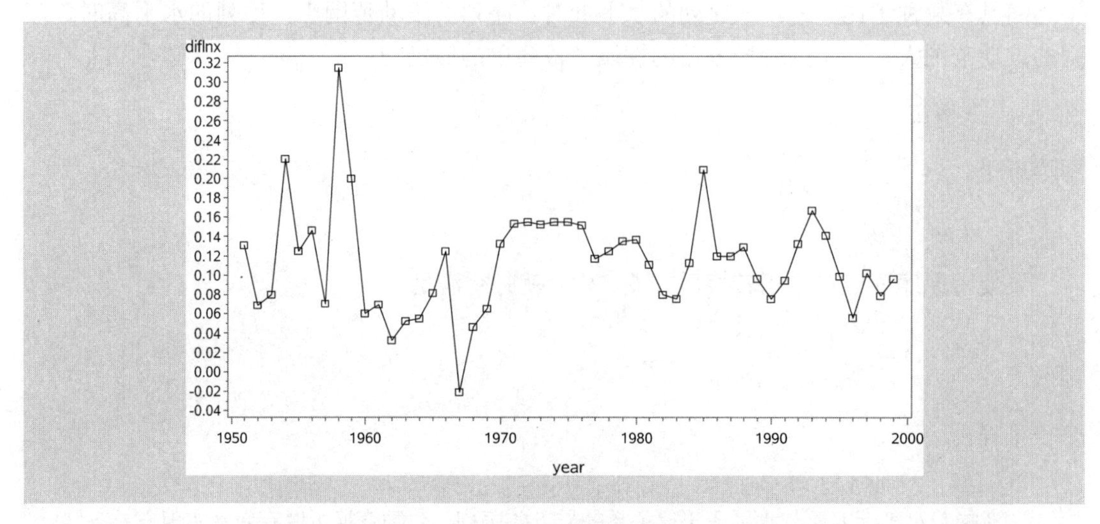

图 7-9　北京市民用车辆拥有量对数序列差分后时序图

从图 7-9 中可以直观看出，对数序列的 1 阶差分几乎充分提取了序列里蕴涵的趋势信息，而且残差序列没有了图 5-5 所显示的显著的异方差特征。这说明对北京市民用车辆拥有量序列而言，在建模之前最好先进行对数变换，对数变换后的序列基本能实现方差齐性。在方差齐性基础上得到的拟合模型的精度要高些。

由于很多经济和金融变量都具有方差随着均值递增而递增的特点，所以在实务领域，经济学家和金融研究人员都会在建模之前先对序列进行对数变换，希望能消除方差非齐。但是，用对数变换实现方差齐性的，只能是方差与均值之间具有线性关系。其他情况下，对数变换不一定能实现方差齐性。

例 7-1 续

对 1963 年 4 月至 1971 年 7 月美国短期国库券的月度收益率序列使用对数变换，查看对数变换后序列的方差齐性。

前面分析了该序列的异方差属性，1 阶差分后残差序列时序图（见图 7-6）和残差平方图（见图 7-7）都显示该序列方差非齐，而且方差随着均值递增。所以考虑通过对数变换消除方差非齐性。

对原序列进行对数变换 $\ln x_t=\ln(x_t)$，对数序列时序图（见图 7-10）显示它保持了原序列的变化趋势。对它进行 1 阶差分 $\text{difln}x_t=\ln x_t-\ln x_{t-1}$。差分后残差图和残差平方图如图 7-11 和图 7-12 所示。

残差图（见图 7-11）和残差平方图（见图 7-12）都显示：对数变换后，序列的异方差特征比原序列要减缓很多，但依然可以看出还存在波动随着均值递增而增大的特征。我们又面临一个新的问题：这算是异方差消除了还是没有消除？显然无论做出什么判断，都是很主观的。

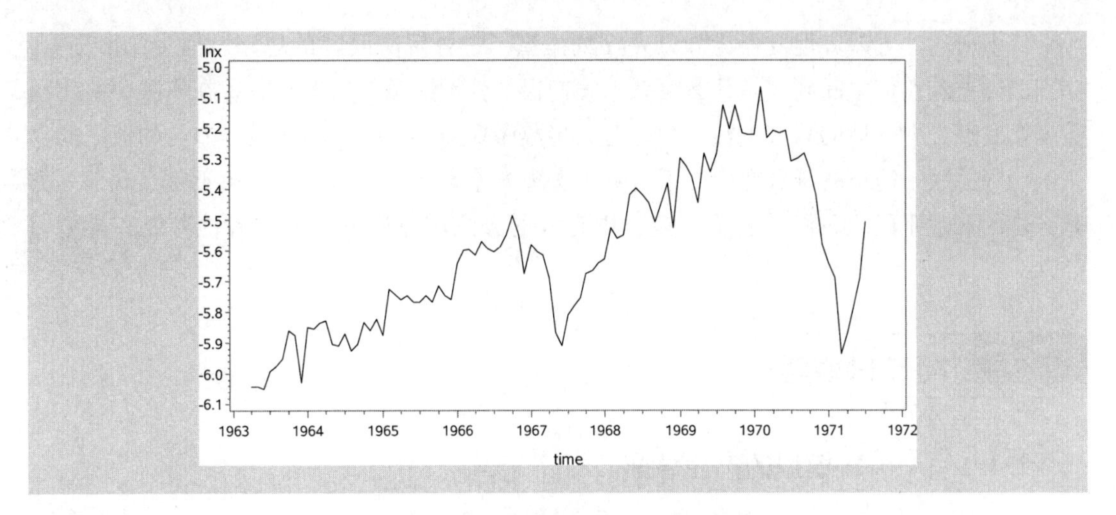

图 7－10　美国短期国库券对数序列时序图

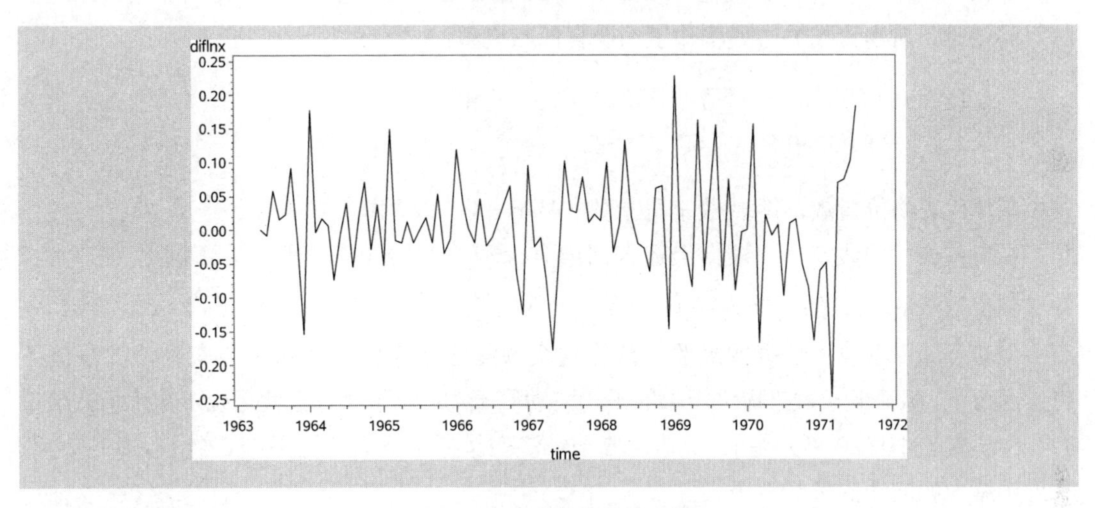

图 7－11　1 阶差分后残差图

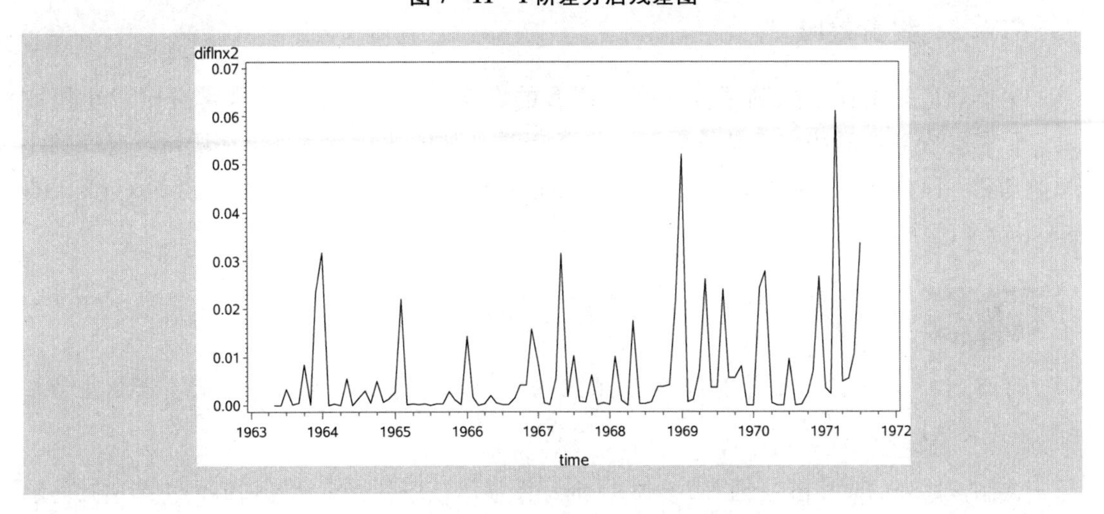

图 7－12　1 阶差分后残差平方图

综上所述，方差齐性变换为异方差序列提供了一种解决问题的思路。但多数情况下，序列的方差和均值之间到底是什么关系，我们根本就不知道。这意味着，在实践中能用函数变换实现方差齐性的只有少数序列。对大多数序列而言，由于不知道方差与均值之间真正的函数关系，简单的函数变换并不能真正实现方差齐性。所以函数变换不是实现序列方差齐性的普适手段。我们需要更严谨、更有效的方法进行序列的方差齐性判断和异方差处理。

7.4 ARCH 模型

7.4.1 ARCH 模型的产生背景

Engle 根据 1958 年 2 季度至 1977 年 2 季度的数据，研究英国因工资上涨导致的通货膨胀问题时，对物价指数序列构建了一个自回归模型：

$$\begin{aligned} P_t =& 0.0257+0.334P_{t-1}+0.408P_{t-4}-0.404P_{t-5} \\ & -0.0559(P_{t-1}-W_{t-1})+\varepsilon_t \end{aligned} \tag{7.1}$$

式中，P 代表物价指数；W 代表工资指数；$\mathrm{Var}(\varepsilon_t)=23\times10^{-6}$。

在方差齐性的假定下，根据上述自回归方程和方差估计值，很容易预测出 1977 年 3 季度物价指数的 95%的波动范围为（$\hat{P}_{t+1}-1.96\sqrt{23\times10^{-6}}$，$\hat{P}_{t+1}+1.96\sqrt{23\times10^{-6}}$）。

但是 Engle 以经济学家的经验，认为这个预测的置信区间偏小，与实际情况可能不符。因为从 1974 年开始，物价指数的平均波动等于 230×10^{-6}。也就是说，物价指数最近 4 年的方差是过去 20 年方差的 10 倍。鉴于经济变量通常具有集群效应的特征，1977 年 3 季度延续大幅波动的可能性更大。

7.4.2 集群效应

集群效应是指在消除确定性非平稳因素的影响后，残差序列在大部分时段小幅波动，但是会在某些时段出现持续大幅波动。于是序列的波动就呈现出一段持续时间的小幅波动和一段持续时间的大幅波动交替出现的特征。这种特征就称为集群效应（volatility cluster）。

例 7-2

考察 2013 年 1 月 4 日至 2017 年 8 月 25 日上证指数每日收盘价序列的集群效应特征（数据见表 A1-23）。

绘制该序列的时序图（见图 7-13）。时序图显示该序列有持续递增继而持续递减的趋势，呈现出显著的非平稳特征。

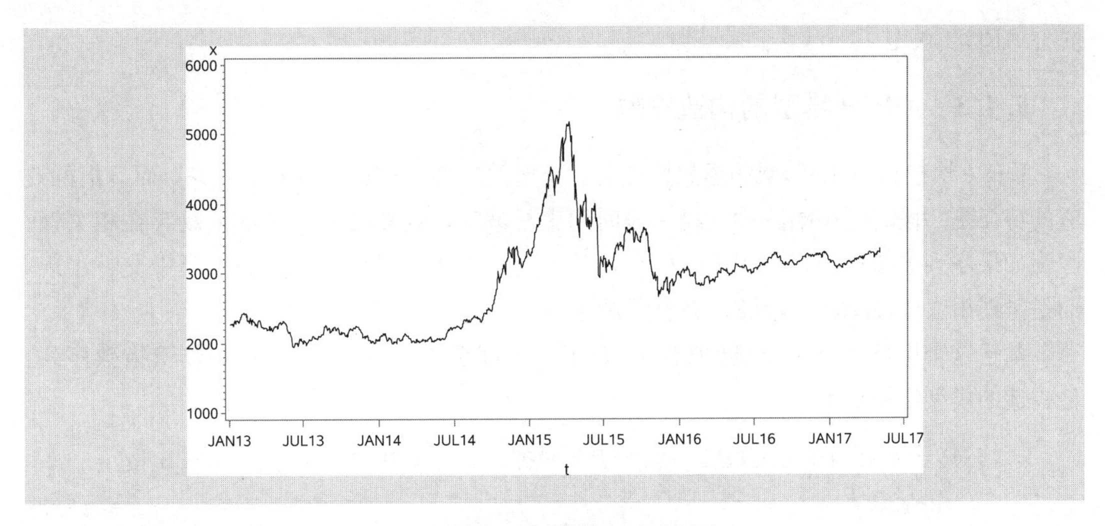

图 7-13　上证指数序列时序图

对该序列进行 1 阶差分，提取确定性趋势信息，差分后序列时序图见图 7-14，图中虚线为 2 倍标准差参考线。图 7-14 显示出 2015 年之前序列持续小幅波动，2015—2016 年序列持续大幅波动，2016 年之后序列又持续小幅波动，这就是显著的集群效应特征。

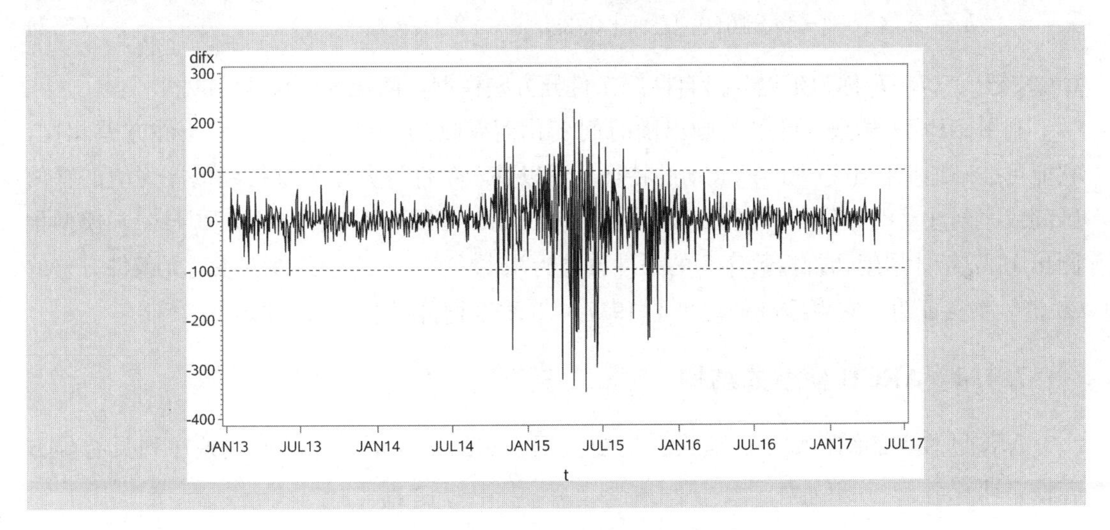

图 7-14　上证指数 1 阶差分后序列时序图

集群效应是经济和金融领域常见的现象。集群效应的存在意味着在序列持续大幅波动的时期，基于期望方差估计的序列波动范围会显著小于序列的真实波动范围。如图 7-14 所示，2013—2017 年，基于方差齐性假定得到的 95%的置信区间是（−100，100），但实际上 2015—2016 年有很多天的波动范围都超出了这个区间。也就是说，基于方差齐性假定得到的 95%的置信区间，在 2015—2016 年根本达不到 95%的置信水平。

这给从事金融风险分析的研究人员带来了很大的困扰，因为他们关心的是如何准确预测序列真实的波动范围，而不是序列在所有时间的平均波动范围。Engle 就是基于这种困境，提出了自回归条件异方差模型（autoregressive conditional heteroskedastic model），简称 ARCH 模型。

7.4.3 ARCH 模型的构造思想

Engle 构造 ARCH 模型的思想原理是：集群效应的存在意味着方差非齐，而且集群效应的特征是一段时间小幅波动，再一段时间大幅波动，这意味着序列的波动存在相关性。因为如果序列的波动不存在相关性的话，就不会产生小幅波动和大幅波动集中交替出现，而是呈现出大幅波动和小幅波动完全无规律。

基于这个思想，Engle 重新拟合 1958 年 2 季度至 1977 年 2 季度英国物价指数序列。他构造的模型结构如下：

$$\begin{cases} P_t=0.032\,1+0.021P_{t-1}+0.27P_{t-4}-0.334P_{t-5}-0.069\,7(P_{t-1}-W_{t-1})+\varepsilon_t \\ \text{Var}(\varepsilon_t)=h_t \\ h_t=19\times10^{-6}+0.846(0.4\varepsilon_{t-1}^2+0.3\varepsilon_{t-2}^2+0.2\varepsilon_{t-3}^2+0.1\varepsilon_{t-4}^2) \end{cases} \tag{7.2}$$

和式（7.1）相比，式（7.2）的改进主要是假定残差序列方差非齐 $\text{Var}(\varepsilon_t)=h_t$，而且异方差可以用历史波动（$\varepsilon_{t-1}^2$，$\varepsilon_{t-2}^2$，$\varepsilon_{t-3}^2$ 和 ε_{t-4}^2）的线性回归进行拟合：

$$h_t=19\times10^{-6}+0.846(0.4\varepsilon_{t-1}^2+0.3\varepsilon_{t-2}^2+0.2\varepsilon_{t-3}^2+0.1\varepsilon_{t-4}^2) \tag{7.3}$$

Engle 把式（7.3）称为延迟 4 阶自回归条件异方差模型，简记为 ARCH(4)。

利用 ARCH 模型，可以刻画出随时间变化而变化的条件方差。与无条件方差相比，它能更准确地拟合出序列即期波动的特征，所以基于条件异方差模型得到的序列值的置信区间或序列波动的分位点将更加准确。比如，Engle 根据上面拟合出的 ARCH(4) 模型预测出 1977 年 3 季度物价指数序列的条件方差为 481×10^{-6}。这个条件方差是无条件方差的 20 倍。事实证明，它更准确地衡量了 1977 年 3 季度物价指数序列的真实波动。

7.4.4 ARCH 模型的结构

ARCH 模型的结构如下：假设在历史数据已知的情况下，零均值残差序列具有异方差性，即

$$E(\varepsilon_t)=0,\ \text{Var}(\varepsilon_t)=h_t$$

而且残差平方序列 $\{\varepsilon_t^2\}$ 具有相关性，于是可以将历史波动信息作为条件，采用线性回归的方式估计序列的当期波动：

$$h_t=\lambda_0+\sum_{i=1}^{q}\lambda_i\varepsilon_{t-i}^2 \tag{7.4}$$

具有式（7.4）结构的模型称为 q 阶自回归条件异方差模型，简记为 ARCH(q)。

ARCH 模型需要满足很强的参数约束条件：

（1）因为方差必须是非负的，即

$$\mathrm{Var}(\varepsilon_t|\varepsilon_{t-1},\varepsilon_{t-2},\cdots)\geqslant 0 \Rightarrow \lambda_0+\sum_{i=1}^{q}\lambda_i\varepsilon_{t-i}^2\geqslant 0 \tag{7.5}$$

要保证对任意取值的 ε_{t-i}，式（7.5）都成立，只能要求每个参数都非负，即

$$\lambda_0,\lambda_1,\cdots,\lambda_q\geqslant 0$$

（2）如果要求序列的无条件方差存在，即 $\mathrm{Var}(\varepsilon_t)=\sigma^2$，那么对式（7.4）等号两边求期望，得

$$E[\mathrm{Var}(\varepsilon_t|\varepsilon_{t-1},\varepsilon_{t-2},\cdots)]=E\left(\lambda_0+\sum_{i=1}^{q}\lambda_i\varepsilon_{t-i}^2\right)$$

$$E[E(\varepsilon_t^2|\varepsilon_{t-1},\varepsilon_{t-2},\cdots)]=\lambda_0+\sum_{i=1}^{q}\lambda_i E(\varepsilon_{t-i}^2)$$

$$\sigma^2=\lambda_0+\sum_{i=1}^{q}\lambda_i\sigma^2$$

$$\sigma^2=\frac{\lambda_0}{1-\sum_{i=1}^{q}\lambda_i}$$

要保证无条件方差 σ^2 存在且方差不能为负，就要求上式分母大于零，即

$$1-\sum_{i=1}^{q}\lambda_i>0$$

继而推导出：

$$\sum_{i=1}^{q}\lambda_i<1$$

结合上面两个约束条件，ARCH(q) 模型的参数要满足如下条件：

$$0\leqslant\lambda_i<1,\quad i=1,2,\cdots,q\quad 且\quad \lambda_1+\lambda_2+\cdots+\lambda_q<1 \tag{7.6}$$

式（7.6）是非常苛刻的参数约束条件，这使得研究人员在建立 ARCH 模型时，必须在这些约束条件满足的情况下求条件最优估计值。

例 7-2 续（1）

对 2013 年 1 月 4 日至 2017 年 8 月 25 日上证指数每日收盘价序列拟合 ARCH 模型，并考察条件异方差和无条件方差的差别（数据见表 A1-23）。

对上证指数差分后序列拟合 ARCH(4) 模型，利用极大似然估计方法得到拟合模型：

$$\begin{cases}\varepsilon_t=\sqrt{h_t}e_t, & e_t\sim N(0,1)\\ h_t=385.2571+0.0431\varepsilon_{t-1}^2+0.4711\varepsilon_{t-2}^2+0.2687\varepsilon_{t-3}^2+0.2328\varepsilon_{t-4}^2\end{cases}$$

条件异方差和无条件方差的比较如图 7-15 所示。

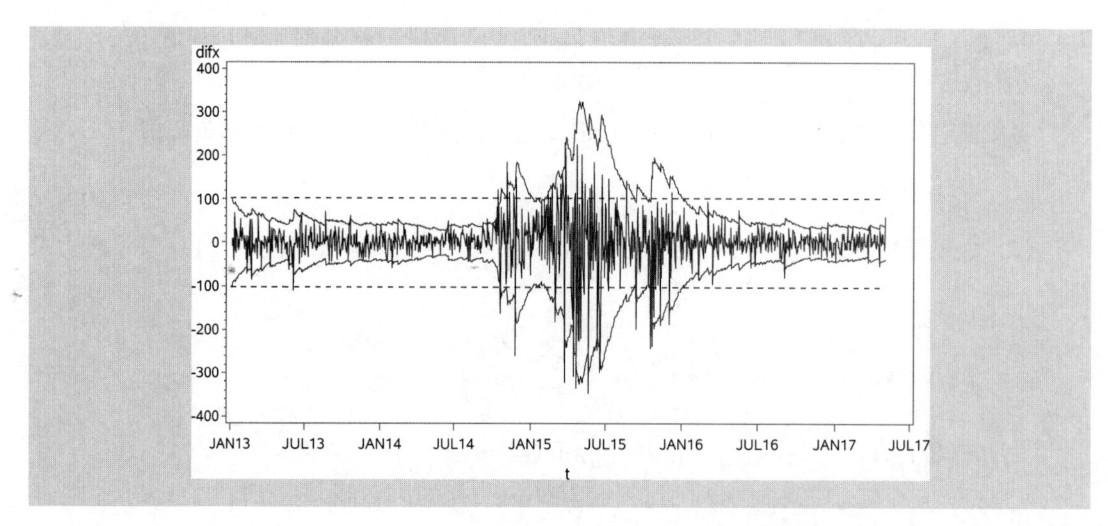

图 7－15　条件异方差和无条件方差的比较示意图

说明：

① 中间为 2013—2017 年上证指数 1 阶差分后序列，代表上证指数的真实波动情况。

② 上下两条平行虚线为根据无条件方差得到的方差齐性假定下的 95％的置信区间。

③ 上下两条波动实线为根据基于 ARCH(4) 模型拟合的条件异方差得到的 95％的置信区间。

从图 7－15 中可以看到，当序列大幅波动时，条件异方差置信区间大于方差齐性置信区间；而在序列小幅波动时，条件异方差置信区间小于方差齐性置信区间。显然，条件异方差更好地拟合了序列的集群波动特征，更接近序列的真实波动情况，对序列波动的预测也会更加准确。

7.5　GARCH 模型

7.5.1　GARCH 模型的结构

Engle 提出 ARCH 模型之后，在金融界引起强烈反响，以前不具有预测性的大量金融时序可以采用 ARCH 模型进行进一步波动信息的提取，创造了实用的波动性分析和预测方法。

ARCH 模型的实质是使用残差平方序列的 q 阶移动平均拟合当期异方差函数值：

$$h_t = \lambda_0 + \sum_{i=1}^{q} \lambda_i \varepsilon_{t-i}^2$$

由于移动平均模型具有自相关系数 q 阶截尾性，所以 ARCH 模型实际上只适用于异方差函数短期自相关过程。但是在实践中，有些残差序列的异方差函数具有长期自相关性，这时如果使用 ARCH 模型拟合异方差函数，将会产生很高的移动平均阶数。这会增加参数估计的难度，最终影响 ARCH 模型的拟合精度。

Engle 的学生 Tim Bollerslev 用美国 1948 年 2 季度至 1983 年 4 季度 GNP 平减指数的

对数序列研究通货膨胀率的波动规律时就碰到了这个问题。这个序列的波动具有长期相关性，他用如下 ARCH(8) 模型都不能充分地提取序列波动信息：

$$\begin{cases}\pi_t=0.138+0.423\pi_{t-1}+0.222\pi_{t-2}+0.377\pi_{t-3}-0.175\pi_{t-4}+\varepsilon_t\\ \varepsilon_t=\sqrt{h_t}e_t,\quad e_t\sim N(0,1)\\ h_t=0.058+0.802\sum_{i=1}^{8}[(9-i)/36]\varepsilon_{t-i}^2\end{cases}$$

于是他想到对 ARCH 模型进行改进，引入异方差的历史信息 h_{t-1}，拟合了如下形式的条件异方差模型：

$$\begin{cases}\pi_t=0.141+0.433\pi_{t-1}+0.229\pi_{t-2}+0.349\pi_{t-3}-0.162\pi_{t-4}+\varepsilon_t\\ \varepsilon_t=\sqrt{h_t}e_t,\quad e_t\sim N(0,1)\\ h_t=0.007+0.135h_{t-1}+0.829\varepsilon_{t-1}^2\end{cases}$$

这个模型称为广义自回归条件异方差模型（generalized autoregressive conditional heteroskedastic model），简记为 GARCH(1,1) 模型。实践证明，参数极少的 GARCH(1,1) 模型比参数很多的 ARCH(8) 模型提取的波动信息更充分。

为了更清楚地理解 GARCH 模型的实质，把异方差序列$\{h_t\}$视作响应序列，把残差平方序列$\{\varepsilon_t^2\}$视作随机扰动项序列，那么 ARCH 模型实际上就是$\{h_t\}$关于$\{\varepsilon_t^2, \varepsilon_{t-1}^2, \varepsilon_{t-2}^2, \cdots, \varepsilon_{t-q}^2\}$的 q 阶移动平均的 MA(q) 模型。而 GARCH 模型实际上就是$\{h_t\}$关于$\{h_{t-1}, h_{t-2}, \cdots, h_{t-p}\}$的 p 阶自相关，关于$\{\varepsilon_t^2, \varepsilon_{t-1}^2, \varepsilon_{t-2}^2, \cdots, \varepsilon_{t-q}^2\}$的 q 阶移动平均的 ARMA(p,q) 模型。显然，ARCH 模型是 GARCH 模型的一个特例。

当我们拿到一个观察值序列时，完整的分析应该同时关注序列均值和序列波动两方面信息的提取。通常首先提取序列的均值信息，然后分析残差序列中蕴涵的波动信息。将这两方面信息综合起来，才是比较完整和精确的分析结果。一个完整的 GARCH(p,q) 模型的结构如下：

$$\begin{cases}x_t=f(t,x_{t-1},x_{t-2},\cdots)+\varepsilon_t\\ \varepsilon_t=\sqrt{h_t}e_t\\ h_t=\lambda_0+\sum_{j=1}^{p}\eta_j h_{t-j}+\sum_{i=1}^{q}\lambda_i\varepsilon_{t-i}^2\end{cases}\tag{7.7}$$

参数满足如下约束条件：

$$0\leqslant\lambda_i<1,\quad i=1,2,\cdots,q$$

$$0\leqslant\eta_j<1,\quad j=1,2,\cdots,p$$

$$0\leqslant\sum_{j=1}^{p}\eta_j+\sum_{j=1}^{q}\lambda_j<1$$

式中：

（1）$f(t, x_{t-1}, x_{t-2}, \cdots)$ 为$\{x_t\}$的确定性信息拟合模型，它主要得到序列的均值估计，实现残差序列零均值，且相关信息提取充分，即

$$E(\varepsilon_t)=0 \quad 且 \quad \rho_k \cong 0, \forall k>0$$

（2）残差序列$\{\varepsilon_t\}$具有条件异方差特征。通过构造残差平方的 ARMA 模型，得到序列的条件异方差：

$$h_t=\lambda_0+\sum_{j=1}^{p}\eta_j h_{t-j}+\sum_{i=1}^{q}\lambda_i\varepsilon_{t-i}^2$$

（3）e_t 为原序列提取确定性信息和条件异方差信息之后的残差波动。因为序列均值和方差中的相关信息都提取干净了，所以 e_t 应该是真正的白噪声序列。e_t 还有一个重要的作用，就是根据 e_t 的特征确定序列的分布类型。通常假定 e_t 服从正态分布，即 $e_t \overset{i.i.d}{\sim} N(0,1)$。如果对 e_t 的分布检验显示残差序列显著拒绝正态分布假定，就需要根据 e_t 的分布特征尝试其他分布。

一个完整的条件异方差模型是由以下三部分构成的：均值模型、条件异方差模型和分布假定。

拟合 GARCH 模型的步骤如下：

第一步：构建水平模型 $x_t=f(t, x_{t-1}, x_{t-2}, \cdots)+\varepsilon_t$，提取序列均值中蕴涵的相关信息。

第二步：检验残差序列是否具有条件异方差特征。

第三步：对具有条件异方差特征的序列拟合 GARCH 模型。

第四步：检验拟合模型的优劣，优化模型。

第五步：使用拟合模型进行预测。

下文以上证指数序列为例，详细讲解各步骤的内容和操作事项。

7.5.2 PP 检验

建立条件异方差模型，首先需要提取序列的均值（确定性）信息，而最常使用的均值模型是 ARIMA 模型。根据我们之前的经验，要建立 ARIMA 模型，必须首先使用 ADF 检验，对序列的平稳性进行判断。

使用 ADF 检验有一个基本假定：

$$\mathrm{Var}(\varepsilon_t)=\sigma_\varepsilon^2$$

这导致 ADF 检验主要适用于方差齐性场合，它对异方差序列的平稳性检验可能会有偏差。

Phillips 和 Perron 于 1988 年对 ADF 检验进行了非参数修正，提出了 Phillips-Perron 检验统计量。该检验统计量适用于异方差场合的平稳性检验。

使用 Phillips-Perron 检验（简记为 PP 检验），残差序列$\{\varepsilon_t\}$需要满足如下三个条件：

（1）均值恒为零。

$$E(\varepsilon_t)=0$$

（2）方差有至少一个高阶矩存在。

$$\sup_t E(|\varepsilon_t|^2)<\infty$$

且对于某个 $\beta>2$，

$$\sup_t E(|\varepsilon_t|^\beta)<\infty$$

由于没有假定 $E(|\varepsilon_t|^2)$为常数，所以这个条件实际上意味着允许异方差性存在。

（3）非退化极限分布存在。

$$\sigma_S^2=\lim_{T\to\infty}E(T^{-1}S_T^2)\text{存在且为正值}$$

式中，T 为序列长度；$S_T=\sum_{t=1}^{T}\varepsilon_t$。

下面以 1 阶自回归模型 $x_t=\phi_1 x_{t-1}+\varepsilon_t$ 为例，介绍 PP 检验的构造原理。

假设 $\hat{\phi}_1$ 是 ϕ_1 的最小二乘（OLS）估计值，那么 $\hat{\phi}_1$ 的方差通常可以定义为：

$$\sigma^2=\lim_{T\to\infty}T^{-1}\sum_{t=1}^{T}E(\varepsilon_t^2)$$

当$\{\varepsilon_t\}$为白噪声序列时，有

$$\sigma^2=\sigma_S^2 \tag{7.8}$$

式中，$\sigma_S^2=\lim_{T\to\infty}E\ (T^{-1}S_T^2)$；$S_T=\sum_{t=1}^{T}\varepsilon_t$。

如果 $\{\varepsilon_t\}$ 不满足白噪声条件，那么方差等式（7.8）将不再成立。

为了直观说明式（7.8）不成立，不妨假设 $\{\varepsilon_t\}$ 服从 MA(1)过程，即

$$\varepsilon_t=\upsilon_t-\theta_1\upsilon_{t-1},\quad \upsilon_t\overset{i.i.d}{\sim}N(0,\sigma_\upsilon^2)$$

那么

$$\sigma^2=E(\varepsilon_t^2)=(1+\theta_1^2)\sigma_\upsilon^2$$

而

$$\sigma_S^2=E(\varepsilon_1^2)+2\sum_{j=2}^{\infty}E(\varepsilon_1\varepsilon_j)=(1+\theta_1^2-2\theta_1)\sigma_\upsilon^2=(1-\theta_1)^2\sigma_\upsilon^2$$

显然

$$\sigma^2\neq\sigma_S^2$$

Phillips 和 Perron 正是利用这种不等性，使用 σ^2 和 σ_S^2 的估计值对 ADF 检验的 τ 统计量进行了非参数修正，修正后的统计量如下：

$$Z(\tau)=\tau(\hat{\sigma}^2/\hat{\sigma}_{Sl}^2)-\frac{1}{2}(\hat{\sigma}_{Sl}^2-\hat{\sigma}^2)T\sqrt{\hat{\sigma}_{Sl}^2\sum_{t=2}^{T}(x_{t-1}-\overline{x}_{T-1})^2}$$

式中：

（1）$\hat{\sigma}^2$ 是 σ^2 的无条件方差样本估计值，即

$$\hat{\sigma}^2=T^{-1}\sum_{t=1}^{T}\hat{\varepsilon}_t^2$$

（2）假设可以估计$\{\varepsilon_t\}$显著自相关的延迟阶数为 l，$\hat{\sigma}_{Sl}^2$ 是 σ_S^2 的条件方差样本估计值：

$$\hat{\sigma}_{Sl}^2=T^{-1}\sum_{t=1}^{l}\hat{\varepsilon}_t^2+2T^{-1}\sum_{j=1}^{t}\phi_j(l)\sum_{t=j+1}^{T}\hat{\varepsilon}_t\hat{\varepsilon}_{t-j}$$

式中，$\phi_j(l)=1-\frac{1}{l+1}$，这个权重确保了 $\hat{\sigma}_{Sl}^2$ 为正值。

（3）$\overline{x}_{T-1}=\frac{1}{T-1}\sum_{t=1}^{T-1}x_t$

在单位根检验原假设成立的条件下，有

H_0：$\phi_1=1$（序列$\{x_t\}$非平稳）

修正后的 $Z(\tau)$ 统计量和 τ 统计量具有相同的极限分布。这就意味着对于异方差序列只需要在原来 τ 统计量的基础上进行一定的修正，构造出 $Z(\tau)$ 统计量。$Z(\tau)$ 统计量不仅考虑到自相关误差所产生的影响，还可以继续使用 τ 统计量的临界值表进行检验，而不需要拟合新的临界值表。

例 7-2 续（2）

对 2013 年 1 月 4 日至 2017 年 8 月 25 日上证指数每日收盘价序列提取均值信息（数据见表 A1-23）。

该序列的时序图如图 7-13 所示，呈现出典型的先递增后递减的非平稳趋势特征。使用 1 阶差分运算提取该序列的确定性趋势信息：

$\nabla x_t=\varepsilon_t$

1 阶差分后序列的时序图如图 7-14 所示。图 7-14 显示该序列可能存在异方差属性，所以对该序列进行平稳性检验时使用 PP 检验，检验结果如表 7-1 所示。

表 7-1

类型	延迟阶数	τ 统计量的值	$Pr<\tau$
类型一	0	−25.37	<0.000 1
	1	−25.37	<0.000 1
	2	−25.36	<0.000 1

续表

类型	延迟阶数	τ 统计量的值	$Pr<\tau$
类型二	0	−25.61	<0.000 1
	1	−25.61	<0.000 1
	2	−25.59	<0.000 1
类型三	0	−25.60	<0.000 1
	1	−25.61	<0.000 1
	2	−25.59	<0.000 1

表 7－1 的结果显示，差分后序列可以视为零均值平稳序列。接下来要对差分后的残差序列进行纯随机性检验。

这时存在一个问题：传统的纯随机性检验都是借助 LB 检验统计量进行的，而 LB 检验统计量是在序列满足方差齐性的假定下构造的。当序列存在异方差属性时，LB 统计量不再近似服从卡方分布。也就是说，在条件异方差存在的场合，白噪声检验结果可能不再准确。通常出现的问题就是残差序列之间的相关系数已经很小，近似白噪声序列，但是白噪声检验结果却显示 LB 检验统计量的 P 值很小。这时不能单纯依据 LB 检验统计量的结果做出判断。

在异方差可能存在的场合，LB 检验结果只能作为参考信息之一，同时还要参考自相关系数的大小，如果自相关系数都很小（比如都小于 0.2），可以认为序列近似白噪声序列。

本例的白噪声检验结果如表 7－2 所示。

表 7－2　白噪声检验

延迟	LB	自由度	P 值	自相关系数					
6	65.04	6	<0.000 1	0.089	−0.095	0.013	0.171	0.014	−0.104
12	104.02	12	<0.000 1	0.030	0.125	0.042	−0.106	−0.060	0.033
18	153.58	18	<0.000 1	0.088	−0.154	0.043	0.083	0.026	−0.050
24	199.16	24	<0.000 1	−0.021	0.107	0.097	−0.075	−0.112	−0.007

表 7－2 显示 LB 检验的 P 值都极小，所以白噪声检验结果是该序列为非白噪声序列。但延迟各阶的自相关系数值却显示，序列值之间的相关性很小，最大的 $\rho_4=0.171$。所以综合考虑，可以认为差分后序列近似为白噪声序列。

至此，对上证指数的均值信息就提取结束，上证指数的均值模型为 ARIMA(0,1,0) 模型：

$$x_t=x_{t+1}+\varepsilon_t$$

7.5.3　ARCH 检验

提取了均值信息后，需要对随机序列进行条件异方差检验。如果序列的波动具有条件异方差属性，就可以考虑拟合 GARCH 模型。

条件异方差检验也称为 ARCH 检验。ARCH 检验是一种特殊的异方差检验，它不仅要求序列具有异方差性，而且要求这种异方差性是由某种自相关关系造成的，这种自相关关系可以用残差序列的自回归模型进行拟合。常用的两种 ARCH 检验统计量是：Portmanteau Q 检验统计量和 LM 检验统计量。

一、Portmanteau Q 检验

1983 年 McLeod 和 Li 提出了 Portmanteau Q 统计方法，用于检验残差平方序列的自相关性，现在它是 ARCH 检验统计方法之一。

该检验方法的构造思想是：如果残差序列方差非齐，且具有集群效应，那么残差平方序列通常具有自相关性。所以方差非齐检验可以转化为残差平方序列的自相关性检验。

Portmanteau Q 检验的假设条件为：

H_0：残差平方序列纯随机（方差齐性） $\leftrightarrow$ H_1：残差平方序列自相关（方差非齐性）

用 ρ_k 表示残差平方序列 $\{\varepsilon_t^2\}$ 的延迟 k 阶自相关系数，则该假设条件可以等价表达为：

$$H_0: \rho_1=\rho_2=\cdots=\rho_q=0 \quad \leftrightarrow \quad H_1: \rho_1,\rho_2,\cdots,\rho_q \text{ 不全为零}$$

Portmanteau Q 检验统计量实际上就是 $\{\varepsilon_t^2\}$ 的 LB 统计量

$$Q(q)=n(n+2)\sum_{i=1}^{q}\frac{\rho_i^2}{n-i}$$

式中，n 为观察序列长度；ρ_i 为 ε_t^2 序列延迟 i 阶自相关系数，有

$$\rho_i=\sqrt{\frac{\sum_{t=i+1}^{n}(\varepsilon_t^2-\hat{\sigma}^2)(\varepsilon_{t-i}^2-\hat{\sigma}^2)}{\sum_{t=1}^{n}(\varepsilon_t^2-\hat{\sigma}^2)^2}}, \quad \hat{\sigma}^2=\frac{\sum_{t=1}^{n}\varepsilon_t^2}{n}$$

原假设成立时，Portmanteau Q 检验统计量近似服从自由度为 $q-1$ 的 χ^2 分布：

$$Q(q)\sim\chi^2(q-1)$$

当 $Q(q)$ 检验统计量的 P 值小于显著性水平 α 时，拒绝原假设，认为该序列方差非齐性且具有自相关关系。

二、LM 检验

1982 年 Engle 提出了一种重要的 ARCH 检验方法：拉格朗日乘子检验（Lagrange multiplier test），简记为 LM 检验。

LM 检验的构造思想是：如果残差序列方差非齐，且具有集群效应，那么残差平方序列通常具有自相关性。我们就可以尝试使用自回归模型拟合残差平方序列

$$\varepsilon_t^2 = \omega + \sum_{j=1}^{q} \lambda_j \varepsilon_{t-j}^2 + e_t \tag{7.9}$$

于是方差齐性检验就可以转化为这个方程是否显著成立的检验。

如果方程（7.9）显著成立（至少存在一个参数 λ_j 非零），就意味着残差平方序列具有自相关性，可以用该回归方程提取自相关信息。

反之，如果方程不能显著成立（$\lambda_j=0$；$j=1$，2，…，q），就意味着残差平方序列不存在显著的自相关性，不能拒绝方差齐性假定。所以 LM 检验实际上就是残差平方序列 $\{\varepsilon_t^2\}$ 自回归方程的显著性检验。

LM 检验的假设条件为：

H_0：残差平方序列纯随机　↔　H_1：残差平方序列具有自相关性

对残差平方序列构造 q 阶自回归方程（7.9），假设条件等价为：

H_0：$\lambda_1 = \lambda_2 = \cdots = \lambda_q = 0$　↔　H_1：$\lambda_1, \lambda_2, \cdots, \lambda_q$ 不全为零

记回归方程（7.9）的总误差平方和为 $SST = \sum_{t=q+1}^{T} \varepsilon_t^2$，自由度为 $T-q-1$。回归平方和为 $SSR=SST-SSE$，自由度为 q。其中，SSE 为回归方程残差平方和，$SSE = \sum_{t=q+1}^{T} e_t^2$，自由度为 $T-2q-1$。则 LM 检验统计量为：

$$\mathrm{LM}(q) = \frac{(SST - SSE)/q}{SSE/(T-2q-1)}$$

在截面数据分析中，$\mathrm{LM}(q)$ 检验统计量服从 F 分布，但在时序数据分析中，由于自变量具有相关性，所以 $\mathrm{LM}(q)$ 检验统计量近似服从自由度为 $q-1$ 的 χ^2 分布：

$$\mathrm{LM}(q) \sim \chi^2(q-1)$$

当 $\mathrm{LM}(q)$ 检验统计量的 P 值小于显著性水平 α 时，拒绝原假设，认为该序列方差非齐性，并且可以用 q 阶自回归模型拟合残差平方序列中的自相关关系。

例 7-2 续（3）

对 2013 年 1 月 4 日至 2017 年 8 月 25 日上证指数每日收盘价序列进行 ARCH 检验（数据见表 A1-23）。

对上证指数差分后序列进行方差齐性检验，Q 检验和 LM 检验结果如表 7-3 所示。

表 7-3　残差的 ARCH 检验

阶数	Q	$Pr>Q$	LM	$Pr>$LM
1	78.283 1	<0.000 1	78.110 9	<0.000 1
2	200.425 8	<0.000 1	159.622 1	<0.000 1
3	313.732 1	<0.000 1	202.526 8	<0.000 1
4	430.930 0	<0.000 1	231.986 0	<0.000 1
5	506.692 1	<0.000 1	236.765 0	<0.000 1
6	557.562 0	<0.000 1	236.770 7	<0.000 1
7	612.702 6	<0.000 1	237.472 4	<0.000 1
8	650.545 3	<0.000 1	237.474 1	<0.000 1
9	691.057 5	<0.000 1	238.360 9	<0.000 1
10	748.420 0	<0.000 1	246.576 4	<0.000 1
11	773.679 6	<0.000 1	246.602 7	<0.000 1
12	807.689 5	<0.000 1	247.046 6	<0.000 1

Q 检验和 LM 检验 12 阶延迟都显示该序列显著方差非齐性，这说明残差平方序列中存在长期的相关关系。这种情况下，通常可以用高阶 ARCH 模型或者低阶 GARCH 模型提取残差平方序列中蕴涵的相关关系。

7.5.4　参数估计

GARCH 模型的参数估计通常使用条件最小二乘估计方法或者极大似然估计方法。

一、条件最小二乘估计方法

条件最小二乘估计就是求使拟合模型的误差平方和达到最小的参数的估计方法。GARCH(p,q) 模型的误差平方和为：

$$Q=\sum_{t=p+q+1}^{T-1}(\varepsilon_t^2-h_t)^2=\sum_{t=p+q+1}^{T-1}\left(\varepsilon_t^2-\lambda_0-\sum_{i=1}^{q}\lambda_i\varepsilon_{t-i}^2-\sum_{i=1}^{p}\eta_i h_{t-i}\right)^2$$

使得 Q 达到最小的 λ_0，λ_1，…，λ_q，η_1，η_2，…，η_p 的值即该 GARCH(p,q) 模型的条件最小二乘估计。

二、极大似然估计方法

在确定序列的分布假定之后，根据样本信息写出 GARCH(p,q) 模型的似然函数，然后利用数值计算方法，求出使得似然函数达到最大的参数值，这就是极大似然估计方法。下面以正态分布假定为例，详细介绍 GARCH 模型的极大似然估计方法。

在正态分布假定下，GARCH(p,q) 模型的条件分布为：

$$f(\varepsilon_t|\varepsilon_{t-1},\varepsilon_{t-2},\cdots,\varepsilon_{t-q})=\frac{1}{\sqrt{2\pi\sigma_t^2}}\exp\left(\frac{-\varepsilon_t^2}{2\sigma_t^2}\right)$$

$$=\frac{1}{\sqrt{2\pi(\lambda_0+\sum_{i=1}^{q}\lambda_i\varepsilon_{t-i}^2+\sum_{i=1}^{p}\eta_i h_{t-i})}}\exp\left[\frac{-\varepsilon_t^2}{2(\lambda_0+\sum_{i=1}^{q}\lambda_i\varepsilon_{t-i}^2+\sum_{i=1}^{p}\eta_i h_{t-i})}\right]$$

似然函数为：

$$L(\lambda_0,\lambda_1,\cdots,\lambda_q,\eta_1,\eta_2,\cdots,\eta_p)=\prod_{t=1}^{n}f(\varepsilon_t|\varepsilon_{t-1},\varepsilon_{t-2},\cdots,\varepsilon_{t-q})$$

$$=\prod_{t=1}^{n}\frac{1}{\sqrt{2\pi(\lambda_0+\sum_{i=1}^{q}\lambda_i\varepsilon_{t-i}^2+\sum_{i=1}^{p}\eta_i h_{t-i})}}\exp\left[\frac{-\varepsilon_t^2}{2(\lambda_0+\sum_{i=1}^{q}\lambda_i\varepsilon_{t-i}^2+\sum_{i=1}^{p}\eta_i h_{t-i})}\right]$$

对数似然函数为：

$$\begin{aligned}&\ln L(\omega,\lambda_1,\lambda_2,\cdots,\lambda_q,\eta_1,\eta_2,\cdots,\eta_p)\\&=-\frac{n}{2}\ln(2\pi)-\frac{1}{2}\sum_{t=1}^{n}\Big[\sum_{t=1}^{n}(\lambda_0+\sum_{i=1}^{q}\lambda_i\varepsilon_{t-i}^2+\sum_{i=1}^{p}\eta_i h_{t-i})\\&+\frac{\varepsilon_t^2}{2(\lambda_0+\sum_{i=1}^{q}\lambda_i\varepsilon_{t-i}^2+\sum_{i=1}^{p}\eta_i h_{t-i})}\Big]\end{aligned}$$

这个对数似然函数为超越方程，所以参数 λ_0，λ_1，…，λ_q，η_1，η_2，…，η_p 得不到显式解。但是可以通过数值计算的方法，求出使对数似然函数达到最大的未知参数的值，这个值就是 GARCH(p,q) 模型的极大似然估计值。

例 7－2 续（4）

对 2013 年 1 月 4 日至 2017 年 8 月 25 日上证指数每日收盘价序列拟合 GARCH 模型，并估计模型的未知参数（数据见表 A1－23）。

前面对该序列进行了条件异方差检验，检验结果显示该序列显著方差非齐性，可以尝试对该序列拟合 GARCH 模型。

要拟合 GARCH 模型，首先需要对模型定阶。Q 检验和 LM 检验结果显示出，该序列无论是低阶延迟信息还是高阶延迟信息，均对当期波动有显著影响。这使得定阶工作非常困难。通常的做法是尝试拟合高阶 ARCH 模型或低阶 GARCH 模型。

本例在前面演示条件异方差和无条件方差的差异时，曾经对差分后残差序列拟合了 ARCH(4) 模型。基于极大似然估计得到的拟合模型为：

$$\begin{cases}x_t=x_{t-1}+\varepsilon_t\\ \varepsilon_t=\sqrt{h_t}e_t,\quad e_t\sim N(0,1)\\ h_t=385.2571+0.0431\varepsilon_{t-1}^2+0.4711\varepsilon_{t-2}^2+0.2687\varepsilon_{t-3}^2+0.2328\varepsilon_{t-4}^2\end{cases}$$

现在尝试拟合 GARCH(1,1) 模型。基于条件最小二乘估计得到的拟合模型为：

$$\begin{cases}x_t=x_{t-1}+\varepsilon_t\\ \varepsilon_t=\sqrt{h_t}e_t, \quad e_t\sim N(0,1)\\ h_t=5.593\,3+0.066\,3\varepsilon_{t-1}^2+0.930\,9h_{t-1}\end{cases}$$

7.5.5 拟合检验

GARCH 模型拟合出来之后，需要对它进行拟合检验。检验内容主要包括如下三个方面。

一、参数显著性检验

GARCH 模型拟合出来之后，首先检验该模型中每个参数是否都显著非零。参数显著性检验和 ARIMA 模型的参数显著性检验一样，构造 t 分布检验统计量，在显著性水平取 α 时，t 统计量的 P 值小于 α，认为该参数显著非零，该参数保留；反之，参数不显著，可以删除该参数。

二、模型显著性检验

条件异方差模型拟合得好不好，取决于它是否将残差序列中蕴涵的异方差信息充分提取出来。利用拟合模型估计出来的异方差 h_t，对残差序列和残差平方序列分别进行标准化变换，有

$$e_t=\frac{\varepsilon_t}{\sqrt{\hat{h}_t}}, \quad e_t^2=\frac{\varepsilon_t^2}{\hat{h}_t}$$

如果 GARCH 模型拟合得好，首先，均值模型应该将序列水平相关信息充分提取出来，残差序列消除异方差的影响之后应该是白噪声序列，即 e_t 应该为白噪声序列。其次，方差模型应该将序列波动相关信息充分提取出来，残差平方序列消除异方差的影响之后应该是白噪声序列，即 e_t^2 也应该为白噪声序列。

有一个特殊情况需要注意：实践经验表明，很多金融时间序列具有尖峰特征（峰态系数特别大），这时拟合的 GARCH 模型通常能提取该序列典型的条件异方差信息，却不一定能通过白噪声检验。

一个重要的原因是，GARCH 模型的参数估计通常是在正态分布假定下进行的，而序列的尖峰特征表明它们不服从正态分布。由于分布假定不对，导致信息提取不够充分。还有其他一些原因也会影响异方差信息的提取，比如，GARCH 模型的线性结构与真实波动特征不符，导致信息提取不充分；或者 GARCH 模型的信息滞后性偏大，导致对波动信息的提取不够敏感，在大幅波动变小幅波动，或者小幅波动变大幅波动的时候，信息延迟可能会出现很大偏差。

三、分布检验

在构造 GARCH 模型时，如果不特殊指定，通常默认该序列服从正态分布。模型检验的内容之一就是检验这个分布假定对不对。分布检验有两种方法，一种是图检验方法，一种是统计检验方法。

（1）图检验方法。图检验方法通常考察残差序列的 QQ 图和直方图。

所谓 QQ 图，实际上是分布的分位点图。横轴是标准正态分布的分位点，纵轴是进行标准化变换后的残差序列的样本分位点。如果残差序列确实服从正态分布，那么残差序列的次序观察值对应的横轴坐标应该恰好等于纵轴坐标，即所有的观察值点应该在对角线上。如果观察值偏离对角线，就是偏离了正态分布假定，偏离对角线的点越多，偏离的角度越大，正态分布假定就越不可靠。

残差直方图是另一种分布检验方法。将残差序列绘制成直方图，然后根据残差序列的样本均值和样本方差，绘制正态分布参考线。如果直方图和正态分布参考线很吻合，说明正态分布假定比较合理。如果直方图和正态分布参考线偏离严重，说明正态分布假定不合理。

（2）JB 检验。正态分布的统计检验方法常用 Jarque 和 Bera 提出的 Jarque-Bera 统计量，简称 JB 统计量。该统计量的构造思想是，借助正态分布的偏态系数和峰态系数构造出一个服从自由度为 2 的卡方分布统计量。如果序列服从正态分布，那么这个统计量会很小，落入接受域；如果序列不服从正态分布，那么这个统计量会很大，当这个统计量足够大时，就可以显著拒绝序列服从正态分布的假定。

$$H_0: \frac{\varepsilon_t}{\sqrt{h_t}} \sim N(0,1) \quad \leftrightarrow \quad H_1: \frac{\varepsilon_t}{\sqrt{h_t}} \overset{\text{not}}{\sim} N(0,1)$$

检验统计量为：

$$\mathrm{JB} = \frac{T}{6} b_1^2 + \frac{T}{24}(b_2^2 - 3)^2 \sim \chi^2(2)$$

式中，T 为观察值序列的长度；b_1 为样本偏态系数；b_2 为样本峰态系数。

在显著性水平取 α 时，当 JB 统计量的值大于 $\chi^2_{1-\alpha}(2)$（等价的 JB 统计量的 P 值小于 α）时，拒绝正态分布假定，认为该序列不服从正态分布；反之，不拒绝正态分布假定。

其实，很多金融时间序列具有尖峰厚尾特征，峰态系数特别大，所以 JB 检验的结果通常会拒绝正态分布假定。这时要不要修正分布假定取决于以下两个条件：

一个条件是对现有的模型拟合精度满不满意。如果现有模型的拟合精度已经达到研究人员的要求，就可以容忍分布不严格服从正态假定。如果对现有精度不满意，就需要进一步修正分布假定。

另一个条件是有没有适当的分布可替换正态分布。如果分布检验拒绝了正态假定，那么可以用什么新的分布来替代正态分布？新分布是不是比正态分布更好？这需要进一步尝试和研究。通常可以作为正态分布替换分布的是 t 分布、广义误差分布（GED）、椭球等高（elliptical）分布、双曲线（hyperbolic）分布、非对称拉普拉斯（asymmetric Laplace）分布，以及其他具有尖峰厚尾特征的分布。

实践中可能会对一个异方差序列拟合多个 GARCH 模型，每个拟合模型都需要进行上述三方面的拟合检验。除此之外，还需要进行不同模型之间的比较。和 ARIMA 模型的优化一样，我们借助最小信息量准则，比较多个 GARCH 模型的 SBC 或 AIC 的值，信息量最小的拟合模型相对最优。

例 7-2 续（5）

对 2013 年 1 月 4 日至 2017 年 8 月 25 日上证指数每日收盘价序列进行拟合检验和模型优化（数据见表 A1-23）。

1. 模型优化选择

我们对该序列拟合了两个 GARCH 模型，一个是 ARCH(4) 模型，一个是 GARCH(1,1) 模型。首先比较这两个拟合模型的信息量，进行模型优化选择。

表 7-4 显示，GARCH(1,1) 模型的 AIC 和 SBC 的信息量都比 ARCH(4) 模型小，所以这两个拟合模型相比，GARCH(1,1) 模型更优。

表 7-4

模型	AIC	SBC
ARCH(4)	11 307.699 6	11 332.840 6
GARCH(1,1)	11 108.427 9	11 123.512 5

2. 参数显著性检验

下面对 GARCH(1,1) 模型进行参数显著性检验。该拟合模型的参数检验结果如表 7-5 所示。

表 7-5

参数	t 统计量	P 值
λ_0	3.09	0.002
λ_1	10.47	<0.000 1
η_1	181.10	<0.000 1

表 7-5 显示，在显著性水平取 0.05 时，本次拟合的 GARCH(1,1) 模型的所有参数均显著非零，都得以保留。

3. 分布检验

对 GARCH(1,1) 模型的残差序列进行 JB 检验，结果如表 7-6 所示。

表 7-6

JB 检验统计量	自由度	P 值
230.348 5	2	<0.000 1

JB 检验结果说明，不能认为该序列服从正态分布。

图 7-16 显示了 GARCH(1,1) 模型残差序列的 QQ 图（左）和直方图（右）。从 QQ 图中可以看到残差序列的真实分位点偏离正态参考线，直方图显示序列观察值比标准正态分布更高耸（峰更高），这些都说明该序列不服从正态分布。

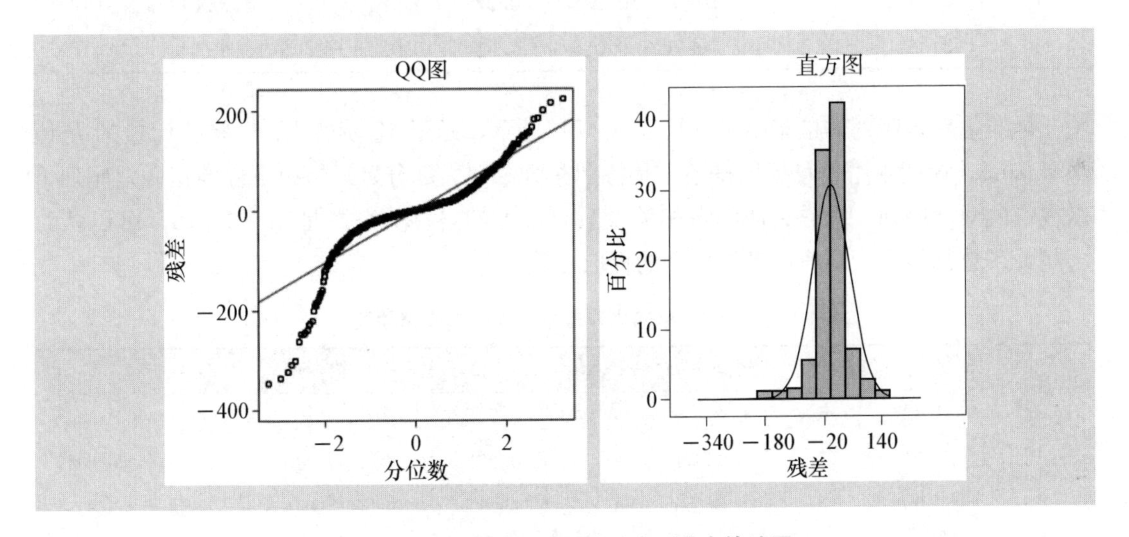

图 7-16　GARCH 模型残差序列分布检验图

在可选择的范围内可以尝试改变分布假定，比如尝试将正态分布改为 t 分布。使用极大似然估计可以得到拟合模型：

$$\begin{cases} x_t = x_{t-1} + \varepsilon_t \\ \varepsilon_t = \sqrt{h_t} e_t, \quad e_t \sim t(3.919\,6) \\ h_t = 11.729\,4 + 0.075\varepsilon_{t-1}^2 + 0.923h_{t-1} \end{cases}$$

基于 t 分布拟合的 GARCH(1,1) 模型的 AIC=11 048.748 2，SBC=11 068.861，比正态分布假定下的拟合模型略优，但其实进一步检测的话，这批数据也不服从 t 分布。t 分布也不能充分拟合它的尖峰特征。

4. 模型显著性检验

由于正态分布是默认分布，是使用最广的分布假定，所以我们以正态分布假定下的

GARCH(1,1) 模型为例进行讲解。

利用 GARCH(1,1) 的拟合值，对差分后残差序列进行异方差标准化变换，得到标准化残差和标准化残差平方序列：

$$e_t=\frac{\varepsilon_t}{\sqrt{\hat{h}_t}},\quad e_t^2=\frac{\varepsilon_t^2}{\hat{h}_t}$$

分别对这两个序列进行白噪声检验，标准化残差序列的检验结果见表 7-7，标准化残差平方序列的检验结果见表 7-8。

表 7-7　标准化残差序列白噪声检验

至滞后	卡方	自由度	$Pr>$卡方	自相关					
6	11.36	6	0.0780	0.059	0.001	0.010	0.076	−0.026	−0.009
12	24.01	12	0.0203	0.029	0.057	0.064	0.030	−0.022	−0.040
18	27.13	18	0.0766	0.018	−0.024	0.024	0.019	0.017	0.026
24	31.32	24	0.1447	0.023	0.034	−0.024	−0.031	−0.014	0.015

标准化残差序列的检验结果（见表 7-7）显示，延迟 12 阶的 LB 检验统计量的 P 值小于 0.05，说明水平信息提取得还不是特别充分，但大部分延迟情况下标准化残差序列可以视作白噪声序列。查看具体的自相关系数，最大的自相关系数是 $\rho_3=0.076$。可以认为自相关系数都很小，均值模型对信息的提取比较充分。

表 7-8　标准化残差平方序列白噪声检验

至滞后	卡方	自由度	$Pr>$卡方	自相关					
6	8.42	6	0.2086	−0.040	0.049	0.036	0.007	0.008	−0.045
12	11.61	12	0.4771	0.034	−0.032	−0.002	0.016	−0.008	−0.017
18	17.60	18	0.4825	0.006	0.017	−0.004	0.046	0.039	−0.035
24	20.57	24	0.6639	0.005	0.037	0.012	−0.008	−0.020	−0.023

标准化残差平方序列的检验结果（见表 7-8）显示，LB 检验统计量的 P 值均大于 0.05，这说明 GARCH(1,1) 模型对波动信息的提取非常充分。这个 GARCH 拟合模型显著成立。

7.5.6　模型预测

假设均值模型为 ARIMA(p,d,q) 模型，根据最小均方误差预测原理，使用递推方法得到 $t+k$ 时刻序列均值的预测值为 $\hat{x}_{t+k}$，预测方差为：

$$\mathrm{Var}(\hat{x}_{t+k})=\mathrm{Var}(\varepsilon_{t+k})+\Psi_1^2\mathrm{Var}(\varepsilon_{t+k-1})+\cdots+\Psi_{k-1}^2\mathrm{Var}(\varepsilon_{t+1})$$

式中，Ψ_i 的表达式如式（5.5）所示。

在方差齐性场合，有

$$\text{Var}(\hat{x}_{t+k})=(1+\Psi_1^2+\cdots+\Psi_{k-1}^2)\text{Var}(\varepsilon_t)$$

式中，无条件方差 $\text{Var}(\varepsilon_t)$ 用残差的样本方差估计：

$$\hat{\sigma}_\varepsilon^2=\frac{\sum_{t=1}^{T}\varepsilon_t^2}{T-1}，T \text{ 为观察值序列长度}$$

在条件异方差场合，有

$$\text{Var}(\hat{x}_{t+k})=\hat{h}_{t+k}+\Psi_1^2\hat{h}_{t+k-1}+\cdots+\Psi_{k-1}^2\hat{h}_{t+1}$$

式中，$\hat{h}_{t+k}$（$\forall k\geqslant 1$）为根据 GARCH 模型得到的条件异方差预测值。

基于 GARCH(p,q) 模型，可以使用递推方法得到未来任意期的条件异方差预测值 $\hat{h}_{t+k}$。以 GARCH（1,1）模型为例，当期（t 时刻）条件异方差的预测值为：

$$\hat{h}_t=\hat{\lambda}_0+\hat{\eta}_1h_{t-1}^2+\hat{\lambda}_1\varepsilon_{t-1}^2$$

$t+1$ 时刻条件异方差的预测值为：

$$\hat{h}_{t+1}=\hat{\lambda}_0+\hat{\eta}_1\hat{h}_t+\hat{\lambda}_1\hat{h}_t=\hat{\lambda}_0+(\hat{\eta}_1+\hat{\lambda}_1)\hat{h}_t$$

依此递推，$t+k$ 时刻条件异方差的预测值为：

$$\hat{h}_{t+k}=\hat{\lambda}_0+(\hat{\eta}_1+\hat{\lambda}_1)\hat{h}_{t+k-1}，\quad \forall k\geqslant 1$$

在正态分布假定下，无论是方差齐性假定还是方差非齐假定，该序列的 95%的置信区间都等于：$(\hat{x}_{t+k}-2\sqrt{\text{Var}(\hat{x}_{t+k})}，\hat{x}_{t+k}+2\sqrt{\text{Var}(\hat{x}_{t+k})})$，　$\forall k\geqslant 1$。

例 7-2 续（6）

基于 2013 年 1 月 4 日至 2017 年 8 月 25 日上证指数每日收盘价序列，分别在方差齐性假定和条件异方差假定下，求该序列未来 5 期的 95%的置信区间（数据见表 A1-23）。

该序列均值模型为随机游走模型：

$$x_t=x_{t-1}+\varepsilon_t$$

根据递推公式，显然随机游走模型未来任意期的预测值都等于最后一期的估计值：

$$\hat{x}_{T+k}=\hat{x}_T=3\,331.522，\quad \forall k\geqslant 1$$

在方差齐性假定下，无条件方差等于残差序列样本方差：

$$\hat{\sigma}_\varepsilon^2=52$$

随机游走模型 Green 函数恒为 1：

$$\Psi_k=1，\quad \forall k\geqslant 1$$

预测值的标准差为：

$$\sqrt{\mathrm{Var}(\hat{x}_{t+k})}=\sqrt{k\hat{\sigma}_{\varepsilon}^{2}}=\sqrt{52k},\quad k\geqslant 1$$

因此该序列在方差齐性假定下，未来5期的95%的置信区间如表7-9所示。

表7-9

k	预测值	标准差	95%置信下限	95%置信上限
1	3 331.522	51.988	3 229.627 4	3 433.416 6
2	3 331.522	73.522	3 187.421 2	3 475.622 7
3	3 331.522	90.045	3 155.035 3	3 508.008 6
4	3 331.522	103.976	3 127.732 8	3 535.311 2
5	3 331.522	116.248	3 103.678 7	3 559.365 2

在方差非齐性假定下，根据拟合的GARCH(1,1)模型得到最后一期条件异方差的估计值：

$$\hat{h}_t=383.928$$

根据异方差预测公式 $\hat{h}_{t+k}=\hat{\lambda}_0+(\hat{\eta}_1+\hat{\lambda}_1)\hat{h}_{t+k-1}$，递推出未来5期的条件异方差：

$$\hat{h}_{t+1}=5.593\,3+(0.066\,3+0.930\,3)\times 383.938=388.23$$
$$\hat{h}_{t+2}=5.593\,3+(0.066\,3+0.930\,3)\times 388.23=392.50$$
$$\hat{h}_{t+3}=5.593\,3+(0.066\,3+0.930\,3)\times 392.50=396.76$$
$$\hat{h}_{t+4}=5.593\,3+(0.066\,3+0.930\,3)\times 396.76=401.00$$
$$\hat{h}_{t+5}=5.593\,3+(0.066\,3+0.930\,3)\times 401.00=405.23$$

随机游走模型Green函数恒为1：

$$\Psi_k=1,\quad \forall k\geqslant 1$$

预测值的标准差为：

$$\sqrt{\mathrm{Var}(\hat{x}_{t+k})}=\sqrt{\hat{h}_{t+1}+\cdots+\hat{h}_{t+k}},\quad k\geqslant 1$$

因此该序列在方差非齐性假定下，未来5期的95%的置信区间如表7-10所示。

表7-10

k	预测值	标准差	95%置信下限	95%置信上限
1	3 331.522	19.58	3 292.362	3 370.682
2	3 331.522	27.94	3 275.642	3 387.402
3	3 331.522	34.31	3 262.902	3 400.142
4	3 331.522	39.79	3 251.942	3 411.102
5	3 331.522	44.55	3 242.422	3 420.622

可以查到未来 5 个工作日（2017 年 8 月 28 日至 2017 年 9 月 1 日）上证指数的真实收盘价为：

3 362.65，3 365.23，3 363.63，3 360.81，3 367.12

比较表 7-9 和表 7-10 可以看到，这两种假定下得到的置信区间都包含了序列真实值。但条件异方差假定下得到的置信区间范围更窄，说明它的精度更高。

图 7-17 描述的是本例分别在方差齐性假定下得到的序列观察值的 95%的置信区间和在方差非齐性假定下基于 GARCH(1,1) 模型得到的序列观察值的 95%的置信区间。从图中可以清楚地看到，序列大幅波动时条件异方差的置信区间更宽，序列小幅波动时条件异方差的置信区间更窄。这说明条件异方差模型对序列波动风险的拟合和预测通常更准确。

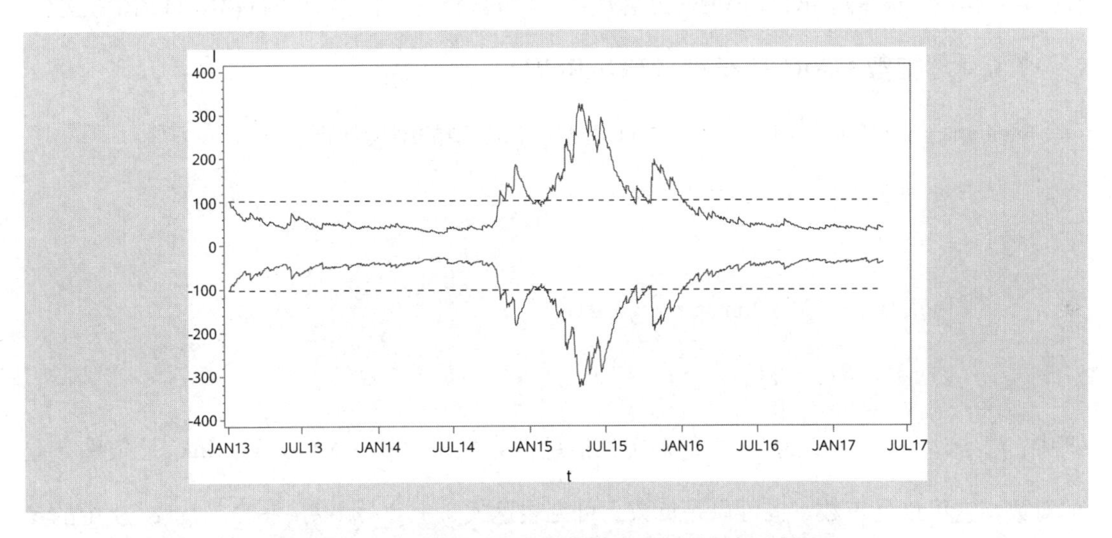

图 7-17　上证指数两种方差假定下置信区间比较图

说明：图中两条平行虚线是在方差齐性假定下得到的 95%的置信区间，两条波动实线是在方差非齐性假定下得到的 95%的置信区间。

7.6 GARCH 的衍生模型

GARCH 模型给出了对波动性进行描述的方法，为大量的金融序列提供了有效的分析方法，它是迄今为止最常用、最便捷的异方差序列拟合模型。但大量的使用经验表明，它也存在一些不足。

一是它对参数的约束非常严格。方差必须非负的要求导致了参数非负的约束条件：

$$\omega > 0, \quad \eta_i \geqslant 0, \quad \lambda_j \geqslant 0$$

同时无条件方差必须平稳要求参数有界：

$$\sum_{i=1}^{p} \eta_i + \sum_{j=1}^{q} \lambda_j < 1$$

参数的约束条件在一定程度上限制了 GARCH 模型的适用范围。

二是它对正负扰动的反应是对称的。扰动项是真实值与预测值之差。如果扰动项为正，说明真实值比预测值大，对于投资者而言就是获得超预期收益。如果扰动项为负，说明真实值比预测值小，对于投资者而言就是出现了超预期亏损。以 ARCH(1) 模型为例，$\varepsilon_t^2 = \phi \varepsilon_{t-1}^2$ ，即无论 ε_{t-1} 是正是负，它对下一期的影响系数都是 ϕ 。这意味着无论上一期的投资是盈利还是亏损，对投资人下一期的投资行为的影响是一样的，这与实际情况不符。大量的实践经验表明，投资人在面对盈利和亏损时的反应不是对称的。出现收益时，通常反应比较慢；出现亏损时，通常反应比较快。忽视这种信息的不对称性，有时会影响预测的精度。

为了拓宽 GARCH 模型的使用范围，提高 GARCH 模型的拟合精度，统计学家从不同的角度出发，构造了很多 GARCH 模型的衍生模型。本节只介绍三个最常用的 GARCH 衍生模型。

7.6.1 指数 GARCH 模型（EGARCH）

Nelson 于 1991 年提出了 EGARCH 模型，该模型的结构如下：

$$\begin{cases} x_t = f(t, x_{t-1}, x_{t-2}, \cdots) + \varepsilon_t \\ \varepsilon_t = \sqrt{h_t} e_t \\ \ln h_t = \omega + \sum_{i=1}^{p} \eta_i \ln h_{t-i} + \sum_{j=1}^{q} \lambda_j g(e_{t-j}) \\ g(e_t) = \theta e_t + \gamma(|e_t| - E|e_t|) \end{cases}$$

式中，$f(t, x_{t-1}, x_{t-2}, \cdots)$ 为 $\{x_t\}$ 的确定性信息拟合模型；$e_t \overset{i.i.d}{\sim} N(0, 1)$。$\ln h_t$ 是条件方差的对数，它可以是正数，也可以是负数。可见表达式 $\omega + \sum_{i=1}^{p} \eta_i \ln h_{t-i} + \sum_{j=1}^{q} \lambda_j g(e_{t-j})$ 中的参数不需要任何非负假定。因此，EGARCH 模型的第一个改进是放松了对 GARCH 模型的参数非负约束。

EGARCH 模型的第二个改进是引入加权扰动函数 $g(e_t)$，通过特殊的函数构造，能对正负扰动进行非对称处理。

$$\begin{aligned} g(e_t) &= \theta e_t + \gamma(|e_t| - E|e_t|) \\ &= \begin{cases} (\theta + \gamma) e_t - \gamma E|e_t|, & e_t > 0 \\ (\theta - \gamma) e_t - \gamma E|e_t|, & e_t < 0 \end{cases} \end{aligned}$$

式中，$E[g(e_t)] = 0$；$e_t \sim N(0,1)$；$E|e_t| = \sqrt{2/\pi}$。

通常取 $\gamma=1$，则 $g(e_t)$ 函数简写为：

$$g(e_t) = \begin{cases} (\theta+1) e_t - \sqrt{2/\pi}, & e_t > 0 \\ (\theta-1) e_t - \sqrt{2/\pi}, & e_t < 0 \end{cases}$$

例 7-3

拟合 1961 年 5 月 17 日至 1962 年 11 月 2 日 IBM 股票每日收盘价序列（数据见表 A1-24）。

1. 绘制时序图和差分后时序图

该序列的时序图如图 7－18 所示，1 阶差分后序列的时序图如图 7－19 所示。

图 7－18 显示 IBM 股票每日收盘价序列有显著趋势。图 7－19 显示 1 阶差分后序列有明显的集群效应。所以分析拟合该序列需要考虑同时提取水平（均值）相关信息和波动（方差）相关信息。

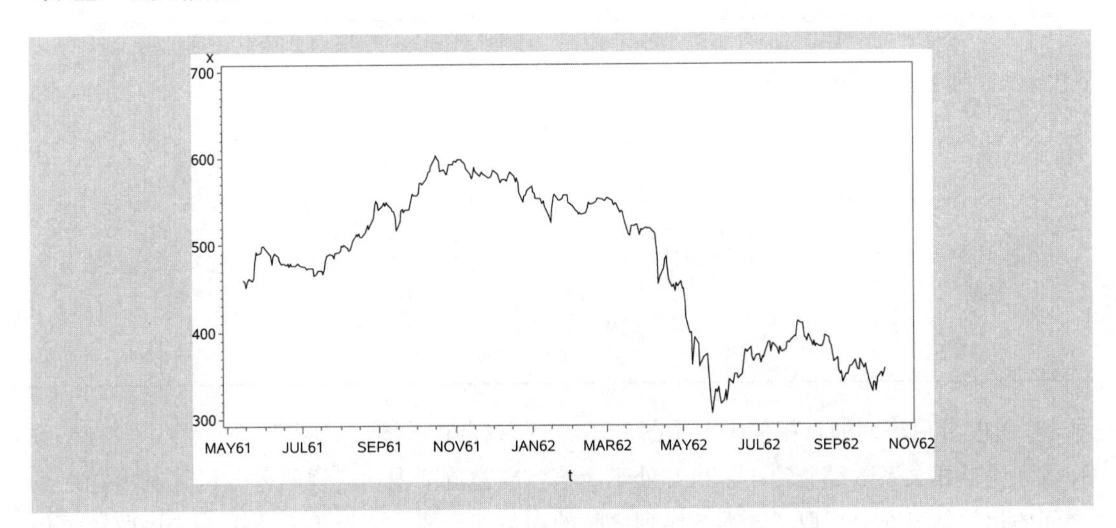

图 7－18　IBM 股票每日收盘价序列时序图

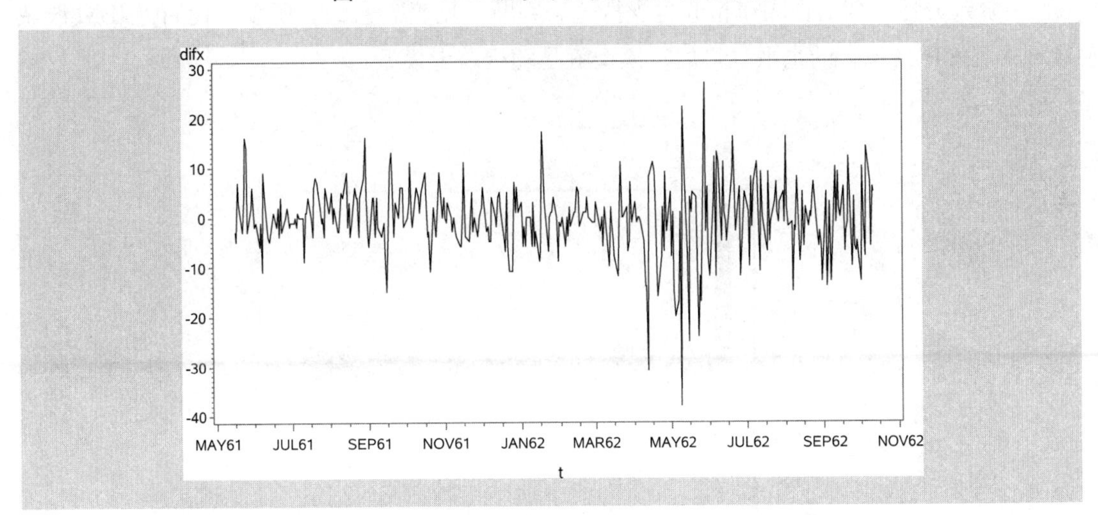

图 7－19　IBM 股票每日收盘价 1 阶差分后序列时序图

2. 拟合均值模型

PP 检验（见表 7－11）显示 1 阶差分后序列平稳。

表 7 - 11

类型	延迟阶数	τ 统计量的值	$Pr<\tau$
类型一	0	−17.52	<0.000 1
	1	−17.52	<0.000 1
	2	−17.52	<0.000 1
类型二	0	−17.52	<0.000 1
	1	−17.52	<0.000 1
	2	−17.52	<0.000 1
类型三	0	−17.64	<0.000 1
	1	−17.64	<0.000 1
	2	−17.64	<0.000 1

1 阶差分后序列的自相关图（见图 7 - 20）和偏自相关图（见图 7 - 21）显示，自相关系数和偏自相关系数都非常小，也都处于 2 倍标准差范围内。这说明差分运算基本把序列之间的相关信息充分提取了，残差序列之间的相关性很弱，所以不需要进一步提取相关信息。1 阶差分后序列的白噪声检验也支持这个判断（见表 7 - 12）。所以，我们为 IBM 股票每日收盘价序列拟合的水平（均值）模型就是随机游走模型：

$$x_t = x_{t-1} + \varepsilon_t$$

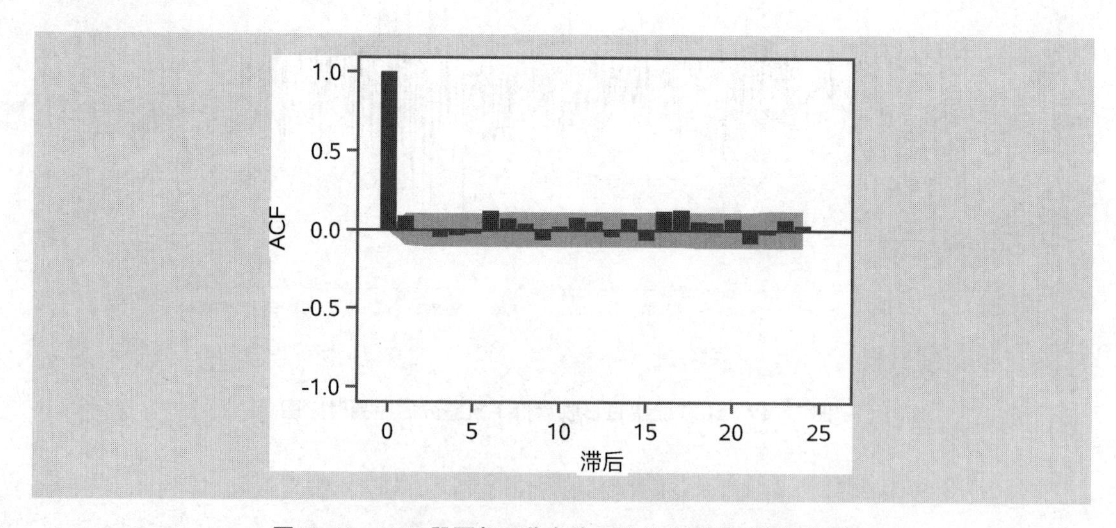

图 7 - 20　IBM 股票每日收盘价 1 阶差分后序列自相关图

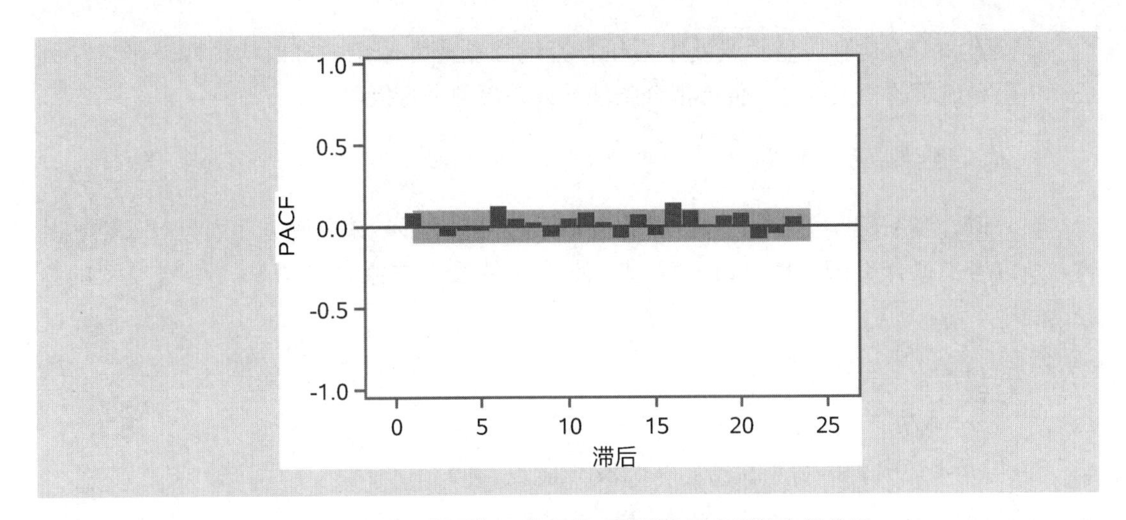

图7-21　IBM股票每日收盘价1阶差分后序列偏自相关图

表7-12

延迟阶数	纯随机性检验	
	LB检验统计量的值	P值
6	9.98	0.125 6
12	17.42	0.134 4

3. 残差序列的条件异方差性检验

从图7-19中可以看出差分后序列$\{\varepsilon_t\}$具有集群效应特征，但是图检验具有很强的主观性。现在使用Q统计量和LM统计量对残差序列$\{\varepsilon_t\}$的条件异方差性进行统计检验。检验结果如表7-13所示。

表7-13

阶数	Q	$Pr>Q$	LM	$Pr>$LM
1	25.063 3	<0.000 1	24.935 1	<0.000 1
2	34.254 7	<0.000 1	28.133 7	<0.000 1
3	57.470 5	<0.000 1	42.168 3	<0.000 1
4	82.068 9	<0.000 1	50.620 2	<0.000 1
5	82.076 6	<0.000 1	56.844 0	<0.000 1
6	86.829 0	<0.000 1	58.376 9	<0.000 1
7	88.180 0	<0.000 1	59.337 3	<0.000 1
8	89.141 8	<0.000 1	59.498 1	<0.000 1
9	103.870 2	<0.000 1	74.455 3	<0.000 1
10	118.815 4	<0.000 1	76.840 9	<0.000 1
11	121.063 7	<0.000 1	76.842 7	<0.000 1
12	129.870 0	<0.000 1	77.386 8	<0.000 1

Q 检验和 LM 检验均显示残差序列显著拒绝方差齐性假定，可以认为残差平方序列 $\{\varepsilon_t^2\}$ 中蕴涵显著的相关信息，值得拟合条件异方差模型进行提取。

4. 拟合条件异方差模型

(1) 拟合 GARCH(1,1) 模型。Q 检验和 LM 检验均显示残差平方序列具有长期相关性，所以考虑拟合 GARCH(1,1) 模型。使用条件最小二乘估计方法，得到模型的口径为：

$$\begin{cases} x_t = x_{t-1} + \varepsilon_t \\ \varepsilon_t = \sqrt{h_t} e_t, \quad e_t \sim N(0,1) \\ h_t = 4.514\,2 + 0.656\,3 h_{t-1} + 0.270\,4 \varepsilon_{t-1}^2 \end{cases}$$

该拟合模型的 AIC=2 418.93，SBC=2 434.56。

(2) 拟合 EGARCH(1,1) 模型。股票价格除了受公司的基本财务状况、管理水平、资本市场的大环境影响，还会受到股票持有人的心态和行动的影响。大部分投资人都是风险厌恶型。这种风险厌恶特征反映在股票投资上，就是股票持有人的心态在股票价格下跌期（$\varepsilon_t<0$）比在股票价格上升期（$\varepsilon_t>0$）焦虑，这时更容易立刻采取抛售或补仓等行动。这些行动反映在数据上，就是股票价格下跌期间的平均波动可能大于股票价格上升期间的平均波动。所以，在拟合 GARCH 模型时，要考虑正负扰动项是否均衡的问题。

简单的判别手段就是分别求出正负扰动项的波动均值：

$$r1 = \text{mean}(\varepsilon_t^2), \quad \varepsilon_t > 0$$

$$r2 = \text{mean}(\varepsilon_t^2), \quad \varepsilon_t < 0$$

如果 $r1$ 和 $r2$ 相差比较大，就需要考虑正负扰动项不均衡的问题，在选择条件异方差模型的时候，可以考虑 EGARCH 模型。

本例中，$r1$ 和 $r2$ 的统计情况如表 7-14 所示。

表 7-14

	N	ε_t^2 的均值	ε_t^2 的标准差
$\varepsilon_t>0$	166	48.644 578 3	85.571 52
$\varepsilon_t<0$	169	66.792 899 4	156.303 005 3

表 7-14 显示，$r2$ 等于 66.79，$r1$ 等于 48.64，$r2$ 远大于 $r1$（标准差也有相同特征），所以我们应该考虑该序列可能存在正负扰动项不均衡的问题，尝试构造 EGARCH(1,1) 模型。基于条件最小二乘估计方法，得到未知参数的估计值，最后确定 EGARCH 模型的口径为：

$$\ln h_t = 0.334\,5 + 0.911 \ln h_{t-1} + 0.279\,1 g(e_{t-1})$$

式中：

$$g(e_t)=\begin{cases}(-0.515+1)e_t-\sqrt{2/\pi}, & e_t\geqslant 0\\(-0.515-1)e_t-\sqrt{2/\pi}, & e_t<0\end{cases}$$

结合水平模型，最后IBM股票每日收盘价序列的综合模型为：

$$\begin{cases}x_t=x_{t-1}+\varepsilon_t\\ \varepsilon_t=\sqrt{h_t}e_t, \quad e_t\sim N(0,1)\\ \ln h_t=0.1118+0.911\ln h_{t-1}+0.1351e_{t-1}, \quad e_{t-1}\geqslant 0\\ \ln h_t=0.1118+0.911\ln h_{t-1}-0.4228e_{t-1}, \quad e_{t-1}<0\end{cases}$$

该拟合模型的AIC=2 409.44，SBC=2 428.98。

和前面拟合的GARCH(1,1)模型比较，显然EGARCH(1,1)模型的AIC和SBC更小，也就是说，对于这个IBM股票每日收盘价序列而言，EGARCH模型对股票价格波动的拟合效果更好。

7.6.2　方差无穷GARCH模型（IGARCH）

当GARCH模型平稳时，ε_t的无条件方差为：

$$\mathrm{Var}(\varepsilon_t)=\frac{\omega}{1-(\sum_{i=1}^{p}\eta_i+\sum_{j=1}^{q}\lambda_j)}$$

因而GARCH模型参数有界的约束可以保证ε_t的无条件方差有界，GARCH模型能实现宽平稳。

如果把这个约束条件改写为：

$$\sum_{i=1}^{p}\eta_i+\sum_{j=1}^{q}\lambda_j=1$$

就构成IGARCH模型。对IGARCH模型而言，ε_t的无条件方差无界，所以它的无条件方差无意义。

IGARCH模型适合描述具有单位根特征（随机游走）的条件异方差。从理论角度来说，IGARCH现象可能是由波动率带有常数漂移项引起的。

考察IGARCH(1,1)模型的条件异方差预测值：

$$\begin{aligned}&\sigma_t^2(1)=\omega+\sigma_t^2\\&\sigma_t^2(2)=\omega+\sigma_t^2(1)=2\omega+\sigma_t^2\\&\vdots\\&\sigma_t^2(h)=\omega+\sigma_t^2(h-1)=h\omega+\sigma_t^2\end{aligned}$$

例7-3续（1）

对1961年5月17日至1962年11月2日IBM股票每日收盘价序列拟合IGARCH模

型（数据见表 A1－24）。

不妨假定 IBM 股票每日收盘价序列的无条件方差无界。对波动部分拟合 IGARCH(1,1) 模型。基于条件最小二乘估计方法，得到未知参数的估计值，最后确定模型的口径为：

$$\begin{cases} x_t = x_{t-1} + \varepsilon_t \\ \varepsilon_t = \sqrt{h_t} e_t, \quad e_t \sim N(0,1) \\ h_t = 3.106\,1 + 0.678\,4 h_{t-1} + 0.321\,6 \varepsilon_{t-1}^2 \end{cases}$$

该拟合模型的 AIC＝2 419.30，SBC＝2 431.01。也就是说，对 IBM 股票每日收盘价序列而言，IGARCH(1,1) 模型的拟合精度与 GARCH(1,1) 模型近似，但低于 EGARCH(1,1)。

7.6.3 依均值 GARCH 模型（GARCH-M）

在金融领域，风险厌恶型投资者会要求资产的收益率与波动性相匹配。

风险投资期望收益＝无风险收益＋风险溢价

式中，无风险收益为资金的时间价值，是投资者从事风险极小的投资（诸如国债、货币市场工具或银行存款）所获得的收益。超额收益是任何特定时期风险资产同无风险资产收益之差。风险溢价是超额收益的期望。风险溢价指投资者因承担风险而获得的额外报酬。风险越大，风险溢价越高。

Engle，Lilien 和 Robins（1987）将风险溢价思想引入 GARCH 模型，允许序列的均值依赖于它的波动性，由此提出 GARCH-M 模型。

GARCH-M 模型的构造思想是：序列均值与条件方差之间具有某种相关关系，这时可以把条件标准差作为附加回归因子建模，模型结构如下：

$$\begin{cases} x_t = f(t, x_{t-1}, x_{t-2}, \cdots) + \delta \sqrt{h_t} + \varepsilon_t \\ \varepsilon_t = \sqrt{h_t} e_t \\ h_t = \omega + \sum_{i=1}^{p} \eta_i h_{t-i} + \sum_{j=1}^{q} \lambda_j \varepsilon_{t-j}^2 \end{cases}$$

式中，$f(t, x_{t-1}, x_{t-2}, \cdots)$ 为 $\{x_t\}$ 的确定性信息拟合模型；$e_t \overset{i.i.d}{\sim} N(0,1)$。

例 7－3 续（2）

对 1961 年 5 月 17 日至 1962 年 11 月 2 日 IBM 股票每日收盘价序列拟合 GARCH-M 模型（数据见表 A1－24）。

不妨假定，IBM 股票价格中包含了股票持有人对风险溢价的要求，所以可以尝试对该序列拟合 GARCH-M(1,1) 模型。基于条件最小二乘估计方法，得到未知参数的估计值，最后确定模型的口径为：

$$\begin{cases} x_t = x_{t-1} + 0.1327\sqrt{h_t} + \varepsilon_t \\ \varepsilon_t = \sqrt{h_t} e_t, \quad e_t \sim N(0,1) \\ h_t = 5.0928 + 0.6247 h_{t-1} + 0.2934 \varepsilon_{t-1}^2 \end{cases}$$

该拟合模型的 AIC＝2 420.15，SBC＝2 439.69。GARCH-M(1,1) 模型的拟合精度低于 GARCH(1,1)，而且风险溢价参数 $\delta=0.1327$ 的 t 检验不显著（$t=0.89$，$P=0.3738$），所以可以认为 IBM 股票的持有人对风险溢价的要求没有及时地反映到股票收盘价格上。我们不需要对 IBM 股票拟合 GARCH-M 模型。

7.7 习　题

1. 某股票连续若干天的收盘价如表 7－15 所示（行数据）。

表 7－15

304	303	307	299	296	293	301	293	301	295	284	286	286	287	284
282	278	281	278	277	279	278	270	268	272	273	279	279	280	275
271	277	278	279	283	284	282	283	279	280	280	279	278	283	278
270	275	273	273	272	275	273	273	272	273	272	273	271	272	271
273	277	274	274	272	280	282	292	295	295	294	290	291	288	288
290	293	288	289	291	293	293	290	288	287	289	292	288	288	285
282	286	286	287	284	283	286	282	287	286	287	292	292	294	291
288	289													

选择适当模型拟合该序列的发展，并估计下一天的收盘价。

2. 1969 年 1 月至 1994 年 8 月澳大利亚储备银行（Reserve Bank of Australia）2 年期有价证券月度利率（%）如表 7－16 所示（行数据）。

表 7－16

4.99	5.00	5.03	5.03	5.25	5.26	5.30	5.45	5.49	5.52	5.70
5.68	5.65	5.80	6.50	6.45	6.48	6.45	6.35	6.40	6.43	6.43
6.44	6.45	6.48	6.40	6.35	6.40	6.30	6.32	6.35	6.13	5.70
5.58	5.18	5.18	5.17	5.15	5.21	5.23	5.05	4.65	4.65	4.60
4.67	4.69	4.68	4.62	4.63	4.90	5.44	5.56	6.04	6.06	6.06
8.07	8.07	8.10	8.05	8.06	8.07	8.06	8.11	8.60	10.80	11.00
11.00	11.00	9.48	9.18	8.62	8.30	8.47	8.44	8.44	8.46	8.49
8.54	8.54	8.50	8.44	8.49	8.40	8.46	8.50	8.50	8.47	8.47
8.47	8.48	8.48	8.54	8.56	8.39	8.89	9.91	9.89	9.91	9.91
9.90	9.88	9.86	9.86	9.74	9.42	9.27	9.26	8.99	8.83	8.83
8.83	8.82	8.83	8.83	8.79	8.79	8.69	8.66	8.67	8.72	8.77
9.00	9.61	9.70	9.94	9.94	9.94	9.95	9.94	9.96	9.97	10.83

续表

10.75	11.20	11.40	11.54	11.50	11.34	11.50	11.50	11.58	12.42	12.85
13.10	13.12	13.10	13.15	13.10	13.20	14.20	14.75	14.60	14.60	14.45
14.50	14.80	15.85	16.20	16.50	16.40	16.40	16.35	16.10	13.70	13.50
14.00	12.30	12.00	14.35	14.60	12.50	12.75	13.70	13.45	13.55	12.60
12.00	11.00	11.60	12.05	12.35	12.70	12.45	12.55	12.20	12.10	11.15
11.85	12.10	12.50	12.90	12.50	13.20	13.65	13.65	13.50	13.45	13.35
14.45	14.30	15.05	15.55	15.65	14.65	14.15	13.30	12.65	12.70	12.80
14.50	15.10	15.15	14.30	14.25	14.05	14.70	15.05	14.05	13.80	13.25
13.00	12.85	12.60	11.80	13.00	12.35	11.45	11.35	11.55	10.85	10.90
12.30	11.70	12.05	12.30	12.90	13.05	13.30	13.85	14.65	15.05	15.15
14.85	15.70	15.40	15.10	14.80	15.80	15.80	15.00	14.40	13.80	14.30
14.15	14.45	14.10	14.05	13.75	13.30	13.00	12.55	12.25	11.85	11.50
11.10	11.15	10.70	10.25	10.55	10.25	10.30	9.60	8.40	8.20	7.25
8.35	8.25	8.30	7.40	7.15	6.35	5.65	7.40	7.20	7.05	7.10
6.85	6.50	6.25	5.95	5.65	5.85	5.45	5.30	5.20	5.55	5.15
5.40	5.35	5.10	5.80	6.35	6.50	6.95	8.05	7.85	7.75	8.60

(1) 考察该序列的方差齐性。

(2) 选择适当的模型拟合该序列的发展。

3. 1974年1月至1994年12月，某地胡椒价格月度数据如表7-17所示（行数据）。

表7-17

单位：美元/吨

1 102	1 151	1 093	1 118	1 168	1 118	1 085	1 135	1 138	1 135	1 235	1 301
1 283	1 250	1 210	1 135	1 085	1 060	1 102	1 151	1 127	1 226	1 217	1 215
1 250	1 210	1 268	1 402	1 486	1 534	1 567	1 585	1 717	2 002	2 086	2 059
1 250	1 210	1 268	1 402	1 486	1 534	1 567	1 585	1 717	2 002	2 086	2 059
2 425	2 326	2 176	2 121	2 000	2 000	1 850	1 640	1 700	1 925	1 850	1 830
1 850	1 790	1 700	1 700	1 750	1 775	1 925	2 000	1 975	1 940	1 889	1 881
2 000	2 024	1 900	1 750	1 649	1 601	1 625	1 609	1 649	1 640	1 640	1 620
1 590	1 526	1 451	1 424	1 424	1 329	1 199	1 179	1 285	1 349	1 265	1 299
1 373	1 440	1 451	1 376	1 325	1 261	1 199	1 219	1 250	1 274	1 365	1 424
1 420	1 385	1 321	1 235	1 215	1 310	1 319	1 319	1 279	1 481	1 956	2 165
2 125	2 087	1 895	1 840	1 874	1 863	1 836	1 894	2 105	2 159	2 131	2 029
2 270	2 411	2 652	3 294	3 360	3 686	3 593	3 482	3 615	3 963	4 328	4 309
4 336	4 382	4 326	4 009	4 000	4 070	4 200	4 278	4 435	4 772	4 812	4 908
4 857	4 865	4 711	4 640	4 877	4 902	4 884	4 833	4 903	4 963	4 804	4 679
4 810	4 571	4 250	3 850	3 775	3 357	2 946	2 342	1 994	2 420	2 464	2 763
2 993	3 108	2 729	2 525	2 457	2 136	2 272	2 175	2 100	2 068	1 955	1 950

续表

1 969	2 025	1 726	1 579	1 768	1 766	1 621	1 692	1 634	1 750	1 620	1 515
1 508	1 525	1 502	1 374	1 212	1 198	1 107	1 052	1 069	1 050	1 098	1 150
1 126	1 200	1 193	1 058	1 043	1 026	980	976	1 000	1 210	1 264	1 150
1 117	1 188	1 100	1 040	1 028	1 113	1 154	1 350	1 722	1 616	1 525	1 403
1 497	1 522	1 550	1 575	1 538	1 650	1 800	1 933	2 219	2 606	2 563	2 433

（1）检验该序列的平稳性。

（2）检验该序列的方差齐性。

（3）考察该序列的差分平稳属性以及过差分特征。

（4）选择适当模型拟合该序列的发展，并做未来一年的月度水平预测。

4. 自1971年7月开始，道琼斯工业股票平均价格指数每周收盘价如表7－18所示（行数据）。

表7－18

890.19	901.8	888.51	887.78	858.43	850.61	856.02	880.91	908.15
912.75	911	908.22	889.31	893.98	893.91	874.85	852.37	839
840.39	812.94	810.67	816.55	859.59	856.75	873.8	881.17	890.2
910.37	906.68	907.44	906.38	906.68	917.59	917.52	922.79	942.43
939.87	942.88	942.28	940.7	962.6	967.72	963.8	954.17	941.23
941.83	961.54	971.25	961.39	934.45	945.06	944.69	929.03	938.06
922.26	920.45	926.7	951.76	964.18	965.83	959.36	970.05	961.24
947.23	943.03	953.27	945.36	930.46	942.81	946.42	984.12	995.26
1 005.57	1 025.21	1 023.43	1 033.19	1 027.24	1 004.21	1 020.02	1 047.49	1 039.36
1 026.19	1 003.54	980.81	979.46	979.23	959.89	961.32	972.23	963.05
922.71	951.01	931.07	959.36	963.2	922.19	953.87	927.89	895.17
930.84	893.96	920	888.55	879.82	891.71	870.11	885.99	910.9
936.71	908.87	852.38	871.84	863.49	887.57	898.63	886.36	927.9
947.1	971.25	978.63	963.73	987.06	935.28	908.42	891.33	854
822.25	838.05	815.65	818.73	848.02	880.23	841.48	855.47	859.39
843.94	820.4	820.32	855.99	851.92	878.05	887.83	878.13	846.68
847.54	844.81	859.9	834.64	845.9	850.44	818.84	816.65	802.17
853.72	843.09	815.39	802.41	791.77	787.23	787.94	784.57	752.58

（1）检验该序列的平稳性。

（2）对该序列拟合适当的ARIMA模型提取水平信息。

（3）考察该序列是否具有条件异方差属性。如果有条件异方差属性，则拟合适当的条件异方差模型。

（4）使用拟合模型预测该序列未来4周的收盘价及收盘价的95%的置信区间。

5. 1969年7月至1995年8月澳元兑美元的汇率如表7－19所示（行数据）。

表7－19

1.113 8	1.109 1	1.109 4	1.115 8	1.116 1	1.118 2	1.118 5	1.120 9	1.120 7	1.120 6
1.118 6	1.115 9	1.113 4	1.11	1.111 8	1.113 1	1.113 1	1.114 6	1.125 7	1.126 2
1.125 7	1.126 7	1.126 1	1.126 6	1.126 4	1.150 5	1.157	1.161 4	1.161 5	1.191
1.191	1.191	1.191	1.191	1.191	1.191	1.191	1.191	1.191	1.191
1.191	1.275	1.275	1.416 7	1.416 7	1.416 7	1.416 7	1.416 7	1.416 7	1.416 7
1.487 5	1.487 5	1.487 5	1.487 5	1.487 5	1.487 5	1.487 5	1.487 5	1.487 5	1.487 5
1.487 5	1.487 5	1.310 3	1.310 5	1.316 2	1.327	1.338 4	1.366 6	1.353 7	1.341
1.343 2	1.325 8	1.297 7	1.279 4	1.256	1.271	1.259 4	1.257 1	1.258 8	1.260 7
1.248 6	1.239	1.227 1	1.235 6	1.240 7	1.246 2	1.237 3	1.226 1	1.012 3	1.086 4
1.087	1.096 7	1.103 1	1.104 5	1.103 9	1.115 5	1.122 5	1.105 1	1.107 6	1.123 6
1.127 4	1.141 4	1.138 2	1.136 5	1.143 1	1.136 2	1.130 2	1.147 5	1.155 1	1.152 1
1.156 6	1.189 1	1.136 3	1.150 5	1.133 4	1.128 3	1.118 2	1.102 4	1.104 8	1.121 1
1.130 2	1.128 4	1.129 8	1.097 4	1.094 2	1.105 5	1.106 9	1.098 7	1.083 1	1.114 5
1.142 6	1.157 6	1.152 5	1.165 6	1.169	1.172 6	1.164 3	1.180 7	1.170 7	1.156 6
1.168 4	1.150 5	1.138 5	1.148	1.135 6	1.150 8	1.141 4	1.135	1.151 4	1.127 9
1.099 4	1.074	1.050 3	1.060 8	1.048 2	1.022 3	0.995 8	0.964 3	0.949 3	0.936 7
0.954 8	0.980 6	0.971 8	0.960 6	0.862 9	0.868	0.882	0.874 5	0.881	0.878 5
0.896 5	0.916	0.912 8	0.902	0.917 8	0.942 9	0.935	0.920 1	0.899 2	0.861 3
0.83	0.848 8	0.833	0.848 7	0.859 6	0.827 8	0.815	0.713 8	0.705 1	0.652 3
0.658	0.665 5	0.727 1	0.703 4	0.707 7	0.700 2	0.685	0.680 9	0.715 5	0.701 2
0.711 9	0.739 1	0.716 6	0.677 2	0.598	0.608 5	0.627 4	0.642	0.648 8	0.664 8
0.660 8	0.674 8	0.705 3	0.704 8	0.713 7	0.720 3	0.697 8	0.712 4	0.719 4	0.675 7
0.705 2	0.722 5	0.713 8	0.719 8	0.738 8	0.758 5	0.805 1	0.794	0.804 5	0.806 9
0.782 9	0.825 6	0.878 1	0.855 5	0.889	0.799 6	0.819 4	0.792 8	0.748 4	0.755 3
0.752 4	0.765 6	0.776 4	0.783 1	0.781 5	0.792 7	0.770 8	0.759 4	0.754 2	0.750 9
0.769 1	0.789	0.790 1	0.816 2	0.826 5	0.784 7	0.774 5	0.773 3	0.784 9	0.785 1
0.775 2	0.781 7	0.760 9	0.768 1	0.777 5	0.784 8	0.799 5	0.783 7	0.784 8	0.759 8
0.749 8	0.754 6	0.768 4	0.759 3	0.758 9	0.748 8	0.744 2	0.713 4	0.714	0.695 4
0.682 3	0.688	0.678 6	0.695 7	0.705 8	0.711 6	0.676 9	0.672 2	0.683 4	0.670 8
0.645 3	0.666 1	0.656 8	0.677 1	0.711 2	0.717 8	0.700 8	0.712 4	0.736 1	0.729 1
0.739 3	0.742 5	0.739 3	0.742 2	0.767 4	0.776 8	0.758 3	0.739 5	0.728	0.729 9
0.713 8	0.708 6	0.738 9	0.752 4						

（1）分析该序列的平稳性和差分平稳性。

（2）对该序列拟合适当的水平（均值）模型。

（3）考察该序列的方差齐性。如果方差非齐性，则拟合适当的条件异方差模型。

（4）使用拟合模型预测未来一年澳元兑美元的汇率及汇率的95%的置信区间。

6. 1985年1月至2005年12月，原油现货交易价格如表7-20所示（行数据）。

表7-20　　单位：美元/桶

26.41	26.73	28.29	27.63	27.84	26.87	27.12	28.08	29.08	30.38	29.75	26.3
18.83	13.26	10.42	13.34	14.3	12.78	11.15	15.9	14.77	15.27	15	17.94
18.75	16.6	18.83	18.73	19.38	20.29	21.37	19.73	19.59	19.96	18.51	16.7
16.94	16.01	17.08	17.99	17.51	15.16	16.31	15.18	13.37	13.58	15.32	17.24
17.03	18.15	20.19	20.42	19.9	20.27	18.31	18.83	20.13	19.94	19.89	21.82
22.68	21.54	20.28	18.54	17.4	17.07	20.69	27.32	39.51	35.23	28.85	28.44
21.54	19.16	19.63	20.96	21.13	20.56	21.68	22.26	22.23	23.37	21.48	19.12
18.9	18.68	19.44	20.85	22.11	21.6	21.87	21.48	21.71	20.62	19.89	19.5
20.26	20.6	20.44	20.53	20.02	18.85	17.88	18.29	18.79	16.92	15.43	14.17
15.19	14.48	14.79	16.9	18.31	19.37	20.3	17.56	18.39	18.19	18.05	17.76
18.39	18.49	19.17	20.38	18.89	17.4	17.56	17.84	17.54	17.64	18.18	19.55
17.74	19.54	21.47	21.2	19.76	20.92	20.42	22.25	24.38	23.35	23.75	25.92
24.15	20.3	20.41	20.21	20.88	19.8	20.14	19.61	21.18	21.08	19.15	17.64
17.21	15.44	15.61	15.39	13.95	14.18	14.3	13.34	16.14	14.42	11.22	11.28
12.75	12.27	16.16	18.23	16.84	18.37	20.53	21.9	24.51	21.75	24.59	25.6
28.27	30.43	27.31	25.74	29.01	32.5	27.43	33.12	30.84	33.48	33.82	27.8
28.66	27.39	27.09	27.86	28.37	28.2	26.1	27.2	23.36	21.07	19.37	19.84
19.2	21.48	26.12	27.36	25.02	26.8	27.21	28.99	30.52	26.86	26.79	30.45
33.56	37.05	31.02	26.13	29.32	30.06	30.61	31.78	28.89	28.77	29.95	32.89
33.26	35.56	36.13	37.74	39.41	35.76	43.5	41.8	49.55	51.49	49.98	42.76
47.1	51.93	55.07	50.41	51.48	56.84	60.34	69.31	66.37	60.6	56.41	59.88

（1）研究1985—2005年原油现货价格的走势，对原油价格拟合ARIMA模型。

（2）研究原油现货价格的波动特征。如果存在条件异方差，则拟合适当的条件异方差模型。

（3）预测2006—2007年各月原油现货价格的走势及95%的置信区间。

7.8 上机指导

SAS 系统中 autoreg 过程可以提供异方差性检验和条件异方差模型建模。以临时数据集 example7_1 的数据为例，介绍 GARCH 模型的拟合，相关程序如下：

```
data example7_1;
input x@@;
t=_n_;
cards;
10.77   13.30   16.64   19.54   18.97   20.52   24.36
23.51   27.16   30.80   31.84   31.63   32.68   34.90
33.85   33.09   35.46   35.32   39.94   37.47   35.24
33.03   32.67   35.20   32.36   32.34   38.45   38.17
32.14   39.70   49.42   47.86   48.34   62.50   63.56
67.61   64.59   66.17   67.50   76.12   79.31   78.85
81.34   87.06   86.41   93.20   82.95   72.96   61.10
61.27   71.58   88.34   98.70   97.31   97.17   91.17
80.20   85.12   81.40   70.87   57.75   52.35   67.50
87.95   85.46   84.55   98.16   102.42  113.02  119.95
122.37  126.96  122.79  127.96  139.20  141.05  140.87
137.08  145.53  145.59  134.36  122.54  106.92  97.23
110.39  132.40  152.30  154.91  152.69  162.67  160.31
142.57  146.54  153.83  141.81  157.83  161.79  142.07
139.43  140.92  154.61  172.33  191.78  199.27  197.57
189.29  181.49  166.84  154.28  150.12  165.17  170.32
;
proc gplot data=example7_1;
plot x*t=1;
symbol1 c=black i=join v=star;
proc autoreg data=example6_1;
model x=t/nlag=5 dwprob archtest;
model x=t/nlag=2 noint garch=(p=1,q=1);
output out=out p=p residual=residual lcl=lcl ucl=ucl cev=cev;
run;
data out;
set out;
l95=-1.96*sqrt(51.42515);
u95=1.96*sqrt(51.42515);
```

```
Lcl_GARCH=-1.96*sqrt(cev);
Ucl_GARCH=1.96*sqrt(cev);
run;
proc gplot data=out;
plot residual*t=2 l95*t=3 Lcl_GARCH*t=4 u95*t=3 Ucl_GARCH*t=4/
overlay;
plot x*t=2 lcl*t=3 ucl*t=3/overlay;
symbol2 c=green i=join v=none;
symbol3 c=black i=join v=none l=2;
symbol4 c=red i=join v=none;
run;
```

该序列的时序图如图 7-22 所示。

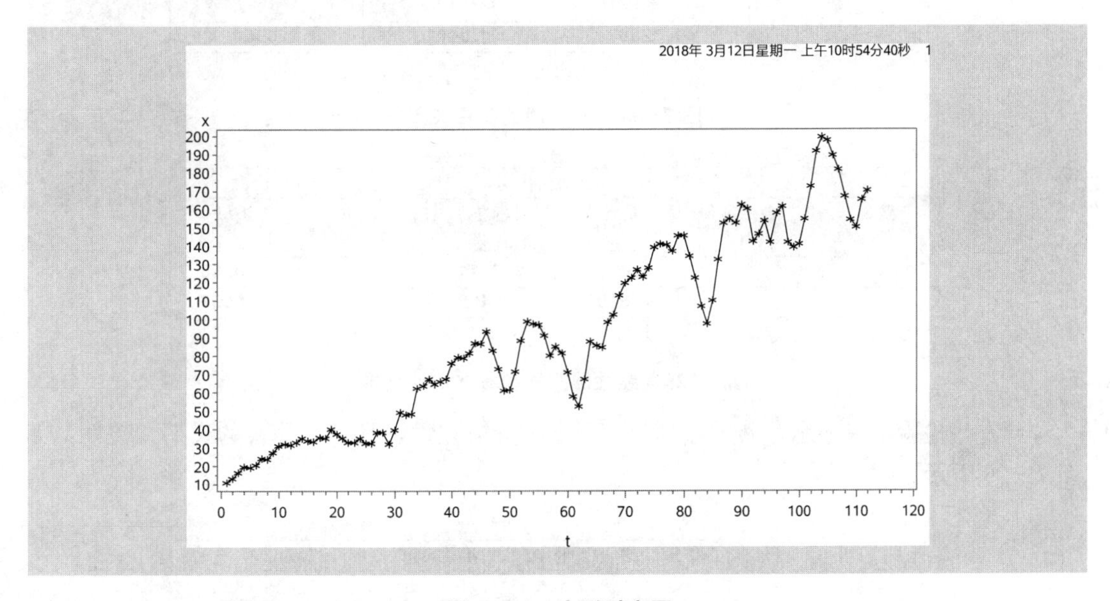

图 7-22　序列时序图

时序图显示序列具有显著线性递增趋势，且波动幅度随时间递增，所以考虑使用 autoreg 过程建立序列 $\{x_t\}$ 关于时间 t 的线性回归模型，并检验残差序列的自相关性和异方差性。如果检验结果显示残差序列具有显著的自相关性，则建立残差自回归模型；如果残差序列具有显著的异方差性，则要建立条件异方差模型。

语句说明：

(1)"model x=t/nlag=5 dwprob archtest;"命令系统建立序列 $\{x_t\}$ 关于时间 t 的线性回归模型，检验残差序列 5 阶延迟的自相关性并输出 DW 检验的 P 值，同时对残差序列进行异方差检验。

DW 检验结果显示残差序列具有显著的正自相关性，如图 7-23 所示。

残差序列 5 阶延迟自相关图显示残差序列至少具有 2 阶显著的自相关性，如图 7-24 所示。

参数估计结果显示回归模型系数均显著非零，如图 7－25 所示。

普通最小二乘法估计			
SSE	24013.8586	DFE	110
MSE	218.30781	均方根误差	14.77524
SBC	928.482631	AIC	923.045633
MAE	11.6722157	AICC	923.155725
MAPE	16.4761444	HQC	925.251596
Durbin-Watson	0.3280	回归 R 方	0.9184
		总 R 方	0.9184

图 7－23　普通最小二乘法估计输出结果

Durbin-Watson 统计量			
阶数	DW	Pr < DW	Pr > DW
1	0.3280	<.0001	1.0000

图 7－24　残差序列自相关图

参数估计					
变量	自由度	估计	标准误差	t 值	近似 Pr > |t|
Intercept	1	6.0013	2.8111	2.13	0.0350
t	1	1.5193	0.0432	35.18	<.0001

图 7－25　线性回归模型参数估计结果

异方差检验结果显示，残差序列具有显著的异方差性，且具有显著的长期相关性，如图 7－26 所示。

基于 OLS 残差的 ARCH 扰动检验				
阶数	Q	Pr > Q	LM	Pr > LM
1	57.3918	<.0001	55.8442	<.0001
2	65.4067	<.0001	67.8444	<.0001
3	66.5910	<.0001	74.7982	<.0001
4	67.7120	<.0001	76.6094	<.0001
5	68.0902	<.0001	76.7411	<.0001
6	68.1323	<.0001	76.8508	<.0001
7	68.8424	<.0001	76.9365	<.0001
8	70.1604	<.0001	76.9384	<.0001
9	71.2765	<.0001	76.9464	<.0001
10	72.1757	<.0001	77.1134	<.0001
11	72.5405	<.0001	77.8402	<.0001
12	72.5458	<.0001	77.8512	<.0001

图 7－26　异方差检验结果

（2）“model x＝t/nlag＝2 noint garch＝(p＝1，q＝1)；”。综合考虑残差序列自相关性

和异方差性检验结果，尝试拟合无回归常数项的 AR(2)-GARCH(1,1) 模型。

模型的最终拟合结果如图 7－27 所示。

参数检验结果显示除 GARCH(1,1)模型中的常数项不显著外，其他变量均显著，整个模型的 R^2 高达 0.995 4，且正态性检验不显著（P 值为 0.310 6），这与假定 GARCH 的残差函数 $\varepsilon_t/\sqrt{h_t}$ 服从正态分布相吻合，所以可以认为该模型拟合成功。

GARCH 估计			
SSE	5759.60718	观测	112
MSE	51.42506	Uncond Var	216.195173
对数似然	-368.38039	总 R 方	0.9954
SBC	765.07178	AIC	748.760787
MAE	5.62643394	AICC	749.560787
MAPE	7.41836333	HQC	755.378675
		正态性检验	2.3383
		Pr > 卡方	0.3106
注意：未使用截距项。重新定义 R 方。			

参数估计					
变量	自由度	估计	标准误差	t 值	近似 Pr > |t|
t	1	1.6443	0.0675	24.35	<.0001
AR1	1	-1.2839	0.1016	-12.64	<.0001
AR2	1	0.4292	0.0984	4.36	<.0001
ARCH0	1	1.5934	2.0955	0.76	0.4470
ARCH1	1	0.2817	0.1641	1.72	0.0860
GARCH1	1	0.7109	0.1419	5.01	<.0001

图 7－27　模型拟合结果

最终模型的口径为：

$$\begin{cases} x_t = 1.644\,3t + u_t \\ u_t = 1.283\,9u_{t-1} - 0.429\,2u_{t-2} + \varepsilon_t \\ \varepsilon_t = \sqrt{h_t}a_t, \quad a_t \overset{i.i.d}{\sim} N(0,1) \\ h_1 = 1.593\,4 + 0.281\,7\varepsilon_{t-1}^2 + 0.710\,9h_{t-1} \end{cases}$$

（3）“output out=out p=p residual=residual lcl=lcl ucl=ucl cev=cev;”命令系统将估计值（p=）、残差（residual=）、序列置信下限（lcl=）、序列置信上限（ucl=）、条件方差（cev=）的结果存入临时数据集 work. out。

后面整个 data 步的工作都是对结果数据集 work. out 进行数据加工，以获得如下数据：

残差序列方差齐性假定下 95%的置信下限：l95=－1.96 * sqrt(51.42515)；

残差序列方差齐性假定下 95%的置信上限：u95=1.96 * sqrt(51.42515)；

残差序列条件方差假定下 95%的置信下限：Lcl _ GARCH=－1.96 * sqrt(cev)；

残差序列条件方差假定下 95%的置信上限：Ucl _ GARCH=1.96 * sqrt(cev)；

条件方差假定下，序列的 95%的置信下限：Lcl _ p=p−1.96 * sqrt(cev)；

条件方差假定下，序列的 95%的置信上限：Ucl _ p=p+1.96 * sqrt(cev)。

分别绘制两种拟合效果图，图 7 - 28 是针对残差序列的波动性拟合情况，及在方差齐性和非齐性两种假定下的置信区间，绘图命令如下：

```
plot residual * t=2 l95 * t=3 Lcl _ GARCH * t=4 u95 * t=3 Ucl _ GARCH * t=4/
overlay;
```

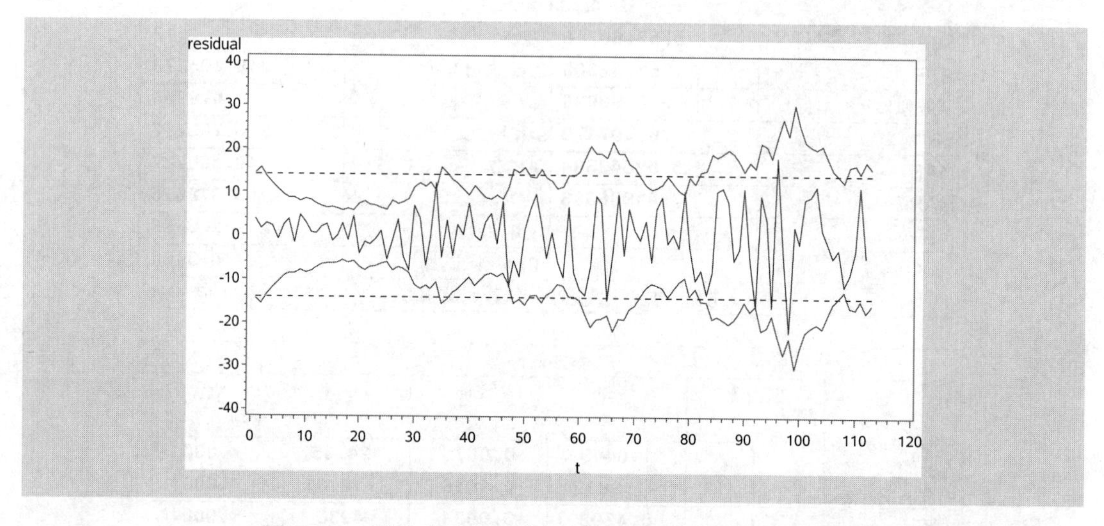

图 7 - 28　残差序列在两种方差假定下的置信区间效果图

图 7 - 29 是针对原序列的拟合情况，及在异方差假定下的置信区间，绘图命令如下：

```
plot x * t=2 lcl * t=3 ucl * t=3/overlay;
```

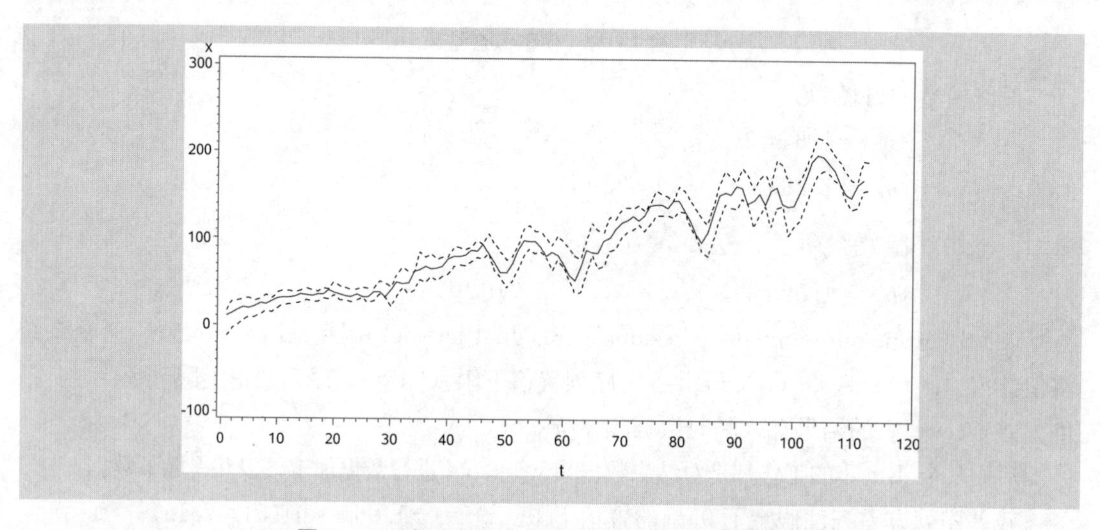

图 7 - 29　序列在异方差假定下的置信区间效果图

说明：中间的波动曲线为观察值序列，虚线为根据条件异方差得到的 95%的置信区间。

第8章 多元时间序列分析

前面几章介绍的都是一元时间序列的分析方法。实际上，很多序列的变化规律都会受到其他序列的影响。比如说当分析居民消费支出序列时，消费会受到收入的显著影响，如果将收入也纳入研究范围，就能得到更精确的消费预测。这就涉及多元时间序列分析。

对多元时间序列的分析很早就开始了。1976年，Box和Jenkins在《时间序列分析：预测与控制（第2版）》一书中将天然气的输入速率作为输入变量，研究CO_2的输出浓度，由此将时间序列的分析领域由一元拓展到了多元的场合。

但是从技术上讲，当时要求输入序列和响应序列都是平稳的。显然，响应序列和输入序列均平稳的要求是非常苛刻的，这严重限制了多元时间序列分析的运用和发展，直到1987年Engle和Granger提出了协整的概念。

协整理论并不要求响应序列和输入序列自身平稳，只要求它们的回归残差序列平稳。残差序列平稳比响应序列与输入序列均平稳更容易实现。这个概念的提出极大地促进了多元时间序列分析的发展。它实际上是将多元回归分析和时间序列分析有机地结合在一起，有效地提高了预测的精度。

本章将介绍基本的多元时间序列建模的原理和方法。

8.1 ARIMAX模型

1976年，Box和Jenkins采用带输入变量的ARIMA模型为平稳多元序列建模。

该模型的构造思想是：假设响应序列$\{y_t\}$和输入序列（自变量序列）$\{x_{1t}\}$，$\{x_{2t}\}$，…，$\{x_{kt}\}$均平稳，且响应序列和输入序列之间具有线性相关关系。考虑到不同的自变量序列对响应变量序列的影响，可能会有不同的延迟作用时间和作用期长，不妨假设：第i个自变量序列$\{x_{it}\}$对响应序列$\{y_t\}$的影响要延迟l_i期发挥作用，有效作用期长为n_i期，于是响应序列和输入序列可以构建如下线性回归模型：

$$y_t=\beta_0+\beta_{11}x_{1,t-l_1-1}+\beta_{12}x_{1,t-l_1-2}+\cdots+\beta_{1n_1}x_{1,t-l_1-n_1}$$

$$+\beta_{21}x_{2,t-l_2-1}+\beta_{22}x_{2,t-l_2-2}+\cdots+\beta_{2n_2}x_{2,t-l_2-n_2}+\cdots$$
$$+\beta_{k1}x_{k,t-l_k-1}+\beta_{k2}x_{k,t-l_k-2}+\cdots+\beta_{kn_k}x_{k,t-l_k-n_k}+\varepsilon_t \tag{8.1}$$

引入延迟算子，式（8.1）可以简写为：

$$y_t=\beta_0+\sum_{i=1}^{k}\Theta_i(B)B^{l_i}x_{it}+\varepsilon_t,\quad \varepsilon_t\sim N(0,\sigma_\varepsilon^2) \tag{8.2}$$

式中，$\Theta_i(B)$ 第 i 个自变量$\{x_{it}\}$的 n_i 阶移动平均系数多项式为：

$$\Theta_i(B)=1+\beta_{i1}B+\beta_{i2}B^2+\cdots+\beta_{in_i}B^{n_i},\quad 1\leqslant i\leqslant k$$

其中，n_i 为第 i 个自变量$\{x_{it}\}$对响应变量$\{y_t\}$的有效作用时期长度。

自变量对响应变量的有效作用时期长度 n_i 可长可短。如果 n_i 很长，那么式（8.1）的回归参数将会有很多。为了减少回归参数，Box 和 Jenkins 认为可将响应序列的自回归结构引入式（8.1）。引入自回归结构可以有效减少具有长期相关关系的回归模型的阶数，即式（8.2）可以改进为：

$$y_t=\beta_0+\sum_{i=1}^{k}\frac{\Theta_i(B)}{\Phi_i(B)}B^{l_i}x_{it}+\varepsilon_t \tag{8.3}$$

式中，$\Phi_i(B)$ 第 i 个自变量$\{x_{it}\}$的 p_i 阶自回归系数多项式为：

$$\Phi_i(B)=1-\phi_{i1}B-\phi_{i2}B^2-\cdots-\phi_{ip_i}B^{p_i},\quad 1\leqslant i\leqslant k$$

$\Theta_i(B)$ 第 i 个自变量$\{x_{it}\}$的 q_i 阶移动平均系数多项式为：

$$\Theta_i(B)=\theta_{i0}-\theta_{i1}B-\theta_{i2}B^2-\cdots-\theta_{iq_i}B^{q_i},\quad 1\leqslant i\leqslant k$$

且 p_i+q_i 将远小于 n_i。

因为响应序列$\{y_t\}$和输入序列$\{x_{1t}\}$，$\{x_{2t}\}$，…，$\{x_{kt}\}$均平稳，平稳序列的线性组合仍然是平稳的，所以残差序列$\{\varepsilon_t\}$为平稳序列：

$$\varepsilon_t=y_t-\beta_0-\sum_{i=1}^{k}\frac{\Theta_i(B)}{\Phi_i(B)}B^{l_i}x_{it}$$

使用 ARMA 模型继续提取残差序列$\{\varepsilon_t\}$中的相关信息：

$$\varepsilon_t=\frac{\Theta(B)}{\Phi(B)}a_t$$

式中，$\Phi(B)$ 为残差序列自回归系数多项式；$\Theta(B)$ 为残差序列移动平均系数多项式；a_t 为零均值白噪声序列。

所以，响应序列$\{y_t\}$和输入序列$\{x_{1t}\}$，$\{x_{2t}\}$，…，$\{x_{kt}\}$最终建立的回归模型为：

$$y_t=\beta_0+\sum_{i=1}^{k}\frac{\Theta_i(B)}{\Phi_i(B)}B^{l_i}x_{it}+\frac{\Theta(B)}{\Phi(B)}a_t \tag{8.4}$$

模型（8.4）称为动态回归模型，简记为 ARIMAX 模型。因为它引入了自回归系数多项式和移动平均多项式结构，所以也称为传递函数模型。

例 8-1

在天然气炉中，输入的是天然气，输出的是 CO_2，CO_2 的输出浓度与天然气的输入速率有关。现在以中心化后的天然气输入速率为输入序列，建立 CO_2 的输出百分浓度模型（数据见表 A1-25）。

时序图直观显示输入序列和输出序列均平稳，如图 8-1 和图 8-2 所示。

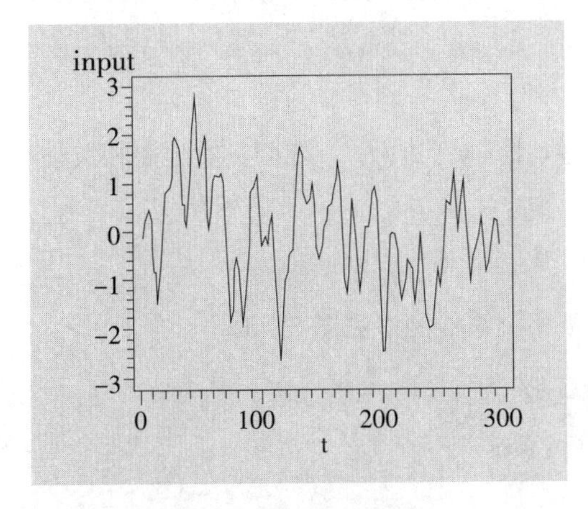

图 8-1　输入序列时序图

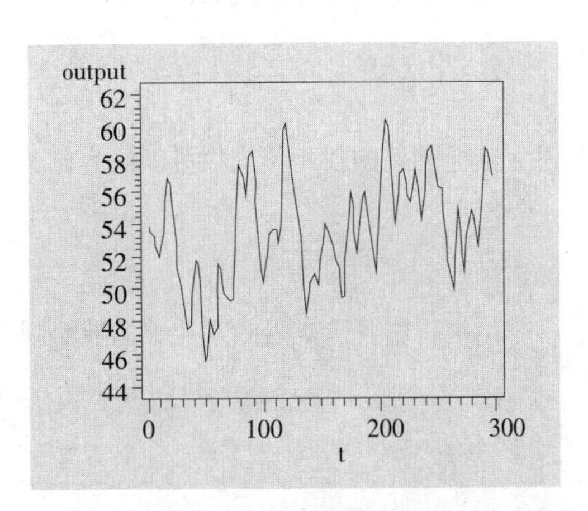

图 8-2　输出序列时序图

如果不考虑输入序列和输出序列之间的相关性，将它们作为两个独立的一元时间序列分别分析，容易验证输入序列的波动可以用 AR(3)模型拟合：

$$x_t=-0.1228+\frac{\alpha_t}{1-1.97607B+1.37499B^2-0.34336B^3}$$

输出序列可以用 AR(1,2,4)疏系数模型拟合：

$$y_t=53.90176+\frac{\alpha_t}{1-2.10703B+1.34005B^2-0.21274B^4}$$

且输出序列模型的 AIC=196.312 1，SBC=211.073 5。

考虑到输入天然气速率与输出 CO_2的浓度之间有逻辑上的因果关系，将输入天然气速率作为输入变量纳入输出序列的模型。根据互相关函数或互相关系数的特征，考察回归模型的结构。

延迟 k 阶互相关函数（cross-correlation function）的定义为：

$$\mathrm{Cov}_k=\mathrm{Cov}(y_t,x_{t-k})=E\{[y_t-E(y_t)][x_{t-k}-E(x_{t-k})]\}$$

延迟 k 阶互相关系数（cross-correlation coefficient）的定义为：

$$C\rho_k=\frac{\mathrm{Cov}(y_t,x_{t-k})}{\sqrt{\mathrm{Var}(y_t)}\sqrt{\mathrm{Var}(x_{t-k})}}$$

式中，k 可正可负。

如果 $k>0$，计算的是序列$\{y_t\}$滞后于序列$\{x_t\}$ k 期的互相关系数。在已知序列$\{y_t\}$为因变量，序列$\{x_t\}$为自变量的情况下，只需要考察 $k>0$ 的互相关系数特征。

如果 $k<0$，计算的是序列$\{x_t\}$滞后于序列$\{y_t\}$ k 期的互相关系数。在序列$\{y_t\}$和序列$\{x_t\}$无法确定彼此之间因果关系时，可以同时考察 $k<0$ 和 $k>0$ 时的互相关系数特征，以确定这两个序列谁是先期序列，谁是滞后序列。根据因果关系，先期序列是因（自变量），滞后序列是果（响应变量）。

和自相关系数、偏自相关系数一样，根据 Bartlett 定理，互相关系数近似服从零均值正态分布

$$C\rho_k \dot{\sim} N\left(0, \frac{1}{n-|k|}\right)$$

超过 2 倍标准差的互相关系数可以认为显著非零，即$\{y_t\}$和$\{x_{t-k}\}$之间具有显著相关性

$$C\rho_k > \frac{2}{\sqrt{n-|k|}}$$

本例中，将各阶延迟的互相关系数绘制成互相关系数图（见图 8-3）。

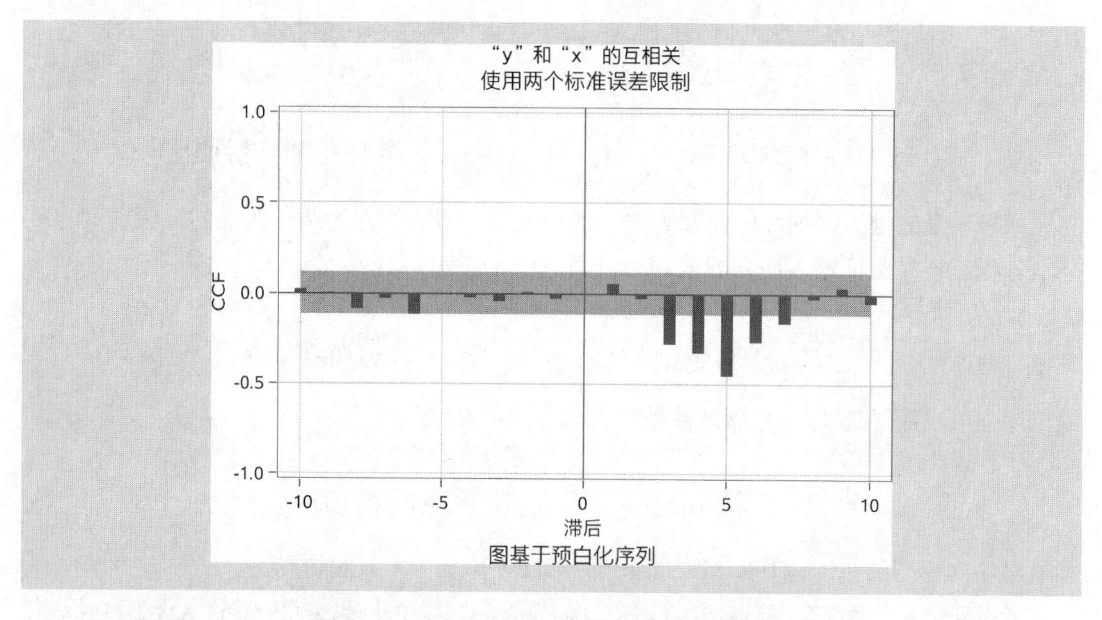

图 8-3　输出序列和输入序列的互相关系数图

因为本例要考察的因果关系明确，输入天然气序列为自变量，输出 CO_2 序列为因变量，所以我们只需考察图 8-3 的滞后大于 0 的部分（右半边互相关系数图）。可以看出从延迟 3 阶到延迟 7 阶，互相关系数都显著大于 2 倍标准差，这说明输出序列和输入序列之间至少有 3 期滞后效应，且回归模型可以表示为：

$$y_t = \beta_0 + \beta_1 x_{t-3} + \beta_2 x_{t-4} + \beta_3 x_{t-5} + \beta_4 x_{t-6} + \beta_5 x_{t-7} + \varepsilon_t$$

Box 和 Jenkins 建议当延迟阶数比较多时采用传递函数模型结构，以减少待估参数的个数。本例回归模型不妨采用 ARMA(1,2) 结构替代，即

$$y_t=\beta_0+\frac{\theta_0-\theta_1 B-\theta_2 B^2}{1-\phi_1 B}B^3 x_t+\varepsilon_t$$

再考察回归残差序列$\{\varepsilon_t\}$的性质，残差序列的自相关图和偏自相关图（见图 8-4）显示出自相关系数拖尾，偏自相关系数 2 阶截尾的特征，所以对残差序列拟合 AR(2) 模型。

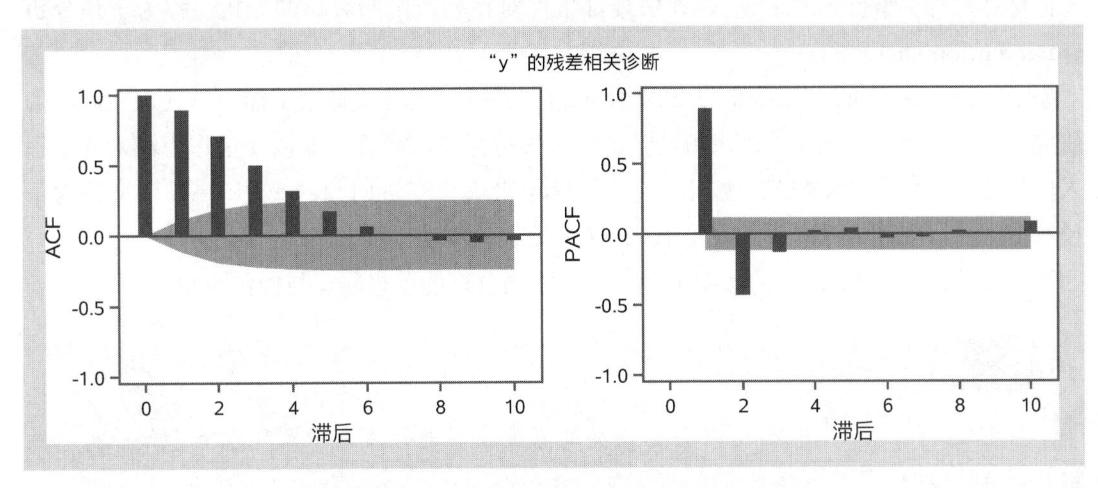

图 8-4　回归残差序列自相关图和偏自相关图

最后得到的拟合模型如下：

$$y_t=53.322+\frac{-0.535-0.376B-0.519B^2}{1-0.548B}B^3 x_t+\frac{1}{1-1.53B+0.63B^2}a_t$$

式中，$a_t\sim N(0,0.7026)$。

该输出序列模型的 AIC=8.292 8，SBC=34.006。显然，这个拟合模型比不考虑输入序列的单纯的 AR(1,2,4)疏系数模型优化多了。

该模型的拟合效果图如图 8-5 所示。该图直观显示带输入序列模型的拟合效果良好。

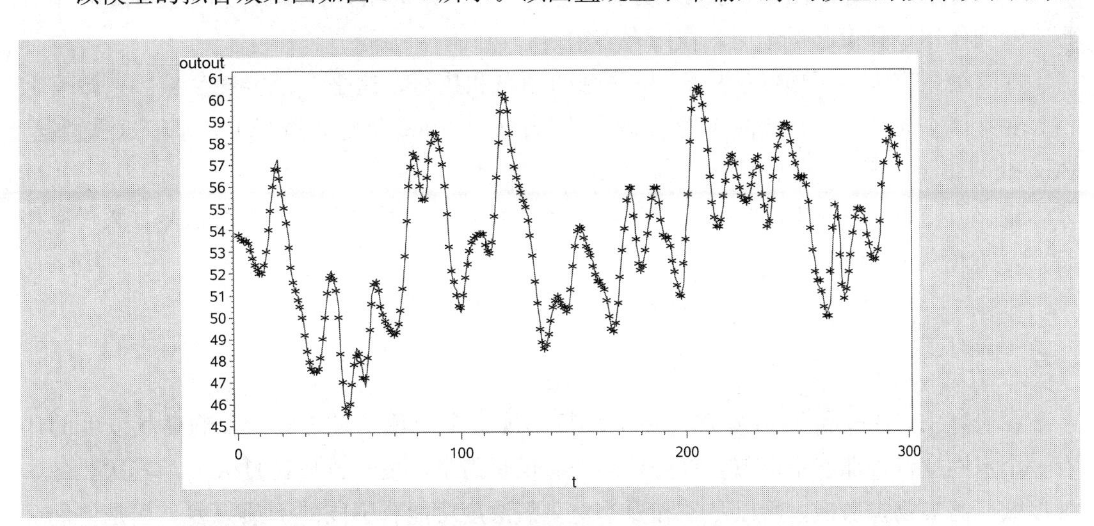

图 8-5　带输入序列模型拟合效果图

说明：图中星号为序列观察值，曲线为序列拟合值。

8.2 干预分析

时间序列常常受到某些外部事件的影响，诸如假期、罢工、促销或者政策的改变等。我们称这些外部事件为“干预”。评估外部事件对序列产生的影响的分析，称为干预分析(intervention analysis)。

最早的干预分析是 Box 和 Tiao 对加州 63 号法令是否有效抑制了加州空气污染问题的研究。他们首次将干预事件以虚拟变量的方式进行标注，然后把虚拟变量作为输入变量引入序列分析，构建 ARIMAX 模型。他们把这个带虚拟变量回归的 ARIMAX 模型称为干预模型。所以干预模型实质上就是 ARIMAX 模型的一种特例。

下面就以 Box 和 Tiao 的数据为例，介绍干预分析的思想原理与操作步骤。

例 8-2

对 1955 年 1 月至 1972 年 12 月加州臭氧浓度序列进行政策干预和季节干预分析（数据见表 A1-26）。

第二次世界大战之后加利福尼亚州经济高速发展，蓬勃发展的经济带来了严重的空气污染。工厂排放的废气、汽车排放的尾气等都含有大量的氮氧化物和活性碳氢化物，它们在阳光的作用下产生化学反应，生成的化学反应物导致严重的雾霾，造成大量人群流眼泪、咳嗽、肺部受损等。经测量，光化学污染程度的标志是臭氧的含量。为了解决污染问题，加州政府在 1959 年颁布了 63 号法令。该法令要求从 1960 年 1 月起，在当地销售的汽油中减少碳氢化物的容许比。Box 和 Tiao 在 1975 年，根据他们收集的 1955 年 1 月至 1972 年 12 月的月度臭氧浓度序列，分析 63 号法令的颁布执行对控制加州的光化学污染有没有起到作用；如果起了作用，作用有多大。

在这项研究中，干预变量是 63 号法令的颁布和执行。这是一个定性变量，它没有数值，只有两个属性：(1) 1960 年之前没有执行；(2) 1960 年之后执行了。基于这种情况，Box 和 Tiao 对干预变量以虚拟变量的方式进行处理。

记 x_{1t} 是 63 号法令执行变量。63 号法令如果执行，x_{1t} 取值为 1；63 号法令如果没有执行，x_{1t} 取值为 0，即

$$x_{1t}=\begin{cases}0, & t<1960\text{ 年 }1\text{ 月}\\ 1, & t\geqslant 1960\text{ 年 }1\text{ 月}\end{cases}$$

在研究中，Box 和 Tiao 发现，除了政策法规这个干预变量之外，影响臭氧浓度的还有一个定性变量，那就是季节。首先，冬季有供暖需求，废气排放比夏天多。其次，冬季温度低，污染物扩散慢，所以冬季和夏季对臭氧浓度可能有不同的干预力度。于是他们又构造了两个虚拟变量，用以描述季节对臭氧序列的影响。

把非供暖季（6—10 月）作为夏季，构建夏季干预变量 x_{2t}。把供暖季（当年 11 月至次年 5 月）作为冬季，构建冬季干预变量 x_{3t}。

$$x_{2t}=\begin{cases}1, & t\text{处于6月至10月}\\0, & t\text{处于11月至5月}\end{cases}\quad x_{3t}=\begin{cases}1, & t\text{处于11月至5月}\\0, & t\text{处于6月至10月}\end{cases}$$

显然，干预变量 x_{2t} 和 x_{3t} 是互补关系，只需要选择其一。不妨将干预变量 x_{1t}，x_{2t} 作为输入变量，与臭氧浓度序列构建 ARIMAX 模型。因为这个 ARIMAX 模型中包含干预变量，所以取名干预分析模型。下面是构建干预分析模型的步骤。

（1）考察序列的时序图（见图 8－6）和互相关图（见图 8－7），研究干预变量对序列的干预机制。

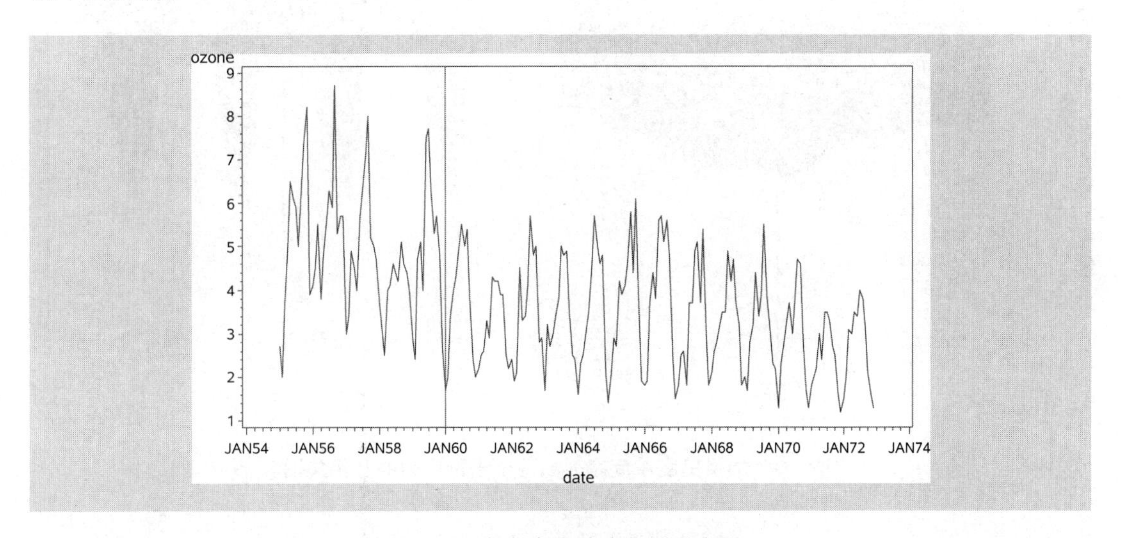

图 8－6　加州臭氧浓度序列时序图

时序图（见图 8－6）显示，序列有明显的季节效应。63 号法令颁布并执行之后（1960 年 1 月，参照线前后），序列的周期波动特征没有明显改变，但是序列的波动水平比以前明显降低。互相关图（见图 8－7）显示，两个干预变量都是 0 阶滞后时互相关系数最大。所以基于上述特征，假定干预变量对序列的干预只是水平影响，且无延迟。准备拟合的干预模型为：

$$\text{ozone}_t=\beta_0+\beta_1 x_{1t}+\beta_2 x_{2t}+\frac{\Theta(B)}{\Phi(B)}a_t$$

式中，a_t 为白噪声序列。

（2）对臭氧浓度序列进行 12 步差分，实现差分平稳。

臭氧浓度序列具有明显的周期性，对臭氧浓度序列进行 12 步差分，提取周期信息，ADF 检验（见表 8－1）显示差分后序列平稳。

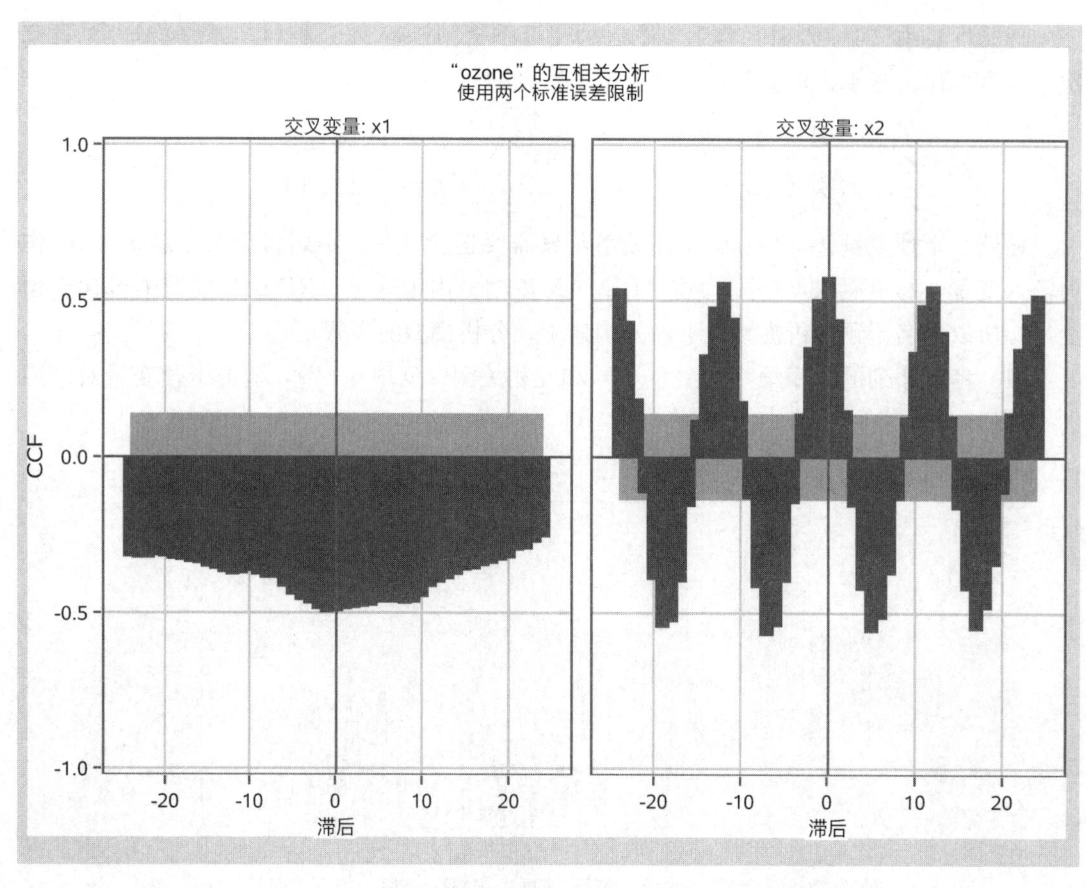

图 8-7　加州臭氧浓度序列和两个干预序列的互相关图

表 8-1

类型	延迟阶数	τ 统计量的值	$Pr<\tau$
类型一	0	−6.89	<0.000 1
	1	−6.25	<0.000 1
	2	−4.35	<0.000 1
类型二	0	−6.97	<0.000 1
	1	−6.41	<0.000 1
	2	−4.53	0.000 4
类型三	0	−6.99	<0.000 1
	1	−6.5	<0.000 1
	2	−4.67	0.001 3

（3）引入两个干预变量，与差分后臭氧浓度序列建立回归模型

$$\nabla_{12}\mathrm{ozone}_t=\beta_0+\beta_1 x_{1t}+\beta_2 x_{2t}+\varepsilon_t$$

然后考察残差序列$\{\varepsilon_t\}$的自相关系数和偏自相关系数的特征，拟合 ARMA 模型，提取残差序列中的相关信息。本例中，回归残差序列的自相关图和偏自相关图如图 8-8 所示。

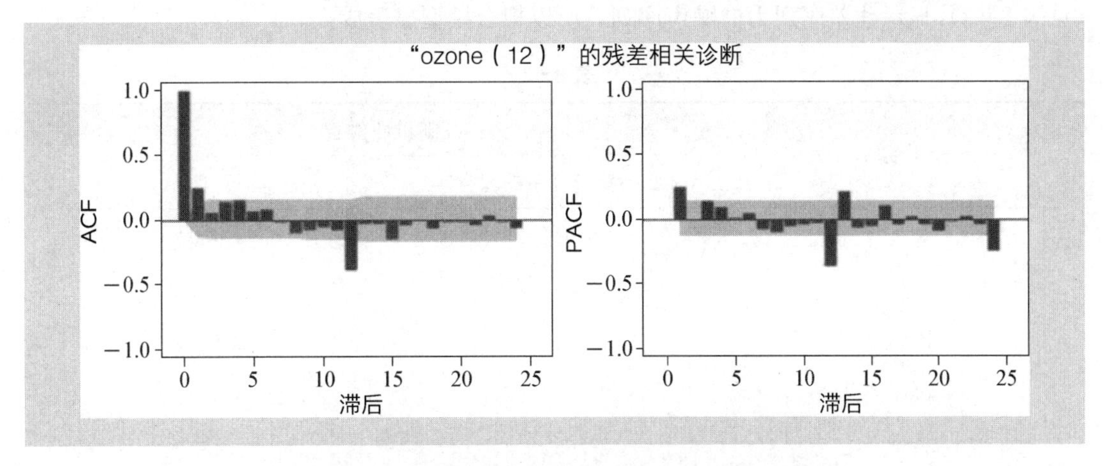

图 8-8　回归残差序列的自相关图和偏自相关图

图 8-8 显示该序列的自相关系数和偏自相关系数均不截尾，而且季节性依然显著存在。考察前 11 阶的自相关图和偏自相关图，可以视作自相关拖尾，偏自相关 1 阶截尾，所以短期相关拟合 ARIMA(1,0,0)。再考察每隔 12 步延迟（周期步长）的相关系数，我们发现延迟 12 阶的自相关系数显著非零，而延迟 24 阶的相关系数在 2 倍标准差之内，所以可以视为季节自相关系数 1 阶截尾，而偏自相关延迟 12 阶、24 阶都在 2 倍标准差之外，可视作拖尾，所以周期相关拟合 $\text{ARIMA}(0,1,1)_{12}$。综上所述，我们为回归残差序列拟合季节乘法模型 $\text{ARIMA}(1,0,0)\times(0,1,1)_{12}$。准备拟合的臭氧浓度干预模型结构为：

$$\nabla_{12}\text{ozone}_t=\beta_0+\beta_1 x_{1t}+\beta_2 x_{2t}+\frac{1-\theta_{12}B^{12}}{1-\phi_1 B}a_t$$

式中，a_t 为零均值白噪声序列。

本例使用极大似然估计方法，得到干预模型的参数估计结果，如表 8-2 所示。

表 8-2

参数	估计	标准误差	t 值	近似 $Pr>\|t\|$	滞后	变量	位移
θ_{12}	0.721 24	0.061 42	11.74	<0.000 1	12	ozone	0
ϕ_1	0.314 34	0.064 87	4.85	<0.000 1	1	ozone	0
β_1	−1.224 64	0.251 84	−4.86	<0.000 1	0	x_1	0
β_2	−0.067 52	0.040 54	−1.67	0.095 8	0	x_2	0

根据参数估计结果，拟合的干预模型为：

$$\text{ozone}_t=\text{ozone}_{t-12}-1.224\,6x_{1t}-0.067\,5x_{2t}+\frac{1-0.721\,2B^{12}}{1-0.314\,3B}a_t$$

$$a_t\sim N(0,0.667\,4)$$

该拟合模型的 AIC=509.313，SBC=522.583 8。

（4）拟合模型显著性检验。对干预模型残差序列$\{a_t\}$进行白噪声检验，LB 检验结果（见表 8－3）显示残差序列为白噪声序列，所以拟合模型显著成立。

表 8－3

延迟阶数	纯随机性检验	
	LB 检验统计量的值	P 值
6	8.04	0.090 2
12	10.58	0.391 2
18	15.64	0.478 0
24	21.17	0.510 1
30	28.65	0.430 5

我们进一步分析该模型的干预系数。

1）根据$\beta_1=-1.225$，而且该系数t检验显著非零的特征，可以认为 63 号法令的颁布和实施有效降低了加州臭氧浓度。这说明这个法令的颁布和实施对治理加州的空气污染是显著有效的。又因为 $\text{mean}(\text{ozone}_t \mid t<1960\text{ 年})=4.177$，即在 1960 年之前，臭氧序列的平均浓度等于 4.177，而因为 63 号法令的执行，臭氧浓度平均降低了 1.225，所以 63 号法令的执行使得加州臭氧浓度比法令执行之前下降了 30%左右，即

$$\frac{1.225}{4.177}\times 100\%=29.3\%$$

2）由于$\beta_2=-0.067\,5$，说明夏季比冬季的臭氧浓度低，但我们的季节性划分太粗糙，在α取 0.05 时，这个系数并不显著非零。

3）消除政策因素和季节因素的干预影响，臭氧浓度序列自身的波动服从季节乘法模型 $\text{ARIMA}(1,0,0)\times(0,1,1)_{12}$。干预因素会影响臭氧序列的浓度水平，但不会改变臭氧序列的波动规律。

（5）序列预测。根据上面拟合的干预模型，事先确定未来各期干预变量的取值，还可以对臭氧浓度做短期预测。比如在 63 号法令与气候不发生突变的情况下，未来 1 年各月的臭氧浓度预测值和 95%的置信区间如表 8－4 所示。

表 8－4

预测时期	预测值	标准差	95%置信下限	95%置信上限
$T+1$	1.602 3	0.816 9	0.001 2	3.203 5
$T+2$	2.098 3	0.856 4	0.419 9	3.776 7

续表

预测时期	预测值	标准差	95%置信下限	95%置信上限
$T+3$	2.749 4	0.860 1	1.063 5	4.435 2
$T+4$	3.130 4	0.860 5	1.443 8	4.817
$T+5$	3.427 9	0.860 6	1.741 2	5.114 6
$T+6$	3.314 7	0.860 6	1.628	5.001 4
$T+7$	3.894 1	0.860 6	2.207 4	5.580 7
$T+8$	4.054 5	0.860 6	2.367 9	5.741 2
$T+9$	3.480 8	0.860 6	1.794 1	5.167 5
$T+10$	2.850 9	0.860 6	1.164 2	4.537 5
$T+11$	2.056 1	0.860 6	0.369 4	3.742 8
$T+12$	1.529 8	0.860 6	−0.156 9	3.216 4

8.3 伪回归

当响应序列 $\{y_t\}$ 和输入序列 $\{x_{1t}\}$，$\{x_{2t}\}$，…，$\{x_{kt}\}$ 都平稳时，可以构建带输入变量回归的 ARIMAX 模型来拟合响应序列的变化。

$$y_t=\mu+\sum_{i=1}^{k}\frac{\Theta_i(B)}{\Phi_i(B)}B^{l_i}x_{it}+\frac{\Theta(B)}{\Phi(B)}a_t$$

如果平稳性条件不满足，我们就不能大胆地构造 ARIMAX 模型，因为这时容易产生伪回归的问题。

为了正确理解伪回归的含义，考虑最简单的一元线性动态回归模型：

$$y_t=\beta_0+\beta_1 x_t+\upsilon_t \tag{8.5}$$

为了检验模型的显著性，要对拟合模型进行检验：

$$H_0: \beta_1=0 \quad \leftrightarrow \quad H_1: \beta_1\neq 0$$

假定响应序列 $\{y_t\}$ 和输入序列 $\{x_t\}$ 相互独立，就说明响应序列和输入序列之间没有显著的线性相关关系，理论上，检验结果应该接受 $\beta_1=0$ 的原假设。

如果检验结果恰好和理论结果相反，支持 β_1 显著非零的备择假设，就会得出响应序列和输入序列之间具有显著线性相关性的错误结论，拒绝正确的原假设并接受一个本不应该成立的回归模型（8.5），这就犯了第一类错误（拒真错误）。

由于样本的随机性，拒真错误始终都会存在，我们使用显著性水平 α 控制犯拒真错误的概率：

$$Pr(H_1|H_0)=\alpha$$

通常采用 t 统计量进行参数显著性检验：

$$t=\frac{\beta_1}{\sigma_\beta}$$

当响应序列和输入序列都平稳时，该统计量近似服从自由度为样本容量的 t 分布。当 $|t|\geqslant t_{1-\alpha/2}(n)$时，可以将拒真错误发生的概率准确地控制在显著性水平 α 以内，即

$$Pr\{|t|\geqslant t_{1-\alpha/2}(n)|\text{平稳序列}\}\leqslant\alpha$$

式中，$t_{1-\alpha/2}$为 t 分布的 $1-\alpha/2$ 分位点。

当响应序列和输入序列不平稳时，随机模拟的结果显示，检验统计量 $t=\frac{\beta_1}{\sigma_\beta}$将不再服从 t 分布，这时 t 统计量样本分布的方差远远大于 t 分布的方差，如果仍然采用 t 分布的临界值进行检验，拒绝原假设的概率就会大大增加，即

$$Pr\{|t|\geqslant t_{1-\alpha/2}(n)|\text{非平稳序列}\}\geqslant\alpha$$

这将导致无法控制拒真错误，非常容易接受回归模型显著成立的错误结论，这种现象称为伪回归。

1974 年，Granger 和 Newbold 进行了非平稳序列伪回归的随机模拟试验。该模拟试验的设计思想是分别拟合两个随机游走序列：

$$y_t=y_{t-1}+\omega_t$$
$$x_t=x_{t-1}+\upsilon_t$$

式中，$\omega_t\overset{i.i.d}{\sim}N(0,\sigma_\omega^2)$；$\upsilon_t\overset{i.i.d}{\sim}N(0,\sigma_\upsilon^2)$；且 $\mathrm{Cov}(\omega_t,\upsilon_s)=0$，$\forall t,s\in T$。

构建 $\{y_t\}$ 关于 $\{x_t\}$ 的回归模型：$y_t=\beta_0+\beta_1x_t+\varepsilon_t$，并进行参数显著性检验。由于 $\{y_t\}$ 和 $\{x_t\}$ 是两个独立的随机游走模型，因此理论上它们应该没有任何相关性，即模型检验应该显著支持 $\beta_1=0$ 的假定。如果模拟结果显示拒绝原假设的概率远远大于拒真概率 α，即认为伪回归显著成立。

大量随机拟合的结果显示，每 100 次回归拟合中，平均有 75 次拒绝 $\beta_1=0$ 的假定，拒真概率高达 75%。这说明在非平稳的场合，参数显著性检验犯拒真错误的概率远远大于 α，伪回归显著成立。

产生伪回归的原因是在非平稳场合，参数的 t 检验统计量不再服从 t 分布。在样本容量$n=100$的情况下进行大量的随机拟合，得到 β_1 的 t 检验统计量的样本分布 $t(\hat{\beta}_1)$，如图 8－9所示。从图中可以看到，β_1 的样本分布 $t(\hat{\beta}_1)$ 尾部肥，方差大，比 t 分布要扁平很多。t 分布所确定的显著性水平为 5% 的双侧拒绝域记作（$L_{0.95}$，$U_{0.95}$），由于 β_1 的样本分布并不服从 t 分布，而是服从厚尾扁平的 $t(\hat{\beta}_1)$ 分布，因此在 $t(\hat{\beta}_1)$ 分布场合 $\hat{\beta}_1$ 落在（$L_{0.95}$，$U_{0.95}$）里的概率远远大于 5%（见图 8－9 的阴影部分）。

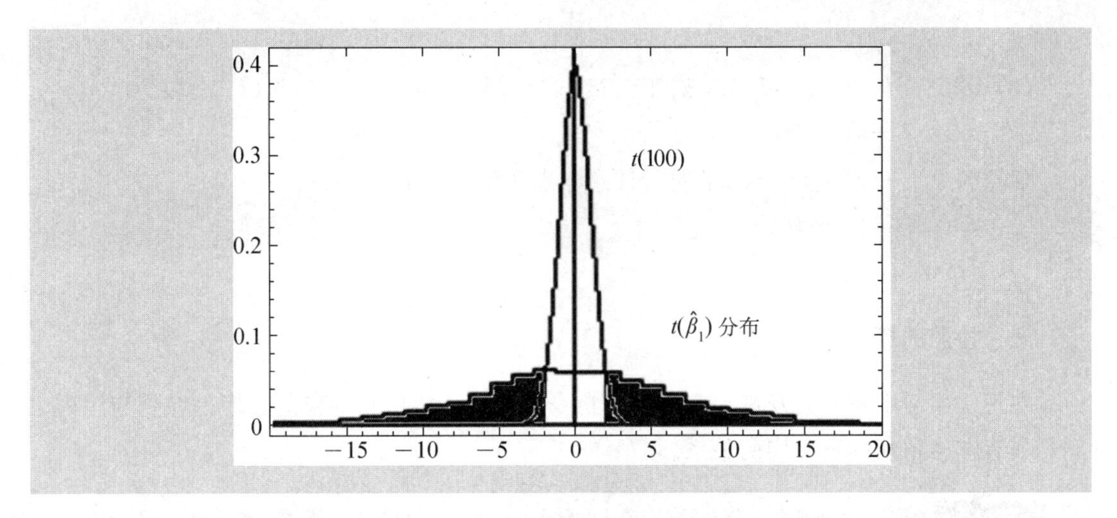

图 8-9　非平稳场合参数检验统计量的样本拟合分布

伪回归现象的存在使多元时间序列的回归分析陷入困境。因为我们无法判断这个回归模型是不是伪回归，这个问题直到协整概念提出才得以解决。

8.4 协　整

8.4.1　单整与协整

一、单整的概念

在单位根检验的过程中，如果检验结果显著拒绝序列非平稳的原假设，即说明序列 $\{x_t\}$ 显著平稳，不存在单位根，这时称序列 $\{x_t\}$ 为零阶单整（integration）序列，简记为$x_t \sim I(0)$。

假如原假设不能被显著拒绝，说明序列 $\{x_t\}$ 为非平稳序列，存在单位根。这时可以考虑对该序列进行适当阶数的差分，以消除单位根，实现平稳。

假如原序列 1 阶差分后平稳，说明原序列存在一个单位根，这时称原序列为 1 阶单整序列，简记为 $x_t \sim I(1)$。

假如原序列至少需要进行 d 阶差分才能实现平稳，说明原序列存在 d 个单位根，这时称原序列为 d 阶单整序列，简记为 $x_t \sim I(d)$。

二、单整序列的性质

单整衡量的是单个序列的平稳性，它具有如下重要性质：

(1) 若 $x_t \sim I(0)$，对于任意非零实数 a，b，有

$$a+bx_t \sim I(0)$$

(2) 若 $x_t \sim I(d)$，对于任意非零实数 a，b，有

$$a+bx_t\sim I(d)$$

（3）若 $x_t\sim I(0)$，$y_t\sim I(0)$，对于任意非零实数 a，b，有

$$z_t=ax_t+by_t\sim I(0)$$

（4）若 $x_t\sim I(d)$，$y_t\sim I(c)$，对于任意非零实数 a，b，有

$$z_t=ax_t+by_t\sim I(k)$$

式中，$k\leqslant\max[d, c]$。

三、协整的概念

在现实生活中我们会发现，有些序列自身的变化虽然是非平稳的，但是序列与序列之间却具有非常密切的长期均衡关系。

例 8－3

考察 1978—2002 年中国农村居民家庭人均纯收入对数序列 $\{\ln x_t\}$ 和生活消费支出对数序列 $\{\ln y_t\}$ 的相对变化关系（数据见表 A1－27）。

对中国农村居民家庭人均纯收入对数序列 $\{\ln x_t\}$ 和生活消费支出对数序列 $\{\ln y_t\}$ 绘制时序图，如图 8－10 所示。

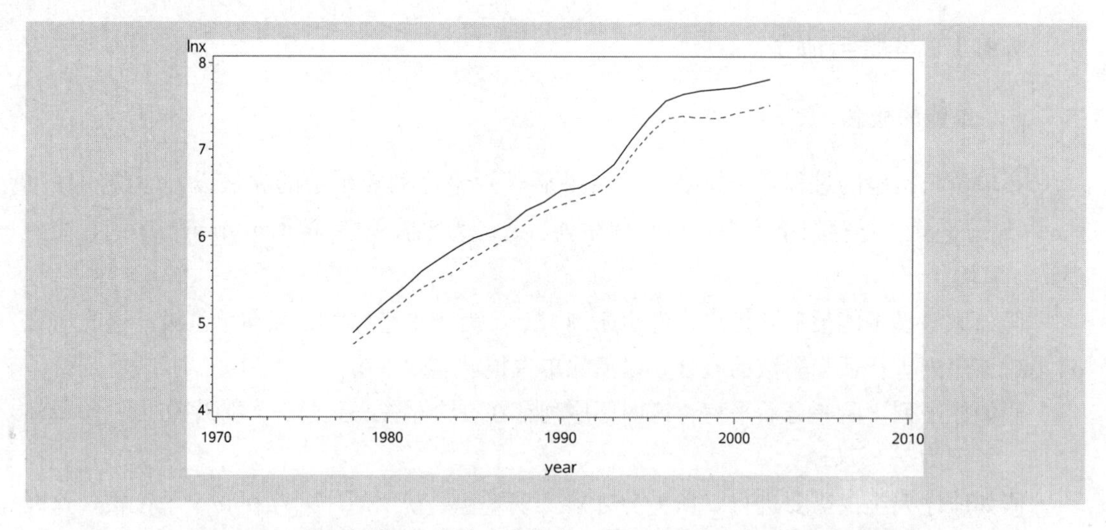

图 8－10　中国农村居民家庭人均纯收入与生活消费支出对数序列时序图

说明：图中实线代表中国农村居民家庭人均纯收入对数序列 $\{\ln x_t\}$，虚线代表中国农村居民家庭人均生活消费支出对数序列 $\{\ln y_t\}$。

时序图（见图 8－10）显示，这两个序列都具有显著的线性递增趋势，所以都是非平稳序列。但是它们之间却具有非常稳定的线性相关关系。当收入增多时，生活消费支出也增多，它们的变化速度几乎一致。这种稳定的同变关系，让我们怀疑它们之间具有一种内在的平稳机制，导致它们自身的变化是不平稳的，但是彼此之间却具有长期均衡发展的

关系。

为了有效地衡量序列之间是否具有长期均衡关系，Engle 和 Granger 于 1987 年提出了协整的概念。

假定自变量序列为 $\{x_1\}$，$\{x_2\}$，…，$\{x_k\}$，响应变量序列为 $\{y_t\}$，构造回归模型

$$y_t=\beta_0+\sum_{i=1}^{k}\beta_i x_{it}+\varepsilon_t$$

如果回归残差序列 $\{\varepsilon_t\}$ 平稳，称响应变量序列 $\{y_t\}$ 与自变量序列 $\{x_1\}$，$\{x_2\}$，…，$\{x_k\}$ 之间具有协整关系。

协整概念的提出有非常重要的意义，我们之前一直不敢大胆地对非平稳序列构建动态回归模型，是因为担心非平稳序列容易产生伪回归的问题。而伪回归之所以会产生，是因为残差序列不平稳。如果非平稳序列之间具有协整关系，就不会产生伪回归问题了。

这说明要将输入变量引入响应序列建模，不一定要求所有的序列都平稳，只需要它们的回归残差序列平稳。这个限制条件显然比 Box 和 Jenkins 要求所有序列都平稳要宽松许多，这极大地拓宽了动态回归模型的适用范围。

8.4.2　协整模型

多元非平稳序列之间能否建立动态回归模型，关键在于它们之间是否具有协整关系。所以要对多元非平稳序列建模必须先进行协整检验，也称为 Engle-Granger 检验，简称 EG 检验。

一、假设条件

由于自然界中绝大多数序列之间不具有协整关系，所以 EG 检验的假设条件确定为：

H_0：多元序列之间不存在协整关系

H_1：多元序列之间存在协整关系

由于协整关系主要是通过考察回归残差的平稳性确定的，所以上述假设条件等价于：

H_0：回归残差序列 $\{\varepsilon_t\}$ 非平稳

H_1：回归残差序列 $\{\varepsilon_t\}$ 平稳

二、EG 检验

EG 检验也称为 EG 两步法，它按照如下两个步骤进行。

步骤一：建立响应序列与输入序列之间的回归模型：

$$y_t=\hat{\beta}_0+\hat{\beta}_1 x_{1t}+\cdots+\hat{\beta}_k x_{kt}+\varepsilon_t$$

式中，$\hat{\beta}_0$，$\hat{\beta}_1$，…，$\hat{\beta}_k$ 是最小二乘估计值。

步骤二：对回归残差序列 $\{\varepsilon_t\}$ 进行平稳性检验。

我们主要采用单位根检验的方法来考察回归残差序列的平稳性，所以，假设条件等价于

$$H_0: \varepsilon_t \sim I(k),\ k\geqslant 1 \quad \leftrightarrow \quad H_1: \varepsilon_t \sim I(0)$$

EG检验的原理与计算公式和DF检验的原理与计算公式相同，但是蒙特卡罗模拟的结果显示它们的临界值略有不同。EG检验的临界值不仅与位移项、趋势项等因素有关，而且与回归模型中非平稳变量的个数相关。MacKinnon提供了EG检验的临界值表，并将EG检验的临界值表与ADF检验的临界值表结合在一起。当非平稳序列的个数为1时（$N=1$），对应的就是ADF检验；当非平稳序列的个数大于等于2时（$N\geqslant 2$），对应的就是EG检验。

三、协整建模

如果回归残差序列$\{\varepsilon_t\}$通过平稳性检验，即 $\varepsilon_t \sim I(0)$，就说明响应序列和输入序列之间具有协整关系。换言之，$\{y_t\}$与$\{x_{1t}\}$，$\{x_{2t}\}$，…，$\{x_{kt}\}$之间具有长期的均衡关系，而且这个均衡关系可以用EG检验第一步建立的回归模型表达：

$$y_t=\hat{\beta}_0+\hat{\beta}_1 x_{1t}+\hat{\beta}_2 x_{2t}+\cdots+\hat{\beta}_k x_{kt}$$

回归残差序列

$$\varepsilon_t=y_t-(\hat{\beta}_0+\hat{\beta}_1 x_{1t}+\hat{\beta}_2 x_{2t}+\cdots+\hat{\beta}_k x_{kt})$$

包含响应序列不能由输入序列解释的随机波动。这个随机波动里面可能还蕴涵着历史信息之间的相关性，所以可以进一步考察$\{\varepsilon_t\}$的自相关和偏自相关信息，构建ARMA模型

$$\varepsilon_t=\frac{\Theta(B)}{\Phi(B)}a_t$$

式中，$\Theta(B)$ 为 q 阶移动平均系数多项式；$\Phi(B)$ 为 p 阶自回归系数多项式；a_t 为白噪声序列，$a_t \sim N(0,\sigma^2)$。

完成上面三步分析，最后我们可以得到带输入序列影响的响应序列 y_t 的协整拟合模型：

$$y_t=\hat{\beta}_0+\hat{\beta}_1 x_{1t}+\hat{\beta}_2 x_{2t}+\cdots+\hat{\beta}_k x_{kt}+\frac{\Theta(B)}{\Phi(B)}a_t$$

例 8-3 续 (1)

对 1978—2002 年中国农村居民家庭人均纯收入对数序列 $\{\ln x_t\}$ 和生活消费支出对数序列 $\{\ln y_t\}$ 进行协整分析（数据见表 A1-27）。

1. 构造回归模型

利用最小二乘估计方法构造出如下回归模型：

$$\ln y_t = 0.968\,3 \ln x_t + \varepsilon_t$$

2. 对残差序列进行单位根检验

检验结果如表 8-5 所示。

表 8-5

类型	延迟阶数	τ 检验统计量的值	$Pr<\tau$
类型 1	0	−1.33	0.162 9
	1	−1.69	0.084 5
	2	−1.93	0.052 8
类型 2	0	−1.28	0.622 2
	1	−1.64	0.445 5
	2	−1.85	0.348 4

根据类型 1 延迟 2 阶的检验结果，有 95%（即 $(1-0.052\,8)\times 100\%$）的把握断定残差序列平稳。也就是说，有 95%的把握认为中国农村居民家庭人均纯收入对数序列$\{\ln x_t\}$和生活消费支出对数序列$\{\ln y_t\}$之间存在协整关系。

3. 对残差序列进行白噪声检验

检验结果如表 8-6 所示。

表 8-6

延迟	LB 统计量	P 值
6	31.29	<0.001

EG 检验和白噪声检验结果显示回归残差序列为平稳非白噪声序列。还需要进一步提取残差序列中的相关信息。

4. 拟合协整动态回归模型

考察回归残差序列的自相关图和偏自相关图（见图 8-11）的性质，可以判断残差序列自回归系数拖尾，偏自相关系数 1 阶截尾。所以对残差序列拟合 AR(1) 模型。

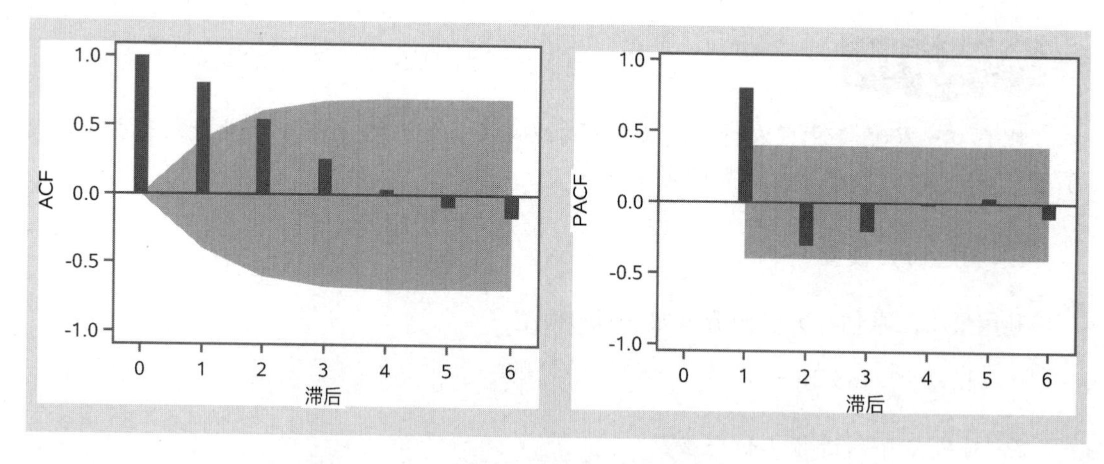

图 8-11　回归残差序列的自相关图和偏自相关图

最后，拟合的协整动态回归模型结构如下：

$$\ln y_t=\beta\ln x_t+\frac{\varepsilon_t}{1-\phi_1 B},\quad \varepsilon_t\sim N(0,\sigma^2)$$

利用条件最小二乘估计方法，得到该模型的口径为：

$$\ln y_t=0.968\,2\ln x_t+\frac{\varepsilon_t}{1-0.837\,2B},\quad \varepsilon_t\sim N(0,0.000\,9)$$

5. 模型检验

参数显著性检验（见表 8-7）显示这两个参数均显著非零。残差序列的白噪声检验（见表 8-8）显示残差序列$\{\varepsilon_t\}$为白噪声序列。这两个检验结果说明拟合的协整动态回归模型显著成立。可以利用这个协整模型进行多变量之间的因果影响分析或者序列预测分析。

表 8-7

参数	估计	标准误差	t 值	近似 $Pr>\|t\|$	滞后	变量	位移
ϕ_1	0.837 16	0.122 7	6.83	<0.000 1	1	$\ln y$	0
β	0.968 21	0.003 9	245.69	<0.000 1	0	$\ln x$	0

表 8-8

延迟阶数	纯随机性检验	
	LB 检验统计量的值	P 值
6	3.53	0.619 5
12	13.97	0.234 5
18	17.62	0.413 3
24	19.33	0.681 8

6. 序列预测

通过上述协整动态回归模型，可以知道中国农村居民家庭人均生活消费支出既会受到家庭传统消费习惯的影响（1 阶自相关），也会受到家庭人均纯收入的影响（收入和消费之间的协整关系），而且收入对支出的影响很大。从回归系数的大小可以看出，每增加 1 单位的对数收入，长期而言会增加 0.968 21 单位的对数生活消费支出。这说明在 2002 年之前，中国农村居民的很多基本生活消费没有得到充分满足，收入的绝大部分都转化为消费支出。

将收入信息纳入支出序列的分析，会使支出序列的分析更加准确。如果能提前预测未来收入的情况，将会得到更加准确的支出预测。所以对协整模型进行预测，首先需要获得输入序列的未来预测值。它可以是主观给定的，也可以基于单变量预测。将输入序列的预测值代入协整模型，就可以得到响应序列的预测值。

本例中，通过单变量拟合的方法获得人均收入序列的预测值。根据人均收入对数序列具有的特征，我们为它拟合了 AR((1,3)，1,0) 疏系数模型。模型的口径如下：

$$\nabla \ln x_t = 0.1274 + \frac{\varepsilon_t}{1-0.7909B+0.4206B^3}, \quad \mathrm{Var}(\varepsilon_t)=0.00236$$

利用该拟合模型可以得到未来人均纯收入对数序列的预测值，继而代入协整动态模型，可以得到未来人均生活消费支出对数序列的预测值。

对对数序列进行指数运算，就还原为人均消费支出序列。本例中国农村居民家庭人均生活消费支出序列基于协整模型，得到的 8 年期预测结果如表 8 - 9 所示。

表 8 - 9

预测时期	预测值	95%置信下限	95%置信上限
2003	2 053.19	1 840.77	2 290.13
2004	2 379.33	1 940.39	2 917.56
2005	2 837.64	2 092.15	3 848.79
2006	3 374.67	2 300.60	4 950.19
2007	3 944.17	2 552.51	6 094.59
2008	4 489.90	2 822.22	7 143.02
2009	5 009.49	3 098.08	8 100.20
2010	5 539.48	3 387.72	9 057.98

序列的拟合与预测效果图如图 8 - 12 所示。

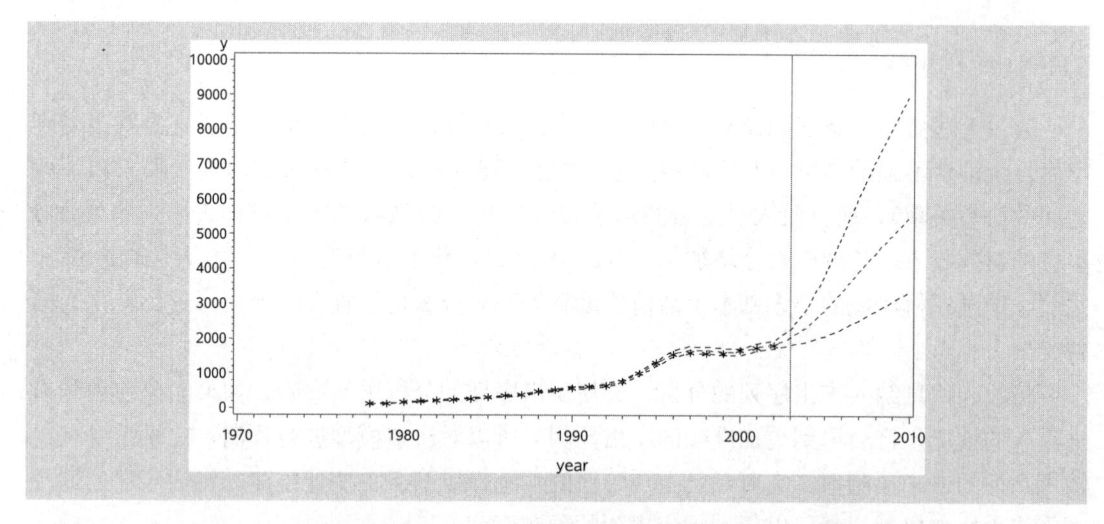

图8-12 中国农村居民家庭人均生活消费支出序列的拟合与预测效果图

说明：星号为序列观察值，中间虚线为协整动态回归模型拟合值，上下虚线为95%的置信区间。

8.4.3 误差修正模型

误差修正模型（error correction model）简称ECM模型，最初由Davidson，Hendry，Srba和Yeo于1978年提出，它常常作为协整模型的补充模型出现。协整模型度量序列之间的长期均衡关系，而ECM模型则解释序列的短期波动关系。

误差修正模型的构造原理如下：

假设非平稳响应序列 $\{y_t\}$ 与非平稳输入序列 $\{x_t\}$ 之间具有协整关系，即

$$y_t=\beta x_t+\varepsilon_t \tag{8.6}$$

则回归残差序列为平稳序列：

$$\varepsilon_t=y_t-\beta x_t\sim I(0)$$

在式（8.6）等号两边同时减去 y_{t-1}，则有

$$y_t-y_{t-1}=\beta x_t-y_{t-1}+\varepsilon_t \tag{8.7}$$

将 $y_{t-1}=\beta x_{t-1}+\varepsilon_{t-1}$ 代入式（8.7）等号右边，得

$$y_t-y_{t-1}=\beta x_t-\beta x_{t-1}-\varepsilon_{t-1}+\varepsilon_t \tag{8.8}$$

假定 β 的最小二乘估计值为 $\hat{\beta}$，则 $\hat{\varepsilon}_{t-1}=y_{t-1}-\hat{\beta}x_{t-1}$ 代表的是上一期的误差，特别记作 ECM_{t-1}，则式（8.8）可以整理成如下形式：

$$\nabla y_t=\beta\nabla x_t-\mathrm{ECM}_{t-1}+\varepsilon_t \tag{8.9}$$

这说明响应序列的当期波动（∇y_t）主要受到三方面的短期波动的影响：

（1）输入序列的当期波动 ∇x_t；

（2）上一期的误差 ECM_{t-1}；

（3）当期纯随机波动 ε_t。

为了定量地测定这三方面影响的大小，尤其是上期误差 ECM_{t-1} 对当期波动 ∇y_t 的影响，可以构建 ECM 模型，模型结构如下：

$$\nabla y_t = \beta_0 \nabla x_t + \beta_1 ECM_{t-1} + \varepsilon_t$$

式中，β_1 称为误差修正系数，表示误差修正项对当期波动的修正力度。根据误差修正模型的推导原理（式（8.9）），可以确定 $\beta_1 < 0$，即误差修正机制是一个负反馈机制。

以例 8－3 的应用背景对误差修正模型的负反馈机制进行直观解释，当 $ECM_{t-1} > 0$ 时，等价于 $y_{t-1} > \hat{\beta} x_{t-1}$，即上期真实支出比估计支出大，这种信息反馈回来，上一期超支会导致下期支出适当压缩，即 $\nabla y_t < 0$。

反之，$ECM_{t-1} < 0$，等价于 $y_{t-1} < \hat{\beta} x_{t-1}$，即上期真实支出比估计支出小，这种信息反馈回来，上一期有节余会导致下期支出适当增加，即 $\nabla y_t > 0$。

例 8－3 续（2）

对 1978—2002 年中国农村居民家庭人均纯收入对数序列 $\{\ln x_t\}$ 和生活消费支出对数序列 $\{\ln y_t\}$ 构造 ECM 模型（数据见表 A1－27）。

在 8.4.2 节中，我们已经通过 EG 检验证明中国农村居民家庭人均纯收入对数序列 $\{\ln x_t\}$ 和生活消费支出对数序列 $\{\ln y_t\}$ 具有协整关系，即

$$\ln y_t = 0.968\,3 \ln x_t + \varepsilon_t$$

这个协整回归模型揭示了中国农村居民家庭人均生活消费支出与人均纯收入之间的长期均衡关系。

为了研究生活消费支出的短期波动特征，我们利用差分序列 $\{\nabla \ln y_t\}$，$\{\nabla \ln x_t\}$ 和前期误差序列 $\{ECM_{t-1}\}$ 构建 ECM 模型：

$$\nabla \ln y_t = \beta_0 \nabla \ln x_t + \beta_1 ECM_{t-1} + \varepsilon_t$$

本例中

$$ECM_{t-1} = \ln y_{t-1} - 0.968\,3 \ln x_{t-1}$$

计算结果显示 ECM 模型为：

$$\nabla \ln y_t = 0.957\,9\, \nabla \ln x_t - 0.153\,7 ECM_{t-1} + \varepsilon_t$$

方程检验结果和参数检验结果如表 8－10 所示。

表 8 - 10

方程检验		参数检验		
F 统计量	P 值	参数	t 统计量	P 值
229.79	<0.000 1	β_0	20.81	<0.000 1
		β_1	−1.18	0.249 9

方程检验结果显示该方程显著线性相关。参数检验结果显示收入的当期波动对生活消费支出的当期波动有显著影响（β_0 显著），但上期误差（ECM）对当期波动的影响不显著（β_1 不显著）。而且从回归系数的绝对值大小可以看出，收入的当期波动对生活消费支出当期波动的调整幅度很大，每增加 1 单位的对数收入，会增加 0.957 9 单位的对数生活消费支出，但上期误差（ECM）对生活消费支出当期波动的调整幅度不大，单位调整比例为 −0.153 7。

8.5 Granger 因果检验

对于多元时间序列而言，如果能找到对响应变量有显著影响的输入序列，并且能验证它们之间具有协整关系，就说明响应序列$\{y_t\}$的一部分波动能被输入序列$\{x_{1t}\}$，$\{x_{2t}\}$，…，$\{x_{kt}\}$的线性组合所解释。这对准确预测$\{y_t\}$的波动，或者通过控制输入序列的取值，间接控制$\{y_t\}$的发展都是非常有用的。但前提是输入序列$\{x_{1t}\}$，$\{x_{2t}\}$，…，$\{x_{kt}\}$和响应序列$\{y_t\}$之间具有真正的因果关系，而且一定是$\{x_{1t}\}$，$\{x_{2t}\}$，…，$\{x_{kt}\}$为因，$\{y_t\}$为果。

这种因果关系的认定，在某些情况下是清晰明确的。比如例 8 - 3，对于中国农村家庭而言，一定是量入为出，收入的多少影响了支出的多少，所以一定是收入为因，支出为果。自变量和因变量比较好确定。

但在有些领域，变量之间的关系可能比较复杂，因果关系的识别并不一目了然。比如 D. A. Nicols 想研究对白领阶层薪水调整有决定性影响的宏观经济因素，他收集了四个相关变量：

（1）白领阶层的平均年薪 W；

（2）当年的通货膨胀率 CPI；

（3）当年的失业率 U；

（4）当年的最低工资标准 MW。

他想研究的响应变量肯定是第一个变量——白领阶层的平均年薪 W，那么剩下的三个变量是不是导致年薪变化的因变量呢？如果单纯从逻辑上分析，我们很难直接下结论。

因为既有可能是通货膨胀率上涨，导致雇主不得不给白领雇员涨薪，这时确实是 CPI 为因，W 为果；也有可能是雇主先给白领阶层涨了薪水，导致商品或服务价格上涨，继而推高了通货膨胀率，这时 W 为因，CPI 为果。因果关系不同，回归模型自变量和因变量的位置就不同。所以 CPI 能不能作为年薪 W 的输入变量并不明确。

失业率 U 与年薪 W 的关系也是如此。既有可能是失业率高导致白领被迫降低年薪以保全工作岗位；也有可能是雇员工资太高，雇主为降低成本增加裁员，导致失业率上升。这两种情况下，因果关系正好是反的。

最低工资标准 MW 与年薪 W 的关系也有多种可能。既有可能是最低工资标准提高，推高了平均年薪，也有可能是平均年薪增加，推高了最低工资标准。甚至还有第三种可能，就是它们尽管都是薪资水平，但领取的人群不同，所以有可能它们彼此之间相互独立，且没有相互影响，那就连回归模型都不必建了。

在经济、金融领域，这种多个变量都来自相同领域，甚至是同一个系统，但彼此之间的因果关系却并不明确的现象比比皆是。那么在协整建模时，首先需要检验变量之间的因果关系。

Granger 在 1969 年给出了序列因果关系的定义。T. J. Sargent 在 1976 年根据 Granger 对因果性的定义，给出了因果关系检验方法。这使得判断多个序列之间的因果关系有了明确的定义和统计检测方法。

8.5.1　Granger 因果关系定义

因果关系，一定是原因导致了结果。所以从时间上说，应该是原因发生在前，结果产生在后。就影响效果而言，X 事件发生在前，而且对 Y 事件的发展结果有影响，X 事件才能称为 Y 事件的因。如果 X 事件发生在前，但它发生与否对 Y 事件的结果没有影响，X 事件也不是 Y 事件的因。

基于对这种因果关系的理解，Granger 给出了序列间因果关系的定义，我们称之为 Granger 因果关系定义。

定义 8.1　假设 $\{x_t\}$ 和 $\{y_t\}$ 是宽平稳序列。记

（1）I_t 为 t 时刻所有有用信息的集合

$$I_t=\{x_t, x_{t-1}, x_{t-2}, \cdots, y_t, y_{t-1}, y_{t-2}, \cdots\}$$

（2）X_t 为 t 时刻所有 x 序列信息的集合

$$X_t=\{x_t, x_{t-1}, x_{t-2}, \cdots\}$$

（3）$\sigma^2(\cdot)$ 为方差函数，

则序列 x 是序列 y 的 Granger 原因，当且仅当 y 的最优线性预测函数使得下式成立：

$$\sigma^2(y_{t+1} | I_t)<\sigma^2(y_{t+1} | I_t-X_t)$$

式中，$\sigma^2(y_{t+1} | I_t)$ 是使用所有可获得的历史信息（其中也包含 x 序列的历史信息）得到的 y 序列 1 期预测值的方差；$\sigma^2(y_{t+1} | I_t-X_t)$ 是从所有信息中刻意扣除 x 序列的历史信息得到的 y 序列 1 期预测值的方差。

如果 $\sigma^2(y_{t+1} | I_t)<\sigma^2(y_{t+1} | I_t-X_t)$，则说明 x 序列历史信息的加入能提高 y 序列的预测精度。进而反推出序列 x 是因，序列 y 是果，简记为 $x\rightarrow y$。

根据 Granger 因果关系定义，在两个序列之间存在 4 种不同的因果关系（在此只考虑 x 序列的历史信息对 y_{t+1} 的影响，不考虑 x_{t+1} 对 y_{t+1} 的当期影响。如果考虑当期影响，两序列的因果关系会变成 8 种）：

（1）x 和 y 相互独立，简记为（x，y）；

（2）x 是 y 的 Granger 原因，简记为（$x \rightarrow y$）；

（3）y 是 x 的 Granger 原因，简记为（$x \leftarrow y$）；

（4）x 和 y 互为因果，这种情况称为 x 和 y 之间存在反馈（feedback）关系，简记为（$x \leftrightarrow y$）。

8.5.2 Granger 因果检验

统计学家基于 Granger 因果关系定义，从不同的角度出发构造检验统计量，创造了很多种 Granger 因果检验（Granger causality test）方法。比如，1972 年 Sims 提出了简单 Granger 因果检验方法，1976 年 Sargent 提出了直接 Granger 因果检验方法，1979 年 Cheng Hsiao 提出了基于预测误差的 Hsiao 检验方法。其中，直接 Granger 因果检验方法最容易理解，使用最广泛，我们在此介绍的因果检验方法就是直接 Granger 因果检验方法。

一、假设条件

Granger 因果检验认为绝大多数时间序列的生成过程是相互独立的，所以原假设是序列 x 不是序列 y 的 Granger 原因，备择假设是序列 x 是序列 y 的 Granger 原因。

$$H_0: (x, y) \leftrightarrow H_1: x \rightarrow y$$

构造序列 y 的最优线性预测函数，不妨记作：

$$y_t = \beta_0 + \sum_{k=1}^{p} \beta_k y_{t-k} + \sum_{k=1}^{q} \alpha_k x_{t-k} + \sum_{k=1}^{l} \gamma_k z_{t-k} + \varepsilon_t$$

式中，p 为序列 y 的自回归阶数；q 为引入的 x 序列的历史延迟阶数；$\{z_t\}$ 为其他自变量序列。

原假设成立时，意味着 $\alpha_1 = \alpha_2 = \cdots = \alpha_q = 0$。所以假设条件也可以等价表达为：

$$H_0: \alpha_1 = \alpha_2 = \cdots = \alpha_q = 0 \leftrightarrow H_1: \alpha_1, \alpha_2, \cdots, \alpha_q \text{ 不全为 } 0$$

二、检验统计量

有多种方法构建 Granger 因果检验的统计量，在此介绍 F 检验统计量的构造原理。在该检验方法下，需要拟合两个回归模型：

（1）在原假设成立的情况下，拟合序列 y 的有约束预测模型（约束条件为 $\alpha_1 = \alpha_2 = \cdots =$

$\alpha_q=0$）为：

$$y_t=\beta_0+\sum_{k=1}^{p}\beta_k y_{t-k}+\sum_{k=1}^{l}\gamma_k z_{t-k}+\varepsilon_{1t}$$

对该模型进行方差分解：

$$SST=SSR_{yz}+SSE_r$$

式中，$SST=\sum_{i=1}^{n}(y_i-\bar{y})^2$，代表序列 y 的波动平方和，n 为序列长度。SST 可以分解为两部分：一部分波动可以由 y 和 z 的历史信息 $\{y_{t-1}, y_{t-2}, \cdots, y_{t-p}, z_{t-1}, z_{t-2}, \cdots, z_{t-l}\}$ 解读，这部分波动记作 SSR_{yz}；另一部分是不能由历史信息解读的，归为随机波动，记作有约束残差平方和 SSE_r：

$$SSE_r=\sum_{t=1}^{n}\varepsilon_{1t}^2=SST-SSR_{yz}$$

（2）在备择假设成立的情况下，拟合序列 y 的无约束预测模型为：

$$y_t=\beta_0+\sum_{k=1}^{p}\beta_k y_{t-k}+\sum_{k=1}^{q}\alpha_k x_{t-k}+\sum_{k=1}^{l}\gamma_k z_{t-k}+\varepsilon_t$$

对该模型进行方差分解：

$$SST=SSR_{xyz}+SSE_u$$

式中，$SST=\sum_{i=1}^{n}(y_i-\bar{y})^2$，代表序列 y 的波动平方和。SST 可以分解为两部分：一部分波动可以由 x，y，z 的历史信息 $\{y_{t-1}, y_{t-2}, \cdots, y_{t-p}, x_{t-1}, x_{t-2}, \cdots, x_{t-q}\}$ 解读，这部分波动记作 SSR_{xyz}。实际上还可以对 SSR_{xyz} 再进行分解，分解为 x 的影响和 yz 的影响两部分，$SSR_{xyz}=SSR_x+SSR_{yz}$。剩下的不能由 x，y，z 的历史信息解读的部分归为随机波动，记作无约束残差平方和 SSE_u：

$$SSE_u=\sum_{t=1}^{n}\varepsilon_{2t}^2=SST-SSR_x-SSR_{yz}$$

基于有约束残差平方和与无约束残差平方和构造 F 统计量：

$$F=\frac{(SSE_r-SSE_u)/q}{SSE_u/(n-q-p-1)}\sim F(q,n-q-p-1)$$

式中，$SSE_r-SSE_u=SSR_x$，所以分子部分实际是 x 的回归误差平方和比上它的自由度 q，分母部分是无约束残差平方和除以它的自由度。SSR_x 和 SSE_u 相互独立，所以它们各自比上自由度服从 F 分布。

若显著性水平取为 α，当 F 统计量大于 $F_{1-\alpha}(q, n-p-q-1)$ 时，拒绝原假设，认为序列 x 是序列 y 的 Granger 原因。

需要注意的一个问题是，Granger 因果检验的结果严重依赖于解释变量的延迟阶数，

即不同的延迟阶数 p 和 q 可能会得到不同的 Granger 检验结果。所以通常会借助自相关图和互相关图考察显著非零的延迟阶数。或者多拟合几个不同延迟的有约束模型和无约束模型，借助最小信息量准则，使用 AIC 最小的无约束模型和有约束模型的残差平方和计算 F 统计量。

例 8-4

对 1962—1979 年美国白领阶层平均年薪和可能对它有显著影响的宏观经济因素进行 Granger 因果检验（数据见表 A1-28）。

1. 检验序列的平稳性，对非平稳序列差分平稳

因为 Granger 因果检验要求序列平稳，所以首先判断这四个序列的平稳性。

这四个序列的时序图如图 8-13 所示，前三个序列（W,CPI,U）都显示出显著的趋势特征，为典型的非平稳序列。ADF 检验显示，这三个序列 1 阶差分后平稳。第四个序列（MW）没有明显趋势，ADF 检验显示原序列平稳。

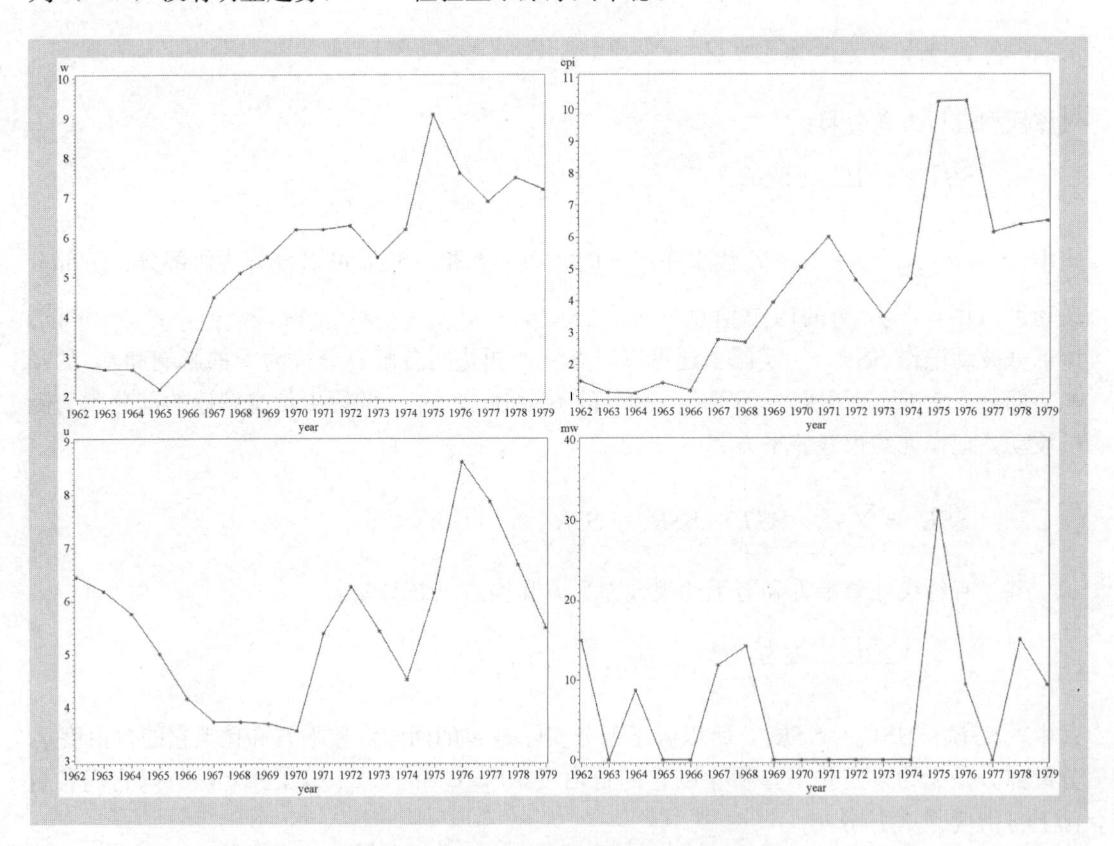

图 8-13 白领阶层年薪相关序列时序图

2. 考察年薪变量的自相关图和三个宏观经济变量与年薪变量的互相关系数图（见图 8-14），确定输入变量的延迟阶数

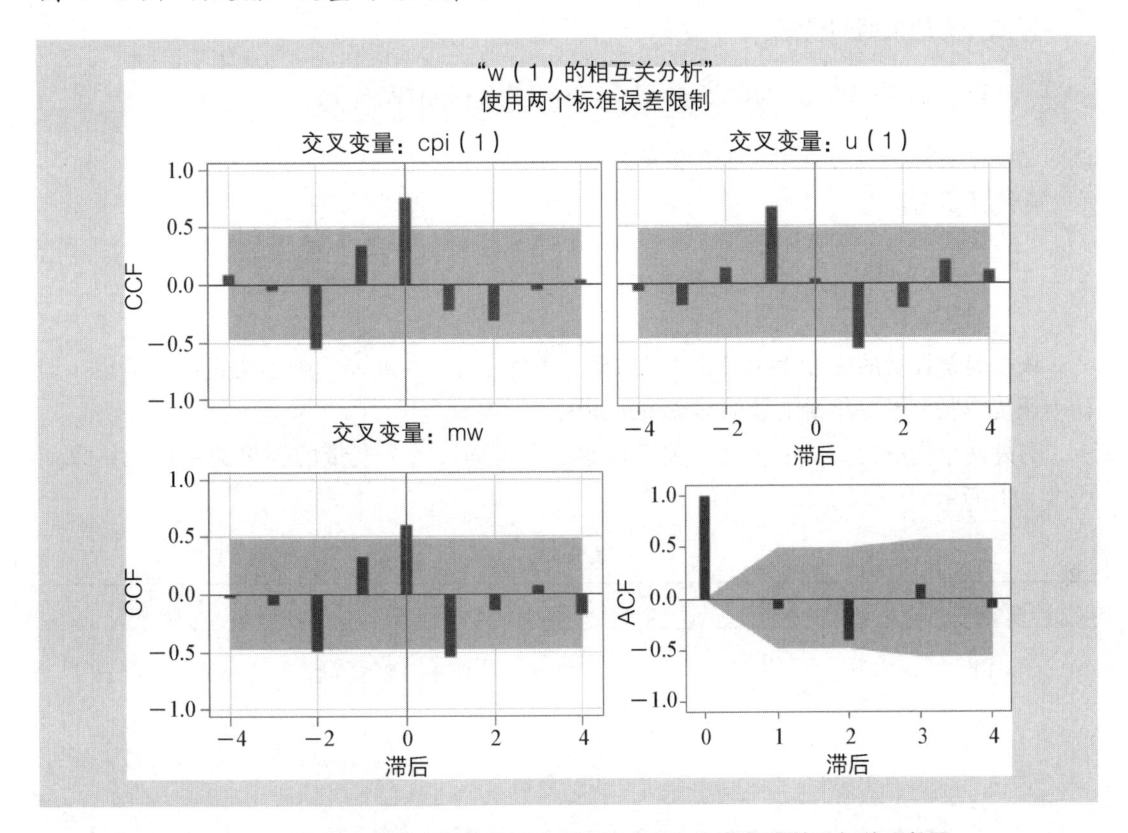

图 8-14　年薪变量的自相关图及宏观经济变量与年薪变量的互相关系数图

从图 8-14 中可以看出：

(1) 第一行左图显示如果通货膨胀率是年薪变量的 Granger 原因，则只看 1，4 象限互相关系数（通货膨胀要先于年薪变化），只有 0 阶延迟显著非零，引入原序列值。

(2) 第一行右图显示如果失业率是年薪变量的 Granger 原因，延迟 1 阶互相关系数显著非零，即失业率序列的延迟引入 1 阶延迟。

(3) 第二行左图显示如果最低工资是年薪变量的 Granger 原因，则延迟 0 阶和 1 阶互相关系数显著非零，即最低工资序列的延迟引入 0 阶和 1 阶延迟。

(4) 第二行右图显示年薪变量 1 阶差分后，所有自相关系数均在 2 倍标准差范围内，均可视为不显著，所以年薪变量就引入 1 阶延迟（差分）。

3. 检验各宏观经济变量是不是年薪变量的 Granger 原因

以 CPI 序列的检验为例。原假设是 CPI 不是 W 的 Granger 原因，备择假设是 CPI 是 W 的 Granger 原因。

在原假设成立的情况下，拟合有约束回归模型：

$$W_t=\alpha_0+\alpha_1 W_{t-1}+\gamma_1 U_{t-1}+\eta_0 MW_t+\eta_1 MW_{t-1}+\varepsilon_{1t}$$

该回归模型 $SSE_r=3.1709$，自由度等于 12。

再拟合无约束回归模型：

$$W_t=\alpha_0+\alpha_1 W_{t-1}+\beta_1 CPI_t+\gamma_1 U_{t-1}+\eta_0 MW_t+\eta_1 MW_{t-1}+\varepsilon_{1t}$$

该回归模型 $SSE_u=2.5817$，自由度等于 11。

F 统计量为：

$$F=\frac{3.1709-2.5817}{2.5817/11}=2.5104$$

该检验统计量的 P 值为 0.139 1。如果显著性水平 $\alpha=0.05$，则不能拒绝原假设，即认为通货膨胀率不是年薪变量的 Granger 原因。

另外两个变量的 Granger 因果关系检验步骤雷同，三个变量的因果关系检验结果如表 8－11 所示。

表 8－11

检验变量	SSE_r	SSE_u	F 统计量	P 值
CPI	3.170 9 (df=12)		2.510 4	0.139 1
U	3.207 4 (df=12)	2.581 7 (df=11)	2.666 0	0.128 5
MW	6.586 9 (df=13)		8.532 6	0.005 8

如果显著性水平 $\alpha=0.05$，则这三个宏观经济变量只有最低工资可以认为是白领年薪波动的 Granger 原因，通货膨胀率和失业率不能视为年薪变量的 Granger 原因。所以这三个宏观经济变量中，只需要将最低工资变量作为输入序列引入年薪序列的分析和预测中。

8.5.3 Granger 因果检验的问题

在做 Granger 因果检验时，要注意如下几个问题：

（1）检验结果只说明样本数据特征。例 8－4 的 Granger 因果检验得出结论：白领年薪的波动受最低工资的影响，但不受通货膨胀率和失业率的显著影响。这个因果结论是基于这批样本数据得出的。如果换一批数据，或增加样本数据量，得出的因果判别可能会完全不一样。这也就是说，Granger 因果检验的结果会受到样本随机性的影响。样本容量越小，样本随机性的影响就越大。所以最好在样本容量比较大时进行 Granger 因果检验，以保证检验结果相对稳健。

（2）Granger 因果检验即使显著拒绝原假设，也不能说明两个序列间具有真正的因果关系。Granger 因果检验的构造思想是：使响应变量预测精度有显著提高的自变量可以视作响应变量的因。

这里面存在一个逻辑漏洞：如果变量 x 是变量 y 的因，那么知道 x 的信息对预测 y 是有帮助的，这个结论是对的。也就是说，因果性包含了预测精度的提高。但反过来，认为有助于预测精度提高的变量都是响应变量的因，就不一定正确了。比如说每天太阳快要升起的时候，公鸡都会打鸣。所以根据每天公鸡打鸣的时间，可以准确预测今天太阳升起的时间。根据 Granger 因果关系定义，可以认为公鸡打鸣是太阳升起的原因。显然这个因果结论是错误的。把公鸡杀了，太阳依然会升起。公鸡打鸣绝不是太阳升起的原因。这就说明由预测精度的提高反推因果性是不严谨的。

也就是说，因果性可以推出预测精度提高，但预测精度提高不能等价推出因果性。这就意味着，在进行 Granger 因果检验时，即使得出因果关系显著成立的结论，也仅仅是预测精度提高的统计显著性判断，并不意味着两个变量之间一定存在真正的因果关系。

Granger 因果检验是我们在处理复杂变量关系时使用的一个工具，Granger 因果检验的信息可以帮助我们思考模型的结构。它不一定百分百准确，但有它提供的信息比完全没有信息要强。

8.6　习　题

1. 某地区过去 38 年谷物产量序列如表 8-12 所示。

表 8-12　　单位：万吨

24.5	33.7	27.9	27.5	21.7	31.9	36.8	29.9	30.2	32.0	34.0
19.4	36.0	30.2	32.4	36.4	36.9	31.5	30.5	32.3	34.9	30.1
36.9	26.8	30.5	33.3	29.7	35.0	29.9	35.2	38.3	35.2	35.5
36.7	26.8	38.0	31.7	32.6						

这些年该地区相应的降雨量序列如表 8-13 所示。

表 8-13　　单位：100mm

9.6	12.9	9.9	8.7	6.8	12.5	13.0	10.1	10.1	10.1	10.8
7.8	16.2	14.1	10.6	10.0	11.5	13.6	12.1	12.0	9.3	7.7
11.0	6.9	9.5	16.5	9.3	9.4	8.7	9.5	11.6	12.1	8.0
10.7	13.9	11.3	11.6	10.4						

（1）使用单位根检验分别考察这两个模型的平稳性。

（2）选择适当模型分别拟合这两个序列的发展。

（3）确定这两个序列之间是否具有协整关系。

（4）如果这两个序列之间具有协整关系，请建立适当的模型拟合谷物产量序列的发展。

2. 在一定浓度的溶液中（CC=0.5），考察草履虫和某种草履虫掠食动物之间的动态数量变化，相关数据如表 8－14 所示。

表 8－14

时间（day）	被掠食者（ind/mL）	掠食者（ind/mL）	时间（day）	被掠食者（ind/mL）	掠食者（ind/mL）	时间（day）	被掠食者（ind/mL）	掠食者（ind/mL）
0.00	15.65	5.76	12.00	27.46	65.40	24.00	121.70	17.82
0.50	53.57	9.05	12.50	41.46	51.35	24.50	185.20	26.04
1.00	73.34	17.26	13.00	44.73	28.24	25.00	175.30	65.61
1.50	93.93	41.97	13.50	88.42	23.27	25.50	139.00	76.30
2.00	115.40	55.97	14.00	105.70	38.09	26.00	77.11	96.07
2.50	76.57	74.91	14.50	155.20	14.97	26.50	57.29	68.84
3.00	32.83	62.52	15.00	205.50	24.84	27.00	54.79	54.79
3.50	23.74	27.04	15.50	312.70	49.56	27.50	75.38	35.80
4.00	56.70	18.77	16.00	213.70	75.93	28.00	87.73	32.48
4.50	86.37	31.11	16.50	163.40	104.00	28.50	136.40	24.21
5.00	121.00	58.31	17.00	85.78	106.40	29.00	290.60	35.73
5.50	71.48	73.13	17.50	48.64	100.60	29.50	345.80	55.50
6.00	55.78	63.21	18.00	44.49	84.08	30.00	271.60	93.41
6.50	31.84	52.46	18.50	63.44	45.30	30.50	156.10	117.30
7.00	26.87	40.07	19.00	71.66	35.37	31.00	71.10	95.02
7.50	53.24	27.67	19.50	127.70	35.35	31.50	43.86	85.92
8.00	65.59	26.00	20.00	206.90	41.10	32.00	30.64	82.60
8.50	81.23	24.32	20.50	309.90	52.62	32.50	35.56	66.08
9.00	143.90	21.00	21.00	156.50	120.20	33.00	52.03	63.58
9.50	237.90	33.35	21.50	63.30	112.80	33.50	37.99	37.99
10.00	276.60	64.67	22.00	77.29	92.14	34.00	62.71	25.60
10.50	222.20	94.34	22.50	45.11	65.72	34.50	103.90	23.10
11.00	137.20	103.40	23.00	57.45	33.54	35.00	187.20	37.09
11.50	46.45	82.74	23.50	69.80	21.14			

(1) 考察这两种生物之间的动态关系，检验它们是否具有协整关系。

(2) 选择适当的模型拟合这两种生物之间的动态互动关系，并预测未来一周这两种生物的浓度。

3. 我国 1950—2008 年进出口总额数据如表 8-15 所示。

表 8-15

单位：亿元

年份	出口	进口	年份	出口	进口	年份	出口	进口
1950	20.0	21.3	1970	56.8	56.1	1990	2 985.8	2 574.3
1951	24.2	35.3	1971	68.5	52.4	1991	3 827.1	3 398.7
1952	27.1	37.5	1972	82.9	64.0	1992	4 676.3	4 443.3
1953	34.8	46.1	1973	116.9	103.6	1993	5 284.8	5 986.2
1954	40.0	44.7	1974	139.4	152.8	1994	10 421.8	9 960.1
1955	48.7	61.1	1975	143.0	147.4	1995	12 451.8	11 048.1
1956	55.7	53.0	1976	134.8	129.3	1996	12 576.4	11 557.4
1957	54.5	50.0	1977	139.7	132.8	1997	15 160.7	11 806.5
1958	67.0	61.7	1978	167.6	187.4	1998	15 223.6	11 626.1
1959	78.1	71.2	1979	211.7	242.9	1999	16 159.8	13 736.5
1960	63.3	65.1	1980	271.2	298.8	2000	20 634.4	18 638.8
1961	47.7	43.0	1981	367.6	367.7	2001	22 024.4	20 159.2
1962	47.1	33.8	1982	413.8	357.5	2002	26 947.9	24 430.3
1963	50.0	35.7	1983	438.3	421.8	2003	36 287.9	34 195.6
1964	55.4	42.1	1984	580.5	620.5	2004	49 103.3	46 435.8
1965	63.1	55.3	1985	808.9	1 257.8	2005	62 648.1	54 273.7
1966	66.0	61.1	1986	1 082.1	1 498.3	2006	77 594.6	63 376.9
1967	58.8	53.4	1987	1 470.0	1 614.2	2007	93 455.6	73 284.6
1968	57.6	50.9	1988	1 766.7	2 055.1	2008	100 394.9	79 526.5
1969	59.8	47.2	1989	1 956.0	2 199.9			

(1) 使用单位根检验分别考察进口总额和出口总额序列的平稳性。

(2) 分别对进口总额序列和出口总额序列拟合模型。

(3) 考察这两个序列是否具有协整关系。

(4) 如果这两个序列具有协整关系，请建立适当的模型拟合它们之间的相关关系。

(5) 构造该协整模型的误差修正模型。

4. 我国 1979—2014 年社会消费品零售总额序列和国内生产总值序列数据如表 8-16 所示。

表 8 - 16

单位：亿元

年份	社会消费品零售总额	国内生产总值	年份	社会消费品零售总额	国内生产总值
1979	1 800.0	4 067.7	1997	31 252.9	79 429.5
1980	2 140.0	4 551.6	1998	33 378.1	84 883.7
1981	2 350.0	4 898.1	1999	35 647.9	90 187.7
1982	2 570.0	5 333.0	2000	39 105.7	99 776.3
1983	2 849.4	5 975.6	2001	43 055.4	110 270.4
1984	3 376.4	7 226.3	2002	48 135.9	121 002.0
1985	4 305.0	9 039.9	2003	52 516.3	136 564.6
1986	4 950.0	10 308.8	2004	59 501.0	160 714.4
1987	5 820.0	12 102.2	2005	68 352.6	185 895.8
1988	7 440.0	15 101.1	2006	79 145.2	217 656.6
1989	8 101.4	17 090.3	2007	93 571.6	268 019.4
1990	8 300.1	18 774.3	2008	114 830.1	316 751.7
1991	9 415.6	21 895.5	2009	132 678.4	345 629.2
1992	10 993.7	27 068.3	2010	156 998.4	408 903.0
1993	14 270.4	35 524.3	2011	183 918.6	484 123.5
1994	18 622.9	48 459.6	2012	210 307.0	534 123.0
1995	23 613.8	61 129.8	2013	242 842.8	588 018.8
1996	28 360.2	71 572.3	2014	271 896.1	636 138.7

（1）分别对这两个序列拟合 ARIMA 模型，并预测未来 5 年的序列发展。

（2）考察这两个序列之间是否存在协整关系。

（3）如果存在协整关系，请思考这两个序列之间的因果关系（哪个是自变量，哪个是因变量），并构造协整模型，预测未来 5 年的序列发展。

（4）分析如果中国国内社会消费品零售总额增长 1%，对国内生产总值有什么影响。

5. 为了降低车祸死亡人数和严重伤害程度，英国从 1983 年 1 月 31 日起执行强制使用安全带的法律。现在收集了 1969 年 1 月至 1984 年 12 月英国每月车祸数据，含每月车祸死亡或重伤的司机人数、前座乘客人数、后座乘客人数、行驶里程数、汽油价格及安全带强制法律是否生效等数据，详细数据如表 8 - 17 所示。

表 8 - 17

时间	司机	前座乘客	后座乘客	行驶里程（公里）	汽油价格（英镑/升）	法律干预
1969 年 1 月	1 687	867	269	9 059	0.102 971 812	0
1969 年 2 月	1 508	825	265	7 685	0.102 362 996	0
1969 年 3 月	1 507	806	319	9 963	0.102 062 491	0
1969 年 4 月	1 385	814	407	10 955	0.100 873 301	0

续表

时间	司机	前座乘客	后座乘客	行驶里程（公里）	汽油价格（英镑/升）	法律干预
1969年5月	1 632	991	454	11 823	0.101 019 673	0
1969年6月	1 511	945	427	12 391	0.100 581 192	0
1969年7月	1 559	1 004	522	13 460	0.103 773 981	0
1969年8月	1 630	1 091	536	14 055	0.104 076 404	0
1969年9月	1 579	958	405	12 106	0.103 773 981	0
1969年10月	1 653	850	437	11 372	0.103 026 401	0
1969年11月	2 152	1 109	434	9 834	0.102 730 112	0
1969年12月	2 148	1 113	437	9 267	0.101 997 192	0
1970年1月	1 752	925	316	9 130	0.101 274 563	0
1970年2月	1 765	903	311	8 933	0.100 703 976	0
1970年3月	1 717	1 006	351	11 000	0.100 139 607	0
1970年4月	1 558	892	362	10 733	0.098 621 104	0
1970年5月	1 575	990	486	12 912	0.098 349 285	0
1970年6月	1 520	866	429	12 926	0.098 080 177	0
1970年7月	1 805	1 095	551	13 990	0.097 279 208	0
1970年8月	1 800	1 204	646	14 926	0.097 410 624	0
1970年9月	1 719	1 029	456	12 900	0.097 425 237	0
1970年10月	2 008	1 147	475	12 034	0.096 380 633	0
1970年11月	2 242	1 171	456	10 643	0.095 738 956	0
1970年12月	2 478	1 299	468	10 742	0.095 106 306	0
1971年1月	2 030	944	356	10 266	0.096 735 967	0
1971年2月	1 655	874	271	10 281	0.096 109 222	0
1971年3月	1 693	840	354	11 527	0.095 367 255	0
1971年4月	1 623	893	427	12 281	0.094 709 592	0
1971年5月	1 805	1 007	465	13 587	0.094 117 620	0
1971年6月	1 746	973	440	13 049	0.093 532 155	0
1971年7月	1 795	1 097	539	16 055	0.092 954 049	0
1971年8月	1 926	1 194	646	15 220	0.092 839 786	0
1971年9月	1 619	988	457	13 824	0.092 724 736	0
1971年10月	1 992	1 077	446	12 729	0.092 269 651	0
1971年11月	2 233	1 045	402	11 467	0.091 706 685	0
1971年12月	2 192	1 115	441	11 351	0.091 262 072	0
1972年1月	2 080	1 005	359	10 803	0.090 711 603	0
1972年2月	1 768	857	334	10 548	0.090 276 328	0
1972年3月	1 835	879	312	12 368	0.089 951 918	0
1972年4月	1 569	887	427	13 311	0.089 099 639	0
1972年5月	1 976	1 075	434	13 885	0.088 679 193	0
1972年6月	1 853	1 121	486	14 088	0.088 159 289	0
1972年7月	1 965	1 190	569	16 932	0.088 902 057	0
1972年8月	1 689	1 058	523	16 164	0.088 181 331	0

续表

时间	司机	前座乘客	后座乘客	行驶里程（公里）	汽油价格（英镑/升）	法律干预
1972 年 9 月	1 778	939	418	14 883	0.088 940 293	0
1972 年 10 月	1 976	1 074	452	13 532	0.087 726 610	0
1972 年 11 月	2 397	1 089	462	12 220	0.087 428 846	0
1972 年 12 月	2 654	1 208	497	12 025	0.087 035 430	0
1973 年 1 月	2 097	903	354	11 692	0.086 449 919	0
1973 年 2 月	1 963	916	347	11 081	0.085 872 641	0
1973 年 3 月	1 677	787	276	13 745	0.085 398 222	0
1973 年 4 月	1 941	1 114	472	14 382	0.083 821 981	0
1973 年 5 月	2 003	1 014	487	14 391	0.084 590 780	0
1973 年 6 月	1 813	1 022	505	15 597	0.084 136 904	0
1973 年 7 月	2 012	1 114	619	16 834	0.083 778 405	0
1973 年 8 月	1 912	1 132	640	17 282	0.083 510 743	0
1973 年 9 月	2 084	1 111	559	15 779	0.082 806 394	0
1973 年 10 月	2 080	1 008	453	13 946	0.081 178 893	0
1973 年 11 月	2 118	916	418	12 701	0.082 853 607	0
1973 年 12 月	2 150	992	419	10 431	0.094 190 119	0
1974 年 1 月	1 608	731	262	11 616	0.092 399 843	0
1974 年 2 月	1 503	665	299	10 808	0.108 161 478	0
1974 年 3 月	1 548	724	303	12 421	0.107 211 689	0
1974 年 4 月	1 382	744	401	13 605	0.114 042 967	0
1974 年 5 月	1 731	910	413	14 455	0.112 454 116	0
1974 年 6 月	1 798	883	426	15 019	0.111 316 253	0
1974 年 7 月	1 779	900	516	15 662	0.110 301 252	0
1974 年 8 月	1 887	1 057	600	16 745	0.108 197 177	0
1974 年 9 月	2 004	1 076	459	14 717	0.107 027 443	0
1974 年 10 月	2 077	919	443	13 756	0.104 946 981	0
1974 年 11 月	2 092	920	412	12 531	0.119 357 749	0
1974 年 12 月	2 051	953	400	12 568	0.117 621 904	0
1975 年 1 月	1 577	664	278	11 249	0.133 027 421	0
1975 年 2 月	1 356	607	302	11 096	0.130 845 244	0
1975 年 3 月	1 652	777	381	12 637	0.128 318 477	0
1975 年 4 月	1 382	633	279	13 018	0.123 547 448	0
1975 年 5 月	1 519	791	442	15 005	0.118 586 812	0
1975 年 6 月	1 421	790	409	15 235	0.116 337 480	0
1975 年 7 月	1 442	803	416	15 552	0.115 161 476	0
1975 年 8 月	1 543	884	511	16 905	0.114 501 197	0
1975 年 9 月	1 656	769	393	14 776	0.113 522 979	0
1975 年 10 月	1 561	732	345	14 104	0.111 930 179	0
1975 年 11 月	1 905	859	391	12 854	0.110 610 529	0
1975 年 12 月	2 199	994	470	12 956	0.115 274 389	0

续表

时间	司机	前座乘客	后座乘客	行驶里程（公里）	汽油价格（英镑/升）	法律干预
1976 年 1 月	1 473	704	266	12 177	0. 113 793 486	0
1976 年 2 月	1 655	684	312	11 918	0. 112 349 582	0
1976 年 3 月	1 407	671	300	13 517	0. 111 753 469	0
1976 年 4 月	1 395	643	373	14 417	0. 109 642 523	0
1976 年 5 月	1 530	771	412	15 911	0. 108 440 895	0
1976 年 6 月	1 309	644	322	15 589	0. 107 884 939	0
1976 年 7 月	1 526	828	458	16 543	0. 109 084 769	0
1976 年 8 月	1 327	748	427	17 925	0. 107 571 450	0
1976 年 9 月	1 627	767	346	15 406	0. 106 164 022	0
1976 年 10 月	1 748	825	421	14 601	0. 106 299 999	0
1976 年 11 月	1 958	810	344	13 107	0. 104 825 313	0
1976 年 12 月	2 274	986	370	12 268	0. 103 451 746	0
1977 年 1 月	1 648	714	291	11 972	0. 101 449 920	0
1977 年 2 月	1 401	567	224	12 028	0. 100 402 316	0
1977 年 3 月	1 411	616	266	14 033	0. 098 862 034	0
1977 年 4 月	1 403	678	338	14 244	0. 102 496 154	0
1977 年 5 月	1 394	742	298	15 287	0. 103 027 432	0
1977 年 6 月	1 520	840	386	16 954	0. 102 178 908	0
1977 年 7 月	1 528	888	479	17 361	0. 099 836 643	0
1977 年 8 月	1 643	852	473	17 694	0. 092 636 690	0
1977 年 9 月	1 515	774	332	16 222	0. 091 814 963	0
1977 年 10 月	1 685	831	391	14 969	0. 090 724 304	0
1977 年 11 月	2 000	889	370	13 624	0. 090 021 207	0
1977 年 12 月	2 215	1 046	431	13 842	0. 089 330 706	0
1978 年 1 月	1 956	889	366	12 387	0. 088 442 735	0
1978 年 2 月	1 462	626	250	11 608	0. 088 352 569	0
1978 年 3 月	1 563	808	355	15 021	0. 086 757 362	0
1978 年 4 月	1 459	746	304	14 834	0. 084 995 242	0
1978 年 5 月	1 446	754	379	16 565	0. 084 567 944	0
1978 年 6 月	1 622	865	440	16 882	0. 084 431 899	0
1978 年 7 月	1 657	980	500	18 012	0. 084 350 883	0
1978 年 8 月	1 638	959	511	18 855	0. 083 600 983	0
1978 年 9 月	1 643	856	384	17 243	0. 083 417 263	0
1978 年 10 月	1 683	798	366	16 045	0. 082 745 140	0
1978 年 11 月	2 050	942	432	14 745	0. 085 235 267	0
1978 年 12 月	2 262	1 010	390	13 726	0. 084 770 303	0
1979 年 1 月	1 813	796	306	11 196	0. 084 458 921	0
1979 年 2 月	1 445	643	232	12 105	0. 085 352 119	0
1979 年 3 月	1 762	794	342	14 723	0. 087 559 213	0
1979 年 4 月	1 461	750	329	15 582	0. 090 382 917	0

续表

时间	司机	前座乘客	后座乘客	行驶里程（公里）	汽油价格（英镑/升）	法律干预
1979 年 5 月	1 556	809	394	16 863	0.090 783 294	0
1979 年 6 月	1 431	716	355	16 758	0.108 742 780	0
1979 年 7 月	1 427	851	385	17 434	0.114 142 227	0
1979 年 8 月	1 554	931	463	18 359	0.112 992 933	0
1979 年 9 月	1 645	834	453	17 189	0.111 320 706	0
1979 年 10 月	1 653	762	373	16 909	0.109 126 229	0
1979 年 11 月	2 016	880	401	15 380	0.107 698 459	0
1979 年 12 月	2 207	1 077	466	15 161	0.107 601 574	0
1980 年 1 月	1 665	748	306	14 027	0.103 775 019	0
1980 年 2 月	1 361	593	263	14 478	0.107 114 170	0
1980 年 3 月	1 506	720	323	16 155	0.107 374 774	0
1980 年 4 月	1 360	646	310	16 585	0.111 695 373	0
1980 年 5 月	1 453	765	424	18 117	0.110 638 185	0
1980 年 6 月	1 522	820	403	17 552	0.111 855 211	0
1980 年 7 月	1 460	807	406	18 299	0.109 742 343	0
1980 年 8 月	1 552	885	466	19 361	0.108 193 932	0
1980 年 9 月	1 548	803	381	17 924	0.106 255 363	0
1980 年 10 月	1 827	860	369	17 872	0.104 193 034	0
1980 年 11 月	1 737	825	378	16 058	0.101 933 973	0
1980 年 12 月	1 941	911	392	15 746	0.102 793 825	0
1981 年 1 月	1 474	704	284	15 226	0.104 760 341	0
1981 年 2 月	1 458	691	316	14 932	0.104 002 536	0
1981 年 3 月	1 542	688	321	16 846	0.116 655 515	0
1981 年 4 月	1 404	714	358	16 854	0.115 161 476	0
1981 年 5 月	1 522	814	378	18 146	0.112 989 543	0
1981 年 6 月	1 385	736	382	17 559	0.113 860 644	0
1981 年 7 月	1 641	876	433	18 655	0.119 118 081	0
1981 年 8 月	1 510	829	506	19 453	0.124 489 986	0
1981 年 9 月	1 681	818	428	17 923	0.123 222 945	0
1981 年 10 月	1 938	942	479	17 915	0.120 677 932	0
1981 年 11 月	1 868	782	370	16 496	0.121 048 983	0
1981 年 12 月	1 726	823	349	13 544	0.116 968 571	0
1982 年 1 月	1 456	595	238	13 601	0.112 750 259	0
1982 年 2 月	1 445	673	285	15 667	0.108 079 307	0
1982 年 3 月	1 456	660	324	17 358	0.108 838 516	0
1982 年 4 月	1 365	676	346	18 112	0.111 291 766	0
1982 年 5 月	1 487	755	410	18 581	0.111 304 009	0
1982 年 6 月	1 558	815	411	18 759	0.115 454 358	0
1982 年 7 月	1 488	867	496	20 668	0.114 768 296	0
1982 年 8 月	1 684	933	534	21 040	0.117 207 431	0

续表

时间	司机	前座乘客	后座乘客	行驶里程（公里）	汽油价格（英镑/升）	法律干预
1982 年 9 月	1 594	798	396	18 993	0. 119 076 397	0
1982 年 10 月	1 850	950	470	18 668	0. 117 965 862	0
1982 年 11 月	1 998	825	385	16 768	0. 117 449 127	0
1982 年 12 月	2 079	911	411	16 551	0. 116 988 458	0
1983 年 1 月	1 494	619	281	16 231	0. 112 610 536	0
1983 年 2 月	1 057	426	300	15 511	0. 113 657 016	1
1983 年 3 月	1 218	475	318	18 308	0. 113 144 445	1
1983 年 4 月	1 168	556	391	17 793	0. 118 495 535	1
1983 年 5 月	1 236	559	398	19 205	0. 117 969 401	1
1983 年 6 月	1 076	483	337	19 162	0. 117 686 614	1
1983 年 7 月	1 174	587	477	20 997	0. 120 059 239	1
1983 年 8 月	1 139	615	422	20 705	0. 119 437 746	1
1983 年 9 月	1 427	618	495	18 759	0. 118 881 272	1
1983 年 10 月	1 487	662	471	19 240	0. 118 462 361	1
1983 年 11 月	1 483	519	368	17 504	0. 118 016 598	1
1983 年 12 月	1 513	585	345	16 591	0. 117 706 623	1
1984 年 1 月	1 357	483	296	16 224	0. 117 776 090	1
1984 年 2 月	1 165	434	319	16 670	0. 114 796 992	1
1984 年 3 月	1 282	513	349	18 539	0. 115 735 253	1
1984 年 4 月	1 110	548	375	19 759	0. 115 356 263	1
1984 年 5 月	1 297	586	441	19 584	0. 114 815 361	1
1984 年 6 月	1 185	522	465	19 976	0. 114 777 478	1
1984 年 7 月	1 222	601	472	21 486	0. 114 935 980	1
1984 年 8 月	1 284	644	521	21 626	0. 114 796 992	1
1984 年 9 月	1 444	643	429	20 195	0. 114 093 157	1
1984 年 10 月	1 575	641	408	19 928	0. 116 465 522	1
1984 年 11 月	1 737	711	490	18 564	0. 116 026 113	1
1984 年 12 月	1 763	721	491	18 149	0. 116 066 729	1

说明：0 表示安全带强制法律未生效；1 表示安全带强制法律生效。

（1）研究安全带强制法律的执行是否对司机伤亡数据有显著的干预作用。

（2）研究司机伤亡数据与行驶里程、汽油价格及安全带强制法律的执行之间是否具有协整关系。

（3）研究安全带强制法律的执行是否对前座乘客伤亡数据有显著的干预作用。

（4）研究前座乘客伤亡数据与行驶里程、汽油价格及安全带强制法律的执行之间是否具有协整关系。

（5）研究安全带强制法律的执行是否对后座乘客伤亡数据有显著的干预作用。

（6）研究后座乘客伤亡数据与行驶里程、汽油价格及安全带强制法律的执行之间是否具有协整关系。

（7）研究司机伤亡数据、前座乘客伤亡数据和后座乘客伤亡数据之间是否具有协整关系。

6. 我们想要研究农场工人工资、农场作物、家畜的价格与供应量之间的关系。现在收集到1867—1947年玉米价格、玉米供应量、生猪价格、生猪供应量，以及农场工人平均工资数据，如表8-18所示。

表8-18

年份	玉米价格	玉米供应量	生猪价格	生猪供应量	农场工人平均工资
1867	6.850 13	6.802 39	6.232 45	6.287 86	6.577 86
1868	6.734 59	6.871 09	6.496 78	6.257 67	6.573 68
1869	6.814 54	6.794 59	6.621 41	6.240 28	6.584 79
1870	6.643 79	6.957 50	6.605 30	6.270 99	6.595 78
1871	6.576 47	6.963 19	6.393 59	6.336 83	6.606 65
1872	6.452 05	7.009 41	6.320 77	6.386 88	6.617 40
1873	6.599 87	6.910 75	6.386 88	6.396 93	6.628 04
1874	6.754 60	6.932 45	6.502 79	6.369 90	6.617 40
1875	6.511 75	7.057 04	6.654 15	6.317 16	6.606 65
1876	6.411 82	7.064 76	6.625 39	6.315 36	6.595 78
1877	6.403 57	7.074 12	6.535 24	6.388 56	6.612 04
1878	6.124 68	7.085 06	6.210 60	6.456 77	6.628 04
1879	6.416 73	7.126 09	6.466 14	6.463 03	6.656 73
1880	6.464 59	7.116 39	6.523 56	6.472 35	6.683 36
1881	6.744 06	6.998 51	6.656 73	6.452 05	6.683 36
1882	6.597 15	7.126 09	6.720 22	6.444 13	6.683 36
1883	6.510 26	7.104 97	6.621 41	6.458 34	6.683 36
1884	6.386 88	7.161 62	6.556 78	6.495 27	6.685 86
1885	6.326 15	7.180 07	6.450 47	6.514 71	6.688 35
1886	6.403 57	7.131 70	6.496 78	6.489 20	6.692 08
1887	6.519 15	7.094 23	6.563 86	6.444 13	6.692 08
1888	6.347 39	7.209 34	6.637 26	6.437 75	6.692 08
1889	6.194 41	7.215 97	6.523 56	6.473 89	6.697 03
1890	6.616 07	7.104 97	6.440 95	6.525 03	6.700 73
1891	6.478 51	7.221 11	6.502 79	6.516 19	6.697 03
1892	6.469 25	7.153 05	6.689 60	6.484 64	6.692 08
1893	6.411 82	7.153 83	6.661 85	6.461 47	6.647 69
1894	6.558 20	7.096 72	6.561 03	6.504 29	6.647 69
1895	6.115 89	7.247 08	6.481 58	6.519 15	6.659 29
1896	5.945 42	7.263 33	6.459 90	6.539 59	6.670 77
1897	6.144 19	7.214 50	6.510 26	6.565 27	6.683 36
1898	6.226 54	7.223 30	6.505 78	6.588 93	6.709 30
1899	6.263 40	7.260 52	6.591 67	6.568 08	6.726 23
1900	6.388 56	7.261 93	6.664 41	6.562 44	6.742 88

续表

年份	玉米价格	玉米供应量	生猪价格	生猪供应量	农场工人平均工资
1901	6.720 22	7.118 02	6.735 78	6.558 20	6.760 41
1902	6.483 11	7.274 48	6.786 72	6.522 09	6.784 46
1903	6.511 75	7.244 94	6.664 41	6.525 03	6.809 04
1904	6.538 14	7.264 73	6.646 39	6.569 48	6.833 03
1905	6.492 24	7.293 02	6.663 13	6.587 55	6.855 41
1906	6.466 14	7.301 15	6.776 51	6.591 67	6.866 93
1907	6.625 39	7.256 30	6.655 44	6.622 74	6.878 33
1908	6.700 73	7.250 64	6.697 03	6.641 18	6.889 59
1909	6.672 03	7.256 30	6.863 80	6.579 25	6.894 67
1910	6.568 08	7.282 76	6.877 30	6.525 03	6.898 71
1911	6.722 63	7.239 93	6.805 72	6.610 70	6.911 75
1912	6.609 35	7.292 34	6.902 74	6.610 70	6.920 67
1913	6.741 70	7.213 03	6.929 52	6.593 04	6.911 75
1914	6.745 24	7.245 66	6.905 75	6.583 41	6.920 67
1915	6.721 43	7.280 70	6.833 03	6.624 07	6.959 40
1916	6.962 24	7.233 46	6.978 21	6.661 85	7.046 65
1917	7.058 76	7.288 93	7.165 49	6.633 32	7.129 30
1918	7.074 96	7.235 62	7.204 89	6.683 36	7.182 35
1919	7.073 27	7.264 03	7.170 89	6.694 56	7.232 73
1920	6.690 84	7.304 52	7.033 51	6.658 01	7.081 71
1921	6.570 88	7.290 97	6.931 47	6.646 39	7.072 42
1922	6.762 73	7.266 83	6.993 93	6.655 44	7.113 14
1923	6.814 54	7.285 51	6.920 67	6.734 59	7.121 25
1924	6.934 40	7.205 64	7.020 19	6.712 96	7.127 69
1925	6.740 52	7.277 25	7.085 90	6.614 73	7.133 30
1926	6.767 34	7.248 50	7.118 83	6.575 08	7.133 30
1927	6.833 03	7.257 00	7.021 08	6.612 04	7.133 30
1928	6.828 71	7.262 63	7.013 92	6.673 30	7.134 89
1929	6.805 72	7.244 94	7.029 09	6.647 69	7.109 06
1930	6.655 44	7.183 87	6.961 30	6.614 73	7.015 71
1931	6.228 51	7.252 05	6.668 23	6.605 30	6.889 59
1932	6.214 61	7.290 97	6.436 15	6.650 28	6.834 11
1933	6.573 68	7.229 84	6.416 73	6.675 82	6.885 51
1934	6.814 54	7.057 04	6.684 61	6.643 79	6.920 67
1935	6.704 41	7.216 71	7.006 70	6.383 51	6.951 77
1936	6.926 58	7.071 57	6.980 08	6.450 47	7.003 07
1937	6.570 88	7.259 82	6.958 45	6.452 05	7.000 33
1938	6.532 33	7.248 50	6.954 64	6.475 43	6.993 93
1939	6.625 39	7.252 76	6.792 34	6.549 65	7.003 07
1940	6.673 30	7.237 06	6.825 46	6.666 96	7.080 03

续表

年份	玉米价格	玉米供应量	生猪价格	生猪供应量	农场工人平均工资
1941	6.775 37	7.261 23	7.084 23	6.599 87	7.172 42
1942	6.869 01	7.304 52	7.209 34	6.661 85	7.259 82
1943	6.956 55	7.294 38	7.125 28	6.767 34	7.311 89
1944	6.944 09	7.306 53	7.180 83	6.827 63	7.342 13
1945	7.006 70	7.284 82	7.229 84	6.651 57	7.366 45
1946	7.084 23	7.317 88	7.349 87	6.668 23	7.382 12
1947	7.195 94	7.224 02	7.397 56	6.625 39	7.395 72

（1）分析这五个变量的单整情况。

（2）分析这五个变量的Granger因果关系。

（3）分析农场工人平均工资、农场作物及家畜的价格与供应量之间是否具有协整关系。如果有，拟合协整模型与误差修正模型，并解释这两个模型中各参数的意义。

7. 我们想研究国民生产总值与货币供应量及利率的关系。现在收集到1954年1月至1987年10月M1货币量对数序列log(M1)、美国国民生产总值对数序列log(GNP)，以及短期利率和长期利率序列，如表8-19所示。

表8-19

时间	log(M1)	log(GNP)	短期利率	长期利率	时间	log(M1)	log(GNP)	短期利率	长期利率
Jan-54		7.249 1	0.010 8	0.026 1	Oct-59	6.131 2	7.404 5	0.043 0	0.041 7
Apr-54	6.115 9	7.245 1	0.008 1	0.025 2	Jan-60	6.129 5	7.421 5	0.039 4	0.042 2
Jul-54	6.129 3	7.257 0	0.008 7	0.024 9	Apr-60	6.121 8	7.418 7	0.030 9	0.041 1
Oct-54	6.141 2	7.271 6	0.010 4	0.025 7	Jul-60	6.130 1	7.419 6	0.023 9	0.038 3
Jan-55	6.151 9	7.292 7	0.012 6	0.027 5	Oct-60	6.122 3	7.411 0	0.023 6	0.039 1
Apr-55	6.159 3	7.303 6	0.015 1	0.028 2	Jan-61	6.126 9	7.421 4	0.023 8	0.038 3
Jul-55	6.162 5	7.316 9	0.018 6	0.029 3	Apr-61	6.134 5	7.433 7	0.023 3	0.038 0
Oct-55	6.161 8	7.325 6	0.023 5	0.028 9	Jul-61	6.136 0	7.447 9	0.023 2	0.039 7
Jan-56	6.164 2	7.323 6	0.023 8	0.028 9	Oct-61	6.142 9	7.470 2	0.024 8	0.040 1
Apr-56	6.158 9	7.328 2	0.026 0	0.029 9	Jan-62	6.147 2	7.483 2	0.027 4	0.040 6
Jul-56	6.150 0	7.328 9	0.026 0	0.031 3	Apr-62	6.149 5	7.493 5	0.027 2	0.038 9
Oct-56	6.147 4	7.339 9	0.030 6	0.033 0	Jul-62	6.145 3	7.502 8	0.028 6	0.039 8
Jan-57	6.141 4	7.348 1	0.031 7	0.032 7	Oct-62	6.147 8	7.501 1	0.028 0	0.038 8
Apr-57	6.133 8	7.347 6	0.031 6	0.034 3	Jan-63	6.156 8	7.514 6	0.029 1	0.039 1
Jul-57	6.124 9	7.353 4	0.033 8	0.036 3	Apr-63	6.162 9	7.528 3	0.029 4	0.039 8
Oct-57	6.115 9	7.337 8	0.033 4	0.035 3	Jul-63	6.169 0	7.545 7	0.032 8	0.040 1
Jan-58	6.103 7	7.317 3	0.018 4	0.032 6	Oct-63	6.173 6	7.552 8	0.035 0	0.041 1
Apr-58	6.108 4	7.322 6	0.010 2	0.031 5	Jan-64	6.177 7	7.574 9	0.035 4	0.041 6
Jul-58	6.118 5	7.346 0	0.017 1	0.035 7	Apr-64	6.183 7	7.583 5	0.034 8	0.041 6
Oct-58	6.128 0	7.369 4	0.027 9	0.037 5	Jul-64	6.197 1	7.593 5	0.035 1	0.041 4
Jan-59	6.140 1	7.381 8	0.028 0	0.039 2	Oct-64	6.205 8	7.597 7	0.036 9	0.041 4
Apr-59	6.144 8	7.400 6	0.030 2	0.040 6	Jan-65	6.211 2	7.619 2	0.039 0	0.041 5
Jul-59	6.148 7	7.396 0	0.035 3	0.041 6	Apr-65	6.209 8	7.633 6	0.038 8	0.041 4

续表

时间	log(M1)	log(GNP)	短期利率	长期利率	时间	log(M1)	log(GNP)	短期利率	长期利率
Jul-65	6.2180	7.6494	0.0386	0.0420	Jan-75	6.2252	7.8796	0.0587	0.0670
Oct-65	6.2301	7.6721	0.0416	0.0435	Apr-75	6.2281	7.8897	0.0540	0.0697
Jan-66	6.2379	7.6917	0.0463	0.0456	Jul-75	6.2255	7.9065	0.0633	0.0709
Apr-66	6.2379	7.6943	0.0460	0.0458	Oct-75	6.2166	7.9203	0.0568	0.0722
Jul-66	6.2269	7.7045	0.0505	0.0478	Jan-76	6.2190	7.9389	0.04945	0.0691
Oct-66	6.2208	7.7094	0.0458	0.0470	Apr-76	6.2255	7.9434	0.0517	0.0689
Jan-67	6.2287	7.7150	0.0453	0.0444	Jul-76	6.2198	7.9475	0.0517	0.0679
Apr-67	6.2360	7.7210	0.0366	0.0471	Oct-76	6.2252	7.9575	0.0470	0.0655
Jul-67	6.2500	7.7353	0.0435	0.0493	Jan-77	6.2307	7.9711	0.0462	0.0701
Oct-67	6.2563	7.7409	0.0479	0.0533	Apr-77	6.2299	7.9871	0.0483	0.0710
Jan-68	6.2575	7.7525	0.0506	0.0524	Jul-77	6.2332	8.0070	0.0547	0.0698
Apr-68	6.2642	7.7693	0.0551	0.0530	Oct-77	6.2403	8.0044	0.0614	0.0716
Jul-68	6.2697	7.7771	0.0523	0.0507	Jan-78	6.2416	8.0132	0.0641	0.0758
Oct-68	6.2800	7.7761	0.0558	0.0542	Apr-78	6.2424	8.0443	0.0648	0.0785
Jan-69	6.2851	7.7901	0.0614	0.0588	Jul-78	6.2393	8.0528	0.0732	0.0793
Apr-69	6.2781	7.7914	0.0624	0.0591	Oct-78	6.2338	8.0651	0.0868	0.0820
Jul-69	6.2683	7.7970	0.0705	0.0614	Jan-79	6.2212	8.0652	0.0936	0.0844
Oct-69	6.2600	7.7930	0.0732	0.0653	Apr-79	6.2068	8.0643	0.0937	0.0844
Jan-70	6.2565	7.7868	0.0726	0.0656	Jul-79	6.2090	8.0732	0.0963	0.0848
Apr-70	6.2502	7.7859	0.0675	0.0682	Oct-79	6.1895	8.0713	0.1180	0.0961
Jul-70	6.2527	7.7980	0.0638	0.0665	Jan-80	6.1612	8.0813	0.1346	0.1115
Oct-70	6.2561	7.7890	0.0536	0.0627	Apr-80	6.1119	8.0574	0.1005	0.1002
Jan-71	6.2628	7.8154	0.0386	0.0582	Jul-80	6.1418	8.0580	0.0924	0.1043
Apr-71	6.2744	7.8154	0.0421	0.0588	Oct-80	6.1427	8.0707	0.1371	0.1164
Jul-71	6.2806	7.8205	0.0505	0.0575	Jan-81	6.1210	8.0898	0.1437	0.1201
Oct-71	6.2851	7.8204	0.0423	0.0552	Apr-81	6.1174	8.0865	0.1483	0.1266
Jan-72	6.2964	7.8421	0.0343	0.0565	Jul-81	6.1068	8.0909	0.1509	0.1360
Apr-72	6.3059	7.8614	0.0375	0.0566	Oct-81	6.1028	8.0769	0.1202	0.1323
Jul-72	6.3179	7.8717	0.0424	0.0563	Jan-82	6.1119	8.0616	0.1289	0.1345
Oct-72	6.3324	7.8903	0.0485	0.0561	Apr-82	6.1028	8.0646	0.1236	0.1294
Jan-73	6.3372	7.9135	0.0564	0.0610	Jul-82	6.1072	8.0566	0.0971	0.1220
Apr-73	6.3281	7.9161	0.0661	0.0623	Oct-82	6.1418	8.0581	0.0793	0.1034
Jul-73	6.3209	7.9151	0.0839	0.0660	Jan-83	6.1650	8.0667	0.0808	0.1044
Oct-73	6.3072	7.9240	0.0746	0.0630	Apr-83	6.1827	8.0890	0.0842	0.1035
Jan-74	6.2955	7.9184	0.0760	0.0664	Jul-83	6.2017	8.1036	0.0919	0.1126
Apr-74	6.2781	7.9212	0.0827	0.0705	Oct-83	6.2074	8.1212	0.0879	0.1132
Jul-74	6.2592	7.9081	0.0828	0.0727	Jan-84	6.2096	8.1466	0.0913	0.1154
Oct-74	6.2381	7.8993	0.0733	0.0697	Apr-84	6.2154	8.1599	0.0984	0.1269

续表

时间	log(M1)	log(GNP)	短期利率	长期利率	时间	log(M1)	log(GNP)	短期利率	长期利率
Jul-84	6.2176	8.1664	0.1034	0.1234	Apr-86	6.3575	8.2192	0.0613	0.0795
Oct-84	6.2190	8.1705	0.0897	0.1137	Jul-86	6.3936	8.2218	0.0553	0.0789
Jan-85	6.2364	8.1824	0.0818	0.1143	Oct-86	6.4297	8.2254	0.0534	0.0784
Apr-85	6.2504	8.1885	0.0752	0.1091	Jan-87	6.4487	8.2366	0.0553	0.0764
Jul-85	6.2802	8.1986	0.0710	0.1059	Apr-87	6.4533	8.2488	0.0573	0.0858
Oct-85	6.2975	8.2059	0.0715	0.1008	Jul-87	6.4459	8.2598	0.0603	0.0908
Jan-86	6.3161	8.2213	0.0689	0.0890	Oct-87	6.4465	8.2746	0.0600	0.0924

（1）分别绘制这四个序列的时序图，考察这四个序列各自的波动特征，研究它们的单整性，并分别拟合单变量 ARIMA 模型。

（2）考察这四个变量的 Granger 因果关系。

（3）以 GNP 为响应序列，根据因果检验结果选择适当的自变量，考察自变量与响应变量之间是否具有协整关系。

（4）如果这些宏观经济变量之间具有协整关系，则拟合协整模型与误差修正模型，并解释这两个模型的系数意义。

8.7 上机指导

SAS 系统中的 arima 过程可以支持单位根检验并能建立带输入变量的 ARIMAX 模型。下面以临时数据集 example8_1 为例，介绍 ARIMAX 模型建模命令。该程序也适用于拟合干预模型和协整模型。

8.7.1 建立数据集并查看时序图

```
data example8_1;
input x y@@;
t=_n_;
cards;
   -2.94    9.83   -2.14   12.63    1.01   14.77
    2.84   17.29   -0.79   18.07    1.46   17.38
    5.44   19.17    1.65    9.12    6.53   22.82
    8.93   23.58    8.67   15.19    8.36   22.43
    9.79   17.83   11.67   25.49    9.70   28.40
    9.18   23.15   11.13   19.70    9.39   22.32
   12.89   30.01    8.45   21.27    6.66   11.52
    4.15   15.57    2.57    9.91    2.29   23.28
```

```
  -3.28    13.75    -5.21    3.38    -3.74    15.81
  -8.73    12.41   -15.89    5.54   -12.15     4.83
 -10.86    14.79   -17.16    4.14   -18.55    -5.36
 -11.42     4.79   -16.02    0.91   -14.36    -5.49
 -17.98     6.01   -16.94    2.78   -17.52    -2.49
 -13.44    10.30   -14.11   -0.32   -15.16     2.35
;
proc gplot;
plot x * t=1 y * t=2/overlay;
symbol1 c=black i=join v=none;
symbol2 c=red i=join v=none w=2 l=2;
run;
```

输出的时序图如图 8－15 所示。

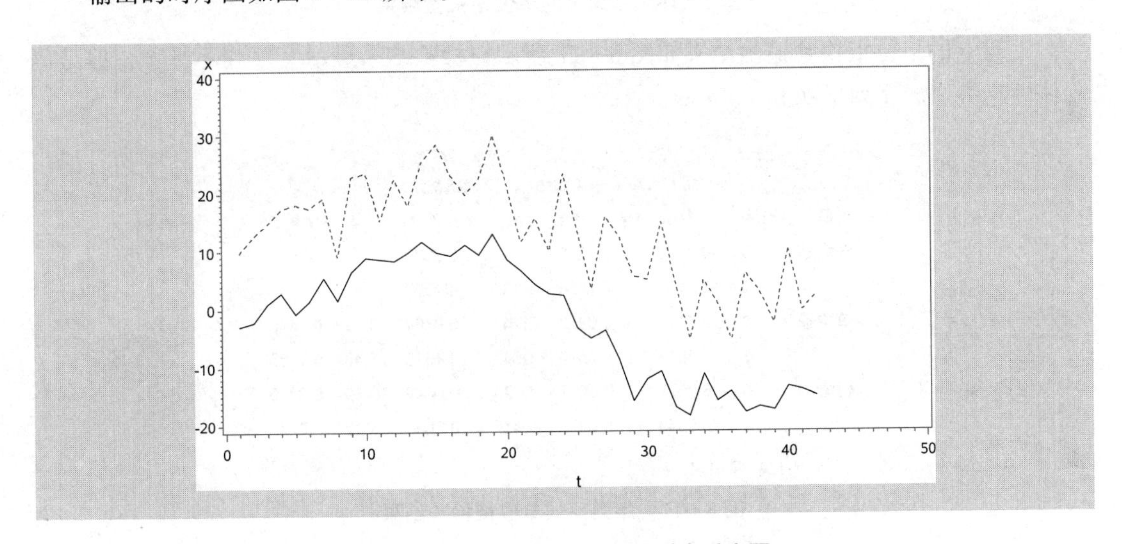

图 8－15　x 序列和 y 序列的联合时序图

说明：图中实线为 x 序列的时序图，虚线为 y 序列的时序图。从时序图中可以看出 x 序列、y 序列均显著非平稳，这个直观判断还可以通过单位根检验验证。同时，时序图显示这两个序列具有某种同变关系，可以考虑建立协整模型。

8.7.2　单位根检验

使用如下命令可以对 x 序列和 y 序列进行单位根检验：

```
proc arima data=example8_1;
identify var=x stationarity=(adf=1);
identify var=y stationarity=(adf=1);
run;
```

语句说明：

“identify var＝x stationarity＝(adf＝1)；”。在 arima 过程的 identify 命令中有一个平稳性检验的选项 “stationarity＝”，该选项支持 ADF 检验、PP 检验和 DW 检验，本例指定进行 1 阶自相关 ADF 检验。

序列 x 的单位根检验输出结果如图 8－16 所示，检验结果显示 x 序列不平稳。

增广 Dickey-Fuller 单位根检验								
类型	滞后	Rho	Pr < Rho	Tau	Pr < Tau	F	Pr > F
零均值	0	-0.9680	0.4734	-0.48	0.5003		
	1	-0.3721	0.5936	-0.21	0.6031		
单均值	0	-1.2338	0.8578	-0.60	0.8602	0.35	0.9815
	1	-0.6002	0.9150	-0.34	0.9096	0.32	0.9861
趋势	0	-6.5642	0.6712	-2.28	0.4346	3.34	0.5290
	1	-5.6288	0.7527	-2.24	0.4572	3.50	0.4981

图 8－16　序列 x 的单位根检验结果

序列 y 的单位根检验输出结果如图 8－17 所示，检验结果显示 y 序列不平稳，但是消除线性趋势之后序列平稳。

增广 Dickey-Fuller 单位根检验							
类型	滞后	Rho	Pr < Rho	Tau	Pr < Tau	F	Pr > F
零均值	0	-4.8408	0.1239	-1.62	0.0989		
	1	-2.3453	0.2884	-1.13	0.2302		
单均值	0	-13.8132	0.0372	-2.74	0.0764	3.76	0.1446
	1	-6.8817	0.2580	-1.64	0.4519	1.40	0.7185
趋势	0	-26.2077	0.0057	-4.47	0.0049	10.19	0.0010
	1	-20.9543	0.0275	-3.41	0.0646	6.12	0.0774

图 8－17　序列 y 的单位根检验结果

8.7.3　协整建模

在两个非平稳序列之间建立回归模型容易产生伪回归的问题，除非它们之间具有协整关系。arima 过程支持直观的协整判断，并能进行 ARIMAX 模型阶数识别，相关命令如下：

```
proc arima;
identify var=y crosscorr=x;
estimate method=ml input=x plot;
```

语句说明：

(1) “identify var＝y crosscorr＝x;” 指定序列 y 为因变量，序列 x 为输入序列，识别序列 y 的性质，并考察它与序列 x 之间的相关性。

该命令除了输出 identify 常规输出的描述统计信息、样本自相关图、逆自相关图、偏自相关图及白噪声检验结果之外，还会附加序列 y 各阶延迟序列与序列 x 之间的互相关图（见图 8-18）。

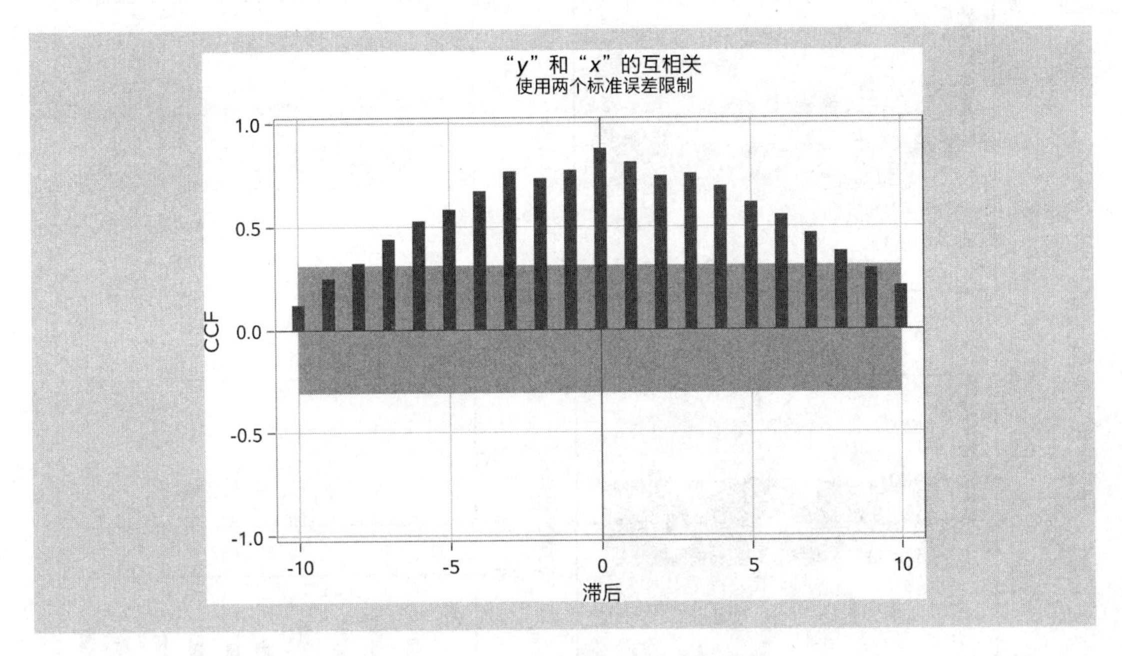

图 8-18　序列 y 与序列 x 的互相关图

本例互相关图显示，序列 y 在延迟阶数为零时与序列 x 的相关关系最强。因此可以将序列 y 与序列 x 同期建模。

（2）"estimate method=ml input=x plot;"指令系统建立以序列 y 为因变量，序列 x 为自变量的回归模型，并输出残差序列的相关图，以便于我们检验残差序列的平稳性及相关性。

假如要建立序列 y 与序列 x 的 k 期延迟序列 $\text{lag}_k(x)$之间的回归模型，相关命令为：

```
estimate method=ml input=(k $ x) plot;
```

执行 estimate 命令会输出 9 部分内容：

1）参数估计值；

2）拟合统计量；

3）参数的协方差阵；

4）残差白噪声检验结果；

5）残差自相关图；

6）残差逆自相关图；

7）残差偏自相关图；

8）残差的正态性检验；

9）模型拟合结果。

本例输出的残差序列相关诊断如图 8-19 所示。

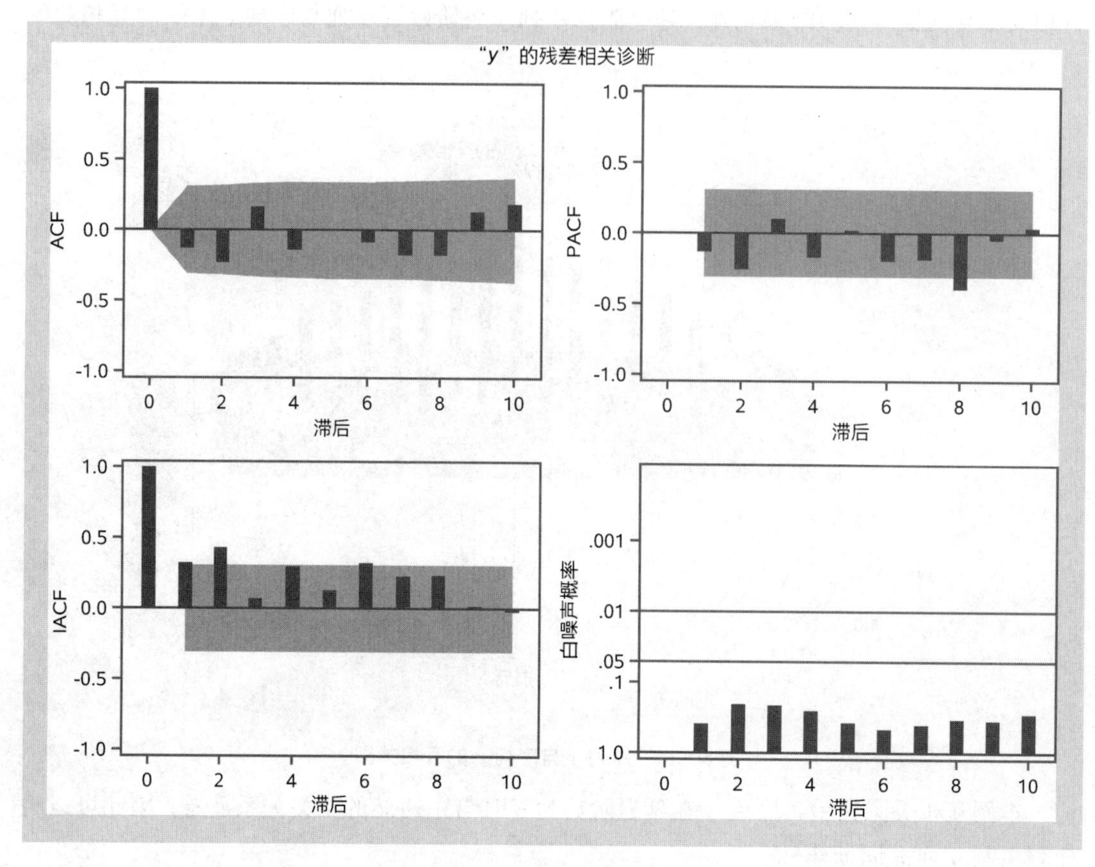

图 8-19　残差序列相关诊断

自相关图显示，所有延迟自相关系数都在 2 倍标准差范围内，可以认为残差序列平稳。

如果对自己的直观判断没有把握的话，还可以输出残差序列，并对残差序列进行单位根检验，以验证自己的直观判断。在原程序中添加如下命令可以实现这个功能：

```
forecast lead=0 id=t out=out;
proc arima data=out;
identify var=residual stationarity=(adf=2);
run;
```

语句说明：

(1)“forecast lead=0 id=t out=out;”。该语句是为了输出估计结果，并将拟合结果存在临时数据集 out 中，其中，该数据集最后一列数据就是拟合残差 residual。

(2)“identify var=residual stationarity=(adf=2);”。对残差序列进行 2 阶自相关单位根检验，检验结果显示残差序列显著平稳，如图 8-20 所示。

残差序列平稳，说明序列 y 与序列 x 之间具有协整关系，我们可以大胆地在这两个序列之间建立回归模型而不必担心伪回归问题。

增广 Dichey-Fuller 单位根检验							
类型	滞后	Rho	Pr< Rho	Tau	Pr< Tau	F	Pr > F
零均值	0	-46.2899	<.0001	-7.23	<.0001		
	1	-76.6749	<.0001	-6.00	<.0001		
	2	-49.9334	<.0001	-3.75	0.0004		
单均值	0	-46.2916	0.0003	-7.14	0.0001	25.48	0.0010
	1	-76.8157	0.0003	-5.93	0.0002	17.58	0.0010
	2	-50.1031	0.0003	-3.70	0.0076	6.86	0.0048
趋势	0	-46.2843	<.0001	-7.04	<.0001	24.83	0.0010
	1	-76.7863	<.0001	-5.84	0.0001	17.10	0.0010
	2	-50.0523	<.0001	-3.65	0.0385	6.67	0.0528

图 8－20　残差序列单位根检验结果

再返回 estimate 命令相关输出结果，考察残差序列白噪声检验结果，如图 8－21 所示。

残差的自相关检查									
至滞后	卡方	自由度	Pr >卡方	自相关					
6	5.74	6	0.4529	-0.129	-0.231	0.165	-0.136	-0.004	-0.081
12	15.87	12	0.1974	-0.175	-0.180	0.130	0.187	-0.241	0.072
18	28.57	18	0.0539	0.289	-0.151	0.190	-0.049	-0.207	0.032
24	32.05	24	0.1258	0.010	-0.058	-0.079	0.154	-0.023	-0.063

图 8－21　残差序列白噪声检验结果

输出结果显示，延迟各阶 LB 统计量的 P 值都大于显著性水平 0.05，可以认为残差序列为白噪声序列，结束分析。

根据最后输出的模型拟合结果可知最后的拟合模型的口径为：

$$y_t = 14.591\,57 + 0.773\,671 + \varepsilon_t,\quad \varepsilon_t \sim N(0, 19.805\,88)$$

假如残差序列白噪声检验结果为非白噪声序列，就可以考察残差自相关图、偏自相关图、逆自相关图的性质，为残差序列构造合适的 ARMA(p, q)模型，在原程序中添加相关命令如下：

```
estimate p=p q=q input=x;
```

输出拟合模型的结构如下：

$$y_t = \mu + \beta x + \frac{1-\theta_1 B - \cdots - \theta_p B^p}{1-\phi_1 B - \cdots - \phi_q B^q}\varepsilon_t$$

一旦拟合模型显著，还可以利用拟合模型预测序列未来走势并绘制拟合效果图，相关命令如下：

```
forecast lead=5 id=t out=result;
proc gplot data=result;
plot y*t=1 forecast*t=2 l95*t=3 u95*t=3/overlay;
symbol1 c=black i=none v=star;
symbol2 c=rd i=join v=none;
symbol3 c=green i=join v=none;
run;
```

附录 1

表 A1-1 至表 A1-28 是前面各章提到的一些统计数据列表。

表 A1-1　1884—1939 年英格兰和威尔士地区小麦的平均亩产量

年份	产量	年份	产量	年份	产量	年份	产量
1884	15.2	1898	16.9	1912	14.2	1926	16
1885	16.9	1899	16.4	1913	15.8	1927	16.4
1886	15.3	1900	14.9	1914	15.7	1928	17.2
1887	14.9	1901	14.5	1915	14.1	1929	17.8
1888	15.7	1902	16.6	1916	14.8	1930	14.4
1889	15.1	1903	15.1	1917	14.4	1931	15
1890	16.7	1904	14.6	1918	15.6	1932	16
1891	16.3	1905	16	1919	13.9	1933	16.8
1892	16.5	1906	16.8	1920	14.7	1934	16.9
1893	13.3	1907	16.8	1921	14.3	1935	16.6
1894	16.5	1908	15.5	1922	14	1936	16.2
1895	15	1909	17.3	1923	14.5	1937	14
1896	15.9	1910	15.5	1924	15.4	1938	18.1
1897	15.5	1911	15.5	1925	15.3	1939	17.5

资料来源：Time Series Data Library (citing: Kendall & Ord (1990)).

表 A1-2　1500—1869 年 Beveridge 小麦价格指数序列（行数据）

17	19	20	15	13	14	14	14	14	11
16	19	23	18	17	20	20	18	14	16
21	24	15	16	20	14	16	25.5	25.8	26
29	20	18	16	22	22	16	19	17	17
17	19	20	24	28	36	20	14	18	27
29	36	29	27	30	38	50	24	25	30

续表

31	37	41	36	32	47	42	37	34	36
43	55	64	79	59	47	48	49	45	53
55	55	54	56	52	76	113	68	59	74
78	69	78	73	88	98	109	106	87	77
77	63	70	70	63	61	66	78	93	97
77	83	81	82	78	75	80	87	72	65
74	91	115	99	99	115	101	90	95	108
147	112	108	99	96	102	105	114	103	98
103	101	110	109	98	84	90	120	124	136
120	135	100	70	60	72	70	71	94	95
110	154	116	99	82	76	64	63	68	64
67	71	72	89	114	102	85	88	97	94
88	79	74	79	95	70	72	63	60	74
75	91	126	161	109	108	110	130	166	143
103	89	76	93	82	71	69	75	134	183
113	108	121	139	109	90	88	88	93	106
89	79	91	96	111	112	104	94	98	88
94	81	77	84	92	96	102	95	98	125
162	113	94	85	89	109	110	109	120	116
101	113	109	105	94	102	141	135	118	115
111	127	124	113	122	130	137	148	142	143
176	184	164	146	147	124	119	135	125	116
132	133	144	145	146	138	139	154	181	185
151	139	157	155	191	248	185	168	176	243
289	251	232	207	276	250	216	205	206	208
226	302	261	207	209	280	381	266	197	177
170	152	156	141	142	137	161	189	226	194
217	199	151	144	138	145	156	184	216	204
186	197	183	175	183	230	278	179	161	150
159	180	223	294	300	297	232	179	180	215
258	236	202	174	179	210	268	267	208	224

资料来源：Time Series Data Library (citing：Newton (1988)).

表 A1－3　1820—1869 年太阳黑子年度数据

年份	黑子数	年份	黑子数	年份	黑子数	年份	黑子数
1820	16	1824	8	1828	62	1832	28
1821	7	1825	17	1829	67	1833	8
1822	4	1826	36	1830	71	1834	13
1823	2	1827	50	1831	48	1835	57

续表

年份	黑子数	年份	黑子数	年份	黑子数	年份	黑子数
1836	122	1845	40	1854	21	1863	44
1837	138	1846	62	1855	7	1864	47
1838	103	1847	98	1856	4	1865	30
1839	86	1848	124	1857	23	1866	16
1840	63	1849	96	1858	55	1867	7
1841	37	1850	66	1859	94	1868	37
1842	24	1851	64	1860	96	1869	74
1843	11	1852	54	1861	77		
1844	15	1853	39	1862	59		

资料来源：George E. P. Box，Gwilym M. Jenkins and Gregory C. Reinsel. Time Series Analysis：Forecasting and Control. Third Edition，1994.

表 A1-4　1978—2012 年我国第三产业占国内生产总值的比例序列（%）（行数据）

23.9	21.6	21.6	22	21.8	22.4	24.8	28.7	29.1	29.6
30.5	32.1	31.5	33.7	34.8	33.7	33.6	32.9	32.8	34.2
36.2	37.8	39	40.5	41.5	41.2	40.4	40.5	40.9	41.9
41.8	43.4	43.2	43.4	44.6					

资料来源：国家统计局. 各年统计年鉴.

表 A1-5　1970—1976 年加拿大 Coppermine 地区月度降雨量序列（列数据）　单位：mm

0	0	0	0	0	0	0
0	0	0	0	0	0	0
0	0	0	0	0	0	0
0	0	0	0	0	0	0
0	4	1	12	0	8	27
11	31	7	66	22	12	19
22	31	1	7	34	10	32
48	25	39	73	16	7	54
45	20	7	14	6	13	0
0	5	0	4	0	0	0
0	0	0	0	0	0	0
0	0	0	0	0	0	0

资料来源：Hipel and McLeod（1994），in file：baracos/cminer，Description：Monthly rain，coppermine，mm.，1933-1976.

表A1-6　1915—2004年澳大利亚自杀率序列（行数据）　单位：每10万人

4.031 636	3.702 076	3.056 176	3.280 707	2.984 728	3.693 712	3.226 317	2.190 349
2.599 515	3.080 288	2.929 672	2.922 548	3.234 943	2.983 081	3.284 389	3.806 511
3.784 579	2.645 654	3.092 081	3.204 859	3.107 225	3.466 909	2.984 404	3.218 072
2.827 31	3.182 049	2.236 319	2.033 218	1.644 804	1.627 971	1.677 559	2.330 828
2.493 615	2.257 172	2.655 517	2.298 655	2.600 402	3.045 23	2.790 583	3.227 052
2.967 479	2.938 817	3.277 961	3.423 985	3.072 646	2.754 253	2.910 431	3.174 369
3.068 387	3.089 543	2.906 654	2.931 161	3.025 66	2.939 551	2.691 019	3.198 12
3.076 39	2.863 873	3.013 802	3.053 364	2.864 753	3.057 062	2.959 365	3.252 258
3.602 988	3.497 704	3.296 867	3.602 417	3.300 1	3.401 93	3.502 591	3.402 348
3.498 551	3.199 823	2.700 064	2.801 034	2.898 628	2.800 854	2.399 942	2.402 724
2.202 331	2.102 594	1.798 293	1.202 484	1.400 201	1.200 832	1.298 083	1.099 742
1.001 377	0.836 174 3						

资料来源：Neill and Leigh. Do Gun Buy-backs Save Lives? Evidence from Time Series Variation. Current Issues in Criminal Justice，2008，vol. 20，no. 2：145-162.

表A1-7　1900—1998年全球7级以上地震发生次数序列（行数据）

13	14	8	10	16	26	32	27	18	32	36	24
22	23	22	18	25	21	21	14	8	11	14	23
18	17	19	20	22	19	13	26	13	14	22	24
21	22	26	21	23	24	27	41	31	27	35	26
28	36	39	21	17	22	17	19	15	34	10	15
22	18	15	20	15	22	19	16	30	27	29	23
20	16	21	21	25	16	18	15	18	14	10	15
8	15	6	11	8	7	13	10	23	16	15	25
22	20	16									

资料来源：National Earthquake Information Center. Different lists will give different numbers depending on the formula used for calculating the magnitude，2015.

表A1-8　某加油站连续57天的盈亏序列

78	−58	53	−63	13	−6	−16	−14
3	−74	89	−48	−14	32	56	−86
−66	50	26	59	−47	−83	2	−1
124	−106	113	−76	−47	−32	39	−30
6	−73	18	2	−24	23	−38	91
−56	−58	1	14	−4	77	−127	97
10	−28	−17	23	−2	48	−131	65
−17							

资料来源：Brockwell and Davis（1996）.

表 A1-9　1880—1985 年全球地表平均温度改变值序列　　单位：摄氏度

−0.40	−0.37	−0.43	−0.47	−0.72	−0.54	−0.47	−0.54	−0.39	−0.19
−0.40	−0.44	−0.44	−0.49	−0.38	−0.41	−0.27	−0.18	−0.38	−0.22
−0.03	−0.09	−0.28	−0.36	−0.49	−0.25	−0.17	−0.45	−0.32	−0.33
−0.32	−0.29	−0.32	−0.25	−0.05	−0.01	−0.26	−0.48	−0.37	−0.20
−0.15	−0.08	−0.14	−0.13	−0.12	−0.10	0.13	−0.01	0.06	−0.17
−0.01	0.09	0.05	−0.16	0.05	−0.02	0.04	0.17	0.19	0.05
0.15	0.13	0.09	0.04	0.11	−0.03	0.03	0.15	0.04	−0.02
−0.13	0.02	0.07	0.20	−0.03	−0.07	−0.19	0.09	0.11	0.06
0.01	0.08	0.02	0.02	−0.27	−0.18	−0.09	−0.02	−0.13	0.02
0.03	−0.12	−0.08	0.17	−0.09	−0.04	−0.24	−0.16	−0.09	0.12
0.27	0.42	0.02	0.30	0.09	0.05				

说明：平均温度为零点。

资料来源：James Hansen and Sergej Lebedeff (1987).

表 A1-10　连续读取 70 个某次化学反应数据

47	64	23	71	38	64	55	41	59	48	71	35	57	40
58	44	80	55	37	74	51	57	50	60	45	57	50	45
25	59	50	71	56	74	50	58	45	54	36	54	48	55
45	57	50	62	44	64	43	52	38	59	55	41	53	49
34	35	54	45	68	38	50	60	39	59	40	57	54	23

资料来源：Box and Jenkins (1976).

表 A1-11　1964—1999 年中国纱年产量序列　　单位：万吨

年份	纱产量	年份	纱产量
1964	97.0	1982	335.4
1965	130.0	1983	327.0
1966	156.5	1984	321.9
1967	135.2	1985	353.5
1968	137.7	1986	397.8
1969	180.5	1987	436.8
1970	205.2	1988	465.7
1971	190.0	1989	476.7
1972	188.6	1990	462.6
1973	196.7	1991	460.8
1974	180.3	1992	501.8
1975	210.8	1993	501.5
1976	196.0	1994	489.5
1977	223.0	1995	542.3
1978	238.2	1996	512.2
1979	263.5	1997	559.8
1980	292.6	1998	542.0
1981	317.0	1999	567.0

资料来源：北京市统计局．北京五十年．北京：中国统计出版社，1999.

表 A1-12　1950—1999 年北京市民用车辆拥有量序列　　单位：万辆

年份	车辆拥有量	年份	车辆拥有量
1950	5.43	1975	91.71
1951	6.19	1976	106.70
1952	6.63	1977	119.93
1953	7.18	1978	135.84
1954	8.95	1979	155.49
1955	10.14	1980	178.29
1956	11.74	1981	199.14
1957	12.60	1982	215.75
1958	17.26	1983	232.63
1959	21.07	1984	260.41
1960	22.38	1985	321.12
1961	24.00	1986	361.95
1962	24.80	1987	408.07
1963	26.13	1988	464.38
1964	27.61	1989	511.32
1965	29.95	1990	551.36
1966	33.92	1991	606.11
1967	33.21	1992	691.74
1968	34.80	1993	817.58
1969	37.16	1994	941.95
1970	42.41	1995	1 040.00
1971	49.44	1996	1 100.08
1972	57.74	1997	1 219.09
1973	67.27	1998	1 319.30
1974	78.57	1999	1 452.94

资料来源：北京市统计局．北京五十年．北京：中国统计出版社，1999.

表 A1-13　1962 年 1 月至 1975 年 12 月奶牛平均月产奶量序列　　单位：磅

589	561	640	656	727	697	640	599
568	577	553	582	600	566	653	673
742	716	660	617	583	587	565	598
628	618	688	705	770	736	678	639
604	611	594	634	658	622	709	722
782	756	702	653	615	621	602	635
677	635	736	755	811	798	735	697
661	667	645	688	713	667	762	784

续表

837	817	767	722	681	687	660	698
717	696	775	796	858	826	783	740
701	706	677	711	734	690	785	805
871	845	801	764	725	723	690	734
750	707	807	824	886	859	819	783
740	747	711	751	804	756	860	878
942	913	869	834	790	800	763	800
826	799	890	900	961	935	894	855
809	810	766	805	821	773	883	898
957	924	881	837	784	791	760	802
828	778	889	902	969	947	908	867
815	812	773	813	834	782	892	903
966	937	896	858	817	827	797	843

资料来源：Cryer (1986).

表 A1-14　1889—1970 年美国国民生产总值平减指数序列（行数据）

25.9	25.4	24.9	24	24.5	23	22.7	22.1	22.2	22.9
23.6	24.7	24.5	25.4	25.7	26	26.5	27.2	28.3	28.1
29.1	29.9	29.7	30.9	31.1	31.4	32.5	36.5	45	52.6
53.8	61.3	52.2	49.5	50.7	50.1	51	51.2	50	50.4
50.6	49.3	44.8	40.2	39.3	42.2	42.6	42.7	44.5	43.9
43.2	43.9	47.2	53	56.8	58.2	59.7	66.7	74.6	79.6
79.1	80.2	85.6	87.5	88.3	89.6	90.9	94	97.5	100
101.6	103.3	104.6	105.8	107.2	108.8	110.9	113.9	117.6	122.3
128.2	135.3								

资料来源：Nelson and Plosser (1982), in file: cnelson/prgnp, Description: Annual GNP deflator, U.S., 1889 to 1970.

表 A1-15　1917—1975 年美国 23 岁妇女每万人生育率序列

年份	每万人生育率	年份	每万人生育率
1917	183.1	1929	145.4
1918	183.9	1930	145.0
1919	163.1	1931	138.9
1920	179.5	1932	131.5
1921	181.4	1933	125.7
1922	173.4	1934	129.5
1923	167.6	1935	129.6
1924	177.4	1936	129.5
1925	171.7	1937	132.2
1926	170.1	1938	134.1
1927	163.7	1939	132.1
1928	151.9	1940	137.4

续表

年份	每万人生育率	年份	每万人生育率
1941	148.1	1959	264.5
1942	174.1	1960	268.1
1943	174.7	1961	264.0
1944	156.7	1962	252.8
1945	143.3	1963	240.0
1946	189.7	1964	229.1
1947	212.0	1965	204.8
1948	200.4	1966	193.3
1949	201.8	1967	179.0
1950	200.7	1968	178.1
1951	215.6	1969	181.1
1952	222.5	1970	165.6
1953	231.5	1971	159.8
1954	237.9	1972	136.1
1955	244.0	1973	126.3
1956	259.4	1974	123.3
1957	268.8	1975	118.5
1958	264.3		

资料来源：Hipel and McLeod (1994).

表 A1－16　1981—1990 年澳大利亚政府季度消费支出数据　　单位：百万澳元

8 444	9 215	8 879	8 990	8 115	9 457	8 590	9 294	8 997	9 574
9 051	9 724	9 120	10 143	9 746	10 074	9 578	10 817	10 116	10 779
9 901	11 266	10 686	10 961	10 121	11 333	10 677	11 325	10 698	11 624
11 052	11 393	10 609	12 077	11 376	11 777	11 225	12 231	11 884	12 109

资料来源：澳大利亚政府统计局.

表 A1－17　1993—2000 年中国社会消费品零售总额序列　　单位：亿元

月份	1993 年	1994 年	1995 年	1996 年	1997 年	1998 年	1999 年	2000 年
1	977.5	1 192.2	1 602.2	1 909.1	2 288.5	2 549.5	2 662.1	2 774.7
2	892.5	1 162.7	1 491.5	1 911.2	2 213.5	2 306.4	2 538.4	2 805.0
3	942.3	1 167.5	1 533.3	1 860.1	2 130.9	2 279.7	2 403.1	2 627.0
4	941.3	1 170.4	1 548.7	1 854.8	2 100.5	2 252.7	2 356.8	2 572.0
5	962.2	1 213.7	1 585.4	1 898.3	2 108.2	2 265.2	2 364.0	2 637.0
6	1 005.7	1 281.1	1 639.7	1 966.0	2 164.7	2 326.0	2 428.8	2 645.0

续表

月份	1993 年	1994 年	1995 年	1996 年	1997 年	1998 年	1999 年	2000 年
7	963.8	1 251.5	1 623.6	1 888.7	2 102.5	2 286.1	2 380.3	2 597.0
8	959.8	1 286.0	1 637.1	1 916.4	2 104.4	2 314.6	2 410.9	2 636.0
9	1 023.3	1 396.2	1 756.0	2 083.5	2 239.6	2 443.1	2 604.3	2 854.0
10	1 051.1	1 444.1	1 818.0	2 148.3	2 348.0	2 536.0	2 743.9	3 029.0
11	1 102.0	1 553.8	1 935.2	2 290.1	2 454.9	2 652.2	2 781.5	3 108.0
12	1 415.5	1 932.2	2 389.5	2 848.6	2 881.7	3 131.4	3 405.7	3 680.0

资料来源：中国经济信息网。

表 A1－18　1949—1998 年北京市每年最高气温序列　　单位：摄氏度

年份	温度	年份	温度
1949	38.8	1974	35.8
1950	35.6	1975	38.4
1951	38.3	1976	35.0
1952	39.6	1977	34.1
1953	37.0	1978	37.5
1954	33.4	1979	35.9
1955	39.6	1980	35.1
1956	34.6	1981	38.1
1957	36.2	1982	37.3
1958	37.6	1983	37.2
1959	36.8	1984	36.1
1960	38.1	1985	35.1
1961	40.6	1986	38.5
1962	37.1	1987	36.1
1963	39.0	1988	38.1
1964	37.5	1989	35.8
1965	38.5	1990	37.5
1966	37.5	1991	35.7
1967	35.8	1992	37.5
1968	40.1	1993	35.8
1969	35.9	1994	37.2
1970	35.3	1995	35.0
1971	35.2	1996	36.0
1972	39.5	1997	38.2
1973	37.5	1998	37.2

资料来源：北京市统计局. 北京五十年. 北京：中国统计出版社，1999.

表 A1-19 1898—1968年纽约市人均日用水量序列（行数据） 单位：升

402.8	421.3	431.2	426.2	425.5	423.6	435.7	445.2	450.1	450.1	439.1
419.0	417.9	384.2	385.4	374.4	401.3	382.7	403.5	410.0	454.6	448.2
489.5	476.2	473.2	475.1	476.6	502.7	506.5	499.7	495.5	522.8	537.1
509.1	502.7	500.4	508.4	498.9	507.2	505.0	503.8	511.4	467.9	493.6
470.5	503.5	544.3	553.0	551.9	564.4	567.8	562.1	457.3	500.1	522.0
525.4	511.0	533.4	534.1	562.9	557.2	584.1	582.6	590.5	581.1	583.0
567.1	499.3	493.6	533.7	581.1						

资料来源：Hipel and McLeod (1994), in file: annual/nywater, Description: Annual water use in New York city, litres per capita per day, 1898-1968.

表 A1-20 1962—1991年德国工人季度失业率序列（%）（行数据）

1.1	0.5	0.4	0.7	1.6	0.6	0.5	0.7
1.3	0.6	0.5	0.7	1.2	0.5	0.4	0.6
0.9	0.5	0.5	1.1	2.9	2.1	1.7	2.0
2.7	1.3	0.9	1.0	1.6	0.6	0.5	0.7
1.1	0.5	0.5	0.6	1.2	0.7	0.7	1.0
1.5	1.0	0.9	1.1	1.5	1.0	1.0	1.6
2.6	2.1	2.3	3.6	5.0	4.5	4.5	4.9
5.7	4.3	4.0	4.4	5.2	4.3	4.2	4.5
5.2	4.1	3.9	4.1	4.8	3.5	3.4	3.5
4.2	3.4	3.6	4.3	5.5	4.8	5.4	6.5
8.0	7.0	7.4	8.5	10.1	8.9	8.8	9.0
10.0	8.7	8.8	8.9	10.4	8.9	8.9	9.0
10.2	8.6	8.4	8.4	9.9	8.5	8.6	8.7
9.8	8.6	8.4	8.2	8.8	7.6	7.5	7.6
8.1	7.1	6.9	6.6	6.8	6.0	6.2	6.2

资料来源：Philip Hans Franses. Time Series Models for Business and Economic Forecasting. Cambridge: Cambridge University Press, 1998.

表 A1-21 1948—1981年美国女性（20岁以上）月度失业率序列 单位：每万人

446	650	592	561	491	592	604	635	580	510
553	554	628	708	629	724	820	865	1 007	1 025
955	889	965	878	1 103	1 092	978	823	827	928
838	720	756	658	838	684	779	754	794	681
658	644	622	588	720	670	746	616	646	678
552	560	578	514	541	576	522	530	564	442

续表

520	484	538	454	404	424	432	458	556	506
633	708	1 013	1 031	1 101	1 061	1 048	1 005	987	1 006
1 075	854	1 008	777	982	894	795	799	781	776
761	839	842	811	843	753	848	756	848	828
857	838	986	847	801	739	865	767	941	846
768	709	798	831	833	798	806	771	951	799
1 156	1 332	1 276	1 373	1 325	1 326	1 314	1 343	1 225	1 133
1 075	1 023	1 266	1 237	1 180	1 046	1 010	1 010	1 046	985
971	1 037	1 026	947	1 097	1 018	1 054	978	955	1 067
1 132	1 092	1 019	1 110	1 262	1 174	1 391	1 533	1 479	1 411
1 370	1 486	1 451	1 309	1 316	1 319	1 233	1 113	1 363	1 245
1 205	1 084	1 048	1 131	1 138	1 271	1 244	1 139	1 205	1 030
1 300	1 319	1 198	1 147	1 140	1 216	1 200	1 271	1 254	1 203
1 272	1 073	1 375	1 400	1 322	1 214	1 096	1 198	1 132	1 193
1 163	1 120	1 164	966	1 154	1 306	1 123	1 033	940	1 151
1 013	1 105	1 011	963	1 040	838	1 012	963	888	840
880	939	868	1 001	956	966	896	843	1 180	1 103
1 044	972	897	1 103	1 056	1 055	1 287	1 231	1 076	929
1 105	1 127	988	903	845	1 020	994	1 036	1 050	977
956	818	1 031	1 061	964	967	867	1 058	987	1 119
1 202	1 097	994	840	1 086	1 238	1 264	1 171	1 206	1 303
1 393	1 463	1 601	1 495	1 561	1 404	1 705	1 739	1 667	1 599
1 516	1 625	1 629	1 809	1 831	1 665	1 659	1 457	1 707	1 607
1 616	1 522	1 585	1 657	1 717	1 789	1 814	1 698	1 481	1 330
1 646	1 596	1 496	1 386	1 302	1 524	1 547	1 632	1 668	1 421
1 475	1 396	1 706	1 715	1 586	1 477	1 500	1 648	1 745	1 856
2 067	1 856	2 104	2 061	2 809	2 783	2 748	2 642	2 628	2 714
2 699	2 776	2 795	2 673	2 558	2 394	2 784	2 751	2 521	2 372
2 202	2 469	2 686	2 815	2 831	2 661	2 590	2 383	2 670	2 771
2 628	2 381	2 224	2 556	2 512	2 690	2 726	2 493	2 544	2 232
2 494	2 315	2 217	2 100	2 116	2 319	2 491	2 432	2 470	2 191
2 241	2 117	2 370	2 392	2 255	2 077	2 047	2 255	2 233	2 539
2 394	2 341	2 231	2 171	2 487	2 449	2 300	2 387	2 474	2 667
2 791	2 904	2 737	2 849	2 723	2 613	2 950	2 825	2 717	2 593
2 703	2 836	2 938	2 975	3 064	3 092	3 063	2 991		

资料来源：Andrews and Herzberg (1985).

表 A1-22 1963 年 4 月至 1971 年 7 月美国短期国库券的月度收益率序列

0.002 38	0.002 38	0.002 36	0.002 5	0.002 54	0.002 6	0.002 85	0.002 81
0.002 41	0.002 88	0.002 87	0.002 92	0.002 94	0.002 73	0.002 71	0.002 82
0.002 67	0.002 73	0.002 93	0.002 85	0.002 96	0.002 81	0.003 26	0.003 21
0.003 15	0.003 19	0.003 13	0.003 13	0.003 19	0.003 13	0.003 30	0.003 19
0.003 15	0.003 55	0.003 70	0.003 71	0.003 64	0.003 81	0.003 72	0.003 68
0.003 74	0.003 89	0.004 15	0.003 89	0.003 43	0.003 77	0.003 68	0.003 64
0.003 38	0.002 83	0.002 71	0.003 00	0.003 09	0.003 17	0.003 43	0.003 47
0.003 55	0.003 60	0.003 98	0.003 85	0.003 89	0.004 44	0.004 53	0.004 44
0.004 32	0.004 06	0.004 32	0.004 61	0.003 98	0.005 00	0.004 87	0.004 70
0.004 32	0.005 08	0.004 78	0.005 08	0.005 93	0.005 50	0.005 93	0.005 42
0.005 40	0.005 40	0.006 31	0.005 34	0.005 46	0.005 42	0.005 46	0.004 95
0.005 00	0.005 08	0.004 83	0.004 44	0.003 77	0.003 55	0.003 38	0.002 64
0.002 83	0.003 05	0.003 38	0.004 06				

资料来源：Hipel and McLeod (1994).

表 A1-23 2013 年 1 月 4 日至 2017 年 8 月 25 日上证指数每日收盘价序列（列数据）

2 277	2 156	2 197	2 066	2 308	3 298	4 071	3 628	2 822	3 103	3 281
2 285	2 159	2 193	2 073	2 316	3 310	3 726	3 534	2 917	3 129	3 287
2 276	2 143	2 207	2 067	2 329	3 336	3 663	3 564	2 914	3 125	3 269
2 275	2 084	2 206	2 057	2 290	3 263	3 789	3 573	2 925	3 133	3 289
2 284	2 073	2 196	2 037	2 310	3 280	3 706	3 539	2 939	3 148	3 274
2 243	1 963	2 186	2 003	2 344	3 248	3 664	3 296	2 934	3 128	3 276
2 312	1 960	2 183	2 020	2 345	3 241	3 623	3 288	2 936	3 171	3 244
2 326	1 951	2 201	2 026	2 348	3 302	3 757	3 362	2 927	3 196	3 222
2 309	1 950	2 219	2 027	2 358	3 286	3 695	3 125	2 833	3 210	3 197
2 285	1 979	2 221	2 028	2 364	3 291	3 662	3 186	2 842	3 207	3 171
2 317	1 995	2 207	2 010	2 383	3 349	3 744	3 017	2 887	3 205	3 172
2 328	2 007	2 223	2 015	2 389	3 373	3 928	3 023	2 873	3 208	3 173
2 315	1 994	2 252	2 011	2 375	3 449	3 928	2 950	2 885	3 193	3 130
2 321	2 006	2 247	2 053	2 366	3 503	3 886	3 008	2 889	3 218	3 135
2 303	2 007	2 237	2 051	2 359	3 577	3 955	2 901	2 879	3 248	3 141
2 291	1 958	2 238	2 048	2 374	3 582	3 965	2 914	2 906	3 241	3 152
2 347	1 965	2 237	2 025	2 356	3 617	3 994	3 008	2 892	3 242	3 155
2 359	2 008	2 204	2 027	2 341	3 688	3 748	2 977	2 854	3 262	3 144

续表

2 382	2 073	2 203	2 005	2 357	3 691	3 794	2 880	2 896	3 277	3 135
2 385	2 039	2 196	2 008	2 340	3 661	3 664	2 917	2 913	3 283	3 127
2 419	2 059	2 161	2 025	2 327	3 682	3 508	2 939	2 932	3 250	3 103
2 428	2 066	2 151	2 021	2 302	3 691	3 210	2 750	2 930	3 273	3 079
2 433	2 045	2 148	2 035	2 302	3 787	2 965	2 736	2 932	3 244	3 081
2 434	2 023	2 128	2 041	2 290	3 748	2 927	2 656	2 989	3 205	3 053
2 419	1 993	2 085	2 035	2 338	3 810	3 084	2 738	3 006	3 200	3 062
2 432	2 005	2 090	2 050	2 373	3 826	3 232	2 689	3 017	3 222	3 084
2 422	2 044	2 093	2 041	2 391	3 864	3 206	2 750	3 017	3 215	3 090
2 383	2 033	2 106	2 039	2 420	3 961	3 167	2 739	2 988	3 233	3 113
2 397	2 021	2 073	2 038	2 431	3 995	3 160	2 781	2 995	3 153	3 104
2 326	2 011	2 101	2 025	2 431	3 958	3 080	2 763	3 049	3 155	3 090
2 314	1 976	2 098	2 041	2 420	4 034	3 170	2 746	3 061	3 141	3 091
2 326	1 990	2 116	2 030	2 426	4 122	3 243	2 837	3 054	3 118	3 076
2 293	1 994	2 109	2 031	2 419	4 136	3 198	2 867	3 054	3 123	3 062
2 313	2 029	2 083	2 053	2 473	4 084	3 200	2 863	3 044	3 118	3 064
2 366	2 029	2 046	2 055	2 471	4 195	3 115	2 860	3 037	3 103	3 108
2 360	2 050	2 047	2 052	2 494	4 287	3 005	2 927	3 028	3 137	3 110
2 273	2 061	2 044	2 071	2 487	4 217	3 152	2 903	3 039	3 140	3 117
2 326	2 047	2 028	2 086	2 479	4 294	3 086	2 929	3 013	3 110	3 103
2 347	2 045	2 013	2 067	2 475	4 398	3 098	2 741	3 016	3 123	3 106
2 324	2 052	2 010	2 056	2 458	4 415	3 157	2 767	3 050	3 115	3 092
2 319	2 101	2 027	2 024	2 451	4 394	3 186	2 688	2 992	3 102	3 102
2 311	2 106	2 023	2 027	2 453	4 527	3 116	2 733	2 994	3 096	3 140
2 287	2 100	2 024	2 024	2 487	4 476	3 143	2 850	2 979	3 104	3 150
2 264	2 082	2 005	2 034	2 534	4 477	3 092	2 860	2 953	3 136	3 158
2 270	2 068	1 991	2 026	2 568	4 442	3 101	2 874	2 971	3 159	3 140
2 278	2 086	2 008	2 039	2 605	4 480	3 038	2 897	2 978	3 165	3 154
2 240	2 073	2 052	2 037	2 630	4 299	3 053	2 901	2 982	3 154	3 131
2 257	2 073	2 042	2 048	2 683	4 229	3 143	2 863	2 977	3 171	3 132
2 317	2 067	2 054	2 050	2 681	4 112	3 183	2 805	3 004	3 162	3 123
2 324	2 057	2 033	2 059	2 763	4 206	3 288	2 810	3 026	3 137	3 144
2 328	2 096	2 039	2 063	2 780	4 334	3 293	2 859	3 019	3 119	3 140
2 327	2 104	2 050	2 059	2 900	4 401	3 262	2 864	3 003	3 113	3 156

续表

2 298	2 101	2 033	2 060	2 939	4 376	3 338	2 870	3 051	3 103	3 147
2 301	2 097	2 044	2 064	3 022	4 378	3 391	2 905	3 125	3 109	3 158
2 236	2 098	2 086	2 039	2 860	4 309	3 387	2 955	3 110	3 113	3 185
2 237	2 098	2 104	2 038	2 941	4 283	3 425	3 019	3 110	3 101	3 191
2 234	2 123	2 110	2 047	2 926	4 418	3 321	2 999	3 104	3 123	3 173
2 228	2 128	2 098	2 067	2 938	4 446	3 369	3 010	3 108	3 137	3 188
2 225	2 122	2 116	2 070	2 953	4 529	3 412	2 961	3 085	3 143	3 192
2 212	2 140	2 135	2 067	3 022	4 658	3 430	2 979	3 090	3 150	3 196
2 226	2 213	2 119	2 056	3 061	4 814	3 434	2 958	3 086	3 159	3 183
2 226	2 238	2 143	2 059	3 058	4 911	3 375	2 920	3 068	3 140	3 207
2 220	2 241	2 139	2 054	3 109	4 942	3 387	3 001	3 070	3 157	3 212
2 207	2 256	2 114	2 075	3 127	4 620	3 383	3 004	3 070	3 153	3 218
2 182	2 236	2 077	2 078	3 033	4 612	3 325	3 010	3 075	3 167	3 213
2 195	2 231	2 034	2 105	2 973	4 829	3 317	3 053	3 085	3 183	3 203
2 194	2 186	2 041	2 127	3 158	4 911	3 460	3 051	3 063	3 197	3 198
2 198	2 192	2 047	2 178	3 168	4 910	3 523	3 008	3 067	3 217	3 218
2 245	2 221	2 056	2 183	3 166	4 947	3 590	2 985	3 072	3 218	3 222
2 242	2 208	2 075	2 181	3 235	5 023	3 647	3 034	3 091	3 213	3 176
2 185	2 199	2 071	2 202	3 351	5 132	3 640	3 024	3 092	3 230	3 188
2 218	2 156	2 053	2 185	3 351	5 114	3 650	3 067	3 096	3 202	3 231
2 199	2 160	2 060	2 223	3 374	5 106	3 633	3 082	3 079	3 240	3 245
2 178	2 175	2 058	2 220	3 293	5 122	3 581	3 078	3 022	3 253	3 238
2 174	2 198	1 999	2 217	3 285	5 166	3 607	3 034	3 024	3 261	3 251
2 205	2 212	2 001	2 188	3 229	5 063	3 605	3 043	3 003	3 251	3 244
2 231	2 191	1 998	2 194	3 235	4 887	3 568	2 973	3 026	3 253	3 248
2 236	2 228	2 019	2 225	3 222	4 968	3 617	2 953	3 023	3 229	3 250
2 246	2 238	2 004	2 222	3 336	4 785	3 631	2 959	3 026	3 242	3 253
2 233	2 233	2 024	2 223	3 376	4 478	3 610	2 947	3 042	3 247	3 273
2 247	2 193	2 025	2 206	3 116	4 576	3 616	2 965	3 034	3 230	3 293
2 242	2 189	2 022	2 227	3 173	4 690	3 648	2 954	2 980	3 218	3 285
2 217	2 194	1 993	2 239	3 324	4 528	3 636	2 946	2 998	3 234	3 273
2 225	2 229	2 048	2 245	3 343	4 193	3 436	2 938	2 988	3 242	3 262
2 252	2 211	2 066	2 240	3 352	4 053	3 445	2 993	2 998	3 241	3 279
2 283	2 183	2 067	2 230	3 383	4 277	3 456	2 991	3 005	3 217	3 282

续表

2 300	2 164	2 064	2 241	3 353	4 054	3 537	2 998	3 048	3 213	3 276
2 305	2 133	2 047	2 229	3 306	3 913	3 585	2 913	3 065	3 237	3 262
2 302	2 134	2 042	2 207	3 262	3 687	3 525	2 832	3 058	3 239	3 209
2 276	2 129	2 033	2 209	3 210	3 776	3 537	2 833	3 061	3 242	3 237
2 289	2 160	2 047	2 196	3 128	3 727	3 470	2 837	3 064	3 269	3 251
2 293	2 142	2 059	2 217	3 205	3 507	3 472	2 836	3 041	3 237	3 246
2 321	2 150	2 044	2 236	3 174	3 709	3 455	2 827	3 084	3 251	3 268
2 324	2 150	2 059	2 266	3 137	3 878	3 435	2 851	3 085	3 262	3 269
2 318	2 157	2 098	2 289	3 076	3 970	3 521	2 844	3 084	3 245	3 287
2 301	2 140	2 105	2 307	3 095	3 924	3 510	2 808	3 091	3 249	3 290
2 299	2 129	2 134	2 326	3 142	3 806	3 516	2 807	3 128	3 269	3 288
2 272	2 106	2 131	2 327	3 158	3 823	3 580	2 825	3 132	3 267	3 272
2 271	2 109	2 132	2 318	3 173	3 957	3 579	2 844	3 116	3 253	3 332
2 242	2 127	2 102	2 312	3 204	3 992	3 642	2 822	3 112	3 241	
2 211	2 088	2 105	2 332	3 222	4 018	3 652	2 815	3 104	3 210	
2 148	2 101	2 099	2 339	3 247	4 026	3 636	2 822	3 100	3 223	
2 162	2 136	2 098	2 297	3 229	4 124	3 612	2 821	3 122	3 270	

资料来源：雅虎财经数据库.

表 A1－24　1961 年 5 月 17 日至 1962 年 11 月 2 日 IBM 股票每日收盘价序列（列数据）

460	477	511	557	578	567	548	519	370	371	382	331
457	476	514	557	589	561	546	519	374	369	383	345
452	475	510	560	585	559	547	519	359	376	383	352
459	475	509	571	580	553	548	518	335	387	388	346
462	473	515	571	579	553	549	513	323	387	395	352
459	474	519	569	584	553	553	499	306	376	392	357
463	474	523	575	581	547	553	485	333	385	386	
479	474	519	580	581	550	552	454	330	385	383	
493	465	523	584	577	544	551	462	336	380	377	
490	466	531	585	577	541	550	473	328	373	364	
492	467	547	590	578	532	553	482	316	382	369	
498	471	551	599	580	525	554	486	320	377	355	
499	471	547	603	586	542	551	475	332	376	350	
497	467	541	599	583	555	551	459	320	379	353	

续表

496	473	545	596	581	558	545	451	333	386	340
490	481	549	585	576	551	547	453	344	387	350
489	488	545	587	571	551	547	446	339	386	349
478	490	549	585	575	552	537	455	350	389	358
487	489	547	581	575	553	539	452	351	394	360
491	489	543	583	573	557	538	457	350	393	360
487	485	540	592	577	557	533	449	345	409	366
482	491	539	592	582	548	525	450	350	411	359
479	492	532	596	584	547	513	435	359	409	356
478	494	517	596	579	545	510	415	375	408	355
479	499	527	595	572	545	521	398	379	393	367
477	498	540	598	577	539	521	399	376	391	357
479	500	542	598	571	539	521	361	382	388	361
475	497	538	595	560	535	523	383	370	396	355
479	494	541	595	549	537	516	393	365	387	348
476	495	541	592	556	535	511	385	367	383	343
476	500	547	588	557	536	518	360	372	388	330
478	504	553	582	563	537	517	364	373	382	340
479	513	559	576	564	543	520	365	363	384	339

资料来源：Box and Jenkins (1976), in file: data/boxjenk2, Description: IBM common stock closing prices: daily, 17th May 1961 - 2nd November 1962 (Trading Days Calendar Approximate).

表 A1-25　天然气炉输入-输出数据

输出序列（在输出气体中 CO_2 的百分浓度）							
53.8	53.6	53.5	53.5	53.4	53.1	52.7	52.4
52.2	52.0	52.0	52.4	53.0	54.0	54.9	56.0
56.8	56.8	56.4	55.7	55.0	54.3	53.2	52.3
51.6	51.2	50.8	50.5	50.0	49.2	48.4	47.9
47.6	47.5	47.5	47.6	48.1	49.0	50.0	51.1
51.8	51.9	51.7	51.2	50.0	48.3	47.0	45.8
45.6	46.0	46.9	47.8	48.2	48.3	47.9	47.2
47.2	48.1	49.4	50.6	51.5	51.6	51.2	50.5
50.1	49.8	49.6	49.4	49.3	49.2	49.3	49.7
50.3	51.3	52.8	54.4	56.0	56.9	57.5	57.3
56.6	56.0	55.4	55.4	56.4	57.2	58.0	58.4
58.4	58.1	57.7	57.0	56.0	54.7	53.2	52.1

续表

51.6	51.0	50.5	50.4	51.0	51.8	52.4	53.0
53.4	53.6	53.7	53.8	53.8	53.8	53.3	53.0
52.9	53.4	54.6	56.4	58.0	59.4	60.2	60.0
59.4	58.4	57.6	56.9	56.4	56.0	55.7	55.3
55.0	54.4	53.7	52.8	51.6	50.6	49.4	48.8
48.5	48.7	49.2	49.8	50.4	50.7	50.9	50.7
50.5	50.4	50.2	50.4	51.2	52.3	53.2	53.9
54.1	54.0	53.6	53.2	53.0	52.8	52.3	51.9
51.6	51.6	51.4	51.2	50.7	50.0	49.4	49.3
49.7	50.6	51.8	53.0	54.0	55.3	55.9	55.9
54.6	53.5	52.4	52.1	52.3	53.0	53.8	54.6
55.4	55.9	55.9	55.2	54.4	53.7	53.6	53.6
53.2	52.5	52.0	51.4	51.0	50.9	52.4	53.5
55.6	58.0	59.5	60.0	60.4	60.5	60.2	59.7
59.0	57.6	56.4	55.2	54.5	54.1	54.1	54.4
55.5	56.2	57.0	57.3	57.4	57.0	56.4	55.9
55.5	55.3	55.2	55.4	56.0	56.5	57.1	57.3
56.8	55.6	55.0	54.1	54.3	55.3	56.4	57.2
57.8	58.3	58.6	58.8	58.8	58.6	58.0	57.4
57.0	56.4	56.3	56.4	56.4	56.0	55.2	54.0
53.0	52.0	51.6	51.6	51.1	50.4	50.0	50.0
52.0	54.0	55.1	54.5	52.8	51.4	50.8	51.2
52.0	52.8	53.8	54.5	54.9	54.9	54.8	54.4
53.7	53.3	52.8	52.6	52.6	53.0	54.3	56.0
57.0	58.0	58.6	58.5	58.3	57.8	57.3	57.0

输入序列（输入天然气速率（ft./min.））

−0.109	0	0.178	0.339	0.373	0.441	0.461	0.348
0.127	−0.180	−0.588	−1.055	−1.421	−1.520	−1.302	−0.814
−0.475	−0.193	0.088	0.435	0.771	0.866	0.875	0.891
0.987	1.263	1.775	1.976	1.934	1.866	1.832	1.767
1.608	1.265	0.790	0.360	0.115	0.088	0.331	0.645
0.960	1.409	2.670	2.834	2.812	2.483	1.929	1.485
1.214	1.239	1.608	1.905	2.023	1.815	0.535	0.122
0.009	0.164	0.671	1.019	1.146	1.155	1.112	1.121
1.223	1.257	1.157	0.913	0.620	0.255	−0.280	−1.080
−1.551	−1.799	−1.825	−1.456	−0.944	−0.570	−0.431	−0.577
−0.960	−1.616	−1.875	−1.891	−1.746	−1.474	−1.201	−0.927

续表

−0.524	0.040	0.788	0.943	0.930	1.006	1.137	1.198
1.054	0.595	−0.080	−0.314	−0.288	−0.153	−0.109	−0.187
−0.255	−0.229	−0.007	0.254	0.330	0.102	−0.423	−1.139
−2.275	−2.594	−2.716	−2.510	−1.790	−1.346	−1.081	−0.910
−0.876	−0.885	−0.800	−0.544	−0.416	−0.271	0	0.403
0.841	1.285	1.607	1.746	1.683	1.485	0.993	0.648
0.577	0.577	0.632	0.747	0.900	0.993	0.968	0.790
0.399	−0.161	−0.553	−0.603	−0.424	−0.194	−0.049	0.060
0.161	0.301	0.517	0.566	0.560	0.573	0.592	0.671
0.933	1.337	1.460	1.353	0.772	0.218	−0.237	−0.714
−1.099	−1.269	−1.175	−0.676	0.033	0.556	0.643	0.484
0.109	−0.310	−0.697	−1.047	−1.218	−1.183	−0.873	−0.336
0.063	0.084	0	0.001	0.209	0.556	0.782	0.858
0.918	0.862	0.416	−0.336	−0.959	−1.813	−2.378	−2.499
−2.473	−2.330	−2.053	−1.739	−1.261	−0.569	−0.137	−0.024
−0.050	−0.135	−0.276	−0.534	−0.871	−1.243	−1.439	−1.422
−1.175	−0.813	−0.634	−0.582	−0.625	−0.713	−0.848	−1.039
−1.346	−1.628	−1.619	−1.149	−0.488	−0.160	−0.007	−0.092
−0.620	−1.086	−1.525	−1.858	−2.029	−2.024	−1.961	−1.952
−1.794	−1.302	−1.030	−0.918	−0.798	−0.867	−1.047	−1.123
−0.876	−0.395	0.185	0.662	0.709	0.605	0.501	0.603
0.943	1.223	1.249	0.824	0.102	0.025	0.382	0.922
1.032	0.866	0.527	0.093	−0.458	−0.748	−0.947	−1.029
−0.928	−0.645	−0.424	−0.276	−0.158	−0.033	0.102	0.251
0.280	0	−0.493	−0.759	−0.824	−0.740	−0.528	−0.204
0.034	0.204	0.253	0.195	0.131	0.017	−0.182	−0.262

资料来源：Box and Jenkins. Time Series Analysis：Forecasting and Control. 2nd edition，1976.

表 A1-26　1955年1月至1972年12月加州臭氧浓度序列（列数据）

2.7	8.7	4.1	1.7	3.9	3.4	2.1	5.6	3.5	1.3	2.7
2	5.3	4.6	2	3.9	3.8	2.9	4.8	3.5	2.3	2.5
3.6	5.7	4.4	3.4	2.5	5	2.7	2.5	4.9	2.7	1.6
5	5.7	4.2	4	2.2	4.8	4.2	1.5	4.2	3.3	1.2
6.5	3	5.1	4.3	2.4	4.9	3.9	1.8	4.7	3.7	1.5
6.1	3.4	4.6	5	1.9	3.5	4.1	2.5	3.7	3	2
5.9	4.9	4.4	5.5	2.1	2.5	4.6	2.6	3.2	3.8	3.1
5	4.5	4	5	4.5	2.4	5.8	1.8	1.8	4.7	3
6.4	4	2.9	5.4	3.3	1.6	4.4	3.7	2	4.6	3.5

续表

7.4	5.7	2.4	3.8	3.4	2.3	6.1	3.7	1.7	2.9	3.4
8.2	6.3	4.7	2.4	4.1	2.5	3.5	4.9	2.8	1.7	4
3.9	7.1	5.1	2	5.7	3.1	1.9	5.1	3.2	1.3	3.8
4.1	8	4	2.2	4.8	3.5	1.8	3.7	4.4	1.8	3.1
4.5	5.2	7.5	2.5	5	4.5	1.9	5.4	3.4	2	2.1
5.5	5	7.7	2.6	2.8	5.7	3.7	3	3.9	2.2	1.6
3.8	4.7	6.3	3.3	2.9	5	4.4	1.8	5.5	3	1.3
4.8	3.7	5.3	2.9	1.7	4.6	3.8	2.1	3.8	2.4	
5.6	3.1	5.7	4.3	3.2	4.8	5.6	2.6	3.2	3.5	
6.3	2.5	4.8	4.2	2.7	2.1	5.7	2.8	2.3	3.5	
5.9	4	2.7	4.2	3	1.4	5.1	3.2	2.2	3.3	

资料来源：Hipel and McLeod (1994)，in file：monthly/ozone，Description：Ozone concentration，downtown L. A.，1955－1972.

表 A1－27　1978—2002 年中国农村居民家庭人均纯收入序列 $\{x_t\}$，生活消费支出序列 $\{y_t\}$ 及纯收入对数序列 $\{\ln x_t\}$，生活消费支出对数序列 $\{\ln y_t\}$

年份	纯收入		生活消费支出	
	x_t	$\ln x_t$	y_t	$\ln y_t$
1978	133.6	4.894 85	116.1	4.754 45
1979	160.7	5.079 54	134.5	4.901 56
1980	191.3	5.253 84	162.2	5.088 83
1981	223.4	5.408 96	190.8	5.251 23
1982	270.1	5.598 79	220.2	5.394 54
1983	309.8	5.735 93	248.3	5.514 64
1984	355.3	5.872 96	273.8	5.612 40
1985	397.6	5.985 45	317.4	5.760 16
1986	423.8	6.049 26	357.0	5.877 74
1987	462.6	6.136 86	398.3	5.987 21
1988	544.9	6.300 60	476.7	6.166 89
1989	601.5	6.399 43	535.4	6.283 01
1990	686.3	6.531 31	584.6	6.370 93
1991	708.6	6.563 29	619.8	6.429 40
1992	784.0	6.664 41	659.8	6.491 94
1993	921.6	6.826 11	769.7	6.646 00
1994	1 221.0	7.107 43	1 016.8	6.924 42
1995	1 577.7	7.363 72	1 310.4	7.178 09

续表

年份	纯收入		生活消费支出	
	x_t	$\ln x_t$	y_t	$\ln y_t$
1996	1 926.1	7.563 25	1 572.1	7.360 17
1997	2 090.1	7.644 97	1 617.2	7.388 45
1998	2 162.0	7.678 79	1 590.3	7.371 68
1999	2 210.3	7.700 88	1 577.4	7.363 53
2000	2 253.4	7.720 20	1 670.1	7.420 64
2001	2 366.4	7.769 13	1 741.0	7.462 21
2002	2 476.0	7.814 40	1 834.0	7.514 25

表 A1-28　1962—1979 年美国四个宏观经济变量序列

年份	年薪	通货膨胀率	失业率	最低工资标准
1962	2.8	1.477	6.457	15
1963	2.7	1.12	6.192	0
1964	2.7	1.107	5.763	8.696
1965	2.2	1.424	5.018	0
1966	2.9	1.188	4.17	0
1967	4.5	2.775	3.725	12
1968	5.1	2.7	3.723	14.286
1969	5.5	3.943	3.686	0
1970	6.2	5.058	3.556	0
1971	6.2	6.019	5.395	0
1972	6.3	4.629	6.272	0
1973	5.5	3.506	5.433	0
1974	6.2	4.677	4.522	0
1975	9.1	10.247	6.163	31.25
1976	7.6	10.273	8.625	9.524
1977	6.9	6.147	7.877	0
1978	7.5	6.388	6.679	15.217
1979	7.2	6.51	5.494	9.434

资料来源：D. A. Nicols. Macroeconomic Determinants of Wage Adjustments in White-Collar Occupations. The Review of Economics and Statistics，1983，65：203－213.

附录 2

表 A2－1 至表 A2－6 是几种数据常用的输入、输出格式。

表 A2－1　字符型数据的常用输入格式

输入格式	描述	w 的范围	w 的缺省值
$ w.	输入标准字符数据	1～200	—
$ CHARw.	输入含有空格的字符数据	1～200	1 或变量长度
$ QUOTEw.	从数据值中移走引号	1～200	8
$ UPCASEw.	将所有的字符转换为大写输入	1～200	8 或变量长度

表 A2－2　字符型数据的常用输出格式

输出格式	描述	w 的范围	w 的缺省值
$ w.	输出标准字符数据	1～200	1 或变量长度
$ CHARw.	输出标准字符数据	1～200	1 或变量长度
$ QUOTEw.	输出包含引号的数据值	1～200	8 或变量长度
$ UPCASEw.	将所有的字符转换为大写输出	1～200	8 或变量长度

表 A2－3　数值型数据的常用输入格式

输入格式	描述	w 的范围	w 的缺省值
$w.d$	输入总长度为 w，有 d 位小数的标准数值数据	1～32	—
COMMA$w.d$	移走数值中嵌入的逗号、小数点和括号	1～32	1
E$w.d$	读取用科学计数法表示的数据	7～32	12
PERCENTw.	转换百分位数为数值	1～32	1

表 A2－4　数值型数据的常用输出格式

输出格式	描述	w 的范围	w 的缺省值
$w.d$	输出总长度为 w，有 d 位小数的标准数值数据	1～32	—
BESTw.	选择最好的表示法	1～32	1
COMMA$w.d$	用含有逗号、小数点的格式输出数据	2～32	6

续表

输出格式	描述	w 的范围	w 的缺省值
DOLLAR$w.d$	用含有美元符号、逗号及小数点的格式输出数据	1～32	1
E$w.d$	用科学记数法输出数据	7～32	12
PERCENT$w.$	以百分位数的形式输出数据	4～32	6

表 A2－5　时间数据的常用输入格式

输入格式	描述	可读形式举例	w 的范围	w 的缺省值
DATE$w.$	以日-月-年的顺序输入日期值（ddmmyy）	08jan05 8jan2005 8-jan-2005	7～32	7
DDMMYY$w.$	以日-月-年的顺序输入日期值（ddmmyy）	080105 08/01/05 08-01-05	6～32	6
MMDDYY$w.$	以月-日-年的顺序输入日期值（mmddyy）	010805 01/08/05 01-08-05	6～32	6
YYMMDD$w.$	以年-月-日的顺序输入日期值（yymmdd）	050108 05/01/08 05-01-08	6～32	6
MONYY$w.$	以月-年的顺序输入月份值（mmyy）	Jan05 Jan2005	5～32	5
YYQ$w.$	以年-季度的顺序输入季度值	05q1 2005q1	4～32	4
TIME$w.$	以小时-分-秒形式输入时间值	5：3：2 23：42：12	5～32	8
DATETIME$w.$	以日-月-年-小时-分-秒形式输入日期与时间值	08jan2005/5：3：2 08jan05/23：42：12	13～32	18

表 A2－6　时间数据的常用输出格式

输出格式	描述	可读形式举例	w 的范围	w 的缺省值
DATE$w.$	以日-月-年的顺序输出日期值（ddmmyy）	08jan05 8jan2005	5～9	7
DDMMYY$w.$	以日-月-年的顺序输出日期值（ddmmyy）	08/01/05	2～10	8
MMDDYY$w.$	以月-日-年的顺序输出日期值（mmddyy）	01/08/05	2～10	8
YYMMDD$w.$	以年-月-日的顺序输出日期值（yymmdd）	05-01-08	2～10	8
WEEKDATE$w.$	输出星期与日期值	Sat，jan08，2005	3～37	29
DAY$w.$	只输出日期值	08	2～32	2
MONYY$w.$	以月-年的顺序输出月份值	Jan05 Jan2005	5～7	7
YYMON$w.$	以年-月的顺序输出月份值	05Jan 2005Jan	5～7	7

续表

输出格式	描述	可读形式举例	w 的范围	w 的缺省值
MONTHw.	只输出月份值	01 jan	2～32	2
YYQw.	以年-季度的顺序输出季度值	2005q1	4～32	6
QTRw.	只输出季度值	1	1～32	1
TIMEw.	以小时-分-秒形式输出时间值	5：3：2 23：42：12	2～20	8
DATETIMEw.	以日-月-年-小时-分-秒形式输出日期与时间值	08jan2005/5：3：2 08jan05/23：42：12	7～40	16

附录 3

表 A3－1 是 X11 过程输出的表格说明。

表 A3－1　X11 过程输出的表格说明

表格	说明
A1	原始序列
A2	先验月度调整因子
A3	做完先验月度因子调整的序列
A4	先验交易日调整
A5	先验调整过的或原始的序列
A13	ARIMA 预报
A14	ARIMA 向后外推
A15	先验调整过的或原始的序列被 ARIMA 预报、反向外推的结果
B1	先验调整过的或原始的序列
B2	趋势起伏
B3	未改动的季节、不规则（S－I）比
B4	极端 S－I 比的替换值
B5	季节因子
B6	季节调整后的序列
B7	趋势起伏
B8	未改动的 S－I 比
B9	极端 S－I 比的替换值
B10	季节因子
B11	季节调整后的序列
B13	不规则序列
B14	从交易日回归中排除的极端不规则值
B15	初始交易日回归
B16	交易日调整因子
B17	不规则成分的初始权重

续表

表格	说明
B18	由合并星期权重导出的交易日因子
B19	经过交易日和先验变化调整的序列
C1	用最初的权重进行修改并进行了交易日和先验变化调整的序列
C2	趋势起伏
C4	修改后的 S-I 比
C5	季节因子
C6	季节调整后的序列
C7	趋势起伏
C9	修改后的 S-I 比
C10	季节因子
C11	季节调整后的序列
C13	不规则序列
C14	从交易日回归中排除的极端不规则值
C15	最终的交易日回归
C16	由回归系数导出的最终的交易日调整因子
C17	不规则成分的最终权重
C18	由合并星期权重导出的最终交易日因子
C19	经过交易日和先验变化调整的序列
D1	用最终的权重进行修改并进行了交易日和先验变化调整的序列
D2	趋势起伏
D4	修改后的 S-I 比
D5	季节因子
D6	季节调整后的序列
D7	趋势起伏
D8	最终的未修改 S-I 比
D9	最终的极端 S-I 比的替换值
D10	最终的季节因子
D11	最终的季节调整后的序列
D12	最终的趋势起伏
D13	最终的不规则序列
E1	替换了异常值的原始序列
E2	修改了的季节调整后的序列
E3	修改了的不规则序列
E4	年度总计的比例
E5	原始序列的修改百分比
E6	最终的季节调整后序列的改变百分比
F1	MCD 滑动平均
F2	概况性度量
G1	最终的季节调整后的序列和趋势
G2	带极端值的 S-I 比图表、无极端值的 S-I 比图表及最终的季节因子图表
G3	按日历次序的带极端值的 S-I 比、无极端值的 S-I 比及最终的季节因子图表
G4	最终的不规则列和最终修改的不规则列的图表

参考文献

1. 高惠璇，等. SAS 系统：SAS/ETS 软件使用手册. 北京：中国统计出版社，1998.

2. 中国人民银行调查统计司. 时间序列 X-12-ARIMA 季节调整：原理与方法. 北京：中国金融出版社，2006.

3. 乔治·E.P. 博克思．时间序列分析：预测与控制：第 3 版. 北京：中国统计出版社，1997.

4. C.查特菲尔德. 时间序列分析引论：第 2 版. 厦门：厦门大学出版社，1987.

5. 特伦斯·C. 米尔斯. 金融时间序列的经济计量学模型：第 2 版. 北京：经济科学出版社，2002.

6. Dickey，D. A. and Fuller，W. A. Distribution of the Estimators for Autoregressive Time Series with a Unit Root. Journal of the American Statistical Association，1979，74 (366)：427-431.

7. Engle，R. F. Autoregressive Conditional Heteroskedasticity with Estimates of the Variance of United Kingdom Inflation. Econometrica，1982，50：987-1007.

8. Granger，C. W. J. and Joyeux，R. An Introduction to Long Memory Time Series Models and Fractional Differencing. Journal of Time Series Analysis，2008，1 (1)：15-29.

9. Granger，C. W. J. and Swanson，N. Future Developments in the Study of Cointegrated Variables. Oxford Bulletin of Economics and Statistics，1996，58 (3).

图书在版编目（CIP）数据

应用时间序列分析/王燕编著. -- 6版. -- 北京：中国人民大学出版社，2022.7

21世纪统计学系列教材

ISBN 978-7-300-30743-5

Ⅰ.①应… Ⅱ.①王… Ⅲ.①时间序列分析-高等学校-教材 Ⅳ.①O211.61

中国版本图书馆CIP数据核字（2022）第109015号

21世纪统计学系列教材

应用时间序列分析（第6版）

王　燕　编著

Yingyong Shijian Xulie Fenxi

出版发行	中国人民大学出版社		
社　　址	北京中关村大街31号	**邮政编码**	100080
电　　话	010－62511242（总编室）		010－62511770（质管部）
	010－82501766（邮购部）		010－62514148（门市部）
	010－62515195（发行公司）		010－62515275（盗版举报）
网　　址	http://www.crup.com.cn		
经　　销	新华书店		
印　　刷	北京七色印务有限公司	**版　　次**	2005年7月第1版
开　　本	787 mm×1092 mm　1/16		2022年7月第6版
印　　张	21.5 插页1	**印　　次**	2024年8月第5次印刷
字　　数	474 000	**定　　价**	45.00元

中国人民大学出版社　理工出版分社

教师教学服务说明

中国人民大学出版社理工出版分社以出版经典、高品质的统计学、数学、心理学、物理学、化学、计算机、电子信息、人工智能、环境科学与工程、生物工程、智能制造等领域的各层次教材为宗旨。

为了更好地为一线教师服务，理工出版分社着力建设了一批数字化、立体化的网络教学资源。教师可以通过以下方式获得免费下载教学资源的权限：

★ 在中国人民大学出版社网站 www.crup.com.cn 进行注册，注册后进入“会员中心”，在左侧点击“我的教师认证”，填写相关信息，提交后等待审核。我们将在一个工作日内为您开通相关资源的下载权限。

★ 如您急需教学资源或需要其他帮助，请加入教师 QQ 群或在工作时间与我们联络。

中国人民大学出版社　理工出版分社

教师 QQ 群：229223561(统计2组) 982483700(数据科学) 361267775(统计1组)
教师群仅限教师加入，入群请备注（学校+姓名）

联系电话：010-62511967，62511076

电子邮箱：lgcbfs@crup.com.cn

通讯地址：北京市海淀区中关村大街 31 号中国人民大学出版社 507 室（100080）